“广西特聘专家”专项经费资助

矿业开发中的重金属污染防治

覃朝科　程 峰　莫少锋　编著

北 京
冶 金 工 业 出 版 社
2015

内容提要

本书从近年来我国矿业发展的趋势着眼，在总结多年重金属污染防治的科研与实践的基础上，全面阐述了矿业开发过程中重金属污染的基本概念、污染机理、防治措施以及治理实践，叙述了重金属污染与矿业发展的内在联系，总结了近年来我国矿业发展中的重金属污染治理经验。

本书可供矿业工程及污染治理的技术人员参考，也可作为高校相关专业的教学参考用书。

图书在版编目(CIP)数据

矿业开发中的重金属污染防治/覃朝科等编著. —北京：冶金工业出版社，2015.8

ISBN 978-7-5024-7031-9

Ⅰ. ①矿… Ⅱ. ①覃… Ⅲ. ①矿业开发—重金属污染—污染防治 Ⅳ. ①X75

中国版本图书馆 CIP 数据核字(2015)第 199575 号

出 版 人 谭学余

地　　址 北京市东城区嵩祝院北巷 39 号 邮编 100009 电话 (010)64027926

网　　址 www.cnmip.com.cn 电子信箱 yjcbs@cnmip.com.cn

责任编辑 曾 媛 美术编辑 彭子赫 版式设计 孙跃红

责任校对 王永欣 责任印制 牛晓波

ISBN 978-7-5024-7031-9

冶金工业出版社出版发行；各地新华书店经销；三河市双峰印刷装订有限公司印刷

2015 年 8 月第 1 版，2015 年 8 月第 1 次印刷

787mm×1092mm 1/16；16.5 印张；4 彩页；409 千字；254 页

79.00 元

冶金工业出版社 投稿电话 (010)64027932 投稿信箱 tougao@cnmip.com.cn

冶金工业出版社营销中心 电话 (010)64044283 传真 (010)64027893

冶金书店 地址 北京市东四西大街 46 号(100010) 电话 (010)65289081(兼传真)

冶金工业出版社天猫旗舰店 yjgycbs.tmall.com

(本书如有印装质量问题，本社营销中心负责退换)

覃朝科　1962年生，广西桂平人，教授级高级工程师。国家环境影响评价工程师、注册咨询工程师、清洁生产审核师、中国有色矿业集团“科技带头人”。现任中国有色桂林矿产地质研究院资源环境研究所总工程师，兼任重金属污染防治中心主任。广西特聘专家、广西环境保护厅专家咨询委员会咨询专家、广西环境影响评价审查专家、广西环境保护厅环境应急专家、广西科技项目评估咨询专家，广西环境科学学会第七届理事会理事、广西工程咨询协会理事、《矿产与地质》杂志编委会编委。长期从事环境保护、资源综合利用、重金属污染防治领域的科研和技术咨询服务工作。获省部级科技奖二等奖1项和三等奖4项、广西优秀工程咨询成果二等奖1项和三等奖1项，广西优秀环评报告二等奖1项；发表论文20多篇。

程峰　1981年生，江苏徐州人，高级工程师，博士，中国有色矿业集团“科技骨干”。现任中国有色桂林矿产地质研究院工程公司灾害防治研究室主任、桂林市环境突发事件应急处理专家。长期从事重金属污染防治和地质灾害防治等技术的研究和项目管理工作。近年来主持或参与国家“863”科技支撑项目、省市自治区自然科学基金等多项研究课题，其中3项通过省部级鉴定，获得省部级科技进步二等奖1项，三等奖5项，广西社会科学优秀成果奖1项；申请国家发明专利2项，发表论文25篇，参编专著1本。

莫少锋　1983年生，湖南邵东人，在职博士。2011年作为主要骨干参加了广西壮族自治区重点科研项目“广西重金属污染的现状及对矿业可持续发展影响的研究”，并获广西社会科学优秀成果三等奖及中国有色金属工业科学技术三等奖；主持完成了桂林市基金项目“重金属污染对阳朔县兴坪镇思的村人体健康影响的研究”。发表论文5篇，获实用新型专利1项。

序

改革开放以来，我国国民经济迅速发展，工业化进程逐步加快，需要大量的基础原料作为强有力的支撑，给高强度矿业开发带来了巨大空间。与此同时，矿业开发中长期积累的重金属污染已经严重影响我国人民身体健康和社会经济的正常发展。

众所周知，我国有色金属矿床种类多、分布面积广。采矿、选矿、冶炼企业较多，重金属污染已成为制约我国矿产资源开发的重大问题。目前，如何进一步提高矿产资源综合利用水平，减少重金属污染，实现矿业开发与环境保护协调发展等问题已受到国家和各级政府的高度重视，习近平总书记已明确提出："要像保护眼睛一样保护生态环境，像对待生命一样对待生态环境"。值此之际，《矿业开发中的重金属污染防治》的编写，对于解决未来矿业开发所带来的重金属污染问题以及社会、经济的可持续发展具有重要的意义。

编著者在全面、系统地收集国内相关采、选、冶矿冶企业以及重金属污染区域等资料的基础上，综合研究并介绍了矿业开发过程中重金属污染的来源、特点、种类以及典型金属矿山重金属污染治理经验，系统阐述了矿业开发与重金属污染防治的最新成果，同时论述了重金属污染与矿业发展的内在联系以及对矿业可持续发展的影响。

总之，本书有针对性地论述了矿业开发过程中重金属污染防治的重大问题，涉及内容丰富、实践性强、综合研究水平较高。我相信，本书的出版将对我国矿业开发与环境保护具有较好的借鉴与指导作用。

中国工程院院士 于润沧

2015年2月10日

前　言

近年来，随着我国工业化进程的不断加快，所带来的重金属污染问题也不断出现，其已经成为影响我国环境比较严重的问题之一。尤其是矿业工程的开发过程所产生的重金属污染问题更为严重。由于重金属元素多为非降解型物质，不具备自然净化能力，一旦进入环境就难以去除，对大气、水系、土壤、生物造成既有暂时性的污染，又有潜伏性和长期性污染危害，因此，重金属污染成为了影响生态环境最重要的因素，也是影响矿产开发及可持续发展的主要因素，对于重金属污染的防治也是科技工作者面临的研究难题之一。我国要实现矿业可持续发展，所面临的问题就是首先要做好重金属污染综合防治工作，特别是必须加强重金属污染治理，切实维护群众利益和社会和谐稳定发展，这就要求各级环保部门需明了重金属污染的概念、特点、类别、危害性以及产生重金属污染的原因，科学做好控制、预防及治理工作。

众所周知，我国重金属污染已经影响到各领域的正常发展。国土资源部、农业部曾公开表示，我国每年有1200万吨粮食遭到重金属污染，这些粮食足以养活4000多万人，每年造成的直接经济损失超过200亿元。我国人多地少，土地、粮食安全关系到国计民生问题，重金属污染问题容易造成社会恐慌与动乱。党中央、国务院高度重视重金属污染防治问题，对加强重金属污染防治工作作出了一系列重要部署。《国务院办公厅转发环境保护部等部门关于加强重金属污染防治工作指导意见的通知》（国办发［2009］61号）、《国务院关于重金属污染综合防治“十二五”规划的批复》（国函［2011］13号）和《重金属污染综合防治“十二五”规划》（环发［2011］17号）等文件的颁布、实施，说明重金属污染的治理已经上升到新的国家战略层面。

种种情况表明，重金属污染已具有严重性和普遍性。因此，要扎实做好重金属污染综合防治工作，做好综合防治工作意义重大。为此，本书从重金属污染的概念、来源、特点，以及矿业重金属污染的现状、产生原因及其危害性等方面，综合阐述了重金属污染防治与矿业可持续发展的关系，并通过典型矿区的治理案例，全面总结了重金属污染治理的方法、措施，以及治理重金属污染的宏观政策，为我国重金属污染防治工作以及制定相关政策提供参考。

我国著名地质学家陈毓川院士，多年来始终对我们的工作给予大力的支持，对本书的写作也给予热情的关注，提出了很多宝贵的意见，并拨冗为本书作序，在此谨致谢忱。本书编写过程中，还得到中国有色桂林矿产地质研究院莫时雄书记等领导的关心、支持，在此一并表示感谢。

在此还要特别感谢广西壮族自治区政府政策研究室主任白松涛，广西环境保护厅邓超冰教授级高级工程师、钟兵高级工程师、陈继波高级工程师、韦韩博士、黄勇高级工程师，桂林医学院尹友生教授，柳州钢铁股份有限公司潘世庆高级工程师，中南大学陈科平教授、王星华教授、汤井田教授，北京矿冶研究总院周连碧教授级高级工程师、杨晓松教授级高级工程师，环境保护部环境规划院温丽丽博士，桂林理工大学陈亮教授、王杰光教授、蒙剑坪讲师，桂林电子科技大学蔡翔教授、王鹏讲师，中国有色桂林矿产地质研究院郑跃鹏教授级高级工程师、张玉池教授级高级工程师、徐文炘教授级高级工程师、张静教授级高级工程师、孙伟教授级高级工程师、黄伟高级工程师、刘静静高级工程师、梁文寿高级工程师、苏夏征高级工程师、全洪波高级工程师、谢廷勇高级工程师、姚柏华高级工程师、黄江波高级工程师、何娜工程师、黎朝工程师、农泽喜工程师、余谦工程师、董丽娟工程师、陈斌强工程师、雷金勇工程师、莫斌工程师、王利国工程师、周洁军工程师、唐名富工程师、肖海平工程师、罗国峰工程师、段娜工程师、刘芳工程师、何辉工程师、毛志新工程师以及广西南丹县三鑫环境治理有限公司冯光超、莫锌等同志的支持与帮助。

由于水平所限，书中难免存在疏漏和错误，敬请读者指正。

编著者

2015 年 2 月

目　　录

1 重金属污染概述

1.1 重金属污染的概念

1.1.1 重金属

对于重金属目前尚无准确的定义。化学上通常将相对原子质量大于64的金属元素称为重金属元素。按密度来分类，金属则分为重金属和轻金属，一般把密度大于4.5g/cm^{3}的金属称为重金属，其种类大约有45种。《辞海》中重金属一般指比重在5g/cm^{3}以上的金属，有铜、镍、钴、铅、锌、镉、铋、锡、锑、汞、铌、钽、钨、钼等。在工业上真正划入重金属的为10种金属元素：铜、铅、锌、锡、镍、钴、锑、汞、镉和铋。在环境污染方面所说的重金属主要是指汞、镉、铅、铬以及类金属砷等生物毒性显著的元素，次要的包括具有毒性的锌、铜、钴、镍、锑、钒等。

1.1.2 重金属污染

重金属污染是指由重金属或其化合物所造成的环境污染。主要是人类活动导致环境中的重金属含量增加，超出正常范围，并造成环境质量恶化。重金属污染物是一类典型的优先控制污染物。环境中的重金属污染与危害取决于重金属在环境中的含量分布、化学特征、环境化学行为、迁移转化及重金属对生物的毒性。

1.2 重金属污染的来源、特点与类别

1.2.1 重金属污染的来源

人类从事工业生产活动是一个复杂的过程，不同的生产过程所带来的重金属污染也不尽相同，它包括自然因素、人为因素等方面。但纵观整个人类活动与工业生产过程来看，重金属污染来源主要有以下几个方面：

（1）从人为和天然来划分，重金属污染源有人为的污染源及天然源之分。人为污染源主要有工业污染源，农业污染源和生活垃圾污染源等。天然污染源表现在岩石矿物经地质侵蚀风化后，重金属以天然源形式保留在土壤中，或进入水体，造成土壤及水体重金属污染。

（2）从行业属性来划分，重金属的污染源有工业污染、农业污染源和生活垃圾污染。工业污染又分为矿业、加工、冶炼、化工、制造等，大多通过废渣、废水、废气排入环境，在人和动物、植物中富集，从而对环境和人的健康造成很大的危害；农业污染源是指

化肥农药的过度使用带来重金属污染。化肥中品位较差的过磷酸钙和磷矿粉中含有微量的As、Cd重金属元素。含铅及有机汞的农药发挥作用的同时也为土壤重金属污染埋下了祸根，造成土壤的胶质结构改变，营养流失，对农作物的产量及品质都造成极大的不良影响。目前的饲料添加剂中也常含有高含量的Cu和Zn，这使得有机肥料中的Cu、Zn含量也明显增加并随着肥料施入农田；生活垃圾污染源主要是一些含重金属的生活垃圾造成的污染，如废旧电池、破碎的照明灯、没有用完的化妆品、上彩釉的碗碟等。

第一次全国污染源普查公报各类源废水排放总量为2092.81亿吨，废气排放总量为637203.69亿立方米。重金属(镉、铬、砷、汞、铅,下同)污染物排放总量为0.09万吨。工业废水中重金属产生量为2.43万吨，工业废水中重金属排放量如下：1）厂区排放口排放量为0.21万吨；2）厂区排放后，再经城镇污水处理厂及工业废水集中处理设施削减，实际排入环境水体的为900t。农业污染源畜禽养殖业重金属排放情况为铜2397.23t，锌4756.94t。水产养殖业重金属排放量为铜54.85t，锌105.63t。

（3）从重金属种类来划分，主要重金属污染物主要来源见表1-1。

表1-1 重金属污染物主要来源

重金属污染物	来 源
铅	主要来自工业废气、废水、废渣，如矿山开采、冶炼、橡胶生产、染料、印刷、陶瓷、铅玻璃、焊锡、电缆、制造铅蓄电池、铸字、铅管、铅弹、轴承合金、化学反应器（内壁）电极等生产的企业，尤其是含铅矿的开采和冶炼。含铅汽油的废气、以氧化铅作为食品添加剂的传统皮蛋（松花蛋）制作，含铅生活、学习等用品和玩具都可能产生铅污染
镉	主要来自工业废气、废水、废渣，如矿山开采、冶炼、电池生产、电镀、硫铁矿石制取硫酸、由磷矿石制取磷肥、含镉废弃物的处理、含镉塑料制品的焚化、含镉废电池等
汞	主要源于化石燃料燃烧，尤其是煤炭的燃烧，而燃煤电厂是大气中汞的全球最大排放源。其他污染源还包括电厂以外的各种燃煤工业锅炉、废物燃烧、水银法氯碱生产、水泥生产、有色金属生产（特别是含汞金属矿物的冶炼和以汞为原料的生产）、钢铁生产、电池和电子产品生产等
砷	主要来自砷化物的开采和冶炼、有色金属的开发和冶炼、硫铁矿石制取硫酸等，此外，砷化物的利用，如含砷农药的生产和使用，玻璃、木材、制革、纺织、化工、陶器、颜料、化肥等工业的原材料、煤的燃烧等可致不同程度的砷污染
铬	铬污染主要来自铬矿的开采和金属冶炼、电镀、制革等工业废水、废气和废渣
镍	主要污染来源于冶炼镍矿石、冶炼钢铁以及镍化工产品的生产等
铜	主要污染来源是铜锌矿的开采和冶炼、金属加工、机械制造、钢铁生产等。冶炼排放的烟尘是大气铜污染的主要来源。电镀工业和金属加工排放的废水中含铜量较高
锌	采矿、冶炼加工、机械制造以及镀锌、仪器仪表、造纸等工业的排放

1.2.2 重金属污染的特点

其他有机化合物可以通过自然界本身物理的、化学的或生物的净化，使有害性降低或解除，而重金属不但很难在环境中降解，而且具有富集性，可以通过植物、动物、微生物将其累积富集，甚至转化为毒性更大的形态。所以重金属的开采、选矿、冶炼、加工过程中所产生的铅、汞、镉、铬、砷、镍等进入土壤、水体、大气、生物体中，会通过迁移转化和食物链的生物放大作用引起严重的环境污染，危害生态环境。因此，长期以来从对环境和人类造成危害的主要重金属污染，如铅污染、镉污染、汞污染、砷污染、铬污染、铜污染、锌污染、镍污染等，以及其他类金属所造成的污染来看，重金属污染具有隐蔽性、潜伏性、富集性、不可逆性、长期性、地球化学循环性、生态风险性、污染危害性、持续时间长、治理成本高等特点。

1.2.3 重金属污染的类别

从环境要素来看，重金属污染主要有土壤重金属污染、水体重金属污染、大气重金属污染和生物重金属污染等，具体类别如下。

1.2.3.1 土壤重金属污染

土壤重金属污染是指人类活动造成重金属迁移到土壤中，导致土壤中重金属的含量明显高于原有含量，并产生土壤环境恶化的现象。土壤中重金属的来源是多途径的，首先是成土母质本身含有重金属，不同的母质、成土过程所形成的土壤含有重金属量差异很大。此外，人类工农业生产活动产生的废水、废渣、废气等直接或间接的增加土壤重金属的含量，对土壤环境造成污染。研究认为隐蔽性和滞后性是土壤重金属污染的显著特点。其隐蔽性只有通过对土壤样品分析和对农作物的残留进行析测才能发现；具有生物积累性，显著的地域性限制，同时有食物链累积特点；对土壤的污染基本是一个不可逆转的污染过程，很难通过稀释和自净化来消除。

1.2.3.2 水体重金属污染

水体重金属污染，就是水体中的重金属含量超过了标准允许的浓度。在没有人类活动干预情况下，水体中重金属的含量取决于水与土壤、岩石等陆地表层物质的相互作用，其含量一般很低；由于人类活动造成的地表破坏及产生的“三废”排放，河流或湖泊等水体重金属含量明显升高，导致水体污染。

水体中金属有利或有害不仅取决于金属的种类、理化性质，而且还取决于金属的浓度及存在的价态和形态，即使有益的金属元素浓度超过某一取值也会有一定的毒性。含有有机汞、铅、砷、锡等金属有机化合物比相应的金属无机化合物毒性要强得多；可溶性的金属又比颗粒态的金属毒性要大。

受重金属污染的河流、湖泊经过疏浚处理后产生的固体沉淀物质——疏浚污泥，其堆置处理可能会对环境产生重金属污染。

水体的底泥往往是重金属的保存库，当环境变化时，底泥中的重金属形态可能发生转化并释放造成环境污染。

1.2.3.3 大气重金属污染

大气重金属污染主要是因人类社会生产、生活活动而将带有重金属的颗粒物释放到大气中，重金属含量超过了一定的浓度就造成了重金属污染。大气颗粒物中的重金属污染物也具有不可降解性，既可以通过呼吸作用随气体进入人体，也可以沿食物链通过消化系统被人体吸收，造成各种人体机能障碍，甚至引发各种疾病，对人类健康的危害很大。

1.2.3.4 生物体重金属污染

动植物在受到重金属污染的环境中生存和繁育，通过直接或食物链吸收、富集重金属，导致生物体中重金属含量超过了食品安全卫生标准，可以称为生物体重金属污染，如重金属超标的蔬菜、稻米、鱼类等。重金属可在生物体的某些器官中富集。生物体中的重金属含量低于某一个值时，生物体可能没有表现出中毒现象，只有超出极限值时重金属在生物体内部与蛋白质及各种酶发生强烈的相互作用，使它们失去活性，造成生物体中毒。重金属污染的生物体有可能通过食物链进入人体，给人体带来伤害。

1.3 重金属对环境的污染及其危害

人类活动极大的加速了重金属的生物地球化学循环，使环境系统中的重金属呈增加趋势，加大了重金属对人类的健康风险，当进入环境中的重金属容量超过其在环境中的容量时，即导致重金属污染的产生，重金属污染物为持久性污染物，一旦进入环境，就将在环境中持久存留。由于重金属对人类和生物的可观察危害出现之前，其在环境中的累积过程已经发生，而且一旦发生危害，就很难加以消除。重金属污染引人关注之处还在于它的环境危害持久性、地球化学循环性和生态风险性。重金属污染物对大气、水系、土壤、生物造成既有暂时性污染，又有潜伏性和长期性污染的危害，严重者直接危害人类生存。

1.3.1 对大气环境的污染

随着矿业快速的发展，矿区生产过程中有毒元素的排放及泄漏，废弃物的任意堆放，使废渣中的重金属物质挥发到大气中，形成空气污染；土壤受到污染，土壤中重金属元素可挥发到大气中；尾矿库的尾砂暴露于大气中，氧化可形成酸性废水，废水中富集的重金属元素也可以挥发到大气中；矿山企业在开采中排放的烟尘，烟尘中重金属元素可污染大气环境。

大气重金属污染对人体的危害主要表现为呼吸道疾病；对植物可使其生理机制受抑制，生长不良，抗病抗虫能力减弱，甚至死亡；大气污染还能对气候产生不良影响，如降低能见度，减少太阳的辐射（据资料表明，城市太阳辐射强度和紫外线强度要分别比农村减少 10% ~30% 和 10% ~25%）而导致城市佝偻发病率的增加；大气重金属污染物能腐蚀物品，影响产品质量，使河湖、土壤酸化，鱼类减少甚至灭绝，森林发育受影响，这些都是与大气重金属污染有密切关系的。

由于大气重金属污染中的污染物是无形无色的，比水中的重金属污染物更易被人忽视，但实际上，根据第一次全国污染源普查结果，2007 年全国大气中上述铅、汞、镉、铬、砷污染物年排放量已达约 9500t。这些重金属污染物可能通过呼吸，或迁移至水、土壤后，经食物链进入人体。

对于空气的重金属污染，世界卫生组织认为：空气污染是对人类健康的一大危害，并估计这项污染因素每年导致全球约 200 万人过早死亡，空气污染也是心脏病高危因素。

1.3.2 对土壤环境的污染

重金属中特别是汞、锡、铅、铬等具有显著的生物毒性，当大量的有毒金属进入土壤后，在物质循环和能量交换过程中分解，很难从土壤中迁出。重金属污染具有长期累积效应和交互作用，尽管土壤对重金属污染有重要缓冲作用，但因重金属具有可迁移性差、不能降解等特点，使其逐渐对土壤的理化性质、土壤的生产力产生明显不良影响，进而影响土壤生态结构和功能的稳定。土壤中重金属的含量很大一部分是由污水灌溉引起的，随着污水灌溉而进入土壤的重金属，以不同的方式被土壤截留固定。据研究，95% 的汞可被土壤矿质胶体和有机质迅速吸附，一般累积在土壤表层，自上而下递减；污水中的砷可和铁、铝、钙、镁等生成复杂的难溶性砷化合物；铅很容易被土壤有机质和黏土矿物吸附；污水中的铬也很容易被土壤吸附固定，并在土壤中逐年积累。土壤受重金属或类金属毒物污染后，常常通过农作物和水进入人体，造成毒害，如铅、汞、镉、砷、铬、铊等污染后都会对人体健康造成各种危害。

1.3.3 对地表水环境的污染

水体是人类赖以生存的主要自然资源之一，又是人类生态环境的重要组成部分，也是物质生物地球化学循环的储库，对环境具有一定的敏感性。由于人类活动的影响，进入水体环境中的污染物质越来越多，这些污染物给环境和人体健康造成了许多问题。特别是随着采矿、冶炼、化工、电镀、电子、制革等行业的发展，以及民用固体废弃物不合理填埋和堆放，重金属污染物事故性排放以及大量化肥、农药的施用，使得各种重金属污染物进入水体。重金属污染物难以治理，它们在水体中具有相当高的稳定性和难降解性。重金属在水体中积累到一定的限度就会对水体—水生植物—水生动物系统产生严重危害，并可能通过食物链直接或间接地影响到人类健康。因此可以说水体重金属污染已经成为当今世界上最严重的环境问题之一。

重金属汞、镉、铅、铬等在水体中不能被微生物降解，而只能发生各种形态转化和分散、富集过程（即迁移）。重金属对水体污染的特点是：（1）除被悬浮物带走的外，重金属会因吸附沉淀作用而富集于排污口附近的底泥中，成为长期的次生污染源；（2）水中各种无机配位体（氯离子、硫酸离子、氢氧离子等）和有机配位体（腐殖质等）会与其生成络合物或螯合物，导致重金属有更大的溶解度而使已进入底泥的重金属可能又重新释放出来；（3）重金属的价态不同，其活性与毒性不同，其形态又随 pH 值和氧化还原条件而转化。

国内受重金属污染最严重的河流主要有湖南的湘江、广西的刁江等。在这些流域内有色金属矿业都很发达，因此如何防控有色矿业开发过程中重金属对水体的污染已刻不容缓。

1.3.4 对地下水环境的污染

地表以下地层复杂，地下水流动极其缓慢，因此，地下水污染具有过程缓慢、不易发现和难以治理的特点。地下水一旦受到污染，即使彻底消除其污染源，也得十几年，甚至几十年才能使水质复原。至于要进行人工地下含水层更新，问题就更复杂了。

地下水重金属污染与地表水重金属污染有一些明显的不同：由于污染物进入含水层，以及在含水层中运动都比较缓慢，污染往往是逐渐发生的，若不进行专门监测，很难及时发觉；发现地下水污染后，确定污染源也不像地表水那么容易。更重要的是地下水污染不易消除。排除污染源之后，地表水可以在较短时期内达到净化；即使排除了污染源，已经进入地下含水层的污染物仍将长期产生不良影响。

地下水污染方式可分为直接污染和间接污染两种。直接污染的特点是污染物直接进入含水层，在污染过程中，污染物的性质不变。这是对地下水污染的主要方式。间接污染的特点是，地下水污染并非由于污染物直接进入含水层引起的，而是由污染物作用于其他物质，使这些物质中的某些成分进入地下水造成的。例如，污染物引起的地下水硬度增加、溶解氧减少等。间接污染过程复杂，污染原因易被掩盖，要查清污染来源和途径较为困难。

地下水污染途径是多种多样的，大致可归为四类：(1) 间歇入渗型。大气降水或其他灌溉水使污染物随水通过非饱水带，周期地渗入含水层，主要是污染潜水。淋滤固体废物堆引起的污染，即属此类。(2) 连续入渗型。污染物随水不断地渗入含水层，主要也是污染潜水。废水聚集地段（如废水渠、废水池、废水渗井等）和受污染的地表水体连续渗漏造成地下水污染，即属此类。(3) 越流型。污染物是通过越流的方式从已受污染的含水层（或天然咸水层）转移到未受污染的含水层（或天然淡水层）。污染物或者是通过整个层间，或者是通过地层尖灭的天窗，或者是通过破损的井管，污染潜水和承压水。地下水的开采改变了越流方向，使已受污染的潜水进入未受污染的承压水，即属此类。(4) 径流型。污染物通过地下径流进入含水层，污染潜水或承压水。污染物通过地下岩溶孔道进入含水层，即属此类。

地下水埋藏在地下一定深度内，缺氧、温度低、无光照、流动缓慢、水交替周期长，一旦受到污染，污染物、水和介质间的相互作用过程很复杂。即使经济上承担得起治污成本，清除污染源也需要十几年、几十年甚至数百年。

1.3.5 对植物的危害

大气中的重金属污染物主要通过气孔进入叶片并溶解在叶肉组织中，通过一系列的生物化学反应对植物生理代谢活动产生影响，所以植物受害症状一般都是出现在叶片。污染物不同，植物受害的症状也是有差异的。

土壤受到重金属污染后，首先是对土壤微生物的生理、生化性能及土壤理化性质产生影响，从而影响土壤微生物多样性，进而影响农作物产量及质量。重金属元素在土壤中总是不断地发生时空迁移和价态、形态转化，这不仅影响了土壤养分的转化等生化过程，同时影响着植物的生长质量。重金属离子能够抑制植物体内的某些保护酶的活性，产生大量的活性氧自由基，造成植物重金属伤害。当土壤中铜、锌达到 100～200mg/kg 可造成植物中毒。铜、铅、锌、镉污染对白菜根部的生长具有明显的抑制作用，使其根基微生物数量明显减少，群落结构发生变化，特别对粮食生产影响很大。国土资源部曾公开表示，我国每年有 1200 万吨粮食遭到重金属污染，直接经济损失超过 200 亿元。

1.3.6 对水生物的危害

重金属通过矿山采、选、冶、加工，人类施用农药、化肥和生活垃圾等污染源以及地质侵蚀、风化作用等天然源形式进入水体，造成水体中重金属污染严重，从而导致对水体、水生物的危害。如用含铅 0.1～4.4mg/t 的水灌溉农田，水稻、小麦等作物中铅含量会明显增加，直接影响作物的质量、产量；用含镉的 0.04mg/t 的水灌溉农田时，土壤和作物会受到明显污染，用含镉大于 0.04mg/t 的水养白鲢鱼会影响鱼的安全生存；进入水体的无机汞离子可转变为毒性更大的有机汞，一般要求天然水中含汞不超过 0.1mg/t；地面水中含砷量是因水源和地理条件不同而有很大的差异，淡水平均为 0.05μg/t，海水为 3.7μg/t，超过标准会产生毒性；铬对水中生物也会产生严重污染，也会影响生物的安全。其他重金属对水体、水生物的危害也要加以重视。

1.3.7 对人群的危害

人类体验到的重金属污染的危害，最初主要是对人体健康的危害，随后逐步发现了对工农业生产的各种危害以及对天气和气候产生的不良影响。人们对大气重金属污染物造成危害的机理、分布和规模等问题的深入研究，为控制和防治大气重金属污染提供了必要的依据。大气重金属污染后，由于重金属污染物质的来源、性质、浓度和持续时间的不同，污染地区的气象条件、地理环境等因素的差别，甚至人的年龄、健康状况的不同，对人均会产生不同的危害。

重金属污染对人体的影响，首先是感觉上不舒服，随后生理上出现可逆性反应，再进一步就出现急性危害症状。污染对人的危害大致可分为急性中毒、慢性中毒、致癌作用三种。

1.3.7.1 急性中毒

空气中大气中的重金属污染物浓度较低时，通常不会造成人体急性中毒，但在某些特殊条件下，如工厂在生产过程中出现特殊事故，大量有害气体泄漏外排，外界气象条件突变等，便会引起人群的急性中毒。

1.3.7.2 慢性中毒

大气重金属污染对人体健康慢性毒害作用，主要表现为污染物质在低浓度、长时间连续作用于人体后，出现的患病率升高等现象。我国城市居民肺癌发病率很高，其中最高的是上海市，且城市居民呼吸系统疾病明显高于郊区。

1.3.7.3 致癌作用

由于重金属污染物长时间作用于肌体，损害体内遗传物质，引起突变，如果生殖细胞发生突变，使后代肌体出现各种异常，称为致畸作用；如果引起生物体细胞遗传物质和遗传信息发生突然改变作用，又称致突变作用；如果诱发成肿瘤的作用称为致癌作用，致癌作用是长期影响的结果。这里所指的“癌”包括良性肿瘤和恶性肿瘤。环境中致癌物可分为化学性致癌物、物理性致癌物、生物性致癌物等。致癌作用过程相当复杂，一般有引发阶段和促长阶段。能诱发肿瘤的因素，统称致癌因素。由于长期接触环境中致癌因素而引起的肿瘤，称为环境瘤。

重金属以各种化学状态或化学形态存在，在进入环境或生态系统后就会存留、积累和迁移，造成危害。如随废水排出的重金属，即使浓度小，也可在藻类和底泥中积累，被鱼和贝的体表吸附，产生食物链浓缩，从而造成公害。如日本的水俣病，就是因为烧碱制造工业排放的废水中含有汞，在经生物作用变成有机汞后造成的；又如痛痛病，是由炼锌工业和镉电镀工业所排放的镉所致。汽车尾气排放的铅经大气扩散等过程进入环境中，造成目前地表铅的浓度已有显著提高，致使近代人体内铅的吸收量比原始人增加了约100倍，损害了人体健康。重金属对人体的伤害极大，常见的有：

（1）铅污染伤害。铅是可以引起生物毒性的重金属。铅污染是通过皮肤、消化道、呼吸道进入体内的多种器官亲和。急性铅中毒突出的症状是腹绞痛、肝炎、高血压、神经炎、中毒性脑炎及贫血；慢性中毒常见的症状是神经衰弱症。铅污染主要毒性效应是贫血症，因为铅可以抑制血红蛋白的合成导致溶血性贫血、神经机能失调、肾损伤等；铅通过血液循环分布到人体各组织器官，90%以不溶性的磷酸铅沉淀于骨骼，造成肌体铅中毒，铅中毒还可以引起泌尿系统症状，引起肾炎。受害者人群有儿童、老人以及免疫力低下的人群。尤其是儿童脑组织对铅敏感，受害尤为严重，还可以致胎儿畸形。

(2) 镉污染伤害。镉是一种毒性极强的累积性环境污染物，由于镉的半衰期长，能在生物体内长时间累积。进入人体的镉主要分布于胃、肝、胰腺和甲状腺内，其次是胆囊、睾丸和骨骼中。积累在人体肾脏，可引起泌尿系统的功能变化；镉能取代骨中钙，使骨骼严重软化；能引起胃脏功能失调；干扰人体内锌的酶系统，导致高血压症上升。

(3) 汞污染伤害。汞及其化合物属于剧毒物质，它还是在室温条件下唯一呈液态的金属。汞可以在人体内蓄积，血液中的汞进入脑组织后，逐渐在脑组织中积蓄，达到一定的量时会对脑组织造成损害，另外一部分转移到肾脏，使泌尿系统功能发生变化。汞还会引起人体消化道、口腔、肝等损害。受到汞的污染产生慢性中毒时，会引起神经衰弱症、肾功能损害、眼晶体改变、甲状腺肿大、女性月经失调。进入水体的无机汞离子可以转变为毒性更大的有机汞，由食物链进入人体会引起全身中毒。易受害的人群有女性，尤其是准妈妈。嗜好海鲜的人也要引起注意。

(4) 砷污染伤害。元素砷毒性较低，而砷的化合物均有剧毒，三价砷化合物比五价砷毒性更强，有机砷化合物比无机砷化合物毒性更强。砷通过呼吸道、消化道和皮肤接触进入人体，如果摄入量超过排泄量，砷就会在人体的肝、肾、肺、子宫、胎盘、骨骼、肌肉等部位蓄积，与细胞中的酶系统结合，使酶的生物作用受到抑制而失去活性，特别是在毛发、指甲中蓄积，从而引起慢性中毒。砷还有致癌作用，能引起皮肤癌。受害人群有农民、家庭主妇、特殊职业工人群体。值得注意的是人类开矿、冶炼及工业制造等排放的砷污染物以各种形式进入大气、土壤和水体。因此，它的危害性更广泛。

(5) 铬污染伤害。铬有三价和六价之分，三价铬的毒性仅为六价的1%，如误食、饮用铬可致腹部不适及腹泻等中毒症状，还可引起过敏性皮炎或湿疹；三价铬在肺内存量较多，对肺有一定伤害，对呼吸道有刺激和腐蚀作用，会引起咽炎、支气管炎等。六价铬易溶于水，对皮肤有刺激和过敏作用，在接触铬酸盐、铬酸雾的部位，如手、腕、前臂、颈部等处可能出现皮炎，六价铬经过伤口和擦伤处进入皮肤，会因腐蚀作用而引起铬疮；对呼吸系统的损害，主要表现是鼻中隔膜穿孔、咽喉炎和肺炎，长期接触铬雾，可首先引起鼻中隔膜出血，然后黏膜糜烂、鼻中隔膜变薄，最后出现穿孔。常接触铬雾还能造成咽喉出血，也可能引起萎缩性咽喉炎。吸入高浓度的铬酸雾后，刺激黏膜，导致打喷嚏、流鼻涕、咽痛发红、支气管症、咳嗽头痛、气短等症状，严重者也可能引起肺炎等；对内脏的损害，六价铬经消化道侵入，会造成味觉和嗅觉减退以至消失。剂量小时也会腐蚀内脏，引起肠胃功能降低，出现胃痛，甚至胃肠道溃疡；铬化合物还能导致呼吸道癌。被铬水污染严重地区的居民，经常接触和过量吸入者易患鼻炎、结核病、腹泻、支气管炎、皮炎等。

(6) 铜污染伤害。过量的铜污染会对生物的生长造成危害。皮肤接触铜化合物可发生皮炎和湿疹，在接触高浓度铜化合物时可发生皮肤坏死。吸入氧化铜粉尘，可发生金属烟尘热。眼睛接触铜盐可发生结膜炎和眼睑水肿，严重者可发生眼浑浊和溃疡。

(7) 锌污染伤害。锌虽是参与免疫力功能的一种重要元素，但大量的锌能抑制吞噬细胞的活性和杀菌力，从而降低人体免疫功能，使抵抗力减弱从而危害人体健康。从食物中吸取过量的锌会引起急性肠胃炎症状，如恶心、呕吐、腹痛、腹泻、偶尔腹部绞痛，同时伴有头晕、周身乏力。误食氯化锌会引起腹膜炎，导致休克。

（8）镍污染伤害。镍进入人体后主要存在于骨髓、脑、五脏，误服较大量的镍盐时，可产生急性胃肠道刺激现象，发生呕吐、腹泻。其毒性主要表现在抑制酶系统，如酸性磷酸盐。

其他重金属元素在不同程度上对人体存在不同程度的破坏，因为大多数重金属具有可迁移性差、不能降解的特点，会在生态系统中不断积累，毒性不断增强，从而导致生态系统退化，并通过食物链影响人体健康。

除此之外，人还可以通过另外的途径吸收有毒物质，而引起慢性中毒，如有毒物质或它们的化合物污染了水或土壤后，经过动植物的吸收和聚集，通过饮食就可以转移到人体引起慢性中毒。

1.4 重金属污染问题研究现状

1.4.1 国外重金属污染问题研究现状

矿山重金属污染与矿业可持续发展问题早就被人们所重视，早在15世纪，比利时人就采用“垂线理论”假设对矿山开采后造成的重金属污染问题进行调查分析。法国人法约尔(Fayol)利用模型研究，提出了污染的“变流理论”。欧洲工业大发展导致对有用矿产的需求大幅增加，污染严重，促使污染的理论研究逐步深入，在研究各种污染分布与各类角度的同时，也开始了开采后污染规律的研究。第二次世界大战后，人们着重从连续介质理论和非连续介质理论来研究矿山污染问题，如弹性、塑性有限元法，边界法，离散元法，随机介质理论法等都是分别建立在这两种理论的基础上的，同时在以实测资料为基础下也得到了一些经验公式法，如典型曲线法、剖面函数法等。FLAC(Fast Lagrange Analysis of Continua,连续介质快速拉格朗日分析)采用显式算法来获得模型全部运动方程的时间步长解，从而可以跟踪污染的渐进过程，这对研究开采时间效应和空间效应是非常重要的，进一步发展矿山环境学科，使其在理论上更完备，实践上更符合实际，工程预测上更准确。

当前，国际环境岩土工程的研究重点在废弃物填埋场及污染土处理的相关内容上。国外对小环境岩土工程现阶段的研究主要集中于垃圾土、污染土的性质、理论与控制等方面，尤其是对垃圾填埋场的研究已十分系统，其检测手段十分先进，国际上不仅重视这一领域的理论研究，更注重于应用技术和方法的创新，强调技术的实用性与先进性。近年来，各国环境岩土工程师开始关注将电渗法用于污染土中的污染物迁移，还将动电技术广泛用于实验室与现场的污染物调查中。各国学者在污染土电修复技术方面取得了很大的进展。20世纪90年代初发展了一维结合理论，考虑了几乎所有的介质流动过程，但不包括介质的化学反应；随后将此模型应用于pH值变化和吸附反应；还有学者在他们的模型中考虑了pH值变化和吸附反应对化学平衡的影响：利用一个相似模型得到了与试验结果很吻合的Zn^{2+}移动模式；将相似因素考虑进模型，应用于高岭石Pb^{2+}的流动中；将电渗法中，例如现场强度、pH值的非均匀分布等用入公式；发展了一种用缓冲法维持相对均匀的地区的模型；提出了一种二维模型，该模型可考虑电极排列的几何分布，可用于描述苯酚的流动和土壤酸性反应。由于修复技术条件极其复杂，而且各种条件变化很大，所以很多简化的模型还只能应用于特殊的情况。国外学者不仅在理论、技术上重视环境污染工程的研究，而且在保护环境方面也做了大量的工作。如为了保护人类的生活环境，制定了很多保护环境的法律和法规。欧美等经济发达国家都有一整套填埋场的规划、勘探、设计和运行规范。以美国为例，立法对美国环境岩土工程的发展起着决定性的作用。1980 年前后，美国连续颁布了三个有关保护建筑环境方面的联邦法律，强调对已有建设项目和拟建项目的环境污染进行评估。各大环保工程公司也纷纷开展了这方面的业务与研究。美国环保局(EPA)还对垃圾处置制定了专门法规，即《资源保护和回收法规》(Resource Conservation and Recovery Act，RCRA)。

1.4.2 国内重金属污染问题研究现状

我国对环境污染理论的研究是从 20 世纪 70 年代才开始起步的，经过十几年的努力，积累了大量的实测资料。在借鉴国外先进技术、经验的基础上，再加上工程技术人员、专家学者的创新和改进，也逐渐形成了具有完全符合我国实际的一套矿区重金属污染理论。近年来，随着矿业的迅猛发展，科学计算软件在矿业也得到了广泛的应用，污染预测理论与污染规律研究也进入了崭新的阶段。国内外众多学者纷纷提出新的方法，探寻新的思路去找出污染的规律性以及相应的解决方法，同时随着数学、流体力学、计算机等学科新成果不断地引入到环境污染学科中来，从而形成了许多新的方法和理论。

J. Litwinszyn 对随机介质理论作了更深入的研究，刘宝琛将随机介质理论发展为多项介质的耦合计算；李文秀、张玉卓将模糊数学引入随机介质理论中。中国矿业大学的学者们通过对岩溶结构的研究，提出的托板及关键层理论，形成了一种独特的研究方法。陈至达等对非线性几何场论在重金属污染预测中的应用进行研究，以拖带坐标描述法和 S-R 分解定理的非线性几何场论为基础，分析了初始位形主断面上倾斜、曲率和水平变形计算公式的不合理性，建立实时位形上的计算公式；利用平均整旋角概念和裂纹产生与扩张的几何准则，建立了确定实时位形上污染规律研究的方法，此方法与传统的方法相比，计算简单、应用方便。郭守礼等研究了灰色系统模型在矿区污染预测中的应用问题。结合实例，建立了各自的污染增量预测方程。

南华大学的丁德馨、中国矿业大学的崔希民、西南交通大学的李树勇等使用 FLAC 程序对矿区进行污染预测，其中丁德馨在水口山铅锌矿成功地完成污染预测的运用，在污染预测数值模拟方面取得了阶段性的进步。

东北大学的麻凤海、王泳嘉，河南理工大学的邹友峰，中国矿业大学的曹丽文等将智能科学引入矿山污染领域，利用神经网络的自学习、自组织、自适应和非线性动态处理等特性来研究影响因素的选取、污染模型的建立以及模型的应用等问题。采用 BP 神经网络算法对污染进行建模和预测，结果表明，用神经网络模型对复杂的污染系统进行模拟预测，具有理论上的可行性和现实意义，说明人工神经网络技术在金属矿山重金属污染预计领域中具有实用价值。人工神经网络(Artificial Neural Network，ANN)是采用物理可实现的器件或现有的计算机来模拟生物体中神经网络的某些结构与功能，并反过来用于工程或其他领域，因其具有学习、联想、客观程度高、容错能力强等特点，在许多学科中得到了很好的应用，基于岩溶区金属矿山开采水文条件赋存环境的复杂性，在各种预计方法中最为实用的是实测分析法，但是在使用实测分析法建模时，传统的数学方法有时显得无能为力。之所以会产生这种现象，是因为重金属污染与各影响因素之间所组成的是一个典型的非线性系统，因而难以用传统的数学方法建立较为精确的模型，而人工神经网络在处理多因素的、复杂的非线性系统中的数据具有精确的数学模型。王卫华等对重金属污染反分析的神经网络方法进行了研究，建立了污染反分析的神经网络模型，并用基于正交试验获得的训练样本对网络进行学习，以此训练好的网络模型来描述水文参数与污染之间的关系，利用反演结果，建立拉格朗日快速计算法模型，对污染进行预测，其预测结果令人满意。

20 世纪 80 年代末，国内学者开始关注岩土重金属污染问题。相继出版了若干有关环境岩土工程的专著、译文与会议论文集。国内学者也开始研究废弃物管理与污染控制以及垃圾填埋场，但国内固体废弃物管理与污染控制仍是一个薄弱环节，至今仍没有一套完整的法律，也没有一个符合安全标准的有害废弃物安全填埋和焚烧的具体规定可遵循，对垃圾填埋场的研究深度还远远不够。国内的卫生填埋技术总体水平比国外落后 15 年左右，在防渗及渗滤液处理、沼气控制利用、封场及填埋专用仪器设备等方面还远不够完善，技术转化率低，缺乏具有原创性和自主知识产权的新技术和新工艺，尤其在技术集成与工程化方面缺乏足够的支撑。随着离心模型试验设备的迅速发展和模拟技术的提高，土工离心机已成为污染物迁移模拟的一个重要手段，并且其在环境岩土工程中的应用越来越大。近年来，清华大学研究人员利用离心机进行了寒区工程和土壤中污染物扩散的研究，并进行了非饱和土一维模型的模拟研究，分析非饱和土含水量的变化和迁移机理，验证相关的模型相似律，该离心模拟试验结果为进一步分析土壤中的无机污染物扩散机理提供了良好的研究基础。从我国《生活垃圾卫生填埋技术规范》(CJJ 17—004)可以看到，规范对填埋场选址作了严格规定，但缺乏对卫生填埋场填埋过程及封场后废弃物及变形验算的严格规定，此外，仅含糊地规定了要考虑封场后堆体的稳定性，缺乏对堆填埋过程中废弃物堆场的外部及内部稳定性的考虑，更缺乏对复合衬垫（里）层与土体相互作用的考虑。对于填埋场的动力问题，该规范未做任何规定。从定量化的角度来看，规范的水平是极低的。我国政府目前对环保工作也很重视，制定并公布了一系列的环境保护法律和法规。但在废弃物的循环利用及处置方面仍没有健全的法规和相应的措施，各类废弃物的利用率还很低，因而造成的环境问题非常严重。对废弃物的处置及利用应从环境、经济的观点出发，才能取得一定的社会效益、经济效益和环境效益。

通过各种途径进入水体的重金属，绝大部分迅速地由水相转入固相，即迅速地结合到悬浮物和沉积物中。结合到悬浮物中的重金属在被水流搬运过程中，当其负荷超过搬运能力时，便最终也转入沉积物中。因此，近年来，我国学者对水系沉积物重金属污染做了大量研究，主要包括重金属含量及分布特征，重金属的赋存形态及其生物有效性，重金属在沉积物间、沉积物—水相间的迁移转化规律等。但国内沉积物重金属污染来源问题上研究还不够彻底，大都是定性的分析。沉积物重金属主要来源于岩石及矿物风化的碎屑物、大气降尘和人类活动等，要区分这些污染源以及算出这些污染源所占的比例是件很困难的事情，又是一件很有意义的事情。重金属的二次污染是个很严重的环境问题，而目前对沉积物重金属的释放机制认识还不充分，应充分考虑影响重金属释放的各个因素，如 Eh、pH 值、有机质、季节变化和温度等。

1.4.3 研究重金属污染问题的意义

重金属污染问题的提出迄今为止已经有三十多年的历史了，由于国内外学者对此问题的探讨不深入，使得该问题未得到深入的研究与发展。近年来，矿山开采、加工、冶炼等矿冶工程的活动日益频繁，对环境造成了很大的影响，在这其中重金属对土体、水体是较为严重的一类问题。广西作为有色矿业资源大省之一，近年来采矿、冶炼、加工等行业获得迅猛发展。矿山露天开采剥落大量的重金属污染土堆放、工业废水的排放造成土体的污染、采矿废水排放对岩质边坡的侵蚀等情况广泛存在，所引发的环境污染问题与工程事故也一直困扰着工程界。由于对重金属污染土问题研究的不重视，在现实中往往将其作为一般土进行处理或者不作处理，导致了很多污染事故、工程事故的发生，以及在土壤环境、地质评价、地基处理、填土路基稳定性等方面的不合理性。

重金属污染迁移伴随着工业排放、矿产资源开发、冶炼与加工的全过程，不同重金属元素迁移与腐蚀特性也不同。重金属的迁移特性决定了污染的范围，重金属的腐蚀特性决定了污染的程度。重金属元素在土中不断的迁移特性会造成土体结构的破坏，使土壤板结硬化速度加快；重金属元素对土壤的腐蚀特性会造成土壤营养流失、有机质含量减少，破坏土壤的营养结构平衡，造成土壤的耕植水平持续降低，最后完全荒芜。因此，调查研究重金属污染土的相关变异系数、迁移特性与腐蚀特性，可以充分掌握重金属土壤的信息，更为准确合理地确定污染范围与污染程度，为后期治理提供依据。

大量的露天矿山开采剥离土造成了污染土不合理的堆存，大量的重金属污染土堆存往往会造成土地压占，环境污染，且存在滑坡、泥石流等地质灾害隐患。工程中一般将这些污染土用作填土地基、路基。但这些土体由于受到重金属元素作用，其物理性质、内部结构、力学性能等遭到了严重的影响与破坏。土体被重金属元素污染后，土粒间的胶体被溶蚀、胶结强度被破坏而改变了土体的内部结构，导致土体的孔隙比、压缩性增大，抗剪强度降低、承载力下降等土工性质的变化，导致填土路基、建筑地基开裂、路基边坡垮塌等一系列工程事故的发生。另外重金属元素含量与种类的不同对工程建设的影响也不同。研究重金属污染土的工程特性，并通过试验结果探讨其应力—应变关系，可以准确地掌握污染土的力学性能与本构关系。有文献研究表明，重金属污染土在合理的土体固化剂作用下，能够有效改善其稳定性、明显增加力学强度。探讨不同重金属含量的污染土的工程特性与有机土体固化剂固化前后的体变特性，以便采取更有针对性的措施进行治理。

重金属污染水的排放与渗流对岩石侵入面损伤、风化性能、力学强度等造成很大的影响，据统计，就广西而言，每年由重金属污染水侵蚀造成岩质边坡垮塌的工程事故就达数十起，造成经济损失数千万元。由于重金属污染岩石的力学强度低，边坡工程中一般都需要进行处理。在岩石力学性能研究领域，对重金属污染岩石的风化性能、物化作用、力学性能、本构关系的研究比较缓慢，仅在重金属污染侵入岩石后的破坏机理的研究方面取得了一定的进展。岩石在受到重金属污染前后，其力学强度、风化速度本构关系等存在很大差异，但对于重金属污染岩石的风化性能、力学性能、本构关系等系统的研究还很少，对于重金属污染岩质边坡等工程事故也并未能找到合理的防治措施。

事实上，在工程边坡爆破开挖、自然滑坡发生之前，有相当一部分岩质边坡在重金属污染物的侵蚀作用下，应力都发生了改变，沿裂隙面出现应力松弛现象，且随深度的增加而增加。裂隙面应力松弛会导致岩体突然失稳，发生大规模的岩滑或岩崩。所以，对重金属污染岩石的力学强度的研究，对岩土工程稳定性评价及边坡安全评价十分必要，对评价建筑基础的稳定性、确保岩土体工程稳定性、保护环境、合理利用土体资源、减少工程事故的发生具有重要意义。

随着工业化进程在全球范围内的飞速发展，以及矿产资源需求的不断增长，客观上需要增加对生态环境的了解，以及研究矿业生态环境与人类健康之间的相互关系。矿区土壤是矿区生态环境的重要组成部分，对矿业的可持续发展有着重要意义。在矿山环境中，各种各样的人类活动，将大量的重金属带入矿区周围的土壤中，造成这些元素在土壤中的积累，并通过大气、水体或食物链而直接或间接地威胁着人类的健康甚至生命。因此，研究矿区土壤的重金属污染的来源、累积特征、迁移特性、含量分布、化学形态、积累的生物效应及其污染的修复具有重要的意义。

2 我国矿业开发及重金属污染概况

众所周知，矿产资源是人类生存和发展的物质基础，矿业是国民经济的重要支柱产业，矿产资源的可持续供给是社会经济可持续发展的基本保障。立足国内保障矿产资源供给，对于中国这个最大的发展中国家具有历史性的战略意义。要保障矿产资源供给，一靠开源，二靠节流。开源需要加大地质找矿力度，寻找更多的新资源；节流则需要最大限度地利用好现有资源，盘活闲置资源。而要真正做到“节流”，关键在于综合利用技术的发展。

然而，我国矿产资源的基本特点决定了综合利用并非易事。由于我国幅员辽阔，成矿条件复杂，加上数千年发展过程的大量消耗，矿产资源赋存形势十分严峻：一是矿产资源总量大，但人均资源严重不足，仅为世界人均资源量的58%，主要金属人均储量不足世界人均值的1/4；二是虽然资源品种基本齐全，但重要矿产严重不足，目前我国已发现171种矿产中，煤炭、铅、锌、稀土、钨、锡、钼、锑等40余种矿产储量排在世界前5位，而石油、铁矿、铝土矿、铜矿、铬铁矿等重要大宗矿产却大量依靠国外进口；三是由于开发利用历史长，贫矿多富矿少，我国从公元前2100年的夏代就进入青铜器时代，4000多年来大量消耗的都是易开采、品位高的矿产资源。

矿产资源自然禀赋差，难选矿多易选矿少这一特点，成为了我国矿产资源综合利用的严峻挑战。我国矿产难选的主要原因首先是品位低，铁、铜、锰、铝、磷等国民经济紧缺矿产的贫矿比例分别高达97.5%、64.1%、93.6%、98%和93%，其探明储量的平均品位还不及世界平均品位的一半。其次是因为矿石性质复杂，类似“宁乡式”和“宣龙式”的鲕状赤铁矿、宜昌胶磷矿、黔西南黏土吸附型金矿、一水硬铝石这样的矿产资源在国外几乎不开发，而在我国却是重要资源。三是共生、伴生矿多，我国有85%以上的有色金属矿是综合矿，共生、伴生铁矿约占总储量的31%，已探明的900多个铜矿中，共生、伴生矿的比例达72.9%。这些难以开发的矿产资源或者固体矿物往往不能进行充分地综合利用，导致矿业工程在经济上难以实现盈利，在环境上又造成了很大的破坏。

事实上，我国在世界上开发利用的矿产资源品位是最低的，而我国的矿产资源综合利用技术水平已经远远高于世界平均水平。据了解，我国铁矿的入选品位已低至10%，在澳大利亚和巴西，原矿品位低于40%的铁矿都作为废石抛弃；紫金矿业开发的金矿最低入选品位已经低至0.15g/t，而澳大利亚金矿开发以0.63g/t为盈亏平衡点，实际开发的品位至少在1g/t以上；我国铜矿的最低入选品位已低至0.15%，而世界平均值为0.4%~0.5%。同时，我国早已对鲕状赤铁矿、胶磷矿、一水硬铝石等国际公认的难选难冶的矿产资源进行了综合利用，对攀枝花钒钛磁铁矿、柿竹园钨钼铋多金属矿、西藏甲玛铜多金属矿、阿勒泰铜多金属矿等需要通过综合利用才能实现经济利益的多金属矿床的开发量在世界上也是最多的。

经过几十年的持续攻关，我国在矿产资源综合利用领域形成了一大批具有世界领先水平的技术创新成果。我国自主研发了大批世界首创的工艺技术，如能够大幅提高磁铁矿精矿品位和回收率的磁团聚重选新工艺、能使低品位赤铁矿得到有效利用的鞍山式铁矿反浮选技术、能使铁钒钛都得到回收的攀西钒钛磁铁矿综合利用技术以及鲕状赤铁矿脱泥反浮选技术、胶磷矿重介质选矿技术、铝土矿选矿拜耳法、铝土矿反浮选脱硅新技术、德兴铁矿部分优先快速浮选技术及药剂、柿竹园多金属矿综合利用技术、紫金矿业低品位金矿堆浸技术、短流程浮选柱选矿工艺等；而在选矿新设备方面，研究开发应用了磁团聚重选机、磁筛、旋流细筛、重介质选矿机、高压辊磨机、浮选柱等；在选矿新药剂方面，研究开发了用于选钛、选铜、选锡、选铁、选铝土矿的大量新药剂。

面对我国自然禀赋极差的矿产资源，现有的综合利用工艺技术依然无法使之得到充分、高效的利用。也就是说，与我国矿产资源的特殊特点以及自身的利用程度相比，综合利用水平与国外相比仍有差距。所以，面对不断增长的市场需求和“立足国内保障资源供给”的新要求，要使矿业经济长期健康发展，我国还存在许多问题需要解决，加强自主创新，继续攻克难关以保障矿产资源供给仍然是唯一的出路。

事实也正如此。目前，随着找矿突破战略行动的深入，整装勘查发现的深部矿的采选工艺技术、青藏高原等生态脆弱地区的矿产开发工艺技术、微细粒矿物回收利用技术等亟待加强。此外，还有提高资源价值的新材料产业相对落后，先进设备不多，拥有的设备质量又普遍不高，这与国外存在着重大差距。在矿山管理方面也存在着环境恶劣、尾矿库危险、重金属污染、周围植被水体破坏情况严重等问题，企业的环境保护意识亟待提高，环保措施也亟待加强。

重金属污染作为矿业开发主要污染之一，随着矿产资源开发规模的扩大也日益严重。自2007年以来，我国工业行业汞、铅、镉、砷、总铬5种废水重金属污染物产生量为24421t，排放量为2064t。金属制品业、皮革及其制品业、有色金属冶炼及压延加工业、化学原料及化学制品制造业和有色金属矿采选业等5个行业排放量占全部工业总排放量的95.25%。这五个行业是重金属污染防控的重点行业。

2.1 我国矿产资源开发现状

2.1.1 金属矿产资源分类

我国金属矿产主要分为：黑色金属矿产、有色金属矿产、贵重金属矿产、稀有金属矿产、稀土金属矿产以及分散元素金属矿产。

黑色金属矿产包括：铁矿、锰矿、铬矿、钒矿、钛矿。

有色金属矿产包括：铜矿、铅矿、锌矿、铝土矿、镍矿、钨矿、镁矿、钴矿、锡矿、铋矿、钼矿、汞矿和锑矿。十种有色金属主要是指铜、铝、铅、锌、镍、锡、锑、镁、钛、汞。

贵重金属矿产包括：金矿、银矿和铂族金属（铂、钯、铱、铑、钌、锇）。

稀有金属矿产包括：铌矿、钽矿、铍矿、锂矿、锆矿、锶矿、铷矿和铯矿。

稀土金属矿产包括：钪矿、轻稀土矿（镧、铈、镨、钕、钷、钐、铕）、重稀土矿（钆、铽、镝、钬、铒、铥、镱、镥、钇）。

分散元素金属矿产包括：锗矿、镓矿、铟矿、铊矿、铪矿、铼矿、镉矿、硒矿、碲矿。

2.1.2 我国矿产资源特点及开发现状

矿产资源是人类赖以生存和发展的主要物质资源，也是世界各国从事工业生产的物质基础。据统计，全球约90%以上的工业品和18%左右的消费品均由矿产品产生。我国目前的经济发展对矿产资源的依赖程度更甚，工业生产超过80%的原材料取自矿产资源，每年消耗的矿产资源总量大于50亿吨。矿产资源为经济的发展提供了丰富的矿物原料，为社会的进步提供了重要的物质基础，矿产行业已经成为关系国计民生的行业，在国民经济中有着重要的地位。我国是一个人口大国，目前国家正处于良好的社会经济环境和国际周边环境中，国民经济在最近几年甚至几十年都将取得较快的发展，经济的发展必然使得矿产资源的消耗有较大幅度的增长。

我国地域辽阔，具有多种矿产的成矿条件，矿产资源总量丰富，种类齐全，但在资源配置方面存在很大的问题。其中小金属品种如钨、锡、锑、稀土等有一定的资源优势，然而铜、铝、铅、锌等大宗有色金属矿产却非常缺乏。截至2011年年底，全国已发现171种矿产，有查明资源储量的矿产159种，其中金属矿产54种。我国已探明的矿产资源的特征是贫矿多、富矿少；难采、难选、难冶矿多，易采、易选、易冶矿少；共生、伴生矿床多，单矿种矿床少；中小型矿床多，大型、特大型矿床少。有资料显示，我国已探明的矿产储量中，共生、伴生矿床储量占80%左右，全国25%的铁矿、40%的金矿、80%的有色金属矿和大多数煤矿，都有其他矿产与之共生或伴生。目前，全国开发利用的139个矿种中，有87种矿产部分或全部来源于共生、伴生矿产资源。我国铅锌矿床大多共生、伴生有铜、铁、金等元素，尤其是银，许多矿床成了铅锌银矿，其储量占全国银储量的60%以上；全国900多个铜矿床中，单一矿床仅占27.1%；金矿储量中，伴生金储量占了27.9%；钛资源中，94.25%为复合型钒钛磁铁矿矿床。有色金属、稀有金属中共生、伴生矿床很普遍，一般有3~5种，多的达15种以上，湖南、广西、江西等省区有些矿床有色金属伴生元素多达40多种，大部分可综合回收利用，有的共生、伴生矿产的潜在价值甚至超过主金属，如铅锌矿中，伴生有镓、铟、铊、镉、硒、碲、金、银、硫等。丰富的共生、伴生矿产，不但提高自身的综合利用价值，而且可直接增加矿山开发的经济效益，但其开发利用的技术难度大，选冶复杂，成本高，同时也大大增加了重金属污染环境的风险。

我国主要有色金属矿产资源情况介绍如下。

2.1.2.1 铜矿

铜矿指可以利用的含铜的自然矿物集合体的总称，铜矿石一般是铜的硫化物或氧化物与其他矿物组成的集合体。工业矿物有自然铜、黄铜矿、辉铜矿、黝铜矿、蓝铜矿、孔雀石等。我国是世界上铜矿较多的国家之一，铜总保有储量居世界第7位，探明储量中富铜矿约占三分之一。铜矿分布广泛，除天津、香港外，包括上海、重庆、台湾在内的我国各省（市、区）皆有产出。江西铜储量位居全国榜首，西藏次之，占15%；再次为云南、甘肃、安徽、内蒙古、山西、湖北等省。在探明的矿产地中，大型、超大型矿仅占3%，中型占9%，而小型占88%。贫矿多，富矿少，平均品位0.87%，品位大于1%的富矿约占全国总量的33%。在大型矿床中，品位大于1%的储量仅占13.2%。而在智利、赞比亚等富铜矿资源国家，尾矿中的铜品位都在1%以上。共生、伴生矿多，单一矿少，在近

600个矿床中综合性的矿床占70%以上。与世界相比，我国铜资源无论是在矿床规模、矿石品位上，还是利用难易程度上都处于劣势。铜资源的特点是中小型矿床多，大型、特大型矿床少，使得我国铜矿山建设规模普遍较小。铜资源中斑岩型铜矿少，矽卡岩型多，使得溶剂萃取技术推广受到限制；而且，矽卡岩型铜矿多数适宜地下开采，开采成本高。从铜矿中开采出来的铜矿石，经过选矿成为含铜品位较高的铜精矿，再需要经过冶炼提成才能成为精铜及铜制品。铜矿的选矿工艺主要是破碎—球磨—分级—浮选—精选等，对含镍、钴、钼、金等稀贵金属的多金属矿，可将粗选铜精矿再分别浮选镍精矿、钴精矿、钼精矿、金精矿。

目前，世界上铜的冶炼工艺主要有两种，即火法冶炼与湿法冶炼。火法冶炼一般是先将铜精矿在密闭鼓风炉、反射炉、电炉或闪速炉进行造锍熔炼，产出的熔锍（冰铜）接着送入转炉进行吹炼成粗铜，再在另一种反射炉内经过氧化精炼脱杂，或铸成阳极板进行电解，获得品位高达99.9%的电解铜。该流程简短、适应性强，铜的回收率可达95%，但矿石中的硫在造锍和吹炼两阶段作为二氧化硫废气排出，不易回收，易造成污染。近年来出现的如白银法、诺兰达法等熔池熔炼以及日本的三菱法等，使火法冶炼逐渐向连续化、自动化发展。湿法冶炼一般适用于低品位的氧化铜，生产出的精铜称为电积铜。现代湿法冶炼有硫酸化焙烧—浸出—电积、浸出—萃取—电积、细菌浸出等法，适于低品位复杂矿、氧化铜矿、含铜废矿石的堆浸、槽浸或就地浸出。现代湿法冶炼的技术正在逐步推广，可使铜的冶炼成本大大降低。

2.1.2.2 铅锌矿

我国铅锌矿资源比较丰富，全国除上海、天津、香港外，均有铅锌矿产出。保有铅总储量居世界第4位，锌储量居世界第4位。从省（区）际比较来看，云南铅储量位居全国榜首；广东、内蒙古、甘肃、江西、湖南、四川次之。全国锌储量以云南为最，内蒙古次之，其他如甘肃、广东、广西、湖南等省（区）的锌矿资源也较丰富。我国铅锌矿山的开采，以地下开采为主，少数矿区为露天开采或先露天开采，后转为地下开采。铅锌矿石一般都要经过选矿富集成精矿才能冶炼铅、锌金属产品。硫化矿石通常用浮选方法；氧化矿石用浮选或重选与浮选联合选矿，或硫化焙烧后浮选，或重选后用硫酸处理再浮选。对于含多金属的铅锌矿石，一般用磁—浮、重—浮、重—磁—浮等联合选矿方法。

硫化铅精矿是炼铅的主要矿物原料，其冶炼方法有火法和湿法两种，目前以火法为主，湿法还处于试验研究阶段。火法炼铅采用烧结焙烧—鼓风炉熔炼和反应熔炼、沉淀熔炼等方法。铅的精炼主要采用火法精炼，其次是电解精炼。硫化锌精矿是炼锌的主要矿物原料，也有火法和湿法冶炼。火法冶炼采用竖罐蒸馏、平罐蒸馏或电炉；湿法炼锌近20年来发展很快，已成为炼锌的主要方法。火法炼锌所得粗锌采用蒸馏法精炼或直接应用；而湿法炼锌所得电解锌，质量较高，无需精炼。对于难分选的硫化铅锌混合精矿，一般采用同时产出铅和锌的密闭鼓风炉熔炼法处理。对于极难分选的氧化铅锌混合矿，我国有独特的处理方法，即用氧化铅锌混合矿原矿或其富集产物，经烧结或制团后在鼓风炉熔化，以便获得粗铅和含铅锌熔融炉渣，炉渣进一步在烟化炉烟化，得到氧化锌产物，并用湿法炼锌得到电解锌。此外，还可用回转窑直接烟化获得氧化锌产物。我国铅、锌精矿产品中含有丰富的伴生组分，在冶炼过程已综合回收，经济效益十分可观。冶炼铅时综合回收的有铜、硫、锌、金、银、铂族金属、铋、铊、镉、硒、碲等产品，冶炼锌时综合回收的有硫、铅、铜、金、银、铟、镓、锗、镉、钴、铊、汞等产品。

2.1.2.3 铝土矿

工业上能利用的，以三水铝石、一水软铝石或一水硬铝石为主要矿物所组成的矿石统称为铝土矿。我国铝土矿资源丰度属中等水平，分布于19个省（区），总保有储量矿石居世界第7位。山西铝资源最多，贵州、广西、河南次之。与国外红土型铝土矿不同的是，我国古风化壳型铝土矿常共生和伴生有多种矿产。在铝土矿分布区，上覆岩层常产有工业煤层和优质石灰岩。在含矿岩系中共生有半软质黏土、硬质黏土、铁矿和硫铁矿。铝土矿矿石中还伴生有镓、钒、锂、稀土金属、铌、钽、钛、钪等多种有用元素。在有些地区，上述共生矿产往往和铝土矿在一起构成具有工业价值的矿床。铝土矿中的镓、钒、钪等也都具有回收价值。这些伴生元素也是重金属污染物的来源。

2.1.2.4 镍矿

镍矿主要矿物有镍黄铁矿（$(Ni,Fe)_9S_8$）、硅镁镍矿（$(Ni,Mg)SiO_3 \cdot nH_2O$）、针镍矿或黄镍矿（NiS）、红镍矿（NiAs）等。我国镍矿资源总保有储量镍居世界第9位，尚不能满足使用需要。镍矿产地分布于我国18个省（区），其中以甘肃省为最，新疆、吉林、四川等省（区）次之。甘肃金川镍矿规模仅次于加拿大的萨德伯里镍矿，为世界第二大镍矿。硫化镍矿床普遍含铜，此外，一般常伴生有铁、铬、钴、锰、铂族金属、金、银及硒和碲等。

2.1.2.5 钴矿

我国钴矿资源不多，独立钴矿床尤少，大量分散在矽卡岩型铁矿、钒钛磁铁矿、热液多金属矿、各种类型铜矿、沉积钴锰矿、硫化铜镍矿、硅酸镍矿等矿床中，主要作为伴生矿产与铁、镍、铜等其他矿产一道产出，品位较低。生产过程中由于品位低、生产工艺复杂，因此金属回收率低。钴矿产地分布于我国24个省（区），以甘肃省储量最多。

2.1.2.6 钨矿

钨矿主要是黑钨矿和白钨矿。我国是世界上钨矿资源最丰富的国家，分布于23个省（区）。总保有储量居世界第1位，产量也居世界首位，是我国传统出口的矿产品。就省（区）来看，以湖南（白钨矿为主）、江西（黑钨矿为主）为多，河南、广西、福建、广东等省（区）次之。主要钨矿区有湖南柿竹园钨矿，江西西华山、大吉山、盘古山、归美山、漂塘等几处钨矿，广东莲花山钨矿，福建行洛坑钨矿，甘肃塔儿沟钨矿，河南三道庄铝钨矿等。钨矿床伴生有锡、钼、铋、铜、铅、锌、锑、金、银、钴、铍、锂、铌、钽、稀土、硫、磷、砷等。其中，硫、磷、砷、钼、钙、锰、铜、锡、硅、铁、锑、铋、铅、锌等是钨的冶炼工艺和钨制品的有害杂质，要经过选冶技术途径富集综合回收，变害为益，变废为宝，综合利用。

2.1.2.7 锡矿

目前有经济意义的锡矿主要是锡石，其次为黄锡矿。某些矿床中，硫锡铅矿、辉锑锡铅矿、圆柱锡矿，有时黑硫银锡矿、黑硼锡矿、马来亚石、水锡石、水镁锡矿等也可以相对富集，形成工业价值。中国是世界上锡矿资源丰富的国家之一，总保有储量居世界第2位。矿产地分布于15个省（区），以广西、云南两省（区）储量最多，湖南、广东、内蒙古、江西次之。锡矿矿床类型主要有与花岗岩类有关的矿床，与中、酸性火山—潜火山岩有关的矿床，与沉积再造变质作用有关的矿床和沉积—热液再造型矿床，其中以第一类矿床为最重要，云南个旧和广西大厂等世界级超大型锡矿皆属此类。这两个锡矿储量约占全国锡总储量的三分之一。共生及伴生的矿产有铜、铅、锌、钨、锑、钼、铋、银、铌、钽、铍、铟、镓、锗、镉以及铁、硫、砷等。

2.1.2.8　钼矿

辉钼矿（MoS_2）是自然界中分布最广且具有现实工业价值的钼矿物，许多铜矿和钨矿也回收伴生钼。中国钼矿资源丰富，总保有储量居世界第2位。分布于28个省（区、市），以河南省钼矿资源最为丰富，陕西、吉林次之。钼矿大型矿床多，这是一个重要特点，如陕西金堆城、河南栾川、辽宁杨家仗子、吉林大黑山钼矿均属世界级规模的大矿。

2.1.2.9　汞矿

汞在自然界以自然元素或Hg^{2+}的离子化合物的形式存在，具有强烈的亲硫性和亲铜性。已发现的汞矿物和含汞矿物约有20多种。其中，大部分是汞的硫化物，其次是少量的自然汞、硒化物、碲化物、硫盐、卤化物及氧化物等。作为工业矿物原料具有开采价值的主要是辰砂和黑辰砂。辰砂富矿石可直接入炉冶炼，但大多数汞矿床含汞量较低，矿石要用选矿方法富集成精矿才能冶炼。中国是世界上汞矿资源比较丰富的国家之一，总保有储量居世界第3位。分布于13个省（区），以贵州省为最多，其次为陕西和四川。著名汞矿有贵州万山汞矿、务川汞矿、丹寨汞矿、铜仁汞矿以及湖南新晃汞矿等。

2.1.2.10　锑矿

锑在自然界中约有120多种锑矿物和含锑矿物，主要以4种形式存在：（1）自然化合物与金属互化物，如自然锑、砷锑矿；（2）硫化物及硫盐类，如辉锑矿、硫铜锑矿、硫锑铁矿、辉锑铁矿、黝铜矿、车轮矿、硫锑铅矿、脆硫锑铅矿、斜硫锑铅矿、硫锑银矿、辉锑银矿、辉锑铅银矿、硫汞锑矿、硫氧锑矿等；（3）卤化物或含卤化物，如氯氧锑铅矿等；（4）氧化物，如锑华、黄锑华、锑赭石、锑钙石、水锑钙石、方锑矿等。但具有工业利用价值的、适合目前选冶条件、含锑在20%以上的锑矿物仅有10种，即辉锑矿（含Sb 71.4%）、方锑矿（含Sb 83.3%）、锑华（含Sb 83.3%）、锑赭石（含Sb 74%～79%）、黄锑华（含Sb 74.5%）、硫氧锑矿（含Sb 75.2%）、自然锑（含Sb 100%）、硫汞锑矿（含Sb 51.6%）、脆硫锑铅矿（含Sb 35.5%）、黝铜矿（含Sb 25%）。其中，辉锑矿是锑的选冶最主要的矿物原料。我国是世界上锑矿资源最为丰富的国家，锑总保有储量居世界第1位。分布于全国18个省（区），以广西锑储量为最多，其次为湖南、云南、贵州、甘肃、广东等。

2.1.2.11　镁矿

菱镁矿是一种碳酸镁矿物，是镁的主要来源。我国是世界上菱镁矿资源最为丰富的国家。总保有储量居世界第1位。菱镁矿分布不广、储量相对集中，大型矿床多。主要分布于我国9个省（区），以辽宁菱镁矿储量最为丰富，山东、西藏、新疆、甘肃次之。其常见的共生矿物有石英、黄铁矿、褐铁矿、针铁矿、黄铜矿、闪锌矿、方铅矿、重晶石、方解石、白云石、萤石等。

2.1.2.12　钛矿

钛矿常以氧化物矿物出现。地壳中含TiO_2在1%以上的矿物有80余种，具有工业价值的有15种，我国主要利用的有钛铁矿、金红石和钛磁铁矿等。它们既有原生的（岩矿），也有次生的（风化残坡积及沉积砂矿）。钛铁矿是提取钛和二氧化钛的主要矿物。

我国的钛矿分布于10多个省（区）。钛矿主要为钒钛磁铁矿中的钛矿、金红石矿和钛铁矿砂矿等。钒钛磁铁矿中的钛主要产于四川攀枝花地区，金红石矿主要产于湖北、河南、山西等省，钛铁矿砂矿主要产于海南、云南、广东、广西等省（区）。钛铁矿的 TiO_2 保有储量居世界首位。钛矿矿床类型主要为岩浆型钒钛磁铁矿，其次为砂矿。

2010～2014年我国铜、铝、铅、锌、镍、锡、锑、镁、钛、汞十种有色金属产量见表2-1，由表可知，这些金属产量的年增长率均超过了7.2%。2013年与2005年相比，5个资源消耗指标中有4个明显下降，唯独金属资源消耗大幅增长：单位GDP用水量下降49.1%，单位GDP生物质资源消耗下降37.5%，单位GDP能源消耗下降26.4%，单位GDP非金属消耗下降17.4%，单位GDP金属消耗则上升13.2%。

表2-1 2010～2014年我国有色金属产量增长情况表

年 份	产品/万吨	同比增长/%	年 份	产品/万吨	同比增长/%
2010	3136	20.4	2013	4029	9.9
2011	3438	9.8	2014	4417	7.2
2012	3696	7.5			

2.1.3 我国矿产资源的综合利用水平

重金属污染物的产生与重金属在矿石中的矿物类型、赋存方式等有关以外，更与资源综合回收利用水平有极大的关系。回收率高，则“三废”中重金属污染物的量就相对少，反之，污染物的量就大。我国矿产资源禀赋特征差和开发利用难的现状，决定了我国矿产资源综合利用工作的巨大潜力和重要意义。尤其是在立足国内、提高我国矿产资源保障能力与矿产资源刚性约束不断增加的“两难”现状下，加强矿产资源的综合利用，使资源利用达到“无矿变有矿、小矿变大矿、一矿变多矿、贫矿变富矿”，对国内资源保障能力的加强，资源利用方式的转变，找矿突破战略行动的实施以及资源节约型和谐社会的建设，都具有现实而深远的意义。

经过多年着力探索，我国矿产资源节约与综合利用取得明显进展，综合利用水平不断提高。具体表现在：（1）一批大型重点矿床的综合利用问题得到基本解决或有了重大进步；（2）我国高效采矿技术装备水平不断提高，产业化进程不断加快；（3）一些矿产的综合利用技术达到或接近世界先进水平；（4）选矿技术装备开始走向大型化、高效化、复合化；（5）我国非金属矿产的提纯、超细、改性技术逐步提高；（6）能源矿产开发不断进步；（7）化工类及盐湖矿产综合开发利用技术得到应用；（8）二次资源回收利用快速发展。进入21世纪以来，在国家的高度重视和国土资源部的强力推动下，在有关科研院所和矿山企业的共同努力下，我国矿产资源综合利用水平不断提高。

近些年，尽管我国矿产综合利用取得了长足的进步和较快的发展，但是，我国复杂多元素共生矿、低品位矿、难选冶矿所占比例较大，伴随着矿产资源开采、利用难度的提高，适用于这些矿的综合利用技术较为欠缺，许多加工企业工艺设备与技术水平仍比较落后，主要表现在传统矿产加工生产工艺复杂、流程长、成本高；采矿工艺技术水平落后、选冶过程的自动控制水平低、选冶流程不科学，使很多伴生、共生组分损失遗弃；大型高效低耗选冶加工装备缺乏，选矿厂装备水平不高；相对缺少对尾矿、废渣等固体废弃物进行综合回收利用的先进装备，制约了矿产资源综合利用的效益和对贫、杂、微细复合矿石的综合利用。矿产资源利用水平仍不高，资源浪费现象严重，经济效益偏低，体现在采矿、选矿、冶炼回收率低，采矿贫化率高，共生、伴生有益组分的综合回收利用率低，深加工和精加工的矿产品比例很低等。与国外先进水平比，有色金属工业企业采选回收率平均约低 20%，冶炼回收率平均约低 10%，采矿贫化率约高 10%；有色金属矿产综合回收利用率低于 50%，深加工能力仅相当于其冶炼能力的 10% 左右。在开发过程中，由于低回收率和高“三废”排放，加剧了地质环境和生态环境的恶化以及重金属污染等。

2.1.4 矿业重金属污染产生的原因

我国重金属污染是在长期的矿山采、选、冶、加工以及工业化进程中累积形成的。矿业开发由于自身的性质和特点，必然伴随着对环境带来重金属污染。由于掠夺式开采，环境保障滞后于经济发展，加速了环境的恶化。近年来，长期积累的重金属污染问题开始逐渐显露，重金属重大污染事件呈高发态势，一方面是由于我国矿产资源的自然禀赋特性及资源综合回收率低，从而导致排放到外环境中的重金属种类多且量大，另一方面更多地是由人为因素造成，主要有：

（1）历史因素。以前“只开发，不治理”、“重开发，轻治理”，环境保护意识淡薄，是产生污染的先决条件，历史遗留的问题较多。

（2）产业结构不合理，发展方式粗放。长期以来，我国产业由于粗放型增长方式尚未根本改变，一些地方对产业结构调整政策措施贯彻力度不够，对高投入、高耗能落后企业淘汰力度也不够，对环境准入和环境影响评价制度执行不严，对环境与健康风险评估不到位，使得大量涉重金属行业和企业无序发展。中小型企业数量庞大，区域分布不合理等，使得含重金属污染的“三废”排放对环境造成污染十分严重。

（3）基础工作薄弱。对重金属整体排放情况和环境受污染程度尚未完全摸清，对企业无组织排放情况还未充分了解，对重点防控企业、区域及污染隐患的危害程度掌握不够。重金属污染的基础调查、科学研究、技术政策等远远滞后于污染防治的迫切要求。

（4）法规制度建设滞后，标准未严格落实。《重金属污染防治“十二五”规划》要求重金属污染防治应遵循源头预防、过程阻断、清洁生产、末端治理的全过程综合防控理念。这个规划对重金属污染起着重要作用。

对重金属控制要求，没有得到严格贯彻执行，在日常监督管理和考核中没有相关要求。现行的标准主要针对污染源达标排放而提出，未涉及重金属的累积效应。因此，关于人体健康的重金属环境标准还很不健全。

（5）环境监管能力不足，监督管理不到位。重金属排放企业多位于偏远地区，源头预防控制还未落实。有些企业，甚至地方政府对重金属污染不够重视，现有排放标准执行不严，一些中、小型企业不遵守环保评价和环保验收程序。重金属无组织排放现象普遍存在，尤其在有色金属冶炼行业，企业不正常运行造成的污染事件较多。对垃圾填埋场渗滤液以及生活污水、工业废水混排的污水处理厂污泥的重金属污染问题重视程度不够，监管措施不完善。重金属监测能力不足，目前主要注意常规性污染物监测，重金属污染物监测能力不足，国家自动在线监控系统尚无重金属污染监测，还没有建立重金属污染预警应急体系。

（6）企业因素。只注意眼前及个人利益，对于政府和地方法规视而不见，有法不依，乱采、滥挖现象比较严重，不仅导致了严重的资源浪费，同时极大地污染了环境。

(7) 经济技术因素。目前我国还处于发展阶段，采矿技术水平较低，回收率低。我国经济还不够发达，国家、地方及个人还拿不出大量资金保护、治理环境，加上技术还不够完善，矿业的采、选、冶、加工就不可避免地引发重金属污染，造成环境恶化。

(8) 地方保护因素。地方保护是导致生态环境恶化、重金属污染的主要因素之一。长期以来由于认识上的偏差，一些地方官员希望通过发展矿业改善地方财政，甚至个别领导不惜以牺牲环境为代价，急功近利以此提高个人政绩。更为严重的是为了眼前及局部利益而置长远利益于不顾，纵容地方企业及私人企业滥采滥挖、非法选冶，导致矿山在采、选、冶、加工过程中产生的重金属污染处于失控状态。矿业秩序不好的地区，地方保护主义大都比较突出。

2.2 矿业开发重金属污染源的来源

金属矿山的开采、冶炼，重金属尾矿，冶炼废渣和矿渣堆放等可以被酸溶出含重金属离子的矿山酸性废水，随着矿山排水和降雨使之带入水环境（如河流等）或直接进入土壤，都可以间接或直接地造成土壤重金属污染。1999 年我国有色冶金工业向环境中排放重金属 Hg 为 56t，Cd 为 88t，As 为 173t，Pb 为 226t。矿山酸性废水重金属污染的范围一般在矿山的周围或河流的下游，在河流中不同河段的重金属污染往往受污染源（矿山）控制。河流同一污染源的下段自上游到下游，由于金属元素迁移能力减弱和水体自净化能力的适度恢复，金属化学污染强度逐渐降低。江西乐安江沽口—中洲由于遭受德兴铜矿的污染，水体及土壤中的重金属 Cu、Pb、Zn、Cr 含量增高，至鄱阳湖段重金属含量逐渐降低。美国科罗拉多州罗拉多流域受采矿的影响，重金属元素 Cd、Zn、Pb、As 的浓度以污染源为最高，之后随着与污染源距离延长而逐渐降低。莱安河的重金属污染来自于一个大型铜矿，导致该河重金属浓度远远超过当地背景值。流域重金属污染随季节变化而异，枯水期重金属的含量明显高于丰水期。河流流速减缓也会导致该流段重金属含量增加。

同一区域土壤中重金属污染物的来源途径可以是单一的，也可以是多途径的。胡永定通过研究徐州荆马河区域土壤重金属污染的成因中指出：Cr、Cu、Zn、Pb 是由垃圾施用引起的，As 是由农灌引起的，Cd 是由农灌和垃圾施用引起的，Hg 是各种途径都具备。王文祥通过对山东省耕地重金属元素污染状况的研究说明工业快速发展地区铅高于农业环境，铅与距公路远近有关。乡镇企业技术、设备落后、原材料利用率低，造成其周边土壤重金属污染相当严重；据贵州 1996 年的统计，全省乡镇排放汞 1470t。土壤中有的地方汞达 56.64mg/kg，超过未污染土壤的 84.5 倍，要引起高度重视。

2.2.1 矿石共生、伴生的重金属污染

共生、伴生在各类矿石中的重金属，是环境污染中的重金属污染的主要来源。山体、河床上含重金属岩石的自然风化，是自然界重金属污染源之一。但是主要来源还是人类对矿石的开采、遴选、冶炼。在开采过程中，重金属可以随着洗矿水、雨水进入河流后，废弃的硫化物经过长期的自然氧化、雨水淋滤导致重金属大量进入矿区，会污染下流河流和土壤。在选别、冶炼过程中，矿石中的重金属主要通过废水进入河流。矿石及围岩中的铊、砷、铅、铬含量很高，在采矿、运矿、排土过程中尘埃污染也是矿区重金属的一个来

源。采、选、冶后的废弃物中也含有大量重金属，如不加处理或处理不当，会造成河流、地下水污染。开采后废矿、重金属含量更高，也是重金属污染的重要来源。

2.2.2 作为生产原料的重金属导致的污染

重金属作为原料的生产过程中，很容易污染工作场所，进而污染从事生产活动的员工和附近居民。比如锡箔制作者的铅中毒、汞相关产品生产中的汞中毒等；使用重金属作为原料的产品，在使用时易导致重金属污染，比如合金家具中的铬污染，使用化妆品造成的铅中毒，汽油中的铅污染，保存废弃后的铅蓄电池和干电池易造成铅污染等。

以重金属作为生产原料厂家产生的废水、废气、废渣中的重金属含量也较高，应引起注意。

2.2.3 废水、废气、废渣中的重金属污染

矿山固体废弃物的风化可以导致重金属的淋滤释放，特别是铅锌矿、汞、铊矿，在开采过程中，尾矿、废石中的铅、锌、砷、铊以及伴生元素镉、铬、铜在地表水的冲洗和雨水的淋滤下会累积起来。五振兴等湖南省渔溪河流域开展了大量的矿井水、废矿石、尾矿砂、农田土壤、地表水、河流底泥和地下饮用水中的锑及相关重金属污染物铅、锌、砷等的污染规律调研，结果表明，流域中、下游河流底泥、地表水、地下水锑浓度超标明显；农田水体也已受到较严重的污染，矿山企业周边农田土壤砷、锑平均浓度均超过标准限值；且中下游约63%的地下水样品锑浓度超出标准限值。

除矿石采、选、冶过程中大量重金属通过烟尘、粉尘污染周边环境外，燃煤发电的废气造成汞的污染，含铅汽油的尾气排放，熔炼浇铸和电镀、电焊产生的废气都是重金属污染的重要来源。含重金属的废渣、炉灰的堆放和不合理的填埋是造成附近河流和浅层地下水污染的重要途径。

2.3 矿业重金属污染的途径

矿业开发过程中所伴随的各种类型的采矿、冶炼等活动是矿业重金属污染的主要途径，由于大量废石中含有 Fe、S、As、Pb、Zn 等多种化学元素，在自然条件下，受空气、降雨及细菌的影响，导致从废石场中流出的废水呈酸性并含多种金属离子，同样原因从露天采矿场中也流出呈酸性的废水。此外，在选矿和矿石回收中还要产生选矿废水、选矿沉淀物、各种萃取液等，另外由于尾矿库容积有限，部分尾矿随意堆积在选矿厂附近，造成从尾矿中流出的废水也含有尾矿中的残留元素成分并呈酸性，以上这些废水均形成矿山废液。废石、尾矿和矿山废液如果处理不当，对生态环境的破坏是极为严重的。废石、尾矿和矿山废液等未及时处理，甚至倾入河床及其水体中，可造成河道淤塞、河流、湖泊等水体及沉积物的污染；废石和矿山酸性水流入河流可引起河岸湿地附近生长的植物组织中金属浓度上升；矿山开采中产生的酸性矿山废水流入河流将破坏下游的鱼类、浮游生物、水生昆虫等；采矿活动中的尾矿、酸性废水和工业固体废物等的排放还可造成对农业、土壤、大气、地下水的直接损害，并影响人体健康。

2.3.1 采矿过程中重金属污染

矿产资源是人类生产和生活的基本源泉之一，是社会经济发展的重要基础，我国目前

85%的能源和60%的原材料是依靠开发矿产资源来提供的。由于掠夺式开采以及环境保护滞后于经济发展等因素，矿产资源的开发在对国民经济发展起重要推动作用的同时，也带来了比较严峻的环境问题。在具有长期矿业开发的大型矿区，重金属的污染和潜在危害已经引起人们的高度重视。

全国仅有色金属矿山每年排出废石就有上亿吨、尾砂7000多万吨、废水数亿吨，而含尘的废气一般采取自由排放。这些废石、尾砂、废水、废气中都含有重金属元素，它们或直接进入土壤造成污染，或通过淋溶，随水流排入江河湖海。

矿山开采过程形成的酸性矿山排水，水体具有较低的pH值，并富集可溶性Fe、Mn、Ca、Al、SO_4^{2-}等以及重金属元素Cu、Zn、Pb、As、Cd等。

采矿活动导致氧气进入地下深部，重金属元素因暴露于氧化环境而处于非稳定状态，经过一系列复杂的化学反应，重金属离子进入溶液，形成富含重金属的废水，矿山开采中废气、粉尘、废渣排放，可产生大气污染和酸雨。

李军等采用地积累指数及Lars Hakanson潜在生态危害指数法对湘潭锰矿废弃地重金属的生态危害进行评价与比较，结果表明，Cd、Mn、Pb、Zn的地积累指数均大于5，达到极严重污染水平。5种重金属的潜在生态危害系数和潜在生态危害指数表明，Mn、Pb、Cd为极强的生态危害，Zn为中等生态危害，Mn、Pb、Cd生态危害系数均高于极强生态危害系数的临界值，为该地区生态危害的主要因子。

丛俏等对辽宁省葫芦岛市钼矿区周边农田土壤重金属污染情况进行了详细研究。结果表明，矿山周边农田土壤重金属主要污染物为Cd、Hg并伴有Cr污染；Nemerow综合指数6.81，综合评价结果为该区土壤已受严重污染。

姬艳芳等根据湘西凤凰铅锌矿区典型土壤剖面中重金属分布特征结果分析，湘西凤凰铅锌矿区整个区域受成矿地质作用的影响，母岩和土壤中Pb、Zn、Hg、As、Cd等重金属的含量均普遍较高，在相对一致的地质背景和成土自然环境下，不同土壤剖面底层土壤及母岩中重金属含量差异不大。不同剖面土壤中重金属含量和分布更多受人类采矿活动和采矿历史的影响，在受人为采矿活动影响时间较长的老矿口，土壤重金属含量明显升高并在土壤表层显著富集；而在新开采的矿口则呈现明显的底层富集趋势，采矿口土壤受人为采矿活动影响的强度高于矿渣堆积对土壤的影响强度。不同元素在剖面的分布特征和迁移淋溶趋势明显不同，在受人类活动影响较大的采矿区老矿口剖面中，各元素土壤剖面中的迁移深度和迁移速率分别为180cm(Zn和Cd)、130cm(As)、110cm(Pb)、100cm(Hg)和2.57cm/a(Cd)、1.86cm/a(As)、1.57cm/a(Pb)、1.43cm/a(Hg)；其中，Pb、Hg、As较易在土壤表层富集，通过农业生态系统影响人类的风险较大，而Cd和Zn的迁移淋溶能力最强，污染底层土壤和地下水的风险较大。

2.3.2 选矿过程中重金属污染

在选矿厂内，矿石在破碎过程中会产生大量的废气、废渣、废水、粉尘；这些有毒、有害物质如果不经处理或处理不当和不完全就直接排放到大气、地表、河流，使之向大气中挥发散播造成大气污染。同时选矿废水排放量大，里面往往残留大量的矿泥悬浮物和重金属离子。

由于在有色多金属中不但有多种金属元素，如Cu、Pb、Zn、Cd、As等，而且同一种元素也有种类很多的矿物，如硫化铅、氧化铅、硫酸铅盐矿物等，造成综合利用率低，尾矿重金属含量高。选矿过程中共（伴）生的重金属易溶矿物，进入到水中造成选矿废水重金属含量较高。

在浮选厂，为了有效地进行浮选和分离，需要在不同的作业中加入大量浮选药剂，主要的浮选药剂有捕收剂、起泡剂、有机和无机活化剂、抑制剂、分散剂和絮凝剂。以铅锌硫矿尾矿水为例，废水中含有如黄药、松醇油、硫化物、氧化物、酸、碱以及 Cu^{2+}、Pb^{2+}、Zn^{2+} 等成分复杂的重金属复合废水。在浮选过程中还会加入硝酸铅、硫酸铜、重铬酸钾等活化剂或抑制剂，成为重金属离子的外源加入点。

湖南省郴州地区某多金属钨铋选矿废水 As、Be 和 Pb 等含量分别为 0.92mg/L、0.49mg/L 和 5.78mg/L，均超过《污水综合排放标准》(GB 8978—1996)。国内某大型铅锌选矿厂选矿废水中重金属污染物浓度为 Pb 0.109 ~ 12.03mg/L、Zn 0.185 ~ 5.93mg/L、Cd 0.0001 ~ 0.042mg/L、As 0.0001 ~ 0.19mg/L，这些废水产生量大，外排将给生态环境带来严重污染。

2.3.3 冶炼过程中重金属污染

矿石的冶炼会带来一系列的环境问题，冶炼炉渣、废水、废气会向环境释放大量重金属元素，冶炼厂的烟尘是冶炼厂的污染源，因烟尘中会有大量重金属元素。

在该过程产生各种中间物料，废杂料（机加工废料、酸泥、污水、多金属烟尘）及阳极泥，均含有重金属离子。

冶炼是向环境中释放重金属的主要来源之一，所产生的废水中，各种矿物质悬浮物和有关金属溶解离子（Hg、As、Sn、Cr 等元素）是水体中重金属污染物的来源之一。它们在酸性矿水的环境下，有较大的污染性，并不断在水体中迁移转化，最终沉淀下来使得水体遭受污染。

梁家妮等对江西贵溪市境内某冶炼厂综合堆渣场菜地土壤和蔬菜中重金属污染进行研究，结果表明，冶炼厂综合堆渣场产生的污水对坝下菜地土壤造成了 Cu、Zn、Pb、Cd、As 的污染，并一定程度地导致了土壤的酸化。Cu 和 Cd 为该区菜地的主要污染元素，其超标率均为 100%；其最高含量分别为对照的 5.3 倍和 4.3 倍。蔬菜可食部分重金属 Cu、Cd 和 Pb 含量均不符合国家无公害蔬菜的标准，超标率均达 100%。

冶炼废弃地遗留的重金属对生态环境造成严重污染。李海英等在对黔西北土法炼锌四个矿区周围的土壤和植物（蔬菜和作物等）进行全面调查的基础上，对土壤和植物重金属（Zn、Cd、Pb、Cu 和 As）污染现状进行了监测与初步评价。结果表明，四个土法炼锌矿区 1 个属于中度污染外，3 个处于严重污染状态。并且 Cd 是每个矿区的主要污染元素；土法炼锌矿区周围的蔬菜已全部受到严重污染，综合污染指数在 10.83 ~ 40.67，属于重度污染，蔬菜污染主要以 Cd 为主，超过国家食品卫生标准 54 倍；矿区周围其他植物如土豆、玉米和绿肥等中的重金属也严重超标，主要以 Pb 污染为主，超过国家食品卫生标准 366.75 倍。说明矿区土壤中种植作物的生长及食用安全已经受到重金属污染的严重影响，对居民健康构成潜在威胁。

总之，所有类型的矿山，不论是露天开采还是地下开采，都将产生废石和选矿尾渣。随着对矿产资源需求的不断扩大，矿山废物的排放量大幅度增加，采矿废石和选冶尾矿中含有一定量的硫化物，由于氧化作用，暴露于大气中的硫化物矿物就氧化形成酸性矿山排水，导致金属的释放速度大大快于自然的风化过程。在较低的pH值条件下，可溶性的Fe、Mn、Cu、Mg、Al、SO_4^{2-}以及重金属元素Pb、Cu、Ni、Co、As、Cd等富集，矿山在开采中废气、粉尘、废渣排放可产生大气污染和酸雨。矿山生产中氧化、风蚀作用可使废石堆场，尾矿库形成一个周期性的尘源。矿山在采、选、冶、加工过程中会引起多种重金属污染，是向环境中释放重金属的最主要来源，冶金矿山生产，粉尘污染是大气污染物的一种主要类型。这些情况显示了重金属污染在矿业开发中的状况。

随着资源形势的不断紧张，对矿产资源综合利用工作的关注也在不断提高，努力提高我国矿产资源综合利用效率已成为全社会的共识，这为我国的矿产资源综合利用提供了难得的发展机遇。这主要体现在三个层面：一是国家高度重视矿产综合利用技术研究，从国家每年的大量资金投入，再到国务院将矿产资源节约与综合利用列入找矿突破战略行动的三大任务之一，都标志着矿产资源综合利用工作已上升为国家战略任务；二是各地政府更加重视综合利用技术发展对社会经济发展的推动作用，依靠科技进步，实现矿产资源集约节约和高效利用，将资源优势转变为经济优势已经成为全社会和各级地方政府的迫切愿望；三是保护与合理利用资源已经成为越来越多矿山企业的自觉行动，更加重视应用新技术新工艺解决发展问题。

面对新形势新任务新要求，我国必须进一步突出矿产综合利用技术创新工作：加强新工艺技术在现有矿山企业的推广使用，推动行业技术进步；注重研究深部矿的选矿工艺技术、生态脆弱地区的矿产开发技术；加强新材料研发，提高资源价值；加强多力场协同设备和选择性更强的浮选药剂研发，努力提高微细粒矿物的回收率；加强矿产开发“三废”治理技术研究，推动资源综合利用效率提高和资源环境协同发展。

要取消在采矿权审批中允许对资源可利用性评价进行类比的做法，严格要求企业必须在认真开展采选冶工艺技术研究工作并取得科学的经济技术指标后，才能获得矿权实施开发。同时，应采取有效措施，在实施矿产资源节约与综合利用示范项目评选和示范基地建设工作中，大力推动产学研结合机制的建立，并在地调项目和国土资源部公益性项目中加大对矿产资源节约与综合利用技术创新的支持力度。

3 矿山重金属污染的影响机理

中国有色桂林矿产地质研究院对“广西矿业重金属污染现状及对矿业可持续发展影响的研究”报告中提出了矿业重金属污染理论体系及影响机理。报告中指出我国矿产资源经过几十年的大规模开发，浅部的、易开采的矿床越来越少，深部的、地质条件复杂的、不易开采的矿床的开发势在必行，由此引起的重金属污染问题也将越来越严重和频繁。因此，必须对上述各种采矿引起的重金属污染问题及其防治技术进行系统的、深入的研究。研究工作应从两个方面开展：一是金属矿山地下采矿地下水环境改变的引发机理与控制理论研究，主要包括重金属污染对矿区岩土工程环境改变的机制；局部岩体能量集聚与消散规律及其控制理论研究；金属地下开采矿山岩层移动与地面塌陷发育过程研究；掘进工作面与采场突水机理研究。二是金属地下矿山工程岩土环境问题防治技术研究，主要包括井下突水、突泥超前预报与防治技术研究；采空区探测与处理技术研究；深井岩爆监测和预报技术研究；岩爆消弭技术研究；全尾砂充填采空区技术研究；矿山构筑物、井筒、地面设施、地下各种构筑物加固技术研究；断层破碎带、裂隙带涌水截排技术研究。

金属矿地下开采引发环境问题常见的有采空区塌陷、固体废弃物堆积诱发滑坡，泥石流，地下水与地表水污染，矿区土地重金属污染，尾矿产生的溶滤、淋滤废水排放污染以及堆积可能引发滑坡、泥石流等。在这其中地下水与地表水污染，矿区土地重金属污染，尾矿产生的溶滤、淋滤废水排放污染对矿区岩土工程环境的影响是最为严重的，危险性也是最大的，因此，对于此类问题的研究是至关重要的。它关系到矿区未来的环境是否还能适合人类生存、是否还能够从事工程建设等活动。由于此类问题的治理难度与花费都较大，因此要想更好地处理此类问题，首先就要研究形成这种问题的原因所在，基于这一情况，本章主要对影响矿区岩土工程环境的污染形成机理进行分析，以便为以后处理污染岩土工程环境问题做一个铺垫。

矿产资源开采过程就是将矿物从地下搬运到地表的过程。这个过程包括在地质勘探取得矿产地质资料的基础上从矿田的开拓到矿石的选矿一系列的活动。矿石在搬运到地表之前，采矿包括开拓、采准、回采和充填几个步骤，每个步骤基本上又由凿岩、爆破和运输等活动组成，同时，采矿活动必须有通风、供风、供水、供电、排水、运输、充填和提升系统加以保证。矿石搬运到地表后，首先通过地表运输系统运到选厂，进行选矿。因此，采矿活动是一个由多个系统组成的复杂的大系统。很明显，矿山环境中的外源重金属就是通过这一系列的采矿活动向环境释放迁移的。但是矿物中的重金属在哪一采矿过程并如何以各种形态释放迁移表生环境的地球化学机理极其复杂。对这一过程的研究涉及采矿学、矿物学、地球化学、环境化学等多学科的理论与技术。矿业重金属污染的问题要从采矿活动过程的分析入手，找出采矿活动重金属释放迁移的主要矛盾，并从理论上探索重金属释放迁移的一些基本规律，为矿山环境污染的治理和控制提供科学依据。

3.1 矿业开发过程的重金属污染途径

近年来，采矿活动产生的污染问题已引起国内外许多国家极大的关注。在近一个世纪以来进行的大量采矿活动中，由于对尾矿、废石和矿山废液的管理和处理不当，致使这些废物对大气、水系、土壤、生物造成既有暂时性的污染，又有潜伏性和长期性污染的危害，严重者直接危害人类身体健康。

目前，国外一些国家已开始对采矿污染区采取一些必要的治理措施，我国也建立健全了各种矿山环境法规，对矿山污染地区采取了必要的防治措施。但是仍然存在一些小企业，在无任何污染防治措施情况下，自行开采小煤窑、小金矿、有色金属矿等，甚至有的地区违法哄采有色金属矿，这样不但使国家的自然资源遭到严重破坏，而且使周围生态环境遭受严重的污染。

3.1.1 开发过程的重金属污染泄漏

在各种类型的采矿活动中，由于大量废石中含有 Fe、S、As、Pb、Zn 等多种化学元素，在自然条件下，受空气、降雨及细菌的影响，导致从废石场中流出的废水呈酸性并含多种金属离子，同样原因从露天采矿场中也流出呈酸性的废水。此外，在选矿和矿石回收中还要产生选矿废水、选矿沉淀物、各种萃取液等，另外由于尾矿库容积有限，部分尾矿随意堆积在选矿厂附近，造成从尾矿中流出的废水也含有尾矿中的残留元素成分并呈酸性，以上这些废水均形成矿山废液、废石，尾矿和矿山废液如果处理不当，对生态环境的破坏是极为严重的。

矿山的开采、挖掘是直接在岩土圈中进行的，伴随着我国矿山开采强度的增大，其所造成的环境破坏越来越严重。矿产资源的开发、加工和使用过程不可避免地要破坏和改变自然环境。在这其中重金属污染问题就是比较严重的问题之一，比如，矿山开采产生“三废”的排放严重地影响了人们的生活，尾矿坝的渗漏以及露天矿山矿渣的堆放等都会不同程度产生重金属污染问题。从我国目前矿山的实际情况来看，重金属污染环境问题负效应主要有以下几种类型：由于开采过程中选用采矿试剂而引起地下水污染的问题；矿产开采过程中废弃矿渣堆砌引起的周边土壤污染的问题；采矿废水排放引发周边水体及地下水污染的问题；尾矿库渗漏引发水污染的问题。伴随以上问题的出现进而出现以下次生问题：废弃矿渣通过淋滤、溶滤作用产生的废水浇灌土地造成土壤、农作物污染的现象；地下开采引发的地表沉降、坍塌和山体滑坡崩塌；露天开采造成的地表植被破坏及其引发的水土流失；采矿爆破作业诱发的地震；矿区排水疏干及矿床开采导致地下水位下降和水资源流失等。矿业固体废弃物堆置不当引发的环境岩土工程问题主要是排土场、废石场、矸石场、炉渣场和尾砂库泥石流灾害及由其产生的沙尘暴等。

金属矿山的重金属污染问题相对其他工业“三废”而言，没有那么明显，所以以前受到的关注相对较少，很多领域的研究相对来说不是很成熟，但大多数重金属具有可迁移性差、不能降解等特点，会在矿山周边的生态系统中不断积累，毒性不断增强，从而导致生态系统的退化，并通过食物链影响人体健康，因此要解决此类问题，就要找准金属矿山本身的特点，及早进行调查，以便及时采取措施防治，这样才能更好地解决或减少重金属污染影响矿区环境的问题。

金属矿产大部分是采用地下开采技术，在地下进行大面积开采、挖掘过程中，往往形成较大的采空区。一旦采空区放顶后，在采空区上部的岩层便形成冒落带、裂隙带和变形带等，并不断向上发展，容易造成地面沉降，地表形成低洼地。由于地表潜水位较低，在沉降低洼处，地下水位接近或高出地表，于是在地表形成沼泽区或积水池。当矿山开采的深度较小时，开采放顶后冒落带直接发展到地面，使得地面产生塌落。如遇到地面有建筑物时，若下沉量较大、地下水位又较浅时，会造成地面积水，这不但影响使用，而且使地基土长期浸水，造成强度降低，从而使建筑物墙梁产生拉剪破坏甚至陷入地下；遇到地表河流时，使全部河水涌入井下，从而在地表形成断流。这些矿坑水不同程度地含有选矿试剂、重金属元素，因此不管对采空区矿坑水还是塌陷后的地面积水都会造成不同程度的污染。根据调查，广西全区存在地面塌陷积水及采空区矿坑水 800 多处，塌陷坑约 3 万多个，都不同程度地受到重金属污染。

采矿，无论是地下或者露天开采，都要剥离地表土壤和覆盖岩层，并开掘大量的井巷，从而产生大量废石，而选矿过程也会产生大量的尾矿。据估计，由矿业生产所排放的工业固体废弃物占到了全国工业固体废弃物排放总量的 80%，仅金属矿山排放堆积的废石和尾砂就已超过 50 亿吨，并且每年仍以 4～5 亿吨的排放量剧增。煤矿开采排弃的矸石量占到煤炭产量的 10%，砷石量每年递增 1 亿吨废石和尾矿。它们对环境的影响主要表现在以下几个方面：

（1）所有矿山的开采都伴随尾矿排放问题，这种矿山特有的固体废料往往就地堆放，不可避免地要覆盖农田、草地或堵塞水体，从而破坏生态环境。

（2）有的废石堆或尾矿场会不断逸出或渗滤析出各种有毒有害物质，污染大气、地下或地表水体；干旱刮风季节会从废石堆、尾矿场扬起大量粉尘，造成大气粉尘污染，更重要的是，这些扬尘含有一定量的有害元素，如铅、铍等。当它们随风飘到矿区附近的土地上时，可造成矿区大地大面积地重金属污染。例如，地处河西走廊中段巴丹吉林沙漠边缘的金川公司老尾矿占地 300 万平方米，选址周围为居民区，由于经常尘土弥漫，严重地影响了居民生活；暴雨季节，会从废石堆、尾矿场中冲走大量砂石，可能覆盖农田、草地、山林或堵塞河流等。

（3）由于露天矿坑的开采、挖掘、排土场的堆积常常形成数十米甚至几百米高的人工边坡，这些边坡往往存在极大的不稳定性，同时大量的废石和尾矿如堆存不当除了可能发生滑坡事故，造成严重后果外，在雨水等因素的作用下通过溶滤、淋滤作用也使得这些废弃物产生大量的污染造成环境的影响与破坏。我国大坪金矿区和东波有色金属矿区尾矿库由于矿产开采和矿业固体废弃物处置不当就引发了环境污染的典型事故，造成 108 人中毒；金子河污染和矿区大量土地被破坏，使整个矿区的生态环境几乎遭受灭顶之灾。

随着矿山大量的开采，矿山废水的大量排放，土壤和水源中重金属积累的加剧，重金属的污染也日益严重。由于重金属易通过食物链而生物富集，构成对生物和人体健康的严重威胁。而重金属的污染情况在矿山的污水中也较为严重，调查发现矿区废水中的镉、镍、汞、锌、铅都不同程度地出现超标的现象。在矿区周围的淤泥进行监测的时候也发现了污泥中镉、镍、铜等金属元素都超过了污泥农用时污染控制标准限值。因此，未来需要对重金属的处理方法以及发展前景进行探讨与研究。

3.1.2 固体废物堆放引发的重金属污染

3.1.2.1 固体废弃物引发链效应

随着矿产资源的开采，大量固体废弃物的堆存，不仅造成了资源的浪费，而且对矿山生态环境和人类生存带来极大的危害。如压占大量土地，破坏森林，破坏地貌和自然景观，导致水土流失、生态环境发生变化，同时潜伏着泥石流、山体崩塌、滑坡、垮坝等地质灾害；废石和尾矿的乱排乱放淤塞河道，污染水体，对环境造成危害；尾矿或废石中的硫、砷、铅、锌、汞等以及尾矿中夹杂的化学药剂，如酸、碱、氰化物对地表水、地下水及周边环境的污染；尾矿、废石在干旱或大风天气下造成的扬尘，以及某些成分（如氰化物、有机物）的自然风化或煤矸石的自燃，会产生一氧化碳、二氧化硫等有害气体，污染大气环境。

一些矿山固体废弃物场区含有的某些有毒有害物质含量已严重超标，这些有毒有害物质通过地下水循环、植被吸收等过程进入人体内，从而对当地居民健康产生影响。矿山尾矿库常含有大量的重金属元素，由于尾矿库管理不善，设备陈旧等方面的原因，尾矿库“跑”、“冒”、“漏”、“滴”现象严重，这些重金属元素进入水系中，一方面居民直接饮用水系中的水，另一方面这些水系作为农作物的水源，就会引起农作物的污染，从而进入人体。例如，长期饮用锰含量较高的水对人体神经系统和呼吸系统都有损害；适量的钴是人体必要元素，它能促进红细胞生成，但人长期生活在含量过高的钴环境中会引起呼吸系统、心肌、甲状腺病变；铜是人体重要元素，但水和食物中含量太高时，可能会严重损害儿童的肝脏，长期吸收较高含量的铜可能更易患肝病，较高浓度的可溶性铜盐会刺激人的肠胃，使人恶心、呕吐、腹泻等；尾矿库中的粉尘会影响人的呼吸系统、眼睛、消化系统等；铅锌矿附近的居民极易引起肢体麻木、腰酸背痛、听力下降、智力低下、聋哑等症状。据研究表明，一般的有色金属矿区附近的土壤中，铅含量为正常土壤中含量的10～40倍，铜含量为5～200倍，锌含量为5～10倍。这些有毒物质一方面可以通过土壤进入水体，另一方面也可能在土壤中积累而被作物吸收，毒害农作物，进而危害人类健康。

生态环境与社会发展是当今国际与国内社会普遍关注的重大问题，经济与社会的发展离不开自然资源的开发利用和生态环境的依赖，而自然资源的开发既给社会带来了财富，也带来了负面的影响——生态环境的破坏。影响矿山生态环境的因素尽管是多方面的，但其中最为重要的则是矿山积存的固体废弃物对生态环境的影响。

3.1.2.2 固体废弃物累积与排放效应

金属矿山固体废物是指矿山开采和矿物加工过程中产生的废石和尾矿。废石是矿山开采过程中排出的无工业价值的矿体围岩和夹石。对于露天开采，就是剥离下来的矿体表面围岩；对于井下开采，就是掘进时采出的不能作为矿石使用的夹石。据统计，目前有色金属矿山每采出1t矿石，平均约产生1.25t废石，废石年产生量高达1.06亿吨，1949年以来累计高达21.5亿吨；有色金属矿山每采出1t矿石，平均约产出0.92t尾砂，尾砂年产生量达780万吨，累计量约11亿吨，利用率仅为6%，占地约8000hm^2。金属矿山的尾矿是复杂多相的人工混杂堆积物，堆积的尾矿所发生的各种次生变化以及酸性排水的产生都与其矿物学性质密切相关。在表生环境中，温度、湿度、pH值的变化都会导致尾矿中的矿物发生相应的氧化反应、中和作用、吸附作用、离子交换作用，并控制着矿山的酸性排水和重金属释放过程。

大量试验研究结果表明，尾矿是否会发生酸性排水和重金属释放主要受到其中碳酸盐矿物的含量的制约。但是实际条件下尾矿中的许多矿物都可以对酸起到中和作用，从而缓解或阻止尾矿酸性排水的产生，由于不同的矿物在中和反应中具有不同的活性，因此，这些矿物只能在不同的 pH 值范围内以不同的速率对酸性排水进行中和，其中碳酸盐矿物如方解石、白云石与酸发生反应时活性高，成为尾矿中最主要的中和矿物。有色金属矿产资源开发产生的主要废弃物是尾矿，尾矿是矿山重金属污染环境非常重要的环境介质。因此，在研究矿产资源开发重金属释放迁移规律前除充分了解矿石矿物学特征外，加强对尾矿的矿物学的研究也十分重要。

原生矿物组成主要与矿床地质特征、矿石类型、选矿加工工艺有关。不同矿山的尾矿硫化物种类和组成以及非金属矿物种类和组成各异。在表生环境条件下尾矿中发生的水—气—矿物反应以及反应产物也有很大差别。尾矿中原生矿物大部分在风化过程中表现出惰性，如石英和多数的硅酸盐矿物。Sherlor（1995 年）研究了碳酸盐和硅酸盐矿物对酸性排水的中和作用，（Michele，1998 年）对比研究了富硫化物富碳酸盐尾矿的矿物和地球化学特征。研究发现富硫化物富碳酸盐尾矿空隙水 pH 值为 7 ~ 8.3，硫化物基本未氧化，无次生矿物，无重金属和酸性水产生。低硫化物无碳酸盐尾矿空隙水 pH 值为 2.15，重金属浓度高，硫化物强氧化，大量次生矿物产生，有酸性排水产生和重金属污染。从而揭示尾矿是否有酸性水排出和重金属释放不仅与碳酸盐矿物的含量有关，还取决于硫化物的含量。而硫化物氧化是产酸和释放重金属的主要机制，酸产生主要与黄铁矿、磁黄铁矿氧化有关。重金属释放来源于不同的矿物，锌和镉与闪锌矿有关，铜与黄铜矿有关，钴和镍与黄铁矿、磁黄铁矿有关，铅在方铅矿氧化时转化为铅矾，淋滤液中铅的浓度很低。具有酸反应活性的矿物，特别是碳酸盐矿物与硫化物氧化产生的酸发生中和反应，促使硫化物氧化产生的离子水解沉淀。

大部分坑道废水中的重金属最终通过选矿废水和尾砂废水进入表生环境，也就是说井下采矿污染的基本事件最终仍然通过尾矿库导致顶上事件的发生。而其他结构重要度比较大的基本事件本身就是尾矿坝的废水外排，其重金属也是通过尾矿库向表生环境来释放迁移。另外就研究区来说，因为排风井口和地面运输线都处在高山上，所处的相对海拔高度较高。排风井口四周及地面运输线两边全都是灌木区，灌木区土壤重金属对矿区居民基本上没有危害。污水中的重金属虽然通过大气传输还是有部分进入农田土壤和地面水体中，但其数量极其有限，这从历年来矿区大气重金属监测的数据可以得到证实。研究区尾矿库长期被尾砂水所覆盖，因此扬尘进入表生环境中的重金属数据也极其有限。

通过以上分析，可以认为尾矿库是采矿活动重金属进入环境的主要污染源。由于有色金属矿石品位普遍不高，共生、伴生元素多，采矿活动产生的尾矿量相当大，污染重金属基本上通过尾矿向环境加以释放。因此，研究把重金属释放迁移规律重点放在尾矿库。实际上，国内外大多的研究者都是把尾矿库作为重金属向环境释放迁移研究的重点。

采矿活动中，导致污染物对自然环境污染的最重要原因就是没有真正意识到采矿污染的严重性，因而缺乏强有力的监督管理措施，致使采矿废石、废液乱堆、乱排的现象屡有发生，尤其是一些乡镇企业自行开采的小煤矿、小金矿等根本没有环境管理措施，不仅破坏了已有的矿床，还给环境造成严重的污染。

资源综合利用率不高也是造成采矿污染的一个原因。由于对尾矿、废石、冶炼废渣、粉煤灰等的综合利用还未引起足够的重视，对固体废物等再生资源重新利用的意识不强。目前煤矸石、粉煤灰、矿渣已广泛用于筑路、建材、建工燃料、资源回收、回填坑道、覆土造田等方面，政府应对这方面的成熟技术和经验给予积极的扶持、鼓励并宣传。对综合利用企业来说，资金来源也是关键性问题。采矿单位及综合利用企业缺乏综合利用专项资金也是影响解决采矿污染问题的重要因素之一。有关部门在对采矿污染问题引起重视以后，加大对综合利用部门的投资力度，相信在采矿环境方面能够有一定的改善。

矿产资源的开发在对国民经济发展中起着主要的推动作用的同时，也带来了比较严重的矿山环境污染问题。在国内第五、第六次全国环境地球化学学术会议中，明确提出了矿山开发会引起多种重金属污染。

金属矿山开发的采、选、冶都会向环境排放重金属元素，原生硫化物矿床在开采利用过程中，废弃的硫化矿物经过长期的自然氧化、雨水淋滤而导致重金属元素大量进入矿区；矿石及近矿围岩中的 Tl、As、Pb、Cr 含量常常很高。在采矿、运矿、排土过程中，尘埃污染也是矿区重金属的一个来源；固体废物的风化可以导致重金属元素的淋滤释放，特别是 Pb-Zn 矿，Hg-Tl 矿在开采过程中，尾矿废石中 Pb、Zn、As、Tl 以及伴生组分 Cd、Cr、Cu 在地表水的冲洗和雨水淋滤下进入土壤并累积起来；酸性废水会引起固体废弃物中的重金属元素的活化及迁移。由于重金属元素的可交换态和碳酸盐态在酸性环境中极易释放出来，致使这些有毒元素在矿山酸性废水中的释放率很高。

金属矿山开采所产生的废水和尾矿堆的风化，淋滤过程中流失的有毒、有害重金属元素是矿区及其周围地区生态环境污染的主要问题。

总之，全社会各方面都要对采矿污染治理和资源综合利用引起重视，才能有效地控制采矿污染物及工业固体废物的污染，改善采矿区的环境质量，使采矿污染降至最低程度。

3.2　矿业重金属污染的理论基础和研究方法

3.2.1　矿山重金属污染研究的理论基础

矿山环境重金属污染的理论体系是一门高度综合性的交叉学科，它的基础理论体系首先是多学科基础理论体系的有机结合，就是把重金属污染问题和环境科学的基本理论体系，特别是环境物理化学、环境质量的基本理论与环境趋势变化预测、控制与管理，以及有关监测系统的基本理论相互融合起来，形成新的理论基础；其次，将现代科学新理论渗入其中。该学科研究的问题非常具有复杂性，特别是许多有关因素的可变性和非确定性，解决这些复杂问题，既要应用系统理论，如信息论、系统论、控制论等进行分析，又要应用新发展起来的非线性力学、耗散结构学以及现代应用数学等理论，创建新的理论体系；第三，紧密依靠现代高新技术的支持。在重金属环境污染问题研究的技术方法和手段上，应配合数值模拟、物理模拟等新方法，计算机、GIS 等高新监测技术，以及建立监测系统、数据库系统、专家系统等手段，开展工程环境发展趋势预测、预报。在此基础上，立足自身的研究对象和主要内容，建立与之相适应的、多学科的基础理论体系。

3.2.2 矿山环境重金属污染的研究方法

由于各学者对矿山环境重金属污染的学科定义不同，其研究方法也不相同。方晓阳教授针对矿山环境重金属污染研究方法的不足，提出了可用于分析各种环境条件下岩土性质的统一方法——粒子能量场理论，该理论包括基本粒子、粒子系统和能量场3部分。粒子能量场由机械能场、热能场、电能场、磁能场和放射能场5部分组成。机械能场对岩土工程性质起着重要作用，但只能决定问题的短期性状，环境（热、电、放射）能场与自然环境关系密切，对矿区环境的影响是长期的。粒子能量场理论能识别和表征重金属污染问题的每个阶段，可用于重金属污染问题的识别和分类、修正室内与现场试验或理论和试验结果、预期重金属污染问题的长期性状3个领域。

罗国煜教授从更广泛的意义上探讨了重金属污染的研究方法，指出重金属污染环境的研究要从地质环境的地球物理场、地球化学场和岩土体质量的基础入手，注意场地区域性和综合性特征，突出人类活动的影响作用，最终完成环境演化预测分析，并导出相应的对策和治理方法。提出了重金属污染研究的优势面理论，该理论认为：矿山环境的稳定性是由污染结构或优势面控制的，各种因素通过优势面起作用。因此，防止矿区环境稳定性破坏的各种处理措施都是在消除优势面的导滑作用后方可奏效。各种重金属污染问题均是一个以优势面为骨架，受多种因素作用的系统。优势面控制岩土体变形的边界，优势面的组合构成岩土体变形的破坏模式，这种破坏模式就是重金属污染物理模型建立的依据，由此可建立相应的数学模式，是重金属污染问题研究和评价向定量化方向发展。优势面的确定是依据两类优势面的概念，即地质优势面和统计优势面，地质优势面反映性质优势，统计优势面反映数量优势。通过两类优势面的分析，找到真正的控制性结构面——真正优势面，进行稳定分析。

重金属污染问题是应用技术手段使工程活动与环境达到持久平衡的理论和实践，具有旺盛的生命力和十分宽广的发展前景。随着世界各国经济的增长和工程建设规模的不断扩大，引发大量的矿区重金属污染问题，推动各学科的不断交融、新技术的不断产生、新材料的不断发明、新试验手段的不断涌现，在这些因素的带动下，重金属污染问题解决方法一定会得到不断的发展而走向成熟。

3.3 矿业开发引发重金属污染机理

3.3.1 矿区地表水与地下水污染机理

地表水与地下水以动态形式传播污染，针对以这种流动特征对运移问题进行分析，研究其运移特征和影响因素是基础条件，一般情况下要分别考虑地下水静止和匀速流动两种水文条件。具体参数和计算过程要参考相关运移规律的一般特性，同时要列出数值分析得到的基本数据。污染物首先在重力作用下向下运移，同时由于毛细压力的作用也使其产生部分横向扩散。由于重力的作用效果比较明显，因而形成了一个以泄漏体为核心的作用带。由于水体固有渗透系数相对很小，因此污染物运移之后仍没能到达饱和区。污染物在非饱和区向下运移之后污染峰面到达地下水位上方处并发生了一定程度的累积现象，这说明随着运移时间的增加污染物自由相到达了高边界。

污染物在水体中向下运移之后随时间的推移在水体边界产生明显累积现象，使得局部饱和度增高，同时沿水体高边界横向扩散，使得污染范围扩大。在地下水中，当污染物随水体运移一段时间后，部分可溶性污染物溶入水体形成一个溶解相浓度中心，只是浓度相对较低。随着运移时间增加，污染物在水中逐渐向深层扩展，伴有明显的横向扩散，使得地下水和毛细升高区域内的水体污染范围增大。地下水性质对上部的非饱和水体污染物运移规律影响不是很明显，但对地下水中的分布特征有显著的影响。由于地下水的运动，飘浮在饱和区之上的污染物自由相随之移动，因此污染产生明显的横向运移，使得最终污染范围扩大；同时由于地下水的运动使得水动力弥散作用加强，污染物在水中的溶解相污染范围显著加大。数值计算程序可以模拟地下水中的运移过程，并可以预测水中的长期运移趋势。

污染物在地下水位静止的情况下在水体中主要向下运移。由于水体中不存在渗透问题，污染物在水中迁移是一个短暂的过程。大部分污染物迁移水体后分布在水位上方，经重力使用后浓度最大值下移到地下水位下方部位处。由于水中分散浓度大小的影响，污染物在水中横向、竖向扩散，使水体污染的范围增大，一般横向扩散范围明显比竖向的大，同时水体中的污染物浓度会随时间增加有所降低。地表水、地下水流动对污染物的迁移特征有一定影响。由于地下水位的流动使得污染物顺水迁移，导致污染物横向污染范围扩大，下游污染物浓度有所增大，而上游略有降低。

废岩和尾矿中元素的淋出能力取决于元素在废岩中的赋存状态和淋滤溶液的性质。呈水溶态、可交换态形式存在的元素优先进入溶液，但是受二次相吸附和次生沉淀作用的影响较大。而富集在基质中的微量元素的可溶性受主要物相控制，取决于不同物相的溶解和微量元素的释放速度。不同矿物相在水溶液中的溶解作用受表面化学反应和扩散迁移控制，与溶液的 pH 值、矿物—水反应水活化能有关。一般说来，碳酸盐结合态和铁锰结合态存在的元素表生活动性相对较小，而与难溶硅酸盐态形式存在的元素在表生可活动性较低。

3.3.2 矿区岩土体重金属污染机理

自然界中的重金属元素并不是就在其存在的环境中稳定下来，而是会随着条件的变化进行迁移或富集的。影响元素的迁移和富集的因素是多方面的，其中既包括元素自身性质、氧化还原电位等内部因素，也包括一些影响元素迁移的外部条件，如水体、有机物、气候和环境介质等。为了对重金属元素在表生条件下迁移、富集的规律有明确的了解，就必须对这些影响元素迁移的因素进行详细的分析。

重金属在土体中的迁移主要受到对流、弥散、吸附等作用的控制，很难降解。土体密实程度对金属离子扩散特征有明显的影响。随着土体密实程度增大，其孔隙比减小，孔隙通道可能因此狭窄，甚至有些孔隙通道因此闭锁，从而降低土体的渗透性。因此土体密实度增大时，金属离子的扩散速度有较为明显的降低，扩散范围也明显减小。这是进行固体废物填埋场的人工防渗层设计时，要求防渗层黏性土具有一定的压实性的依据。金属离子在非饱和土中的扩散速度因土而异，黏粒含量较低的土迁移较快。黏粒含量对金属离子的阻碍非常迅速而且有效。其可能的物理原因有：土中黏粒含量增加，黏粒之间结合水膜会因此变厚，使得土体中孔隙减小和自由水减少，从而显著降低了水的流动性和土的渗透性；其可能的化学原因：黏土颗粒与土中污染物有物理和化学的吸附及其他化学反应。土壤中化学环境对污染物迁移的影响也是非常显著的，有时候要远大于土壤压实程度甚至黏粒含量的影响。影响较明显的化学性质有：（1）pH 值，pH 值过低会增加土壤中重金属离子的迁移能力，同时降低其螯合能力，pH 值过高会导致生产沉淀，使重金属离子更多地以固相存在；（2）可溶盐离子的存在也会影响土壤中胶体的性质，还会形成吸附竞争，最终影响土壤对污染物中的重金属离子的吸附能力。

土的细观结构组成有颗粒、胶结物、孔隙三部分。土体中胶结物是土颗粒之间主要连接载体，一般由难溶盐和矿物颗粒组成。范超等将土的细观结构分成水 + 气、不可溶相、可溶相三个部分，如图 3-1 所示。

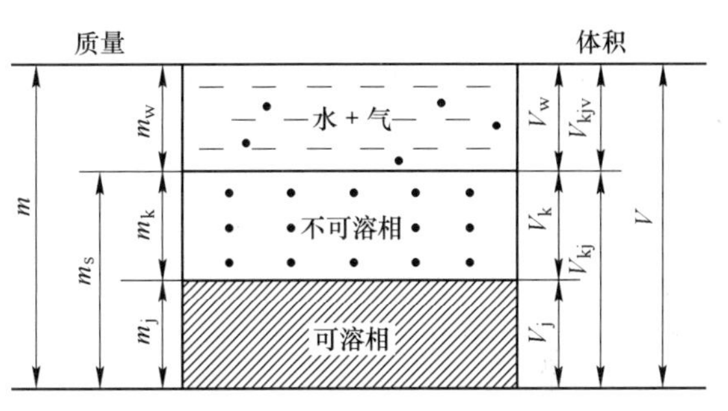

图 3-1 土的三相关系假想图

由土的三相关系可知，当重金属侵蚀导致土的不可溶相质量变小时，土的细观结构就会发生变异，导致土的孔隙增大，加速了土中水的挥发，板结硬化速度加快。根据土的三相关系组成可知，重金属元素对土体影响的机理主要包括三个方面：离子交换、双电层厚度变化、颗粒之间胶结物的溶解、溶蚀，具体如下：

（1）离子交换作用。由于土颗粒中矿物元素的同晶置换、氢交换、断键等物理化学作用使土颗粒内部具有交换离子的能力，离子交换主要以黏土矿物为主。原状土中阳离子在胶结力作用下基本处于平衡稳定状态，当重金属元素侵入后受土颗粒表面负电荷的吸引土中阳离子明显提高，而颗粒表面的负电场却对阴离子产生明显的排斥，且阴离子浓度降低时阳离子浓度却不断提高，这主要是因为颗粒表面电荷对离子分布有着极大的影响造成的。离子交换分为两个过程：一是重金属侵入后不利于土体的正向反应，侵入元素扩散后置换了土中固有的元素，如侵入离子 Cd^{2+}、Pb^{2+} 置换了土中的 Ca^{2+}、Mg^{2+} 等离子，使其由稳定态变为不稳定态；二是有利于土体逆向反应，土中原有离子在颗粒内部阴离子的引力下发生还原反应，由于侵入离子的活性一般大于土中原有离子，因此逆向反应过程反应幅度一般比较小。

（2）双电层厚度变化。土体黏粒在自然界中一般带负电荷，土颗粒周围因静电引力存在电场。颗粒表面由于静电引力最强，离子和极性分子会被牢牢吸附，在表面形成固定层。由固定层往外离子的活动性能逐渐增大而到达扩散层，固定层与扩散层组成了颗粒间的双电层。双电层之间存在引力势能与斥力势能，当斥力大于引力时，胶体颗粒相互排斥形成分散结构，相反当引力大于斥力时，胶体颗粒相互靠拢形成凝聚结构。在重金属侵入后的污染土壤环境下，土体中的原有的化学成分被改变，增加了新的化学成分，土中离子平衡被打破。侵入的重金属阳离子不断被吸引到土颗粒负电荷的表面，引起了双电层的扩散，为重金属阳离子的侵入提供了优先扩散路径。双电层中扩散层厚度减小，电离平衡被破坏导致离子在两相中的迁移扩散速度加快。

（3）胶结物的溶解、溶蚀。土体颗粒间胶结物的成分与胶结力是土体结构强度与变异特性的主要影响因素。颗粒之间的胶结破坏主要有胶结物之间的破坏、胶结物与土颗粒连接处的破坏、土颗粒之间的破裂三种类型，如图 3-2 所示。胶结物一般由无机化合物、盐类、二氧化硅、氢氧化物、有机质等组成。胶结物连接结构能量场最大，对土体强度的贡献最多。

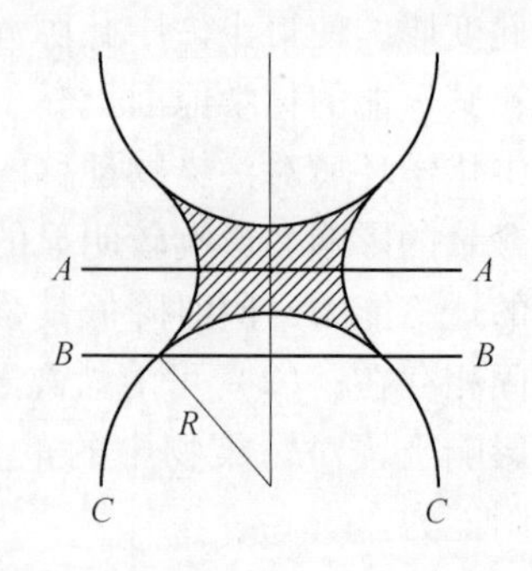

图 3-2 颗粒间胶结作用示意图

重金属侵入土体后，一般被吸附于能量场较大的连接体上。由于侵入土体的污染元素活性、毒性很强，因此会与胶结物种的元素发生置换、氧化还原、络合等作用，生成较软的有机质体，导致颗粒之间的集合体连接结构破裂。

由以上土体结构的细观结构分析可知，重金属污染元素在土体中的交换、迁移、吸附等作用而使土体中的孔隙比增大、含水量变化，加快了土体板结硬化速度与硬化程度，使土体形成沉积岩式的蜂窝结构，土体的密实度、强度明显减小，如图 3-3 所示。

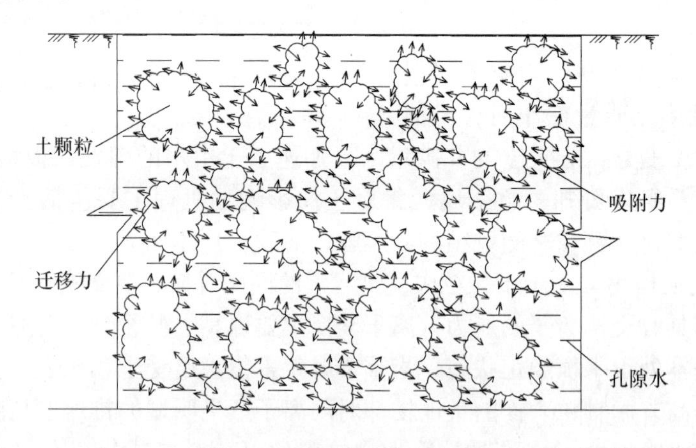

图 3-3 重金属元素影响作用示意图

由宏观角度来看，土体被重金属污染物侵入后，重金属污染物与土体颗粒发生吸附，在金属离子电荷的作用下使土体沿不同方向发生迁移，增大了土体内部的比表面积，土中孔隙水的挥发面增大，加快了孔隙水的流失，土体含水量减小、板结硬化速度加快。土体中的金属离子不断地吸附周边土颗粒而使土颗粒逐渐变大，改变了土体的内部结构，破坏了黏土颗粒之间的结合力，孔隙水不断流失使土颗粒间胶结力不断减小，加快了土颗粒的迁移，从而道路、建筑物等的基础发生开裂，整体稳定性受到破坏。由于土体受重力的作用，致使重金属元素在竖直方向迁移受到了密实度的限制，迁移能力远远小于水平方向，破坏形式主要表现为开裂。

污染土中的重金属元素主要有两种途径：一种为自然来源，主要由成土过程、成土地区决定，广西作为矿产资源大省，成矿带分布较多，成土过程中重金属的侵入相对较大，导致土中重金属含量的背景值相对其他地区都不同程度的偏高，但其对土的性能影响不大；另一种为人类活动输入，主要是由不同的人类活动、人为因素造成的。重金属污染途径是多方面的，其中最主要的包括矿业活动、工业生产、农业生产以及生活垃圾排放等。矿业活动包括矿山开采、矿渣排放、尾矿库堆积、采矿地下水的流失、采矿废水、冶炼废水的排放等；工业生产包括工业废渣堆存、工业废气排放、工业污水排放等；农业生产灌溉使用的重金属废水是污染的主要来源，尤其是在矿化带分布较多的地区更为严重，另外农药、磷肥的大量施用也是造成重金属污染的因素之一；生活垃圾排放中遗弃的电池、电子设备等也都是重金属元素侵入土体的来源。这些重金属污染物进入土体后通过扩散、沉降、累积等作用后造成了岩土体的污染，人类活动输入是造成重金属污染的主要原因，对土的性能影响最大。

人类活动中产生的重金属污染源进入环境中后，并不能稳定下来，而是会通过土中的媒介物质不断发生迁移，并通过相互作用累积。重金属元素侵入土体后，会与土中的矿物质、有机物及微生物发生吸附、氧化还原反应、配位反应、络合和矿化作用。土中的原生矿物主要包括黏土矿物和硅酸盐矿物，这些矿物质与重金属作用后产生一定的能量，改变了重金属元素的赋存形式。有机物主要包括植物生理代谢的腐殖酸等产物，它与重金属污染物作用后导致了时空迁移变化的通道。从土的物理化学角度来看，能量的变化打破了重金属元素各自不同的能量状态，使得不同形态的重金属可以相互转化。伴随着环境条件的改变，重金属污染土形成了污染范围广、破坏大、持续久、隐蔽性强、降解慢等特点。

重金属污染不但对土体造成严重的影响，同时对岩石的各种性能也有不同程度的影响。为了研究污染对岩石的影响情况，以桂兴高速公路调查区重金属污染地段岩质边坡的室外试验为基础，通过各种影响因素的分析，来研究被污染岩石的物理性能、力学性能。岩石被重金属污染后，由于侵入元素水解常数比岩石内原有元素水解常数大，使岩石原有的水解、水化能力被改变而加剧了岩石的裂隙化程度。随着水解、水化作用的加剧，岩石的物理性能（如弹性模量、内摩擦角、泊松比等）、力学指标（如抗压强度、抗拉强度、内聚力残余等）都发生了不同程度的变化。

广西作为重丘山地地区，修建公路必然经过很多山体之间，道路开挖产生大量的岩质边坡，一般情况下，岩质边坡经过合理的放坡与工程处理措施后一般是比较稳定的，但由于广西是矿产资源大省，矿化带一般分布于山脉之间，因此矿业工程的开发过程中不合理的废水排放对岩质边坡的稳定造成了很大的危害，其中包括重金属废水对岩石的溶滤、淋滤作用以及浸泡作用后，使得岩层的稳定性、风化破坏程度、力学强度变化、抗软化崩解能力等发生不同程度的变化，这些岩体物理力学性能的变化都是破坏岩质边坡稳定性的因素，促使边坡变形破坏的形成。

事实上，岩质边坡在重金属污染物的侵蚀作用下，应力都发生了改变，沿裂隙面出现应力松弛现象，且随深度增加而增加。裂隙面应力松弛会导致岩体突然失稳，发生大规模的岩滑或岩崩。大量研究结果表明，岩石侵入面损伤是发生岩体滑崩的主要原因，岩体材料的变形不仅取决于所受应力状态，而且与裂隙面的延伸速率有关。以往考虑侵入面损伤的本构模型大致有机械模型、损伤模型、组合模型三种方法。其中组合模型所得到的本构曲线与试验数据线性相关性最一致。李夕兵等通过岩石中应变速率下动静加载组合方式对组合模型进行了改进，所建立的动静加载组合模型能有效地反映岩石在中应变速率初始应力变化的状态，但不能反映侵入面应力损伤面的初始状态。

重金属对岩石的污染主要是通过水体介质实现的，由于污染地区水中含有大量的重金属元素，水体的流动不断地对岩石冲刷、浸泡，使岩体被重金属元素侵蚀。侵蚀后的岩体在重金属元素的影响下，稳定性与力学性能受到不同程度的影响，主要表现为岩体表面脱落、风化速度加快、脆性变大、易开裂等。另外岩石被重金属污染后加剧了裂隙面的延伸，引起岩石临空面周围的应力重分布和应力集中效应，导致岩体卸荷裂隙增大，发生卸荷回弹。坡上岩体由于卸荷回弹作用使得结构产生松弛、裂隙面扩延，加大了坡内岩体的风化面，使岩石风化作用加剧，胶结力受到破坏。随着裂隙面不断地延伸，岩体内外应力状态发生了改变，造成边坡失稳、剥落、变形等破坏问题，而引发滑坡、崩塌等地质灾害。

岩石的水解、水化作用是岩石侵入面损伤的主要影响因素。重金属侵入岩石中后通过原生孔隙、成岩裂隙、构造裂隙、风化裂隙等促进了水化、水解作用的发生，加速了岩石颗粒间的离子交换。由于重金属侵入元素水解常数较大，岩石胶结矿物的离子水解常数较低，侵入金属离子的配位分子与溶剂分子易于发生授受反应，胶结矿物的离子被溶滤后生成新的矿物，加速了岩体的裂隙化程度，从而使岩石强度降低。其主要影响表现在以下两个方面：

（1）重金属对岩石水化作用的影响。由水化作用的原理可知，离子溶于水后，在其周围形成对水分子有明显作用的空间，离子与水分子之间存在相互作用的能量，当其大于分子间的氢键能时，破坏了水的结构，离子周围形成了水化膜。第一层水分子紧靠离子，与离子结合牢固，一起定向移动，不受温度变化等因素的影响。第一层以外的水分子与离子联系较松，吸引较弱。由于距离稍远，受到离子的吸引作用后，会使水的原有结构破坏，水分子数也会随温度的变化而改变。刘厚彬等通过研究泥岩的水化作用得出了离子半径小、电荷数大的离子水化数大的结论。离子与周围的水分子定向、牢固地相结合，不具有独立运动的能力。虽然离子周围的第一层水分子数不变，但并不能够无限期地留在离子周围，与外界的水分子也会不断地相互交换，只是水化数保持不变。

大量研究表明，离子发生水化作用会产生两种影响：一种是离子的水化作用会使溶液中“自由”水分子的数量减少，离子体积增加，改变了电解质的活度系数和电导性质；另外一种是离子水化作用降低了离子与邻近水分子层之间的相对介电常数，破坏了离子附近水层中稳定的正四面体结构，如图 3-4 所示。

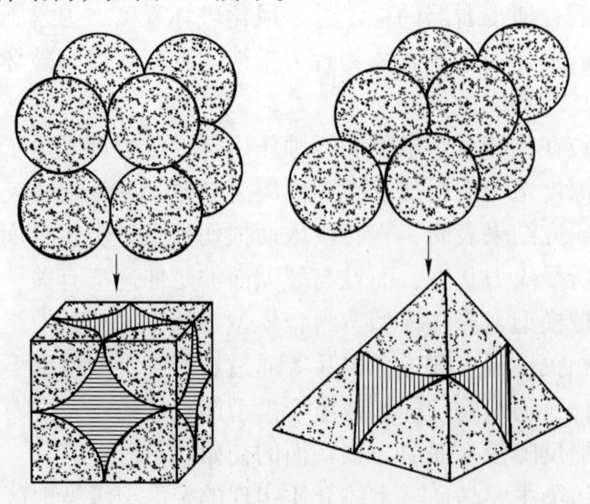

图 3-4　岩石颗粒立方体、四面体晶片排列

重金属侵入岩石后，与岩体中矿物离子通过水化作用进行置换和吸附，重金属侵入元素由于活性和毒性较大，吸附势能大于岩体中的矿物离子，岩石矿物表面存在扩散双电层，其厚度与离子类型和摩尔浓度有关，重金属离子在水化膜中的运移模型见图3-5。

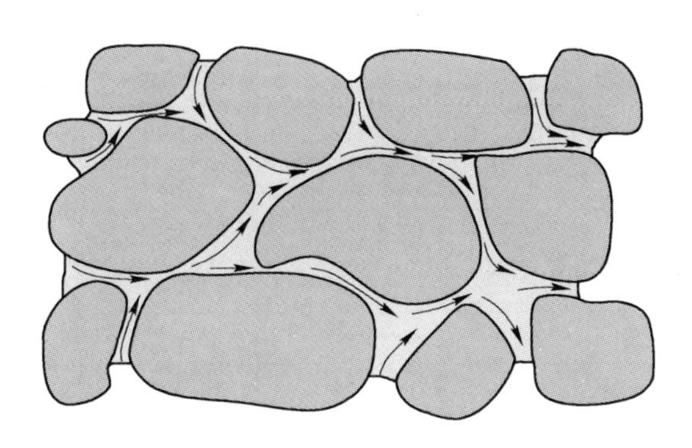

图3-5 重金属离子在水化膜中的运移模型

因此，当重金属侵入岩体后孔隙中离子类型增加、摩尔浓度增大，导致双电层厚度增加或减小，扩散双电层的斥力发生改变，力学平衡被打破。相邻的岩体晶片之间通过水化膨胀应变调整彼此的间距重新达到新的力学平衡状态。当岩石膨胀应变遇到矿物晶片之间的外力束缚时便转化为膨胀应力，导致了岩石裂隙面的扩张、延伸，岩石强度随之降低。这与前述的岩石强度随重金属元素含量的增大而减小的结论相一致。

（2）重金属对岩石水解作用的影响。大量研究表明，岩石中的有些矿物与水相遇会引起矿物分解并生成新矿物，如正长石与水发生水解作用后释放出钾离子，变成了高岭石；有些矿物遇水则变成带氢氧根离子（OH^-）的新矿物；有些弱酸性盐或强碱性盐组成的矿物遇水后会离解成带不同电荷的离子，这些离子与水中的H^+和OH^-离子结合后生成新的化合物。这种反应由于是不可逆的，并且离解与化合反应不断进行，最后原有矿物会被完全水解。

由酸碱质子理论可知，多数金属离子都可以发生水解反应。其反应过程是金属离子的配位分子与溶剂分子发生授受反应，即：

$$M(H_2O)_m^n + H_2O \Longrightarrow M(OH)(H_2O)_{m-1}^{(n-1)+} + H_3O^+ \tag{3-1}$$

由式（3-1）可知，金属离子与配位水分子反应后形成了M—OH键，而配位水分子则变成了H_3O^+。不同的金属离子逐级水解的过程也不同。

由于金属离子的水解能力主要取决于M—OH的键能，由于配位的O、H是固定的，接受电子对的配对能力主要取决于金属离子本身性能，如离子电荷、电子层数、离子半径、离子势等。水解能力的大小以水解常数大小来衡量。

金属离子的水解常数采用pK_m表示，pK_m与离子半径r、电子层数M、电荷数Z、离子势Z^2/r大小有关，其关系是线性的。拟合的经验公式如下：

$$pK_m = 19.04r - 3.65Z + 3.56M - 0.74Z^2/r + 1.16 \tag{3-2}$$

本书根据试验与经验公式计算对12种重金属元素的水解常数进行了统计，结果见表3-1。

表3-1 金属离子水解常数的试验与计算对照表

离子名称	半径 r/Å	电子层数 M	电荷数 Z	离子势 Z^2/r	pK_m	
					试验值	计算值
K^+	1.07	3	1	0.75	14.2	15.07
Na^+	1.16	3	1	0.86	13.6	14.23
Mg^{2+}	0.86	3	2	4.49	11.7	11.18
Ca^{2+}	1.14	4	2	3.49	12.51	12.41
Al^{3+}	0.675	3	3	13.3	4.3	3.93
Zn^{2+}	0.89	4	2	4.49	8.2	7.32
Hg^{2+}	1.16	6	2	3.45	4.9	5.94
Pb^{2+}	1.33	6	2	3.0	7.2	9.51
Fe^{2+}	0.92	4	2	4.35	9.5	8.0
Cd^{2+}	1.64	6	1	0.61	13.5	13.61
Cu^{2+}	0.87	4	2	4.6	6.5	6.86
Cr^{3+}	0.755	4	3	11.92	3.9	2.82

由表3-1可知，金属元素 pK_m 值较大的几种元素分别为 K^+、Na^+、Mg^{2+}、Ca^{2+}、Pb^{2+}、Cd^{2+}。研究区的重金属污染元素主要为Pb、Cd，其水解常数较大，因此，Pb、Cd两种元素侵入岩石后，极易与配位水分子反应，形成新的M—OH，促进岩石水解作用的发生，进而影响岩石的力学性能与稳定性。这一点与岩石的现场试验与室内试验的结论是相吻合的。

4　典型区域矿业开发与重金属污染

广西矿产资源丰富，种类繁多，储量较大，以有色金属居多，是全国重点有色金属产区之一，其中锡、锑、钨、铝、铅、锌等矿种探明储量在全国居重要位置，素有“有色金属之乡”的美誉。但广西的矿业开发，导致了严重的重金属污染，广西成为我国14个重金属污染综合防治重点省区之一。本章通过对相关资料进行统计分析广西矿业开发及重金属污染状况。

4.1　广西矿产资源开发概况

由于具有多类型沉积构造，多旋回构造运动、多期次岩浆活动、多阶段成矿作用，使广西具有优越的成矿地质条件，因而矿产资源比较丰富，矿业发展也比较快，其生产总值约占广西工业总产值的35%，已成为广西重要的支柱产业。

矿产资源开发已形成相当规模，开采矿种较多，矿石产量达到一定水平。有色金属Sn、Zn、Sb在全国具有重要地位。

广西境内已经发现了锰、铝、锡、铁、砷、膨润土、钒、钨、铟、铅、锌、锑、银等矿产145种，占全国已发现矿产种的68.45%，探明储量矿产98种，占全国已探明储量矿产的65%。广西有保有储量矿产地1032处，已开发利用的矿产地546处，矿产开发利用率58.5%；有色金属矿产资源保有储量在全国前10位的有锑、钪、锡、铟、铝、铅、锌、钽、铌、钛铁矿和稀土等。广西有锡矿产地139处，其中大型矿床13处，中型矿床11处。在已探明储量的矿床中，原生矿35处，砂矿19处，主要分布在南丹、河池、罗城等县（市），其次分布在融水、恭城、灌阳、全州、富川、贺县、钟山等县，其中南丹县大厂锡矿属锡多金属共生矿床，储量大，品位高，世界罕见，探明锡矿储量占全区总储量的70%，是国内重要的锡业生产基地之一。广西有铅矿和锌矿产地共320处，其中大型锌矿床5处，中型铅矿床8处、锌矿床20处，小型铅矿床47处、锌矿床29处，分布在南宁、桂林、百色、柳州、河池、梧州、玉林、钦州8个市的23个县、市。广西有锑矿产地104处，其中大型矿床4处，中型矿床8处，小型矿床6处，是国内重要的锑矿生产基地之一。探明储量的矿产地主要分布在河池、南丹二县（市）。广西有钨矿产地117处，其中大型矿床2处，中型矿床4处，小型矿床12处，主要分布于桂东北、桂南和桂北一带，以钟山县为主，武鸣县、博白县、罗城县、南丹县次之。

总的来说，广西矿产资源具有资源丰富、品种多、储量大、分布广，具有开发和利用优势，具有明显的地域差异的特点，从而形成各自独特的矿产资源；矿床规模以中小型为主，特大、大型矿床较少；虽然矿产种类多，但不少为难采、选、冶的贫矿；探明矿产储量大，但人均占有量较少；广西矿产资源开发利用已形成较为完整的矿业体系，截至2009年年底，探明资源储量矿产地1326处，已探明98种矿产，已开发利用87种，矿种利用率达88.76%，其中有46种已形成较稳定的生产能力。

广西各地区有色金属（铜、铅、锌、镍、钴、锡、汞、锑）分布情况见表4-1，可以看出，广西重金属矿产70%以上集中在河池市。广西仅有的3个国家级重金属污染防治重点区域全部位于河池市。

表4-1 广西重金属矿产（铜、铅、锌、镍、钴、锡、汞、锑）分布情况

序号	地市	铜、铅、锌、镍、钴、锡、汞、锑合计/t	占比/%
1	南宁	166282	1.63
2	柳州	316392	3.10
3	桂林	351030	3.43
4	梧州	549230	5.37
5	防城港市	1557	0.02
6	钦州	76656	0.75
7	贵港市	180235	1.76
8	玉林	102054	1.00
9	崇左	31981	0.31
10	来宾	788132	7.71
11	贺州	178795	1.75
12	百色	247680	2.42
13	河池	7229574	70.74
合计		10219598	100.00

广西境内矿产开发利用中存在的主要问题有：

（1）开发利用的经济性较差，人均占有量排在全国中下游，国民经济建设需要关系到国计民生的矿产储量不足，供应缺口较大；贫矿多、富矿少；共生、伴生矿种多，单种矿床少；中小型多，大型、超大型矿床少；难采、选、冶矿床多；呆矿、死矿多。

（2）管理不得力，优势矿产消耗过快，未建立统一管理，协调、监督服务机构，缺乏对矿产综合利用的中长期规划和指标制定，技术服务不到位，管理制度不落实，严重制约着资源综合利用；执法力度不足，一些热点矿业秩序混乱情况未得到根治，矿业秩序混乱，乱挖滥采，破坏资源的顽症屡治不愈。

（3）投入不足导致矿产资源保障程度下降，特别是地勘费用不断减少，处于萎缩的低谷局面，地勘业和采选业投资比例为1∶10，与全国1∶3.75相距甚远，致使后继资源不能保证，部分矿产保有储量呈下降局面，致使部分骨干矿山企业后备资源不足，一些老矿山面临资源枯竭危机，新建矿山受资源条件制约，采选业产值呈下降趋势。

（4）矿产资源开发方式粗放，诱发灾害增多，如开采富矿时糟蹋、破坏了贫矿；开采主要矿种时浪费和破坏了伴生矿；采矿诱发的灾害增多，生态环境破坏问题突出；矿产开发导致植被破坏，产出的废石、废渣占用大量土地；尾矿、矸石等占用大量土地，破坏了地表原来的生态系统，这些固体废弃物中含酸、碱、毒、放射性、重金属成分，通过地表水体径流、大气飘尘，污染了周围的土地、水体和大气；露天开采直接破坏地表和植被，不合理的开采引发地面沉降、滑坡、塌陷、泥石流等自然灾害，开发形成的废渣、废水中有毒元素污染环境等。

（5）综合利用水平不高，表现在矿物回收率低，贫矿利用率低，矿产品深加工水平低，采选冶水平低，产业技术比较落后。

（6）区位优势和资源优势有待进一步发挥，广西沿海、沿边、沿江的区位优势，适合于发展矿产品来料加工和矿产品贸易，但目前尚很薄弱。因此要积极创造条件，争取上一些起点高、技术领先、具有竞争力的矿业企业。

4.2 广西重金属污染主要类型及产污行业

从主要重金属污染类型及污染现状来看广西重金属污染情况，其污染类型主要表现在以下几个方面：

（1）铬污染。广西产生铬污染行业主要有金属制品业（电镀等）、皮革加工、通信设备及专用设备制造业，主要是生产过程中产生的含铬废水和废渣造成的污染，矿山开采企业产生和排放铬污染物的企业少。

（2）镉污染。广西产生镉污染的行业主要是有色金属冶炼及压延加工业和有色金属矿采选业，占99%以上，有这两个行业的地区，都有可能存在镉污染。

（3）铅污染。广西产生铅污染的行业主要是有色金属冶炼及压延加工业和有色金属矿采选业，占96%以上，其他行业如化学原料及化学制品制造业和电气机械及器材制造业也存在少量铅污染物的排放。

（4）汞污染。广西产生汞污染的行业主要是有色金属冶炼及压延加工业、废弃资源和废旧材料回收加工业和有色金属矿采选业，占95%以上。

（5）砷污染。广西产生砷污染的行业主要是有色金属冶炼及压延加工业和有色金属矿采选业，约占71%；化学原料及化学制品制造业，约占28%，其他行业合计不足1%。

总体上看，只要有有色金属冶炼及压延加工业和有色金属矿采选业的地区都存在重金属污染隐患，应该重点防控，相关企业应重点监控。

4.3 广西重金属污染概况

广西金属矿产禀赋性差，含矿多，富矿少，单一矿少，复杂难处理共生、伴生矿多，资源提取难度大。加之多为山区且岩溶发育，工程、水位地质复杂，矿区的开采活动极易造成重金属污染。目前，广西已被列入《重金属污染综合防治“十二五”规划》中的重点治理省区，全区内主要的污染类型有镉、铬、砷、汞和铅污染五种，其中镉污染集中在广西的中西部及北部，高镉含量分布面积广；铬和砷污染主要分布在中部偏西区域；高汞集中在西北部；铅污染从全区范围内看，基本在质量标准以下。

广西自然条件复杂，不同地区重金属元素背景值分布规律表现出各自的差异性。不同的工业行业排放的重金属元素差异性较大，不同的矿区、农田以及城市及近郊重金属污染现状也显示出较大的差异，不同的土壤、水系重金属污染状况呈现出各自特点。

广西部分地区重金属污染和环境恶化已很严重，局部水体重金属超标。部分地区土壤和耕地受到了重金属污染。有色金属为主的金属矿采选、冶炼业所造成的历史遗留问题突出，部分地区水体底泥、场地和土壤中重金属污染物积累多，潜在事故风险较高，特别是刁江流域水体底泥、土壤及大量的农田受到了重金属污染。

4.3.1　广西重金属排放状况

根据2007年污染源普查结果统计，全区工业废水中砷、铅、镉、总铬、汞等5种重金属的产生量为512t，排放量为26t。主要集中在有色金属冶炼业、有色金属矿采选业、皮革业、化学原料及化学制品制造业、金属制品业等5大行业，其中有色金属冶炼业和有色金属矿采选业两大行业的废水中5种重金属的排放量合计占全区总排放量的92.80%。全区生产废气中重金属污染物镉、铅、砷排放量分别为44.78t、323.07t、18.44t，有色金属冶炼业是废气中重金属污染物排放的最主要行业。

废水中汞污染物产生量较大的地区为百色市、防城港市、贺州市和柳州市，分别占全区产生量的40.92%、24.43%、9.95%和9.90%，四地市合计占全区产生量的85.20%；镉污染物产生量较大的地区为河池市、柳州市和百色市，分别占全区产生量的68.40%、19.61%和6.38%，三者合计占全区的88.01%；总铬污染物产生量较大的地区为桂林市，占全区的95.16%；铅污染物产生量较大的地区为河池市和柳州市，分别占全区产生量的52.91%和23.23%，二者合计占全区的76.14%；砷污染物产生量较大的地区为河池市、柳州市、百色市和梧州市，分别占全区产生量的34.50%、18.85%、16.60%和14.33%，四地市合计占全区产生量的84.28%。

废水中汞污染物排放量较大的地区为河池市、柳州市、南宁市、崇左市，分别占全区排放量的26.41%、19.86%、15.53%、13.39%，四地市合计占全区排放量的75.19%；镉污染物排放量较大的地区为河池市、百色市和柳州市，分别占全区产生量的64.22%、20.99%和10.22%，三者合计占全区排放量的95.43%；总铬污染物排放量较大的地区为南宁市、桂林市和梧州市，分别占全区的42.28%、17.25%和16.13%，合计占全区排放量的75.66%；铅污染物排放量较大的地区为河池市、百色市和柳州市，分别占全区排放量的56.01%、16.15%和14.55%，三者合计占全区排放量的86.71%；砷污染物排放量较大的地区为河池市和百色市，分别占全区排放量的65.70%和15.04%，二者合计占全区排放量的80.74%。

从广西重金属污染物产生和排放情况来看，生产废水为主要污染要素。废水中汞、镉、总铬、铅、砷的产生量各占废水中这5种重金属污染物产生总量的比例分别为0.18%、21.44%、24.56%、28.31%和25.51%，汞占的比例较小，其他四种重金属所占的比例相差不大。废水中汞、镉、总铬、铅、砷的排放量各占废水中这5种重金属污染物排放总量的比例分别为0.3%、7.9%、1.8%、56.45%、33.49%，铅、砷和镉的排放量占了5种重金属排放总量的97.84%。

从上述分析可见，铅、砷和镉是广西最主要的污染元素，而排放量污染物最多的地区为河池市。

4.3.2　水体环境质量状况

根据2008年广西地表水环境质量监测结果，全区地表水环境质量较好，除一个监测断面出现重金属超标外，其余监测断面没有出现重金属超标现象。超标断面位于河池市南丹县刁江那浪桥监测断面，对监测结果采用单项污染指数法对该断面地表水环境质量进行评价，评价因子见表4-2。

表 4-2 水体环境评价因子

省区	地市	县区	断面名称	河流名称	区划目标	项目	断面浓度/mg·L^{-1}	标准指数 P_i	超标倍数
广西	河池	南丹	那浪桥	刁江	Ⅲ	砷	0.14	2.8	1.8
						铅	0.08	1.6	0.6
						镉	0.007	1.4	0.4

单项水质参数 P_i 的标准指数：

$$P_i = C_i/C_s$$

式中 C_i——水质参数 i 在监测点的实测值；

C_s——水质参数 i 的地表水水质标准。

结果表明，河池市南丹县刁江那浪桥监测断面重金属砷、铅和镉超标倍数分别为1.8、0.6和0.4倍，达不到Ⅲ类水体功能区标准要求。超标原因是该区域有色金属采选和冶炼企业众多，大量含重金属污水进入刁江。

4.3.3 广西土壤重金属状况

经过调查统计，广西土壤污染的元素主要为类金属砷、镉、铬、铅、汞等元素，本章根据这几种元素的特点与分布特征进行了调查分析，主要是针对这几种元素污染特征明显、危害程度大的情况进行统计。

4.3.3.1 类金属砷污染土的分布特征

砷在元素周期表中为ⅤA族元素，是一种亲硫元素，主要存在于硫化物矿物中，土壤中砷的平均含量约为13.8mg/kg。图4-1所示的砷污染土普查统计结果表明，广西土壤砷1351个调查样本呈偏态分布，偏度系数为5.57，表现为正偏，峰度系数为56.23，表现为高窄峰。均值和中位值均为13mg/kg，与土壤中砷的平均含量13.8mg/kg接近。简单算术平均值为23mg/kg，标准差为29.506，几何平均值为14mg/kg，标准差为2.58，二者相差较大，几何均值与中位值和均值较相近，代表性较好；变异系数为1.29，属强变异。调查样本中最大值达到466mg/kg。

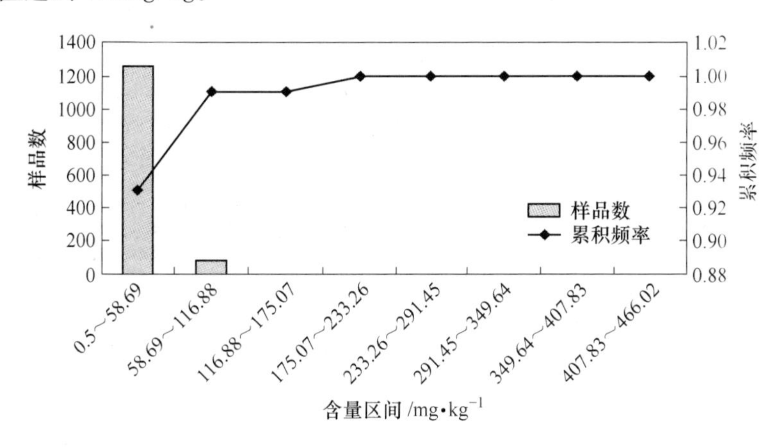

图 4-1 广西土壤普查砷元素累积频数分布

图4-1广西砷污染土的样本分布与累积频率特征表明，广西污染土中砷的含量以0.5～47mg/kg为主，其次部分分布在47～93mg/kg，剩余的少量部分分布在93～233mg/kg，极个别含量达到466mg/kg，呈偏态分布。

砷污染土各含量区间的分布面积见图4-2。由图可知，分布面积最大的含量区间是低于20mg/kg，其次是20～25mg/kg，而高于40mg/kg的分布面积也占一定比例。对比含量区间的样品分布累积频率图与面积分布图可知，二者有一定的相关性，但面积分布的偏态性较弱，原因是面积分布是样品分布的估测模式，在一定程度弱化了样品分布极化特征的偏态性，另一方面则是强化了某些代表性含量特征的属性，从而给出了一个比较直观而趋于预期的正态分布模式。同时呈现警戒颜色（黄色及红色）的分布区域则是根据土壤环境质量标准划分为超标和高含量的区域，因此含量区间的面积分布表现出来各含量区间理想分布形式，较为直观明了。

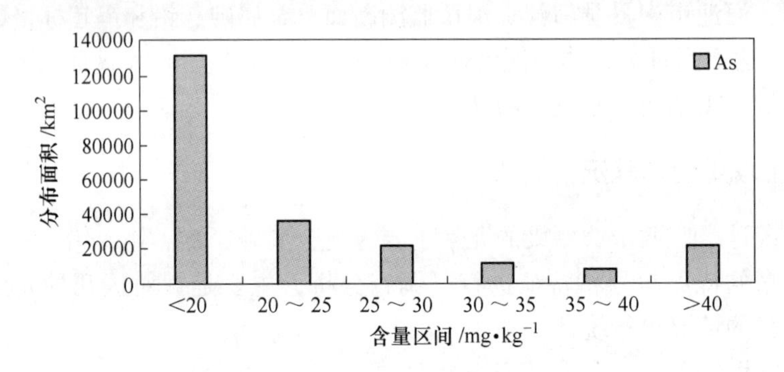

图4-2　广西土壤普查砷元素含量区间分布面积

4.3.3.2　镉污染土的分布特征

镉在元素周期表中与Zn和Hg同为ⅡB族元素，是一种亲硫元素，主要存在于硫化物矿物中，土壤中镉的平均含量约为0.082mg/kg。图4-3所示的镉污染土壤普查统计结果表明，广西土壤镉1281个调查样本呈偏态分布，偏度系数为4.63，表现为正偏，峰度系数为24.50，表现为高窄峰。均值和中位值均为0.13mg/kg，与土壤中砷的平均含量0.082mg/kg比较，明显高出许多倍。简单算术平均值为1.00mg/kg，标准差为2.763，几

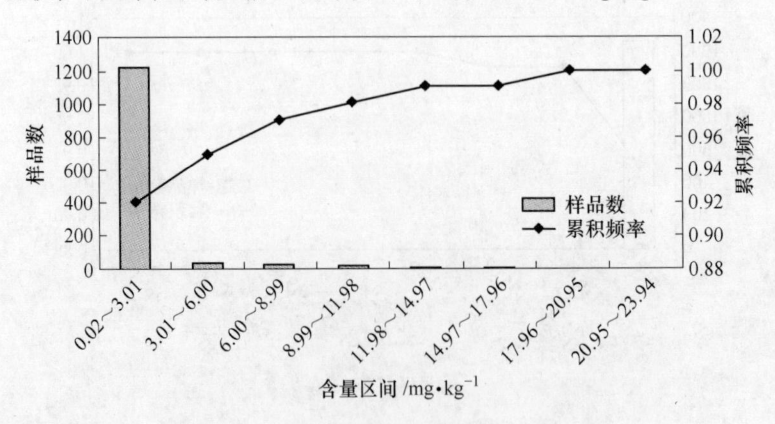

图4-3　广西土壤镉的样本分布与累积频率

何平均值为0.21mg/kg，标准差为4.533，二者相差较大，算术均值、几何均值、中位值和均值之间差异性较大，说明样本有高度的离散性；变异系数为2.76，属强变异。调查样本中最大值达到23.91mg/kg。

图4-3所示的广西镉污染土的样本分布与累积频率特征表明，广西土壤镉的含量以0.02～2.41mg/kg为主，剩余的少量部分分布在2.41～16.75mg/kg，极个别含量达到23.91mg/kg，呈偏态分布。

从图4-4所示的广西土壤普查镉元素含量区间分布面积图可以看出，分布面积最大的含量区间是高于1mg/kg，其次是低于0.1mg/kg，以及0.1～0.2mg/kg，而0.2～1mg/kg的分布面积也占一定比例，并且该含量区间呈一种正态分布模式。对比含量区间的样品分布累积频率图与面积分布图可知，二者有相当大的差异，面积分布呈近均匀模式，原因是面积分布是样品分布的估测模式，在一定程度上弱化了样品分布极化特征的偏态性，另一方面则是强化了某些代表性含量特征的属性，从而给出了一个比较直观而趋于预期的正态分布模式。比较特别的是0.2～1mg/kg的分布面积区间，该含量区间分0.2～0.3mg/kg、0.3～0.6mg/kg和0.6～1mg/kg。总体上看，广西镉高含量分布面积大。

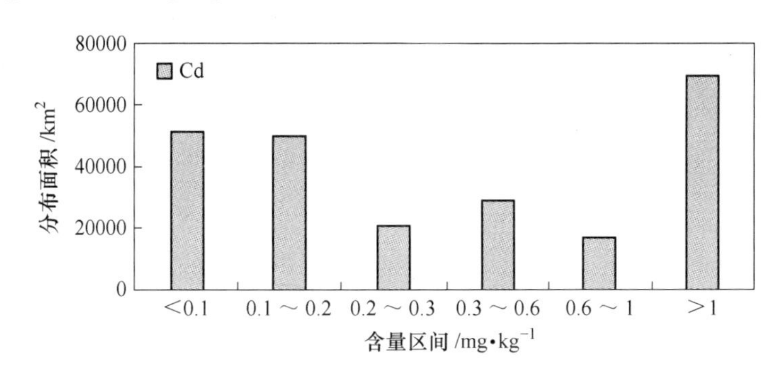

图4-4 广西土壤普查镉元素含量区间分布面积

4.3.3.3 铬污染土的分布特征

铬在元素周期表中与钼和钨同为ⅥB族元素，是一种亲石元素，钼和钨则为亲铁元素，中国主要土壤中铬的平均含量约为71mg/kg。铬污染土普查统计结果表明，广西土壤铬1281个调查样本呈偏态分布，偏度系数为2.86，表现为正偏，峰度系数为10.38，表现为高窄峰。均值和中位值均为76mg/kg，与土壤中铬的平均含量71mg/kg相比略高。简单算术平均值为109mg/kg，标准差为105.712，几何平均值为80mg/kg，标准差为2.175，二者有明显差异；算术均值、几何均值、中位值和均值之间也有明显差异；变异系数为0.97，属强变异。调查样本中最大值达到869mg/kg。

图4-5所示的广西土壤铬的样本分布与累积频率特征表明，广西土壤铬的含量以2.54～89.15mg/kg为主，其次以89.15～175.8mg/kg，少部分分布在175.8～262.45mg/kg，少量剩余的部分分布在262.45～695.7mg/kg，极个别含量达到869mg/kg；呈偏态分布，但经对数转换后可以达到理想的正态分布。

各含量区间的分布面积见图4-6，分布面积最大的含量区间是60～80mg/kg，其次是低于60mg/kg，再次是80～150mg/kg，而150～200mg/kg和高于200mg/kg的分布面积也占相当大的比重。对比含量区间的样品分布累积频率图与面积分布图可知，二者有一定的

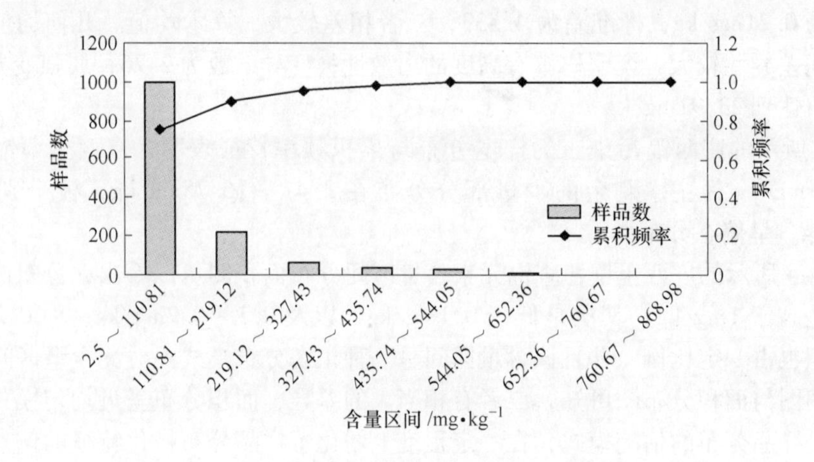

图 4-5 广西土壤普查铬元素累积频数分布

相关性，但面积分布已无偏态性，原因是面积分布是样品分布的估测模式，在一定程度上弱化了样品分布极化特征的偏态性，另一方面则是强化了某些代表性含量特征的属性，如将样品分布含量区间 2.5～110mg/kg 细分成 3 个分布区间，从而给出了一个比较直观而趋于预期的正态分布模式。同时呈现警戒颜色的分布区域则是根据土壤环境质量标准划分为超标和高含量的区域，因此得到反映广西铬元素含量分布的较直观可靠成果图。

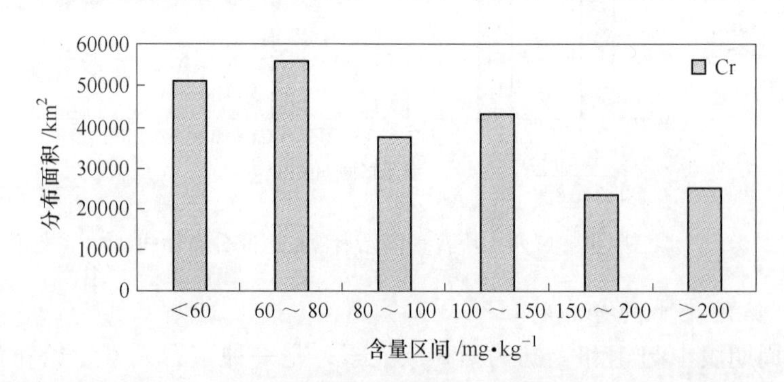

图 4-6 广西土壤普查铬元素含量区间分布面积

4.3.3.4 汞污染土的分布特征

在元素周期表中与锌和铅同为ⅡB 族元素，是一种亲硫元素，我国主要土壤中汞的平均含量约为 0.05mg/kg。汞污染土普查统计结果表明，广西土壤汞 1281 个调查样本呈偏态分布，偏度系数为 28.07，表现为强烈的正偏，峰度系数为 892.85，表现为奇异高窄峰。均值和中位值均为 0.1220mg/kg，与我国土壤中汞的平均含量 0.05mg/kg 比较，高出许多倍。简单算术平均值为 0.2146mg/kg，标准差为 0.775，几何平均值为 0.1316mg/kg，标准差为 2.3，二者有明显差异；算术均值、几何均值、中位值和均值之间也有明显差异；变异系数为 3.61，属强变异。调查样本中最大值达到 25.5200mg/kg。

图 4-7 所示的广西土壤汞的样本分布与累积频率特征表明，广西土壤汞的含量以 0.01～2.56mg/kg 为主，只有极个别含量达到 25.52mg/kg；呈奇异偏态分布。

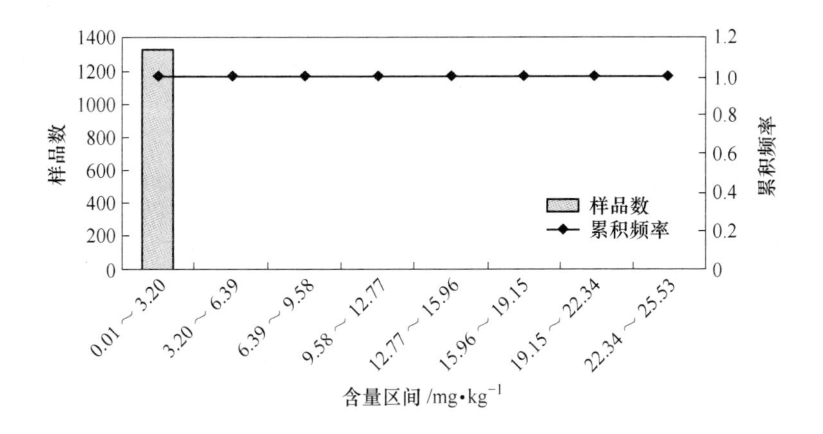

图 4-7 广西土壤普查汞元素累积频数分布

各含量区间的分布面积见图 4-8，分布面积最大的含量区间是低于 0. 30mg/kg，其次是 0. 3 ~ 0. 5mg/kg，再次是 0. 5 ~ 1. 0mg/kg，而 1. 0 ~ 1. 5mg/kg 及以上者的分布面积也占一定比例。

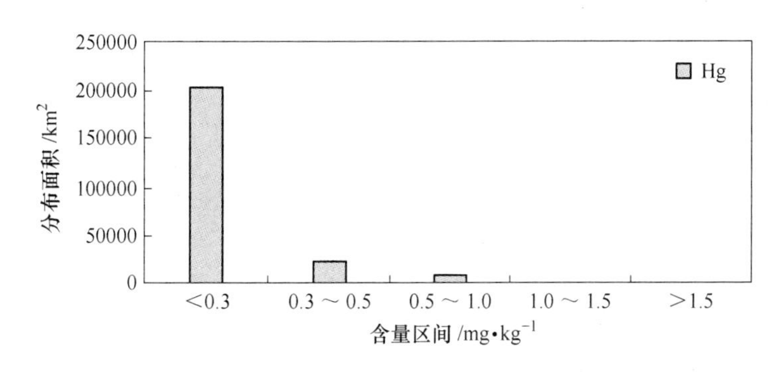

图 4-8 广西土壤普查汞元素含量区间分布面积

对比汞含量区间的样品分布累积频率图与面积分布图可知，面积分布已呈现为有一定偏态分布的模式，原因是面积分布是样品分布的估测模式，在一定程度弱化了样品分布极化特征的偏态性，另一方面则是强化了某些代表性含量特征的属性，如将样品分布含量区间 0. 01 ~3. 2mg/kg 的 1 个区间细分成近 5 个分布区间，从而给出了一个比较直观而趋于预期的分布模式，较样品分布模式有了较细致深层的信息挖掘，从而得到较直观可靠反映广西汞元素含量分布的成果图。

4. 3. 3. 5 铅污染土的分布特征

铅在元素周期表中为ⅥA 族元素，是一种亲硫元素，广西主要土壤中铅的平均含量约为 24. 3mg/kg。铅污染土普查统计结果表明，广西土壤铅 1325 个调查样本呈偏态分布，偏度系数为 15. 15，表现为强烈的正偏，峰度系数为 352. 06，表现为奇异高窄峰。均值和中位值均为 31mg/kg，与我国土壤中铅的平均含量 24. 3mg/kg 相比略高。简单算术平均值为 41mg/kg，标准差为 51. 491，几何平均值为 33mg/kg，标准差为 1. 844，二者有明显差异；算术均值、几何均值、中位值和均值之间也有明显差异；变异系数为 1. 24，属强变异。调查样本中最大值达到1366mg/kg。

图4-9所示的广西土壤铅的样本分布与累积频率特征表明，广西土壤铅的含量以3.3～48mg/kg为主，部分分布在48～139mg/kg，剩余的少量部分分布在139～412mg/kg，极个别含量达到1366mg/kg；呈偏态分布。

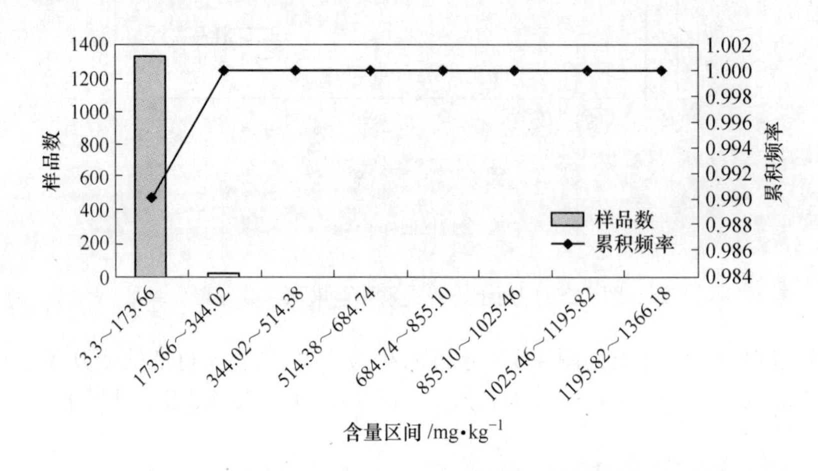

图4-9 广西土壤普查铅元素累积频数分布

铅污染土各含量区间的分布面积见图4-10。

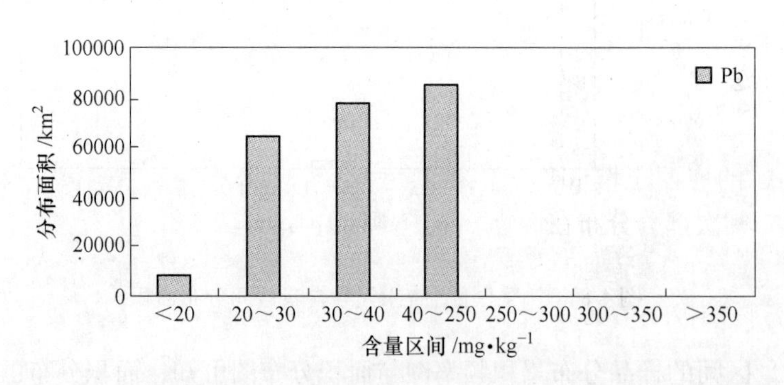

图4-10 广西土壤普查铅元素含量区间分布面积

从图4-10可以看出，分布面积最大的含量区间是40～250mg/kg，其次是30～40mg/kg，再次是20～200mg/kg，而低于20mg/kg及高于250mg/kg的分布面积也占一定比例。对比含量区间的样品分布累积频率图与面积分布图可知，二者差异性较大，面积分布呈现为正态分布模式，原因是面积分布将样品分布含量区间3.3～344mg/kg的两个区间细分成近6个分布区间，从而给出了一个比较直观而趋于预期的正态分布模式；另外，在60～200mg/kg及高于200mg/kg还可形成一个近似的正态分布模式，同理证明面积分布模式作为样品分布的估测模式，在一定程度弱化了样品分布极化特征的偏态性，另一方面则是强化了某些代表性含量特征的属性，作为估测模式，其效果显著，达到以点代面的估测目的。

4.3.3.6 污染土的pH值分布特征

pH值是土壤的一个重要化学性质，很大程度上影响着土体内部的化学反应与化学过程。其中 pH 值对土中的络合反应、氧化还原反应、配位反应、矿化作用等起支配作用，对土中矿物的沉淀溶解、吸附、解吸等起主导作用。根据广西污染土普查统计结果绘制其累积频数分布，如图 4-11 所示。

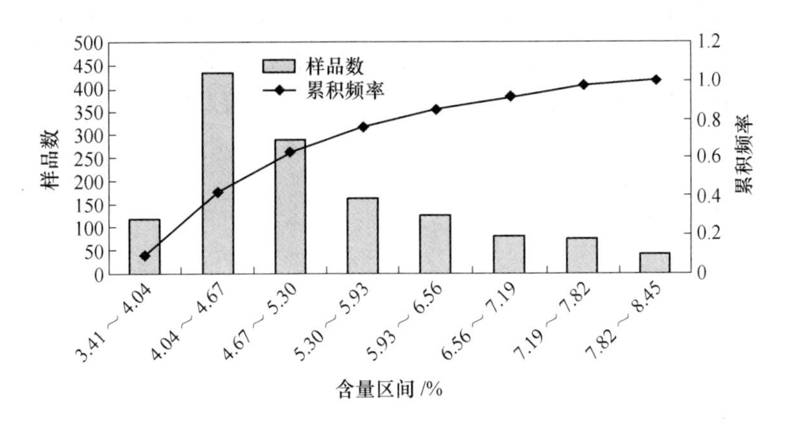

图 4-11 广西土壤普查理化性质 pH 值累积频数分布图（一）

图 4-11 统计结果表明，广西土体 pH 值 1328 个调查样本呈偏态分布，偏度系数为 0.89，表现为正偏，峰度系数为 -0.14，距离正态分布的要求峰度 3.0 尚远，表现为低阔峰。均值和中位值均为 4.9，表现为较明显的酸性土壤特征。简单算术平均值为 5.2，标准差为 1.1，几何平均值为 5.1，标准差为 1.2，二者较为接近，与中位值和均值仅相差 0.3 个 pH 值，都呈现为酸性土壤特点；变异系数为 0.22，属弱变异。调查样本中最大值达到 8.5，呈现一种极端状态下碱性化的土壤特点。

图 4-12 所示的广西土壤 pH 值的样本分布与累积频率特征表明，广西土壤 pH 值以 3.9～5.0 为主，其次部分分布在 5.0～6.0，剩余的分布在 3.4～4.0 和 6.0～8.5；呈偏态分布，经对数转换后可以呈现正态分布，即广西土壤以酸性土壤为主，渐次到中性，部分呈现强酸性和碱性的极端情况。

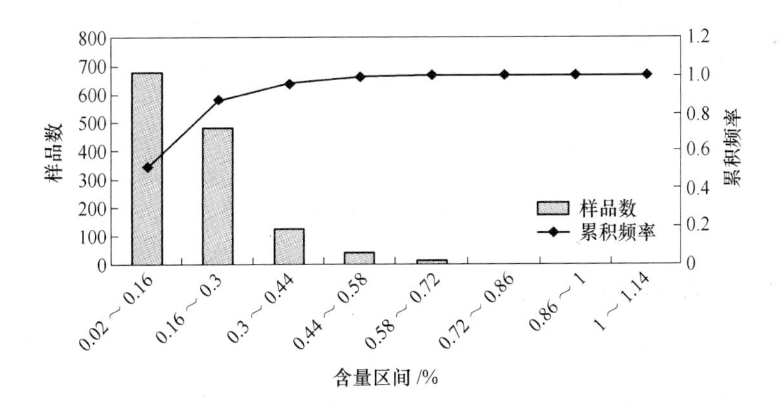

图 4-12 广西土壤普查理化性质 pH 值累积频数分布图（二）

4.3.3.7 重金属污染分布范围

根据上述污染土变异系数统计结果，广西污染土呈偏态分布。根据变异性大小、偏度系数、峰态系数和累积性频率分布和含量区间特点的综合性分析，污染土指标均表现为变异系数小于 1，峰度系数、偏度系数均在 3 以下，且含量区间多，去奇异值经对数转换后可形成接近正态分布，污染土指标可归类为准常态指标、超常态类指标、极端态类指标，变异系数小于 1 的土为自然演变，变异性系数大于 1 小于 2 多来自人类活动，变异系数在 2 以上土体可能受到强烈人为影响，此类污染土对工程建设的影响是比较大的，需要采取措施进行治理才能确保工程建设的稳定性。根据调查评估结果广西矿业重金属污染影响分布如图 4-13 所示。

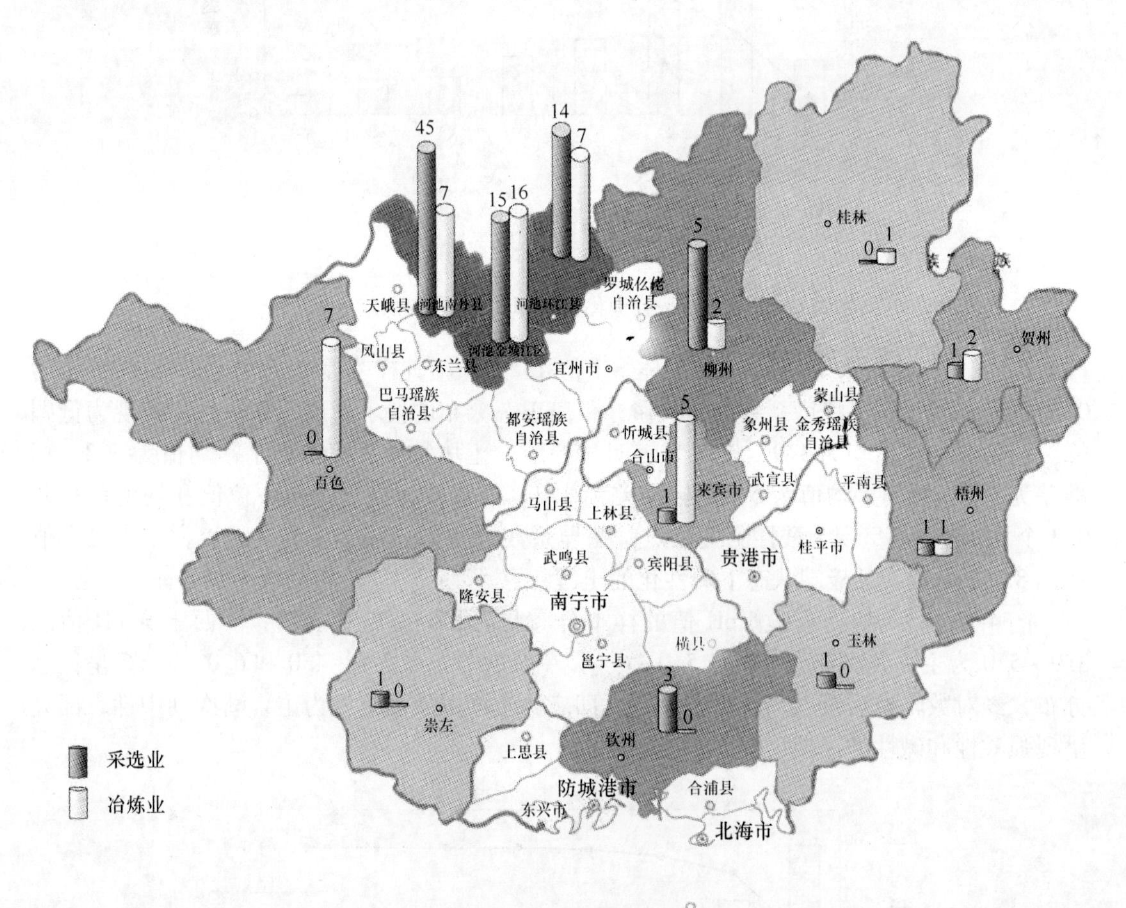

图 4-13　重金属污染影响分布图

4.3.4　重金属污染环境事件

重金属污染已成为广西突出的环境污染问题，近年来广西曾发生多起重金属污染事件，对群众身体健康造成严重威胁，造成了较恶劣的社会影响。这些重特大型重金属污染事件均与矿业开发有关。

2001 年 6 月，广西环江遭遇特大暴雨袭击，环江河上游的 3 家矿企尾矿库溃坝。洪水退后尾矿及废矿渣沉积于被淹没的两岸耕地上，造成洛阳镇、大安乡、思恩镇 9000 多亩农田土壤酸度过大，铅、锌、硫、砷等元素含量超标。约 50% 的土地为轻度污染，剩余的则属于中度和重度污染。

2008 年 10 月，河池市金城江区发生砷污染事件。这起砷污染事件是由柳州华锡集团金海冶金化工分公司排放的废水砷含量超标、污染村民饮用水所致。广西河池砷污染事件累计致 450 人尿砷超标，4 人轻度中毒，5 名领导干部被免职。

2012 年 1 月 15 日，广西龙江河拉浪水电站网箱养鱼出现少量死鱼现象在网络上曝光，龙江河宜州市怀远镇河段水质出现异常，河池市环保局在调查中发现龙江河拉浪电站坝首前 200m 处，镉含量超《地表水环境质量标准》类标准约 80 倍。镉泄漏量之大，在国内历次重金属环境污染事件中都属罕见，此次污染事件波及河段达到约 300 公里。此次镉污染事件是由于金城江立德粉厂非法炼铟的污水直接排放到地下溶洞所致，严重影响沿江群众特别是柳州等下游群众的生活生产。且时间正值农历龙年春节，使得沿岸及下游居民饮水安全遭到严重威胁，社会反响极大，全国震惊，对广西的声誉和形象造成了损害，对广西矿业经济也造成了严重的打击。这次镉污染事件发生以后，广西共出台 1 个主文件、33 个配套文件，借此开展了以环境倒逼机制推动产业转型升级的攻坚战。

2013 年 7 月，广西贺州市贺江水体发生镉、铊等重金属污染事件。此次被污染河段约 110 公里，从贺江马尾河段河口到广东省封开县，不同断面污染物浓度从 1 倍到 5.6 倍不等。西江沿线的南丰、都平、大玉口、大洲、白垢等镇有 3.5 万人受影响，大部分集中在南丰镇。为妥善处置贺州市贺江水污染环境事件，广西启动Ⅱ级应急响应，全力确保沿江及下游地区群众饮用水安全。

5 重金属污染防治对策及措施

5.1 重金属污染综合防治路线

5.1.1 重金属污染防治思路

以“治旧控新，消化存量”、“保安全，防风险”、“以奖促治，带动全面”等为基本思路，突出“源头控制，过程阻断及末端治理”的全过程生命周期理念，实施综合防治。

近期重点抓好污染源的监管防控工作，着力加强重金属污染源排查与环境监管，全面整治排放重金属污染物的污染源，完善法规制度、政策标准并确保执行到位，加大淘汰落后产能力度，实施清洁生产和稳定达标排放，建立健全应对重金属污染事故的长效机制，力争减少污染物排放量，遏制重金属污染事故发生；选择实施部分问题导向和技术导向的示范工程，并试点解决矛盾突出的历史遗留问题等，为“十三五”大规模推行环境修复创造条件。

通过严格控制新增污染源来把住源头，预防优先，大力调整优化产业结构，严格环境准入，划定重点防控区域，制定和完善节能、环保、技术、安全、土地使用和职工健康等方面的产业准入条件、环境法规标准、技术规范和经济政策，减少重金属污染强度。

5.1.2 重金属污染治理对策

（1）树立科学发展观、推进污染物减排。对可能造成土壤污染的高风险行业，如钢铁、有色、化工等重点行业进行监管控制，严格执法。对不达标排放的企业，该关闭的关闭，该整改的整改，该淘汰的淘汰。加大力度，推进污染减排工程建设和监控系统的建设，维护、落实减排措施，鼓励和强制实行固体废物、废液的综合利用。

推进乡镇企业的污染减排工作，控制规模化畜禽养殖污染物排放，提倡粪便排泄物肥料化；提倡有机农业，控制化肥、农药的使用，减轻土壤污染，保证农产品的安全。

（2）推进生态型矿业开发、技术开发，减少环境污染。建立和发展生态矿业的主要目的是不断提高矿业的资源转换和能量转换效率，并不断降低废弃物产出率和提高产品的生态性能及质量，从而提高矿业生态经济的综合效益。只有大力推进生态型矿业开发技术才能为矿业发展提供高效利用能源、资源的新技术、提高资源转换率，减少废弃物产出率，提供废弃物回收再利用技术，可以变废为宝，减少环境污染。

在所有生态矿业技术中，矿产资源综合利用技术的提高，对共生、伴生矿多、复杂组分矿石多来讲，不仅可以发挥其优势，而且对环境保护也非常重要。如有色金属矿石中伴生硫不回收，让它释放到空气中就是害，硫综合回收就是基本化工原料，就变成宝。

矿坑水、选矿水循环利用；废石和尾矿回填采空区；围岩和尾矿的综合利用等技术的应用，是生态矿业的发展方向。

（3）完善各项法规建设，加强防治污染的监督管理。加强对矿山企业“三废”排放的监管，及时掌握企业排放污染物的总量与浓度，严格控制废水未处理直接作为农业用水。对现有治理设施运转情况进行监督管理，依法强化管理是控制矿区环境污染的有效手段，也是有效控制矿区重金属污染。

坚持“矿产资源开发与矿山环境保护并重，预防为主，防治结合”的方针，结合矿山环保工作中存在的问题，大力加强这方面立法工作，从而有效防治重金属污染。

（4）不断深入开展污染调查工作，提高人们的环保意识。建立污染地区企业污染来源、特点、类型、产生污染原因及污染危害性的资料库。

污染的防治应该提倡民众参与，提高人们环保意识，建立民众参与平台，切实保证民众的知情权。

基层环保部门建立相关机制，接受民众委托的污染样品分析并予以规范化，建立和充实污染信息档案。

5.1.3 重金属污染防治建议

应从基本原则、规划范围（重点）、思路、目标、任务、综合治理、环境修复、政策措施、组织实施等方面制定重金属污染综合防治规划。

广西是我国著名的有色金属之乡，矿业开采及冶炼的历史悠久，据记载有的矿区自唐宋时期便已开采，如南丹大厂矿田，至今有 1300 多年；有的在清朝年间开采，如金城江的五圩矿区，至今也有 100 多年。长期的开采冶炼，已经对周边的生态环境造成了重大的破坏。对于重金属污染来说，广西的主要特点是污染物产生量较大、行业和地区排放集中、部分地区环境重金属超标严重、历史欠账多、治理难度大等。

污染土的分析与研究是建立在土体重金属含量的背景值基础上的，广西作为矿产资源大省，根据调查及以往资料显示，土中重金属背景值都不同程度的处于偏高状态。为了准确确定土的重金属污染状况，本章以广西重金属污染土体现状进行了调查结果为基础，确定了土中重金属含量背景值大小的问题。根据土壤重金属含量背景值大小来确定污染土的相关变异系数，并以此划分重金属污染土的分布情况，确定影响道路、建筑物地基等工程建设方面的污染土体变异系数指标值、重金属污染土体的影响状况等。

5.2 矿业开发重金属污染的防控内容

矿产资源的开发必然会引起矿区环境严重的重金属污染，资源特点、开采方式决定了矿区重金属污染的地域、途径、种类及严重程度。采矿到一定程度时，矿产暴露于地表环境，改变了矿物的化学组成和物理状态，从而使重金属元素开始向生态环境释放和迁移，并产生严重的重金属污染。井下坑道废水中的重金属离子可严重地污染流经矿区的河流，并对流经地域可产生污染；尾矿堆存在地表、空气和地质体的氧化和水解引起尾矿中硫化物矿物的风化作用，导致包括酸在内的风化产物的释放。尾矿酸性废水导致了尾矿中的重金属迁移，通过流经土壤中有选择性地浸出重金属元素，并使重金属元素滞留在土壤中，造成土壤的重金属污染。因此，应减少或切断重金属污染源，严格控制生产过程中有毒元素的排放和泄漏、废弃物排放和堆放，以及矿山企业开采造成的酸性废水、选厂尾矿废水、洗矿废水、废石堆的淋漓溶浸和烟尘排放。防止废渣中重金属物质下渗至土壤及挥发到大气中。禁止对废渣任意堆放，控制土壤、大气重金属含量。还必须针对矿区水文地质特点，研究水流的污染走向，找出矿山水文地质条件、水流特点、分布方式、矿山开采时重金属污染的一般规律，有针对性地进行控制。还需要强调的是，尾矿坝受重金属污染最严重，开采过程中的洗矿渣、洗矿液、尾泥均倒入尾矿坝，这是导致尾矿坝重金属污染最严重的直接原因。

重金属污染是影响矿山环境最重要的因素，它直接关系到矿山是否能够可持续发展的问题。对于重金属污染与矿业可持续发展之间的影响关系要结合区域条件进行研究，建立一套适应于矿区特点与条件的研究方法。

5.2.1 对土壤重金属污染的控制

除了采取物理或物理化学原理及措施，治理或减少重金属对土壤的污染，还必须利用植物对重金属的忍耐和超量积累能力并结合其共生的微生物体系对重金属污染进行环境修复。重金属进入土壤环境后，通过溶解、沉淀、凝聚、络合和吸附等各种反应，形成不同的化学形态。土壤中重金属的迁移性和植物毒性主要取决于重金属的形态分布，而不仅仅是其总量。

按照迁移性和生物活性其形态有：①可交换态；②碳酸盐结合态；③Fn、Mn 氧化物结合态；④有机物结合态；⑤残渣态。这些形态对生态环境的危害程序的大小顺序是：① > ② > ③ > ④ > ⑤。

植物的作用是通过改变土壤的水流量使残存的游离污染物与根结合，防止风蚀和水蚀，进而增加对污染物的多价螯合作用。施加络合物调节土壤 pH 值，改变土壤的氧化还原电势等方法可提高植物的修复有害重金属污染的效率；施加氮肥能促进植物对土壤中镉的吸收；施加磷肥可降低旱地植物体内的重金属含量；加入或换上未污染的新土；翻土将污染的表土翻至下层；将污染的表土移去。但不能盲目使用化肥和农药。重金属污染物对耕地生产能力的潜在毁灭性破坏千万不能忽视。

5.2.2 对水体重金属污染的控制

对水体重金属污染的控制一般来说采取底泥疏浚、引水截污和生物修复。

底泥疏浚：主要控制水体内源污染，是一种能有效降低重金属污染负荷的水污染治理方案。国内外目前广泛应用的环保疏浚是利用机械疏浚方法来清除江、河、湖、库污染底泥。为了提高疏浚工程的针对性和高效性，对操作精度要求较高，并致力于改造和设计环保疏浚设备，以提高疏浚工程的针对性和实效性。

引水截污：减少进入水体的污染物总量是水体修复的前提条件。通过截留河道、截污管道截污等工程将污水引入处理厂进行处理，然后循环利用，可有效阻止含重金属废水向水体排放。在截流基础上，通过适当引水、补水缩短了河流、湖泊等水体的换水周期，促使水体变换，加快重金属迁移速度，可降低水体中重金属浓度。

生物修复：是指利用生物的生命代谢活动减少存在于环境中有毒、有害物质的浓度或使其完全无害化，从而使污染了的环境部分或完全恢复到原始状态的过程。利用参与生物修复过程的生物类群，包括微生物、植物、动物以及它们构成的生态系统对污染物进行转移、转化及降解作用，从而使水体净化。还可以与绿化环境和景观改善结合起来，在水体中适当种植对重金属具有吸附作用的浮水与挺水植物来净化水质。

5.2.3 对大气重金属污染的控制

防止重金属污染物通过大气的迁移转化，可采取有效的防尘除尘等措施，防止矿山在开发过程中含重金属物质的矿石、废渣以及矿区受重金属污染的土壤进入大气，降低冶炼过程中含重金属的粉尘废气的排放浓度。

5.2.4 重金属污染风险防范途径

（1）将所有重金属产生和排放企业纳入区控重点污染源管理。

（2）在重点工业污染源，进行重金属特征污染物自动监控装置试点工作，待条件成熟后逐步实现重点工业污染源全部安全自动监控装置，实行实时监控、动态管理，确保车间口达标。增加污染物排放监督性监测和现场执法检查频次，重点监测和检查重金属污染物排放和应急处置设施情况。

（3）对可能产生重金属污染的各类生产和消防安全事故制定针对重金属污染的环保处置预案及建设环保应急处置设施。

5.3 重金属污染防控的技术措施

5.3.1 减少或切断重金属污染源

严格控制生产过程中有毒元素的排放及泄漏，废弃物的排放，堆放；采取物理，化学措施处理，减少重金属对土壤的污染；禁止对废渣任意堆放，防止废渣中重金属物质下渗至土壤或挥发到大气中；进行清洁生产审核，淘汰落后的生产工艺，采用先进的生产设备和技术，在生产过程中减少重金属污染物的产生量；含重金属废水的处理，应贯彻清污分流、分质处理、以废治废、一水多用的原则。

5.3.2 植物修复在矿区土壤重金属污染中的应用

利用植物对重金属的忍耐和超量积累能力并结合共生的微生物体系来实现对重金属污染对环境的修复，其修复技术有：

（1）植物萃取技术。利用重金属积累植物或超积累植物从土壤中的吸收一种或多种重金属，并将其富集、转移、储存到地上部分，还可搬运到植物根部可收割部分和植物地上的枝条部分并集中处理。

（2）植物固化技术。利用耐金属植物或超积累植物降低有害金属的活性，从而减少重金属被淋滤到地下水或通过空气载体扩散进一步污染环境的可能性。然而土壤中重金属含量并不减少、只是存在形态发生了变化。植物固化技术适用于采矿、冶炼厂废气污染土壤的复垦，通过在废气矿场和重金属污染严重的地区大面积种植该类作物，可有效降低重金属的危害。

（3）植物挥发技术。利用植物的吸收、积累和挥发而减少土壤中一些挥发性污染物，即植物将污染物吸收到体内后将其转化为气态物质释放到大气中，该技术只限于挥发性重金属的修复，其缺点是应用范围较小，而且具有将汞、硒等挥发性重金属转移到大气环境中的风险。

植物的作用是通过改变土壤的水流量使残存的游离的污染物与根结合，防止风蚀和水蚀，进而以加对污染物的多价螯合作用。植物修复技术要获得成功，必须把选取具有耐重金属或超积累植物同增加植株地表部分生物量和提高根际金属的植物可利用性，施加络合物，调节土壤 pH 值，改变土壤的氧化还原电势等方法可提高植物修复有害重金属污染的效率。如施加氮肥能促进植物对土壤中 Cd 的吸收，施加磷肥通常可降低旱地植物体内重金属的含量。

5.3.3 工程治理

鼓励工业企业在稳定达标排放的基础上进行深度治理，鼓励企业集中建设污水深度处理设施，提高水资源的重复利用率，减少重金属的排放总量；对冶炼废气进行深度净化处理或现有净化工艺升级改造的方式，对重金属排放量大的废气进行有效治理，来削减重金属污染，特别是铅尘的污染，此外，对于无组织排放的含重金属废气要加大防护和治理力度。

用物理或物理化学的原理来治理土壤重金属污染。工程治理的方法主要有：客土法、换土法、翻土法、去表土法。客土法是在被污染的土壤上加入和覆盖未污染的新土，使污染物含量降低或减少污染物与植物根系的接触，从而达到减轻危害的目的；换土法是将污染的土壤移去，换上未污染的新土。翻土法是采用深耕将上下土层翻动混合的做法，将被污染的表土翻至下层，使表层土壤污染物含量降低；去表土法是将被污染的表土移去。

5.3.4 土壤中天然矿物治理

土壤本身是由许多天然矿物组成，这些天然矿物对土壤中重金属污染不但有防治作用，而且具有自身净化能力和容纳作用。因此，利用天然矿物来治理土壤中重金属污染有着一定的积极作用。土壤的主要矿物组成除黏土矿物外，还存在大量的天然铁、锰、铝氧化物及氢氧化物、硅氧化物、碳酸盐、有机质硫化物等天然矿物可以防治土壤重金属污染。主要考虑土壤自身的净化能力，但土壤自身净化能力离不开土壤中矿物种对重金属的吸附与解吸作用、固定与释放作用，土壤中具体矿物的净化能力才真正体现土壤自身的净化能力和容纳能力。土壤中有毒、有害元素含量的高低，并不是直接判定土壤环境质量优劣乃至土壤生态效应的唯一标志。关键问题是要揭示这些重金属在土壤中与各种无机物之间具有怎样的环境平衡关系。利用有机质表面活性剂去置换天然黏土矿物中存在着大量可交换的无机阳离子形成有机黏土矿物，可有效截住或固定有机污染物阻止地下水的进一步污染。限制有机污染物在土壤环境中迁移扩散，但特别需要指出的是，在黏土矿物改性过程中，其中的固定态重金属也被置换出来，导致土壤系统中本已建立环境平衡被打破，使得土壤环境中解吸释放态重金属污染物总量大大增加。至此，土壤中重金属污染物既来源于土壤中活动态的重金属，又来源于改性黏土矿物被置换释放出来的重金属。

锰氧化物和氢氧化物还具有较完善的孔道特征，尤其是 Fe、Mn 为自然界中少数的但属于常见的变价金属，其氧化物和氢氧化物化合物往往可表现出一定的氧化还原作用，所以说天然 Fe、Mn、Al 的氧化物及氢氧化物具有潜在的净化重金属污染物的功能，能成为土壤环境中吸附固定态重金属污染物的有效物质。

5.3.5 固体废弃物的利用

矿山固体废弃物中往往含有许多有用的元素和矿物，是宝贵的二次资源，一旦开发出来经济价值不可估量。随着矿山的开发，固废物在逐年递增，随着选矿技术的进步，一些“无用的”低品位矿石和废石能够提供相当数量的资源。利用固体废物是综合开发合理利用矿产资源的继续，整体开发利用矿山固体废物，变废为宝是开发新资源的一条途径。矿山固体废弃物综合治理的关键问题是综合利用。

目前我国矿山固体废弃物的综合利用率仅为7%左右，大量的固体废弃物只能长期堆放在尾矿库或矿山周围的排土场。如果这些废弃物能得以经济有效地综合利用，其数量就会减少，通过最终处置，其危害就能消除。矿山环境被动治理的主要措施是绿化治理。将矿山固体废弃物的堆存场所通过表面复（覆）土和土质改造并进行绿化，使裸露的废弃物堆存场地披上绿装，进而恢复生态平衡。尽管废弃物堆放地被绿化后，污染程度有所降低，环境也得到了一定的改善，但这种治理所需的时间长、见效慢、不彻底，于是从产生废物的源头开始的主动治理越来越多地被人们重视和利用。矿山固体废弃物的主动治理，是指从产生废物的源头消除污染源，从而达到彻底治理的目的，主要方法是废物利用。采取综合治理措施，从根本上解决破、运、洗选系统问题，同时要增强矿产资源和矿山环境的保护意识。采矿过程中需剥离大量的废弃岩石，每个矿山都需要一个或几个排土场。国内冶金铁矿山除个别矿山外，绝大多数不含有害杂质和放射性元素，相当数量的岩石质地坚硬、致密，可以加工成理想的建材石料；采场生产产生的大量岩土堆置在排土场，在排土场排满后，或排土场部分部位已经固定不变，通过复垦，可以增加可用土地面积。对于回收尾矿中有用组分，冶金铁矿选厂尾矿中回收有用组分目前最多的是磁铁矿物，除此之外金属铁矿山尾矿可回收的组分有稀土、铌、钛等。实践证明，通过再选，可从含铁8%~14%的尾矿中回收含铁60%左右的铁精矿。尾矿再选一般工艺简单、投资少、见效快。由于没有原矿成本，已经过破碎磨矿，尾矿再选生产成本低，无论是在原生产设施上进行改造还是单独新建尾矿再选厂，均有较好收益。对于SiO含量高的铁尾矿，已有实验表明，在回收铁组分的同时，进一步通过高强度磁选、浮选，可得到含SiO 95%以上的硅砂。这种产品应用广泛，具有良好的市场前景。随着市场的发展，多金属铁矿山尾矿中的稀土、铌、钛等产品回收的规模可逐步扩大。有条件的企业，若资源适合，要鼓励利用尾矿为原料制造玻化砖、微晶玻璃花岗石等高附加值产品。因此，通过建立地下尾矿库、用作充填材料等措施对暂不能利用的废弃物进行无害化堆存。

5.3.6 加强防治污染的监督管理

（1）加强对矿山企业“三废”排放的监督。及时掌握企业排放污染物的总量和浓度；对现有治理设施运转情况进行监督管理，依法强化管理，大力加强立法工作，从而有效防治土壤重金属污染。

（2）提升管理理念、改正管理技术、加强管理手段，使土壤污染势头得到有效遏制，将管理措施提高到重金属污染防治的首要位置，确立“防重于治”的原则。

（3）加强土壤中重金属与土壤中矿物之间的吸附与解吸、固定与释放的平衡关系、土壤中重金属的形态特征、转化与迁移规律的研究，及时处理土壤中二次污染物。

（4）控制土壤重金属污染首先应从源头抓起，控制污染源。土壤重金属污染已经达到相当严重的程度，要充分认识土壤重金属污染的长期性、隐匿性、不可逆性以及不能完全被分解或消逝的特点。

（5）土壤质量问题直接影响土壤质别、水质状态、作物生长、农业产量、农产品品质等，并通过食物链对人体造成危害。

（6）农业生产中大量而盲目使用化肥和农药，使江、河、湖、海、地下水及陆地中无机和有机污染物积累总量与日俱增，使土地环境变得极其脆弱。一旦土壤对这些污染物尤其是重金属的消纳容量达到饱和，这些污染物对耕地生产能力的潜在毁灭性破坏便有可能一触即发。因此，对土壤重金属污染要认真进行研究，开展耕地污染的治理方法和技术，显得更为必要和迫切。

5.4　重金属污染土壤的治理技术

刘敬勇等阐述了酸性矿山废水和尾矿是造成矿山重金属污染的主要原因，因此，矿山重金属污染的预防及治理也主要是从这两方面进行的。环境地球化学工程学技术具有创造简易治污工艺和巨大的环境—经济—社会效益的能力，在重金属污染治理中发挥着重要的作用。环境地球化学工程学的基本特点是，立足于环境地球化学，把环境污染问题及其治理放在环境地球化学系统中来考虑，尽量使天然物料的性能派上用场，并将治污工艺设计与自然条件和环境地球化学作用相结合。环境地球化学工程学的主要技术包括稀释/浓缩、分解/中和、隔离作用、固化作用。这种方法尽可能地不干扰自然界，依靠元素自然循环来去除有关的化学元素。如福建大田地区大量发育灰岩、白云岩、生物碎屑灰岩等，自然系统本身就可以解决矿区酸度不高的废水。

环境适应性矿物对治理重金属污染很有效。环境适应性矿物材料中矿物表面的吸附性作用、离子交换作用及孔道过滤作用强，可以有效减少重金属元素的污染。目前用改性材料如粉煤灰、蛇纹石和海泡石进行矿区复垦研究比较多。例如用粉煤灰作为矿区土壤改良剂可以使土壤酸性降低；用改性海泡石处理含 Pb^{2+}、Cu^{2+}、Cd^{2+} 废水，处理后的重金属离子含量可达到国家排放标准；用蛇纹石作为水中 Cd^{2+}、Cu^{2+}、Fe^{3+}、Pb^{2+}、Ni^{2+} 金属离子的吸附剂具有理想的处理效果。我国的粉煤灰、蛇纹石和海泡石资源丰富，酸性技术条件成熟，可以达到以废治废的目的，符合国家的环保政策，在矿山污染治理中，环境适应性矿物的应用将有很大的发展前景。

5.4.1　重金属污染土壤修复治理

一般用来修复土壤污染的方法有物理修复、化学修复和生物修复方法。其修复原理为加入化学改良剂转化重金属在土壤中存在化学价态和存在形态，使其固化或钝化。或者采用物理修复等方法，使重金属在土壤中稳定化，降低其对植物和人体的毒性；利用重金属累积植物、动物、微生物吸收土壤中的重金属，然后处理该生物或者回收重金属；将重金属变为可溶态、游离态，进行淋洗并收集淋洗液中的重金属，达到降低土壤中重金属含量的目的。在土壤遭受污染之后，为避免重金属元素向植物体内迁移，世界上采用多种方法对土壤采取修复措施，常见的有下列几种方法。

5.4.1.1 物理修复

物理修复主要包括电动修复法、热处理法、电解法和淋洗法。

电动修复法是利用天然导电性土壤加载电流形成电场梯度使土壤中的重金属离子以电迁移和电渗透的方式向电极移动，然后在电极部位进行集中处理。

热处理法是利用高频电压释放电磁波产生的热能对土壤进行加热，使一些易挥发性有毒重金属（如 Hg）从土壤颗粒内解吸分离并收集起来进行回收或处理，从而达到修复的目的。

电解法是使土壤中重金属在电解、电迁移、电渗和电泳等的作用下在阳极或阴极被移走，以上措施具有效果彻底、稳定等优点，但实施复杂、治理费用高和易引起土壤肥力降低等缺点。

淋洗法是用淋洗液来淋洗污染的土壤。由于该方法使用时用水量大，且会造成二次污染，所以目前并没有得到广泛使用。

5.4.1.2 化学修复

化学修复就是向污染土壤投入改良剂、抑制剂，增加土壤有机质阳离子代换量和黏粒的含量改变 pH 值、Eh 和电导率等理化性质，使土壤重金属发生氧化、还原、沉淀吸附、抑制和拮抗等作用以降低重金属的生物有效性。化学修复的机理是通过添加各种化学物质，改变土壤的化学性质，从而直接或间接改变重金属的形态及其生物有效性，最终达到抑制或降低植物对重金属的吸收。

化学修复技术常用的方法有化学改良剂法、化学淋洗法、化学栅法等。而目前常用的方法是向土壤中施用改良剂、抑制剂等调节土壤酸碱度或氧化还原电位，通过对重金属的吸附、氧化还原、拮抗或沉淀作用，改变重金属在土壤中的形态，使其钝化后减少向植物、土壤深层或地下水迁移，从而降低其生物有效性。

沉淀法是指土壤溶液中金属阳离子在介质发生改变（pH 值、OH^-、SO_4^{2-} 等）时形成金属沉淀物而降低土壤重金属的污染。如向土壤中投放钢渣，它在土壤中易被氧化成铁的氧化物，对 Cd、Ni、Zn 的离子有吸附和共沉淀作用，从而使金属固定在沈阳张士污灌区进行的大面积石灰改良。实验表明，每公顷土地施加石灰 1500 ~ 1875kg 籽实含镉量下降 50%，有机质法是指有机质中的腐殖酸能络合重金属离子生成难溶的络合物，而减轻土壤重金属的污染。

吸附法是指重金属离子能被膨润土、沸石、黏土矿物等吸附固定，从而降低土壤重金属的污染。但这种方法对污染程度不严重的土壤有效；化学淋洗修复，此法是指在重力或外压力下向污染土壤中加入化学溶剂，使重金属溶解在溶剂中，从固相转移至液相，然后再把溶解有重金属的溶液从土壤中抽出来，进行溶液中重金属处理。化学治理措施优点是治理效果和费用都适中，缺点是容易再度活化。

5.4.1.3 生物修复

生物修复是指利用生物的某些习性来适应、抑制和改良重金属污染，生物修复技术包括微生物、植物、动物修复。生物治理主要方法有：微生物治理是利用土壤中的某些微生物等对重金属具有吸收、沉淀、氧化和还原等作用。降低土壤中重金属的毒性如 Citrobactersp 产生的酶能使 U、Pb、Cd 形成难溶磷酸盐；原核生物（细菌、放线菌）比真核生物（真菌）对重金属更敏感，革兰氏阳性菌可吸收 Cd、Cu、Ni、Pb 等植物治理是利用某些植物能忍耐和超量积累某种重金属的特性来清除土壤中的重金属；动物治理是利用土壤中的某些低等动物蚯蚓、鼠类等吸收土壤中的重金属。

甘肃庆阳市科技局庆阳科技开发中心陈丽莉等提出了重金属污染土壤的生物修复技术。认为生物修复技术是利用生物的生命代谢活动减少环境中有毒、有害物质的浓度或使其完全无害，从而使污染的土壤部分地或完全地恢复到原始状态。生物修复机理是利用生物作用，削减、净化土壤中重金属或降低重金属毒性。此方法可以在重金属污染的土地上种植金属耐受性植物降低金属流动性，有毒金属将会被固定在生态系统中，减轻了通过风蚀和表土的风力传播所引起的迁移，同时也减少了有毒金属因淋溶而进入地下水所引起的污染。利用特定的动植物和微生物，吸收或降解土壤中的重金属。充分利用生物对污染物的吸收能力的差异性，合理安排耕作物的种植，使生物最大限度地适应现存污染环境。如在有 Hg 污染的水稻土中，可将水田改成旱田，这就是利用水田和旱田作物对 Hg 的富集程度不同的特性，即土壤含 Hg 量对水稻、糙米中 Hg 的残留量影响较大，而对一些旱田作物如小麦、大豆等影响较小。又如在有 Cd 污染的农田中，因 Cd 在小麦、玉米籽粒中的富集程度具有明显的差异性，可选种玉米；选择种植对重金属富集能力较弱的蔬菜，可使土壤向蔬菜转移重金属能力大大降低。

A 动物修复技术

动物修复技术是利用土壤中某些低等动物，如蚯蚓等吸收土壤中的重金属，在一定程度上降低污染土壤中重金属含量。饲养在牛粪和垃圾中的蚯蚓对硒和铜元素的富集能力很强，且富集铜的能力强于富集硒的能力。蚯蚓也能通过增加土壤重金属活性使得植物吸收重金属的效率增加。蚯蚓活动能明显提高红壤铜的生物有效性，使得红壤中 DT-PA 提取态铜的含量显著增加，从而提高了植物对重金属的吸收和富集效率。蚯蚓对河流底泥中镉具有富集作用；脉红螺易于吸收和储集镉、砷等重金属物质；鱼类特别是大西洋巨马鲛、剑旗鱼、鲨鱼、鲸鱼中汞含量较高，说明这些鱼类对水体中的土壤所含汞具有一定的吸附作用；腐生波豆虫及梅氏扁豆虫等动物对重金属也有明显的富集作用。

B 微生物修复技术

土壤微生物生态研究是土地复垦与生态恢复技术主要内容。该技术是利用微生物的接种优势，是对复垦土壤进行综合治理与改良的一项生物技术措施。该法利用植物根际微生物的生命活动，将选定的菌根真菌接种于作物根部，菌根可与作物根系形成菌根共生体，植物感染菌根后可以提高植物的抗重金属毒害能力。微生物除了可修复矿区污染土壤，还能对重金属污染有很好的指示作用，微生物活性可作为指示土壤环境质量变化的灵敏、有效生物指标。该技术是利用土壤中的某些微生物对重金属具有吸收、沉淀、氧化还原等作用，降低土壤重金属的毒性。某些微生物能代谢产生柠檬酸、草酸等物质，它们和重金属产生螯合或形成草酸盐沉淀，从而减轻重金属的伤害。某些微生物能够产生胞外聚合物，它们具有大量的阴离子基团，这些基团对重金属具有很强的亲和吸收性，有毒金属离子可以沉积在细胞的不同部位或结合到胞外基质上，或被轻度螯合在可溶性或不溶性生物多聚物上。一些微生物如动胶菌、蓝细菌、硫酸还原菌以及某些藻类，能够产生具有大量阴离子基团的胞外聚合物（如多糖、糖蛋白等）与重金属离子形成络合物，从而将其从土壤中有效去除。微生物通过氧化、还原、甲基化和脱甲基化作用转化重金属，改变其毒性。自养细菌硫—铁杆微生物能氧化 As、Cu、Mo、Fe 等。微生物的氧化作用能降低这些重金属元素的活性。微生物还具有还原及挥发无机物及有机汞化合物、还原铬酸盐、氧化和沉淀亚砷酸等特性，在重金属污染土壤的修复方面有广阔应用前景。

C 植物修复技术

植物修复技术是一种利用植物去除环境中重金属的方法。利用专性植物根系吸收一种或几种重金属，并将其转移，储存到地上部分，然后收获茎叶离地处理。金属离子进入根部后，可以通过木质部转移至地表部分，也可以通过韧皮部使金属在体内重新分配。水生植物根部的重金属含量比茎、叶部分高得多。其修复机理为植物吸收、转化、降解与合成，通过根系分泌物促进土壤微生物（细菌、真菌、放线菌等）的降解、转化与合成；根系还具有机械阻留作用及离子交换作用和吸附作用。因此，植物修复能够清除土壤中的重金属污染，并可以通过处理植物回收其中有用的重金属。植物修复方法一般分为植物吸收、植物挥发、植物吸附和植物固定。

a 植物吸附修复

植物吸附修复是直接发生在植物根（或茎叶）部表面，表面吸附可能是去除水体重金属最快的一步，它是由螯合离子交换和选择性吸收等物理和化学过程共同作用的结果，且不要求生物活性，在死去的植物体表面也可以发生。对于沉水植物及浮叶根生植物，植物吸附是它们去除重金属的主要方式。重金属的植物吸收、淋溶和无效态数量将只依赖于它们的有效态的多少，重金属溶液浓度和它们的土壤的有效态之间的关系遵循 Freundlich 吸附方程；超积累植物可吸收积累大量的重金属，目前已发现 400 多种，超积累植物积累 Cr、Co、Ni、Cu、Pb 的含量一般在 0.1% 以上，积累 Mn、Zn 含量一般在 1% 以上；印度芥菜（Brassica juncea）可吸收 Zn、Cd、Cu、Pb 等，在 Cu 为 250mg/kg、Pb 为 500mg/kg、Zn 为 500mg/kg 的条件下能生长，在 Cd 为 200mg/kg 出现黄化现象；高杆牧草（Agrop Ton elongatum）能吸收 Cu 等；英国的高山莹属类等，可吸收高浓度的 Cu、Co、Mn、Pb、Se、Cd、Zn 等。除此之外，广西大学农学院陈海风等认为，污染土壤经过柠檬酸、醋酸处理后，重金属含量大大减少，对污染耕地有较好的改良作用，对重金属污染土壤的淋洗效果非常好，柠檬酸对 Cu、Pb、Cd 的淋洗效果比醋酸好，而醋酸对 Zn 的淋洗效果则比柠檬酸优；谢国樑等认为，柠檬酸预处理，能够使修复河涌底泥具有较低初始 pH 值，有利于重金属的去除；沈阳农业大学土壤与环境学院的曲贵伟等认为，聚丙烯酸盐的应用显著提高了土壤水能力和土壤 pH 值，同时土壤中水溶性重金属的含量也显著降低。对多种重金属具有较强的和稳定的吸附作用，具有降低土壤中重金属的有效性；电动—竹炭联合修复有利于污染底泥重金属的迁出，显著提高重金属的去除率；切换电极可以较好地维持底泥的 pH 值、电导率、有利于重金属的迁移，防止重金属富集；钱暑强等认为，用电修复过程可从土壤中去除 Cu^{2+}；王桂仙等提出，竹炭对污液中的 Zn 具有吸附行为。

在修复措施方面，应积极寻找、筛选对重金属具有超积累能力的植物。超积累植物的特性与污染物的种类、形态及程度密切相关，因此，深入了解、研究超积累机理植物对重金属的超积累是修复环境污染的关键。目前一些植物对重金属的吸收、富集、耐受力的情况如下：蓼车是吸收 Mn、Cd、Cu、Ni、Cr、Pb、Hg、As 等的植物物种；蜈蚣草对 Mn、Zn、Ni 有较强的吸收能力，对 As（砷）具有显著的富集作用，修复效率为 6.6% ~7.8%；苎麻对土壤中 Hg 的年净化率高达 41%；海芋对 Mn 具有吸收能力；红树植物体内能吸收储藏大量的 Hg；芥菜叶、根能吸收 Cu；板栗用于 Mn 污染土壤植物修复；五节芒、加拿大莲对 Mn、

Ni 有较强的吸收能力；野茼蒿、酸模叶蓼对 Mn 的吸收较强；蔓生莠、马唐、海芋对 Zn 吸收较强；香草根对 As、Cd、Cr、Ni、Pb、Zn、Hg、Se 有很高的耐受力；芸苔在各种 Cd 污染浓度下，其 Cd 富集差异达极显著水平；玉米（矿区附近）中的 Pb、Cd 含量分别是国家食品卫生标准的 16 ~ 21 倍、5.7 ~ 9.7 倍；印度芥菜、向日葵可大量积累 Pb、As、Hg、Cr、Cu、Ce、Zn 等；天叶紫花苕子对 Pb 具有超耐性；羊齿类铁角蕨属植物对 Cd 有超耐性；黄颔蛇草对土壤中的 Hg 有超耐性；豆科能耐受有毒金属并能提供有机质和氮源，可用于改良尾矿的性质，是理想的修复植物；柳树和白杨能从土壤中去除一定量的重金属，净化低污染土壤。菌根修复是较为新型的修复方式，它是指土壤中真菌菌丝与植物根系形成的联合体。成熟的菌根是一个复杂的群体，包括真菌、固氮菌、放线菌，这些菌类有一定的修复重金属污染能力。菌根中真菌可通过分泌特殊的分泌物改变植物根际环境，从而使重金属转变为无毒或低毒的状态，降低其毒性，起到促进重金属的植物钝化作用。菌根植物对 Cu 污染土壤具有一定的生物修复作用。菌根还可调节根际中土壤重金属形态降低重金属的生物有效性。菌根还能使菌根植物体内重金属积累量增加，加强化植物提取的效果。

b 植物固化修复

植物固化修复是利用植物及一些添加物将重金属吸收、累积到根部或迁移到根际，使环境中的金属流动性降低，也降低其生物有效性和和防止进入地下水和食物链，减少其对环境和人类健康的污染风险。然而植物固化并没有将环境中的重金属离子去除，只是暂时将其固定，使其对环境中的生物不产生毒害作用，但并没有彻底解决环境中重金属污染问题。如果环境条件发生转化，情况又会发生改变。利用植物根际的一些特殊物质，使土壤中污染物转化为相对无害的物质，再由耐重金属植物或超积累植物降低重金属活性，从而减少重金属被淋滤到地下水或通过空气扩散进一步污染环境的可能性。其机理主要是通过改变根际环境（DH、EH）使重金属的形态发生改变，通过在植物根部积累和沉淀，减少重金属在土壤中的移动性。但并未使土壤中重金属含量减少，只是暂时将其固定，包括分解、螯合、氧化还原等各种反应。它保护污染土壤不受侵蚀，减少土壤渗漏来防止金属污染物的淋移，还通过金属在根部的积累和沉淀或根表吸持来加强土壤中污染物的固定。植物修复能力不仅与植物特性有关，还与植物的根际环境密切相关。如果利用微生物改善植物根系环境，将会加强环境的修复功能。

植物修复法与其他的方法相比具有技术和经济上的双重优势。植物修复技术主要有以下优点：低投资、低能耗；处理过程与自然生态系统有着更大的相融性；无二次污染；能实现水体营养平衡，改善水体的自净能力；对水体的各种主要污染物均有良好的处理效果。局限性在于运作条件高、处理时间长、占地面积大及受气候影响严重。植物修复作为一项新兴的绿色污染治理技术，当前仍处于实验研究阶段，要真正在实践中广泛应用，还有许多工作要做。

D 农业治理

农业治理是因地制宜地改变一些耕作管理制度来减轻重金属的危害、在污染土壤上种植不进入食物链的植物。主要措施有：(1) 控制土壤水分，是指通过控制土壤水分来调节其氧化还原电位（Eh），达到降低重金属污染的目的；(2) 选择化肥，是指在不影响土壤供肥的情况下，选择最能降低土壤重金属污染的化肥，增施有机肥，是指有机肥能够固定土壤中多种重金属以降低土壤重金属污染的措施；(3) 选择农作物品种，是指选择抗污染的植物和不要在重金属污染的土壤上种植进入食物链的植物，如在含镉100mg/kg的土壤上改种苎麻，五年后，土壤镉含镉平均降低27.6%；因地制宜地种植玉米、水稻、大豆、小麦等，水稻根系吸收重金属的含量占整个作物吸收量的58%~99%，玉米茎叶吸收重金属的含量占整个作物吸收量的20%~40%，玉米籽实吸收量最少，重金属在作物体内分配规律是根>茎叶>籽实。合理的利用农业生态系统工程措施，可以保持土壤的肥力，改良和防治土壤重金属污染，提高土壤质量，并能与自然生态循环和系统协调运作，如可以在污染区公路两侧尽可能种树、种花、种草或经济作物（如蓖麻），种植草皮或观赏树木，移栽繁殖，不但可以美化环境，还可以净化土壤；蓖麻可用作肥皂的原料，也可以进行农业改良，即在污染区繁育种（水稻、玉米）之后在非污染区种植；或种植非食用作物（高粱、玉米），收获后从秸秆提取酒精，残渣压制纤维板，并提取糠醛，或将残渣制作沼气作能源。农业治理措施的优点是易操作、费用较低，缺点是周期长且效果不显著。

5.4.2 重金属污染土壤工程治理

工程治理是指对被污染的土壤进行客土、换土、翻土法等工程治理法，主要是通过物理或物理化学的原理来治理土壤重金属污染。其治理方法主要为：客土是在污染的土壤上加入未污染的新土；换土是将已污染的土壤移去、换上未污染的新土；翻土是将污染的表土翻至下层；去表土是将污染的表土移去等。如日本富士县神通川流域的痛痛病发源地，就是由于长期食用含镉的稻米而引发的，他们通过研究，去表土15cm并压实心土，在连续淹水的条件下，稻米中镉的含量小于0.4mg/kg：去表土后再覆客土20cm，间歇灌溉稻米中镉的含量也不超标，客土超过30cm，其效果更佳。

5.4.3 重金属污染土壤治理的新方法

土壤中天然矿物治理重金属污染是一种新方法。土壤的主要矿物组成除黏土矿物外，还存在大量的天然铁锰铝氧化物及氢氧化物、硅氧化物、碳酸盐、有机质硫化物等天然矿物，在国内外关于土壤重金属污染物防治途径研究中，人们一直强调土壤自身的净化能力，但土壤自身净化能力离不开土壤中矿物种对重金属的吸附与解吸作用、固定与释放作用。土壤中具体矿物的净化能力才真正体现土壤自身的净化能力和容纳能力，土壤中有毒有害元素含量的高低，并不是直接判定土壤环境质量优劣乃至土壤生态效应的唯一标志，关键问题是要揭示这些重金属在土壤中与各种无机物之间具有怎样的环境平衡关系，例如国内外为寻求地下水和土壤有机污染的修复方法而间接对土壤中多种黏土矿物进行改性研究，即利用有机表面活性剂去置换天然黏土矿物中存在着的大量可交换的无机阳离子，形成有机黏土矿物，可有效截住或固定有机污染物阻止地下水的进一步污染，限制有机污染物在土壤环境中迁移扩散。但特别需要指出的是，在黏土矿物改性过程中，其中的固定态重金属也一并被置换出来，导致土壤系统中业已建立的环境平衡被打破，导致土壤环境中解吸释放态重金属污染物总量大大增加。至此，土壤中重金属污染物既来源于土壤中活动态的重金属，又来源于改性黏土矿物时被置换释放出来的重金属。以目前实验室正在开展研究的环境矿物材料——天然铁锰铝氧化物及氢氧化物为例，其中磁铁矿、赤铁矿、针铁矿、软锰矿、硬锰矿与铝土等也正在成为国际上关于天然矿物净化污染方法研究方面的重点对象之一，天然铁锰铝氧化物及氢氧化物的表面具有明显的化学吸附性特征，锰氧化物与氢氧化物还具有较完善的孔道特征。尤其是 Fe、Mn 为自然界中少数的但属于常见的变价元素，其氧化物和氢氧化物化合物往往可表现出一定的氧化还原作用。所以说天然铁锰铝氧化物及氢氧化物具有潜在的净化重金属污染物的功能，能成为土壤环境中吸附固定态重金属污染物的有效物质。

综上所述，国内外对土壤重金属污染现状与治理，取得了一定的成绩，也存在一些理论上和技术上的问题。如土壤中重金属与土壤中矿物之间的吸附与解吸、固定与释放的平衡关系的研究，土壤中重金属形态特征、转化与迁移规律的系统研究，土壤中二次污染物的及时处理等。土壤重金属污染首先应从源头抓起，控制污染源，土壤重金属的污染已经达到相当严重的程度。要充分认识土壤重金属污染的长期性、隐匿性、不可逆性以及不能完全被分解或消逝的特点。土壤质量问题是经济可持续发展和社会全面进步的战略问题，它直接影响土壤质别、水质状况、作物生长、农业产量、农产品品质等，并通过食物链对人体健康造成危害。对工业生产中排放的污染物尚未得到较彻底控制，尤其在农业生产中大量而盲目使用化学肥料和农药的今天，江河湖海、地下水及陆地中无机和有机污染物积累总量与日俱增，使土地环境质量变得极其脆弱。一旦土壤对这些污染物尤其是重金属的消纳容量达到饱和，这些污染物对耕地生产能力的潜在毁灭性破坏有可能一触即发，有人已形象地称之为农业生产中的“定时炸弹”。从这个意义上来讲，土地管理与保护工作不仅是对耕地总量的监管，还应该加强对耕地质量的保护与改善。对土壤质量的保护便是对耕地生产能力的保护，更是提高土地利用效率的强有力措施之一。对于我国这样一个人口众多的农业大国，开展国土质量调查评价，对土壤重金属污染物进行试验研究，开发耕地污染的治理方法和技术，显得更为必要和迫切。

总地来说，生物治理措施的优点是实施较简便、投资较少和对环境破坏小。缺点是治理效果不显著。

5.4.4　镉污染土壤修复试验研究案例

本案例选用 $FeCl_3$ 作为淋洗剂来进行修复镉污染农田土壤的试验。

5.4.4.1　试验材料与方法

A　试验材料

试验所用土壤采自广西某铅锌矿矿区附近的农田，土壤样品经过自然风干后，研磨经过10目（2mm）样品筛，备用。该土壤的基本理化性质见表5-1。从表5-1中可以看出，该土壤样品中镉的含量为1.10mg/kg，超过了《土壤环境质量标准》中农田土壤二级标准的镉含量限值（0.3mg/kg），超标倍数为2.77，其余重金属未超标。

表5-1　供试土壤基本理化性质　(mg/kg)

项　目	Cu	Pb	Zn	Cd	Cr	Ni	As
供试土壤	39.3	75.1	220	1.10	88.9	49.4	15.6
标准值	100	300	250	0.3	300	50	25
项　目	Hg	有机质	全氮	全磷	全钾	有效磷	速效钾
供试土壤	0.24	25260	1970	920	17889	84.4	125
标准值	0.5	—	—	—	—	—	—

注：标准值为《土壤环境质量标准》（GB 15618—1995）中二级标准（pH = 6.5 ~ 7.5）限值。

B 试验方法

a 淋洗试验

将 $FeCl_3$ 配成一定浓度的水溶液，按照一定的液固比与污染土壤进行混合，以一定的速率进行搅拌，搅拌一段时间后，进行过滤，在过滤过程中使用蒸馏水将土壤润洗两遍，除去残留在土壤表面的淋洗液，土壤经过滤后放入恒温箱在60℃下烘干。

b 分析方法

样品烘干后研磨至100目以下，采用强酸消解法对样品进行消解。称取0.1g土壤样品于60mL聚四氟乙烯烧杯中，依次加入优级纯5mL HNO_3、2mL HF和1mL $HClO_4$，使用电热板加热消解、赶酸、定容过滤后，利用原子吸收仪、电感耦合等离子体—质谱进行相应重金属含量测试。

土壤肥力指标的测试依据《南方地区耕地土壤肥力诊断与评价》（NY/T 1749—2009）中要求的测试方法进行。

5.4.4.2 结果与讨论

A $FeCl_3$ 浓度对Cd去除效率的影响

以液固比为5∶1、搅拌速率为180r/min、淋洗时间为120min为试验条件，对土壤进行不同 $FeCl_3$ 浓度下的淋洗试验，测定淋洗后土壤中Cd的含量，结果如图5-1所示。从图中可以看出，$FeCl_3$ 浓度越大，污染土壤中Cd的去除效率越高。在 $FeCl_3$ 浓度为0.001mol/L时，土壤中Cd的去除效率仅为10.91%，此时土壤中Cd的含量为0.98mg/kg，而在 $FeCl_3$ 浓度为0.1mol/L时，去除率达到77.27%，此时土壤中Cd的含量为0.25mg/kg，这可能是因为 $FeCl_3$ 在浓度为0.1mol/L时的pH值远低于浓度为0.001mol/L时的pH值，土壤中Cd活性增大，去除率明显提高，继续增大 $FeCl_3$ 浓度至0.2mol/L后，土壤中Cd的去除率为76.36%，与0.1mol/L时相比变化不大，这可能是在 $FeCl_3$ 浓度大于0.1mol/L后，淋洗液的pH值均保持在2左右，并且在淋洗过程pH值变化不大而引起的。

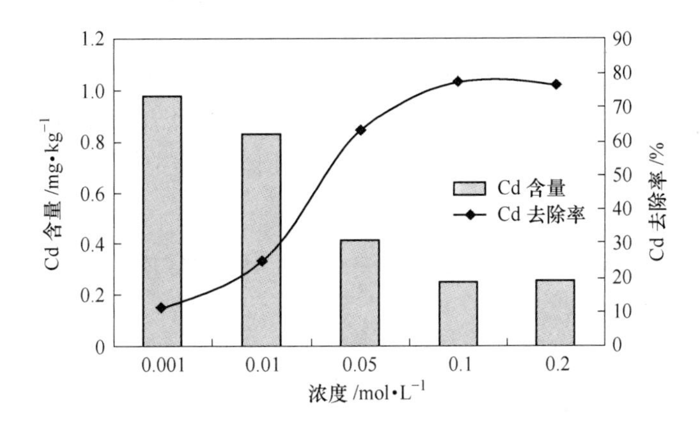

图5-1 不同 $FeCl_3$ 浓度下土壤中Cd的去除情况

B 液固比对Cd去除效率的影响

以 $FeCl_3$ 浓度为0.1mol/L、搅拌速率为180r/min、淋洗时间为120min为试验条件，对土壤进行不同液固比条件下的淋洗试验，测定淋洗后土壤中Cd的含量，结果如图5-2

所示。从图5-2中可以看出，在液固比为2∶1时，土壤中Cd的去除率仅为53.64%，此时土壤中Cd的含量为0.51mg/kg，这一方面可能是由于土壤与淋洗液的接触不充分导致的，另一方面可能是淋洗试剂用量不足导致的。在液固比为3∶1时，Cd的去除率提高至71.82%，土壤中Cd的含量为0.31mg/kg，之后继续增大液固比，但是Cd的去除率变化不大，保持在75.45%～77.27%。在液固比为5∶1时，土壤中Cd的含量为0.25mg/kg，低于农田土壤Ⅱ类标准中要求的0.3mg/kg，同时，在试验过程发现，液固比达到5∶1后，土壤与淋洗液的分离更容易。

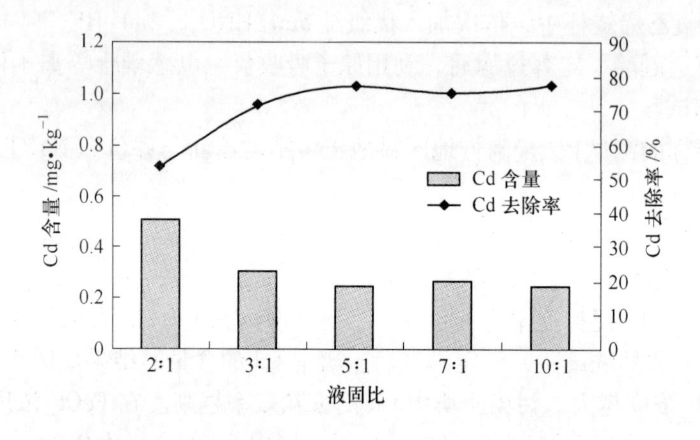

图5-2　不同液固比条件下土壤中Cd的去除情况

C　淋洗时间对Cd去除效率的影响

以$FeCl_3$浓度为0.1mol/L、搅拌速率为180r/min、液固比为5∶1为试验条件，对土壤进行不同时间条件下的淋洗试验，测定淋洗后土壤中Cd的含量，结果如图5-3所示。从图5-3中可以看出，随着淋洗时间的增加，土壤中Cd的去除率在不断升高，在淋洗时间达到30min时，土壤中Cd的去除率为72.73%，土壤中Cd的含量为0.30mg/kg，继续增加淋洗时间后，土壤中Cd的去除率变化不大，基本稳定在74.55%～77.27%，这可能是由于土壤经过60min的淋洗后，已经趋于稳定，去除率没有明显变化。在淋洗时间为60min时，土壤中Cd的浓度为0.28mg/kg，低于农田土壤Ⅱ类标准的要求。

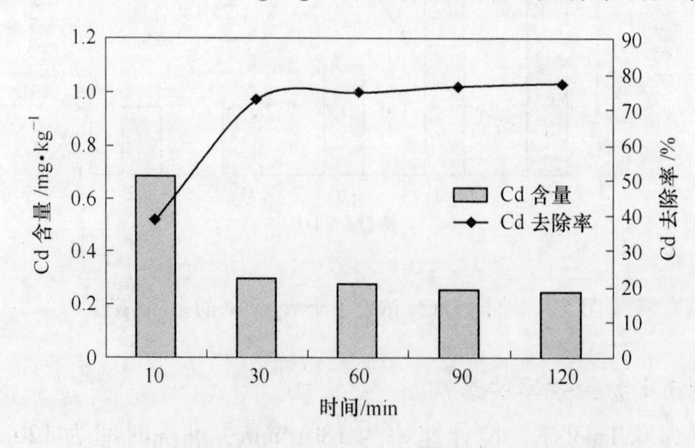

图5-3　不同淋洗时间条件下土壤中Cd的去除情况

D 搅拌速率对 Cd 去除效率的影响

以 $FeCl_3$ 浓度为 0.1mol/L、液固比为 5∶1 、淋洗时间为 60min 为试验条件，对土壤进行不同搅拌速率下的淋洗试验，测定淋洗后土壤中 Cd 的含量，结果如图 5-4 所示。从图中可以看出，随着搅拌速率的加大，土壤中 Cd 的去除效率有所提高，在大于 150r/min 后趋于稳定，去除率均大于 73.64%，土壤中 Cd 的含量均低于农田土壤Ⅱ类标准的要求。这可能是由于搅拌速率低于 150r/min 时，部分土壤发生沉降，未能与淋洗液充分接触，土壤中的 Cd 没有被充分溶出，导致去除率不高。但是在试验过程中发现，当搅拌速率达到 210r/min 时，淋洗液会形成较大的漩涡，且存在飞溅的可能，另外从工程应用角度分析，为了减少搅拌机的能耗，搅拌速率选择 150～180r/min 较为合适。

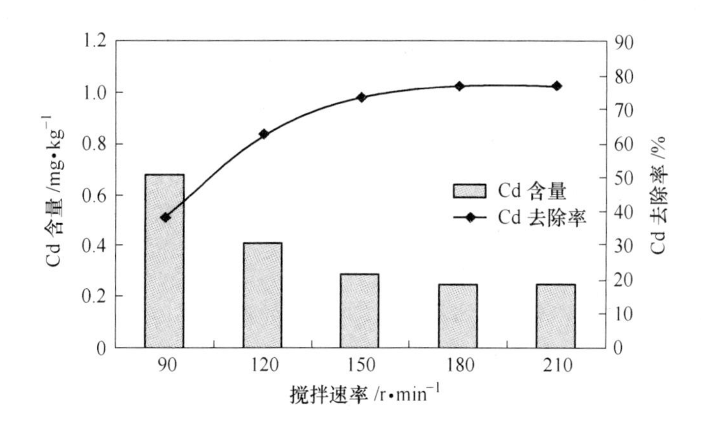

图 5-4 不同搅拌速率条件下土壤中 Cd 的去除情况

E 修复后土壤肥力分析

将供试土壤按照淋洗条件为：$FeCl_3$ 浓度为 0.1mol/L、液固比为 5∶1、搅拌速率为 150～180r/min、淋洗时间为 60min 进行淋洗试验，试验前后土壤的理化性质见表 5-2。

表 5-2 污染土壤修复前后的基本理化性质 (mg/kg)

项 目	Cu	Pb	Zn	Cd	Cr	Ni	As
供试土壤	39.3	75.1	220	1.10	88.9	49.4	15.6
修复后土壤	41.8	73.9	215	0.25	83.6	48.2	16.2
标准值	100	300	250	0.3	300	50	25
项 目	Hg	有机质	全 氮	全 磷	全 钾	有效磷	速效钾
供试土壤	0.24	25260	1970	920	17889	84.4	125
修复后土壤	0.25	25880	1990	920	17577	32.6	64.0
标准值	0.5	—	—	—	—	—	—

注：标准值为《土壤环境质量标准》(GB 15618—1995)中二级标准（pH＝6.5～7.5）限值。

从表 5-2 中可以看出，经过修复后的土壤中重金属含量全部达到《土壤环境质量标准》(GB 15618—1995)中二级标准(pH＝6.5～7.5)限值要求，土壤中有机质、全氮、全磷、全钾的含量变化不大，有效磷、速效钾的含量有一定的降低，整体来说，土壤肥力变化不大。

F $FeCl_3$ 淋洗修复土壤中 Cd 的机理分析

有研究认为，Cd 在氧化环境或者酸性条件下具备较高的活性，酸性越大，活性越高。$FeCl_3$ 加入土壤中作为 Cd 淋洗液时发生水解反应如下：

$$FeCl_3 = Fe^{3+} + 3Cl^- \tag{5-1}$$

$$Fe^{3+} + 3H_2O = Fe(OH)_3 + 3H^+ \tag{5-2}$$

从反应式中可以看出，$FeCl_3$ 溶于水可产生 H^+，降低水溶液的 pH 值，在其作为淋洗液时，土壤处于酸性环境中，此时 Cd 具备较高活性，更易从土壤中溶解出来，因此有研究认为，$FeCl_3$ 淋洗修复土壤中 Cd 的机理是在水溶液中释放 H^+ 以降低淋洗液的 pH 值，增强 Cd 的溶解率，提高土壤中 Cd 的去除效率。

另外，笔者认为，$FeCl_3$ 具有一定的腐蚀性，可以用于金属蚀刻，包括铜、不锈钢、铝等材料的蚀刻，其可与活泼金属发生化学反应：

$$nFeCl_3 + 3R = nFe + 3RCl_n \tag{5-3}$$

铅锌矿区附近污染土壤中常常含有少量的尾矿，而尾矿中 Cd 多以残渣态形式存在。当 $FeCl_3$ 作为淋洗液进行 Cd 污染土壤修复时，$FeCl_3$ 会与重金属反应，腐蚀土壤中少量的尾矿，释放尾矿中的 Cd，提高土壤中 Cd 的去除效率。

因此，$FeCl_3$ 淋洗修复铅锌矿区附近土壤中 Cd 的机理是降低淋洗液 pH 值，提高可溶性态 Cd 的溶出，同时与重金属反应，腐蚀土壤中含有的少量尾矿，释放其中的 Cd。这只是结合试验结果与试剂的特性两个方面进行分析的，关于 $FeCl_3$ 淋洗修复铅锌矿区附近土壤中 Cd 的机理，仍有待进一步研究。

5.4.4.3 结论

（1）针对 Cd 污染农田土壤，$FeCl_3$ 是一种高效的淋洗修复剂；

（2）针对广西某铅锌矿区污染农田土壤，通过 $FeCl_3$ 进行淋洗修复，土壤中 Cd 的去除率可达 77.27%，土壤中 Cd 的含量低于《土壤环境质量标准》中农田土壤Ⅱ类标准的镉含量限值（0.3mg/kg），此时其淋洗条件为：$FeCl_3$ 浓度为 0.1mol/L、液固比为 5∶1、搅拌速率为 150～180r/min、淋洗时间为 60min；

（3）修复后土壤中有机质、全氮、全磷、全钾的含量变化不大，只有有效磷、速效钾的含量有一定的降低，整体来说，土壤肥力变化不大；

（4）$FeCl_3$ 淋洗修复铅锌矿区附近土壤中 Cd 的机理是产生 H^+，降低淋洗液 pH 值，提高可溶性态 Cd 的溶出，同时与重金属反应，腐蚀土壤中含有的少量尾矿，释放其中的 Cd。

5.5 重金属废水处理技术

5.5.1 重金属污染水体的修复技术

矿业企业重金属污染的废水主要来源于矿山坑道排水、废石场淋滤水、选矿厂尾矿排水，有色金属冶炼厂除尘排水、工艺废水、加工厂酸洗废水等；矿产资源的开发、加工和使用过程中产生的各种各样的污染物质，会造成水环境污染。去除水环境中的污染物质就需要对受污染的水体进行修复处理。

目前对于水中重金属的处理方法主要有絮凝沉淀法、膜分离技术、生物方法等。

5.5.1.1 生物修复技术

生物修复是地下水修复工程的主要修复技术。它是指利用生物的生命代谢活动减少存在环境中有毒、有害物质的浓度或使其完全无害化。生物修复习惯上指微生物修复。微生物对重金属污染的修复是微生物通过甲基化作用、氧化还原作用将重金属离子进行转化，使其失去毒性；微生物通过静电吸附、共价吸附、络合螯合离子交换、无机沉淀等对重金属离子的吸收与吸附。

地下水生物修复技术分为异位修复和原位修复。异位生物修复是通过一定方法将地下水中的液态与气态污染物抽取出来，在地面建造处理设施内进行生物处理净化；原位生物修复是在基本上不破坏土壤和地下水自然环境条件下，将受污染的地下水原位进行修复。

5.5.1.2 絮凝沉淀法

絮凝沉淀法主要是将溶解在水中重金属离子转变为不溶或者难溶的金属化合物，从而将其从水中除去。在含有重金属离子的水中加入特殊的絮凝材料或者调节水中 pH 值，使得水中重金属离子富集沉淀，从而达到去除和分离的目的，而絮凝材料则是处理效果好坏的关键。絮凝剂品种繁多，从低分子到高分子，从单一型到复合型，可分为无机凝集剂、有机絮凝剂、微生物絮凝剂、无机低分子絮凝剂、无机高分子絮凝剂、简单的无机聚合物絮凝剂、改性的单阳离子聚合絮凝剂、多阳离子无机聚合絮凝剂。常用的有硫酸铝、明矾、聚合氯化铝（PAC）、聚合硫酸铝（PAS）、三氯化铁、硫酸亚铁、聚合硫酸铁、聚合氯化铁、聚丙烯酰胺（PAM）、淀粉、动物胶、树胶、甲壳素等。

高铁酸钾（K_2FeO_4）也是一种很有前途的新型净水剂，它在涤液中主要是以阴离子 FeO_4^{2-} 的形式存在，是水处理中氧化能力最强的氧化剂之一；在中性或酸性涤液中 FeO_4^{2-} 分解速度快，分解后能够产生具有优良絮凝功能的 Fe(Ⅲ)和吸附作用的 $Fe(OH)_3$，因此 K_2FeO_4 在水处理中由氧化和混凝的双重功效；采用高铁酸钾处理矿井废水，并在不同加药量和 pH 值下，对水中的 Pb、Cd、Fe、Zn、Mn、Cu 具有氧化去除功效。

5.5.2 重金属废水治理方法

水的重金属污染日趋严重，已引起全社会的关注，除严格控制各种污水的排放外，另一项重要工作就是采取有效措施进行治理和净化，实现废水的再生回用。

5.5.2.1 物理方法

（1）蒸发法：蒸发法的原理是通过使水蒸发而浓缩电镀废水，工艺成熟简单，可实现水的回用和有用重金属的回收，但耗能大，杂质含量高，会严重干扰重金属资源回收。

（2）换水法：换水法是将被重金属污染的水体移去，换上新鲜水，水量一般要求较小，应用局限性明显。

（3）稀释法：稀释法就是把被重金属污染的水混入未污染的水体中，从而降低重金属污染物浓度。此法适于轻度污染水体的治理。当重金属污染物在这些水体中的浓度达到一定程度时，生活在其中的生物就会受到重金属的影响，发生病变和死亡等现象。所以这种处理方法目前渐渐被否定。

（4）膜分离处理技术：通常认为膜技术作为一种新兴的分离技术，由于具有分离效率高、能耗低、无相变、操作简便、无二次污染、分离产物易于回收、自动化程度高等优点，在水处理领域具有相当的技术优势。其基本原理是在某种推动力作用下，利用膜的选择透过性进行分离和浓缩，根据膜截留组分粒大小的不同及膜性能的差异对污染物进行分离，目前常见的膜分离过程可分为微滤、超滤、纳滤、反渗透、电渗析等：

1）微滤与超滤：是在压差推动力作用下进行的筛孔分离过程。借助于其他物理或者化学过程，将重金属离子转变为粒径较大的离子，可以与微滤或超滤相结合来分离重金属。目前主要有沉淀—微滤、胶束强化超滤、聚合物强化超滤/微滤等工艺用于重金属废水处理。

2）纳滤：是介于反渗透和超滤之间的一种膜分离技术。分离机理基于空间效率和道南效应。该分离技术具有体积浓缩离子较高，不产生二次污染，处理效率高、能耗低等独特优势。在金属加工和合金生产中，经常需用大量的水冲洗，清洗水中含有浓度很高的 Ni、Fe、Cu 等工业金属。采用纳滤技术不仅可以回收 90% 以上的废水，而且浓缩后的重金属具有回收利用的价值。在溶液中加入 HNO_3 时 Cd^{2+} 的截留率为 35.2%，Cu^{2+} 的截留率为 76.5%，能够实现 Cu^{2+} 和 Cd^{2+} 的有效分离。纳膜对于二价及多价金属离子有较高的截留率，对一价和高价的金属离子具有一定的选择性；但纳滤过程中的浓差极化会导致水通量和脱盐率显著降低，也往往会引起一些难溶盐如 $CaSO_4$ 等在膜上沉淀，因此实际应用中应注重集成工艺的开发和过程的优化。

3）反渗透：该技术从用于电镀废水处理推广到其他重金属废水的处理领域。如以磺化聚砜反渗透膜处理 $ZnSO_4$ 和 $ZnCl_2$ 溶液，考察了操作压力和料液浓度对两种体系的影响。通过研究超低压反渗透技术对 Cu^{2+}、Ni^{2-} 和 Cr^{6+} 的截留效果，发现操作压力和 pH 值对截留效果有影响。结果表明，大多数情况下重金属离子的截留率大于95%。反渗透法适用于处理含 Cu、Zn 废水并取得了满意效果。用反渗透处理铜氰电镀漂洗水截留率在 99%，用于处理磷酸锌电镀废水，可使 90% 的废水得到回用。反渗透几乎截留所有无机物质，特别适宜稀溶液，但对浓度较高的溶液处理将受到渗透压和膜本身耐压的限制，水回收率较低。

4）电渗析法：是在直流电场的作用下，溶液中的带电离子选择性地透过离子交换膜的过程，电渗析膜装置同时包含有一个阳离子和一个阴离子交换膜。电渗析过程中金属离子通过膜而水仍保留在进料侧，依靠金属离子与膜之间的相互作用而实现分离。此法是一种较成熟的膜分离技术，含 Cu^{2+}、Ni^{2-}、Zn^{2+} 和 Cr^{2+} 等金属离子的废水都适用于此法。但此法处理废水要求具有足够的电导以提高渗透效率，因此处理水中的电解质的浓度不能过低。

5）液膜：通常是由溶剂、表面活性剂和添加剂制成的。溶剂构成膜基体；表面活性剂起乳化作用，它含有亲水基和疏水基，可以促进液膜传质速度并提高其选择性；添加剂用于控制膜的稳定性和渗透性。液膜将两种组成不同的溶液隔开，经选择性渗透而使物质分离提纯，可从低浓度废水中分离、富集重金属离子。如用支撑液膜法分离电镀洗水中的 Cu、Zn、Cr 离子，分别采用特定的载体来回收每种重金属；用乳状液膜法分离提取 Cu^{2+}，提取率基本在 97%。但此法存在流率较低、机械稳定性差和传输性能较低等缺点。

5.5.2.2 化学方法

化学沉淀法的原理是通过化学反应使废水中呈溶解状态的重金属转变为不溶于水的重金属化合物，通过过滤和分离使沉淀物从水溶液中去除，包括中和沉淀法、中和凝聚沉淀法、硫化物沉淀法、钡盐沉淀法、铁氧体共沉淀法等。产生的沉淀物必须很好地处理与处置，否则会造成二次污染。

电解法是利用金属离子在电解时能够从相对高浓度的溶液中分离出来的性质。缺点是耗能大，废水处理量小，不适于处理较低浓度的含重金属离子的废水。

5.5.2.3 物理化学方法

吸附法是一种常用来处理重金属废水的方法，一些天然物质或工农业废弃物具有吸附重金属的性能，可降低重金属废水的处理费用。但由于存在后处理问题，限制了它们的工业化应用。

离子还原法是利用化学还原剂将水体中的重金属还原，将其形成难以污染的化合物，从而降低重金属在水体中的迁移性和生物可利用性，减轻危害。

离子交换法是利用重金属离子交换剂与污染水体中的重金属物质发生交换作用，从水体中把重金属交换出来，达到治理目的。这类方法处理费用较低，操作人员不直接接触重金属污染物，但适用范围有限，容易造成二次污染。

5.5.2.4 集成技术

为实现废水回用和重金属回收，可采用集成技术处理重金属废水。张永锋等采用络合—超滤—电解集成技术处理重金属废水（图5-5）。研究结果表明，在试验的最佳条件下，重金属可达到100%的去除，超滤的浓缩液可通过电解回收重金属，从而实现废水回用和重金属回收的双重目的，为重金属废水的根治找到了新出路。

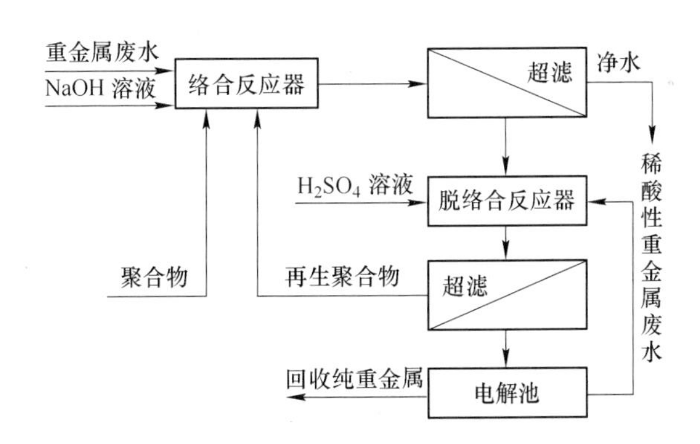

图5-5 电集成过程原理

5.5.2.5 生物方法

A 植物

重金属污染水体的植物修复是指通过植物系统及其根系移去、挥发或稳定水体环境中的重金属污染物，或降低污染物中的重金属毒性，以达到清除污染、修复或治理水体为目的的一种技术。按其机理可分为植物挥发、植物吸收和植物吸附。目前已发现700多种重金属超量积累植物（hyperaccumulator）。这些超量积累植物具有较高的重金属临界浓度，在重金属污染环境中能够良好生长。但是，由于生长缓慢、生物量小，又极大地限制了其在环境治理中的应用价值。对于用作修复的植物，其生物量的增加、生长周期的缩短、积累的机理等方面还有待进一步研究。

利用重金属积累或超重金属积累水生植物，将水体中的重金属提取出来，富集装运到植物体内，然后通过收割植物将重金属从水体清除出去。超重金属积累水生植物能够超量吸收和积累重金属，通常在植物体内组织中积累的重金属浓度是普通水生植物的100倍以上，但其正常生长不受影响。超积累植物一般对某种重金属是专性的，但是某些植物也能同时对两种或两种以上的重金属进行超积累吸收。Salt等研究指出，印度葵能从污水中积累不同的重金属。利用耐重金属植物或超积累植物降低重金属活性，从而减少重金属在水体中的迁移量，降低重金属对水体的污染水平。这类理想的水生植物应该具有迅速生长的根系，且这些根系能够长期在污水中吸收、固化重金属。如凤眼莲是一种浮游植物，它具有发达的纤维状根系和很高的生物产量，能很好地除掉污水中的Cd、Cr和Cu等重金属。

B 动物

水体底栖动物中的贝类、甲壳类、环节动物以及一些经过优选的鱼类等对重金属具有一定富集作用。如三角帆蚌、河蚌对重金属（Pb、Cr、Cu）具有明显自然净化能力。此法的应用局限性在于需要驯化出特定的水生动物，处理周期较长，费用高，且后续处理费用较大，推广较困难。目前水生动物主要用作环境重金属污染的指示生物，用于污染治理的不多。

C 微生物

近年来，国内外广泛利用微生物制成生物吸附剂来处理重金属污染的水体。生物吸附剂是利用一些微生物对重金属的吸附作用，并以这些微生物为主要原料，通过明胶、纤维素、金属氢氧化物沉淀等材料固定化颗粒制得。用固定化细胞作为生物吸附剂与直接用游离微生物处理相比，可以提高生物量的浓度，提高废水处理的深度和效率，大大减少吸附—解吸循环中的损耗，固液相分离容易，吸附剂机械强度和化学稳定性增强，使用周期明显延长，降低成本。若将多种对不同金属具有不同亲缘性的微生物固定化后，分别填装组成复合式的生物反应器，则可用于处理含多种污染成分的废水。Tsezos和Mclreadyr等研究了固定化少根根霉（R. arrhizus）细胞分离废水中铀的过程。实验结果表明，固定化微生物可以回收稀溶液（铀浓度不高于300mg/L）中所有的铀，洗脱液中铀浓度超过5000mg/L，循环使用12次后，生物质仍保持其生物吸附铀的能力达50mg/g，工业应用很有希望。陈林等从活性污泥中分离出多株高效净化重金属的功能菌，对Cr吸附率80%以上。徐容等使用海藻酸钠固定的产黄青霉颗粒处理含铅废水也取得了较高的金属去除率。生物吸附应用于重金属废水的净化在工艺上是可行的，在技术上更表现出极大的优越性和竞争力，无论是吸附性能、pH值适应范围还是运行费用等方面都优于其他方法。

目前，重金属废水处理中应用较为广泛的微生物治理方法主要有微生物絮凝法和生物吸附法。微生物絮凝法是利用微生物或微生物产生的代谢物，进行絮凝沉淀的一种除污方法。至今发现的对重金属有絮凝作用的微生物有12种。田小光等的实验结果表明，用硫酸盐还原菌培养液作为净化剂，使电镀废水中铬的含量由44.11mg/L下降到5.365mg/L。康建雄等进行了生物絮凝剂Pullulan絮凝水中Pb的试验，结果表明，在Pullulan与$AlCl_3$用量比为4∶1.1，溶液pH值为6.5~7，Pb初始浓度为10mg/L、25.60mg/L和100mg/L时，分别投加8mg/L、25mg/L、40mg/L、80mg/L的Pullulan，对Pb的去除率可达最高，分别为73.86%、76.30%、77.07%和81.19%。6次重复性试验表明，Pullulan的絮凝效果具有较高的稳定性。近年来，多菌株共同培养的生物絮凝剂，因其可促进微生物絮凝剂的产生且絮凝效果好而成为研究热点。用微生物絮凝法处理废水安全、方便、无毒，不产生二次污染，絮凝效果好，絮凝物易于分离，且微生物生长快，易于实现工业化。此外，微生物可以通过遗传工程、驯化或构造出具有特殊功能的菌株。因此微生物絮凝法具有广阔的发展前景。

5.5.3 重金属废水治理其他技术

5.5.3.1 重金属去除剂

A DTC 类重金属离子去除剂

目前用于处理废水中 DTC 重金属离子去除剂总共为两种，一种为 EPOFLOC L-1 螯合剂，另外一种为 EPOROUS 螯合树脂，是处理效果较好的去除剂，已在很多领域广泛使用。它的主要特点为处理方法简单、去除重金属性能优越、有良好的沉淀特性、污泥量小，安全性佳。具体的处理过程如图 5-6 所示。

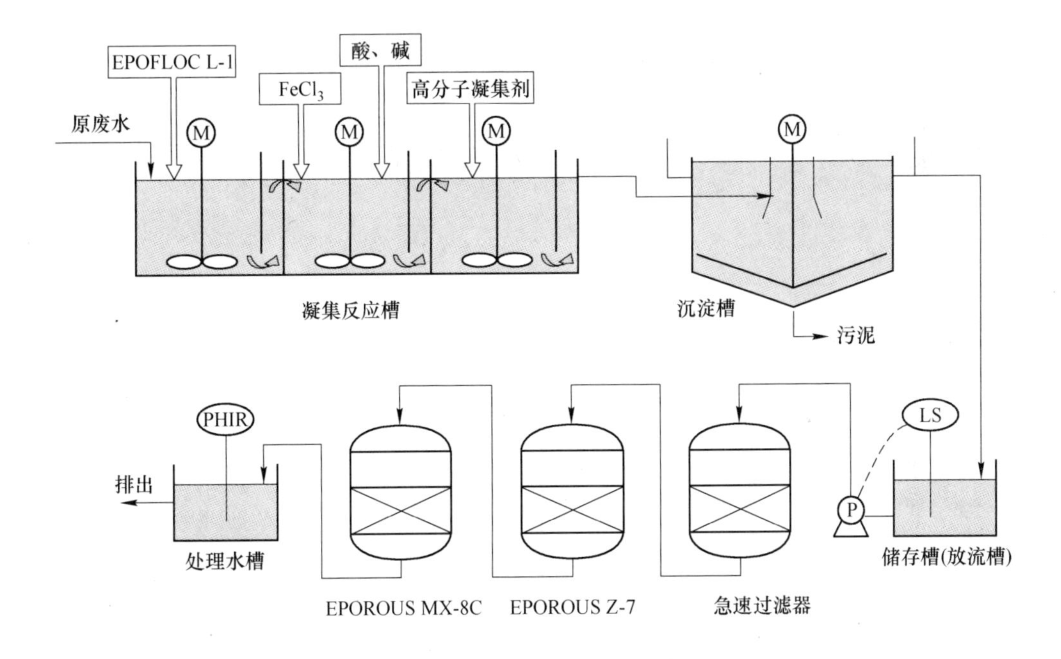

图 5-6 DTC 类重金属离子去除剂处理过程流程图

重金属去除剂适用于 Hg、Pb、Cd、Cu 等重金属元素的去除，经过和其他去除剂试验比较结果可知，该去除剂的絮凝速度和絮凝效果远远强于其他去除剂，图 5-7 和图 5-8 所示为 EPOFLOC L-1 螯合剂与 Condensation 方法的絮凝效果和絮凝速度试验结果对比图。

EPOFLOC L-1 螯合剂与 EPOROUS 螯合树脂作为高分子型金属离子去除剂，反应速度远高于传统低分子型金属离子去除剂，这一点可由反应过程看出，见图 5-9。

另外这两种离子去除剂适应面更广，可适用各种重金属废水处理，如采矿冶炼废水、焚烧场工程、热能工厂、印刷电路线路板工厂、电镀工厂、电池工厂、汽车零部件制造厂、试验室、研究所、大学、医院、污染土壤土地的挖掘水、砖材的水洗水等。

随着含重金属废水成分愈来愈复杂，治理难度也不断增大，因而络合能力强的新型螯合剂和螯合树脂的开发就变得十分必要了。

B DTCR 类重金属离子去除剂

DTCR 是一种液状氨基二硫代甲酸型螯合树脂，为长链高分子物质，含有大量的极性基（极性基中的硫原子半径较大、带负电，且易于极化变形而产生负电场），它能捕捉阳

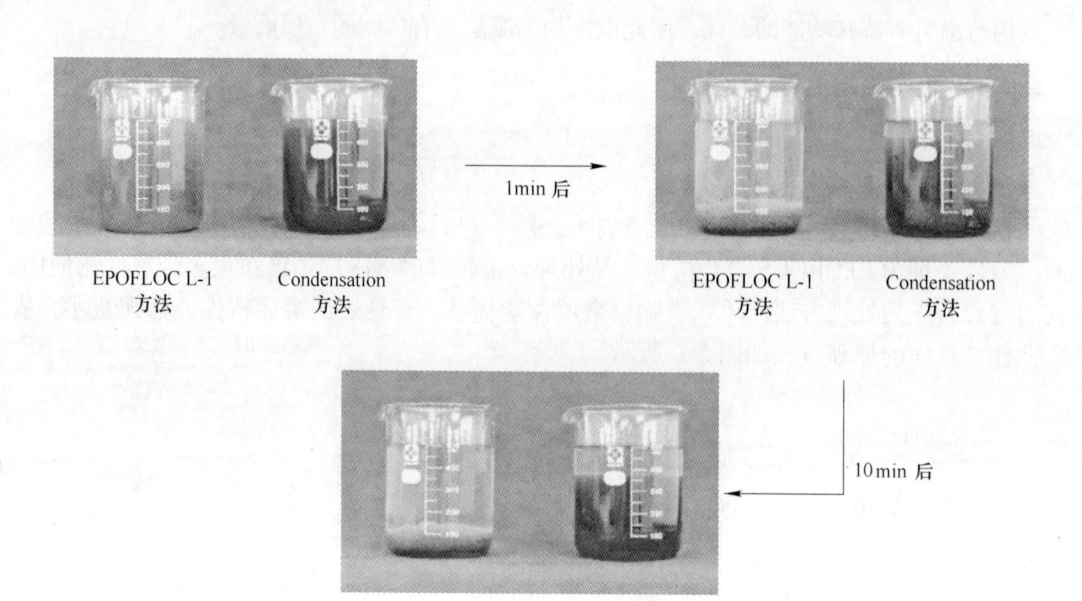

图 5-7　絮凝试验对比结果（书后附彩图）

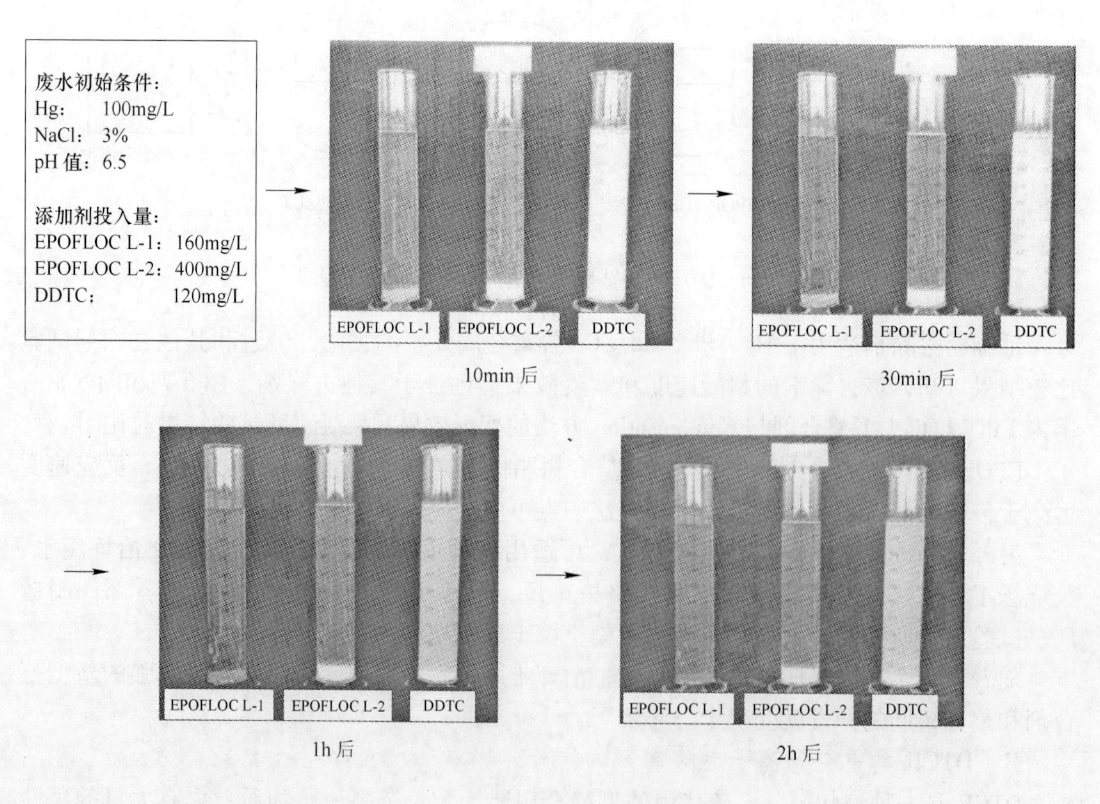

图 5-8　絮凝沉淀速度（书后附彩图）

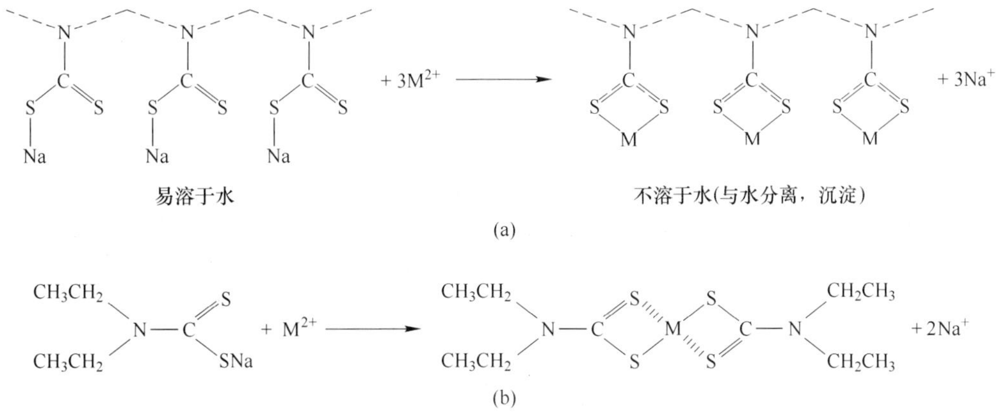

易溶于水　　不溶于水(与水分离，沉淀)

(a)

(b)

图 5-9 重金属去除剂与金属离子的反应

（a）高分子型；（b）低分子型

离子并趋向成键而生成难溶的氨基二硫代甲酸盐（TDC 盐）。优点是处理废水时污泥沉淀快，含水率低，处理费用低，为后续处理提供方便，具有较好的应用前景。

5.5.3.2 电去离子技术

电去离子技术（EDI）是将离子交换树脂填充在电渗析（ED）器的淡水室中，从而将离子交换与电渗析进行有机结合，在直流电场作用下同时实现离子的深度脱除与浓缩，以及树脂连续电再生的新型复合分离过程。该工艺既保留了电渗析连续除盐和离子交换树脂深度除盐的优点，又克服了电渗析浓差极化所造成的不良影响，且避免了离子交换树脂酸碱再生所造成的环境污染。所以，无论从技术角度还是运行成本来看，EDI 都比电渗析或离子交换更高效，对环境更友好。

EDI 的基本原理主要包括离子交换、在直流电场作用下离子的选择性迁移及树脂的电再生这 3 个方面。水中的离子首先通过交换作用吸附于树脂颗粒上，然后在外直流电场作用下经由树脂颗粒构成的导电传递路径迁移到离子交换膜表面，并透过离子交换膜进入浓缩室。在树脂、交换膜与水相接触的界面扩散层中的极化使水解离为 H^+ 和 OH^-，这两种离子会及时地作用于树脂的再生，从而实现了连续的去离子过程。

EDI 技术可以高效连续地去除并回收废水中的重金属离子污染物，以其先进性、实用性、环境友好性和良好的市场前景，日益引起国内外的广泛关注，并在众多实验室和工业领域得到了广泛的推广与应用。但处理过程中也不同程度存在膜堆适用性差，过程运行不够稳定，易形成金属氢氧化物沉淀等问题。今后的研究不仅要着重于膜堆结构设计和工艺条件的选择，而且要对金属离子在该过程中的传质机理进行更为深入和系统的研究，以便于进一步推进其在工业化中的应用。随着研究的不断深入，EDI 将成为一种很有发展潜力的重金属废水处理技术。

5.5.3.3 PRB 地下水重金属污染处理技术

可渗透反应墙（Permeable Reactive Barrier，PRB）是一种将特定反应介质安装在地面以下的污染处理系统，能够阻断污染带，将其中的污染物转化为环境可接受的形式，但不破坏地下水流动性。其结构类型见表 5-3 及图 5-10。

表 5-3　PRB 的结构类型

<table>
<tr><th colspan="3">结　构</th><th>备　注</th></tr>
<tr><td colspan="3">连续反应墙</td><td>必须足够大以确保整个污染水都通过反应墙</td></tr>
<tr><td rowspan="3">漏斗—通道系统</td><td colspan="2">单通道系统</td><td>用低渗透墙引导污染水</td></tr>
<tr><td rowspan="2">多单通道系统</td><td>并联多通道</td><td>适用于宽污染地下水处理</td></tr>
<tr><td>串联多通道</td><td>适用于同时含多种类型污染地下水处理</td></tr>
</table>

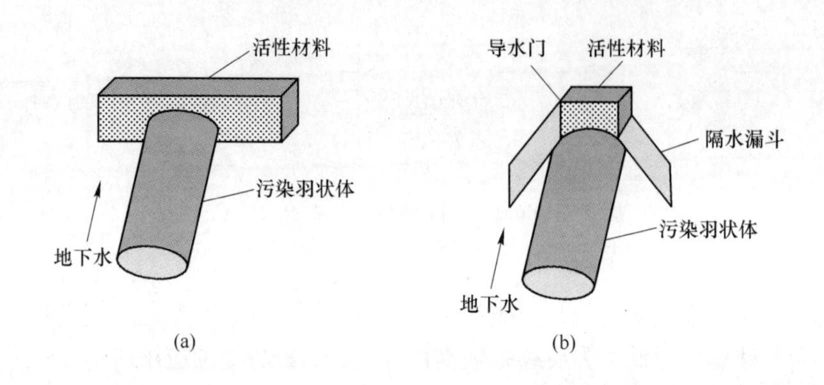

图 5-10　PRB 的结构分类图
(a) 连续墙式；(b) 隔水漏斗—导入门式

自 1994 年 Gillham 和 O'Hannesin 首次实地试验考察了零价铁对氯代有机物的还原性脱氯效果以来，以零价铁为反应介质的 PRB 技术以成本低廉和处理效果好而备受关注。

PRB 技术作为污染地下水的原位修复技术，与传统的抽出处理法相比，其主要优点是无需泵抽和地面处理系统，无需外加动力，而且反应介质消耗很慢，技术运行费用低，具有长达几年甚至几十年的处理能力，日常仅需长期监测，几乎不需要运行费用，能够长期有效运行，不影响生态环境。当然 PRB 技术也存在一定的局限性。首先 PRB 技术不可能保证把污染物完全按处理的需要予以拦截和捕捉；其次，随着有毒金属、盐和生物活性物质在可渗透反应墙中的不断淀积和积累，该被动处理系统会逐渐失去其活性，需要定期地更换填入的化学活性物质。

所以 PRB 克服上述缺点后，是一项值得研究和推广的地下水污染修复技术，目前国内尚处在研究阶段，在欧美已进行了大量的工程及试验研究，并已开始商业应用。

5.5.3.4　SRB 生物法处理废水

酸性矿山废水的污染是一个全球性的问题，主要特征表现在：低 pH 值、高浓度硫酸盐和可溶性重金属离子，如铁、锰、铜、锌等。利用 SRB 处理酸性矿山废水费用低，适用性强，无二次污染，因此受到环境工作者的广泛关注，成为酸性矿山废水处理技术研究的前沿课题。SRB 处理法的原理及特点如下：

(1) 利用 SRB 在厌氧条件下，通过被称为异化的硫酸盐还原作用，将硫酸盐还原为 H_2S，H_2S 与废水中的重金属离子反应生成溶解度很低的金属硫化物沉淀而去除重金属离子，主要通过以下三种方式改善废水质量：产生的硫化氢与溶解的金属离子反应，生成不可溶的金属硫化物从溶液中除去；硫酸盐还原一方面消耗水合氢离子，使得溶液 pH 值升高，金属离子以氢氧化物形式沉淀；另一方面，硫酸盐还原反应降低了溶液中硫酸根浓度；硫酸盐还原反应以有机营养物氧化产生的重碳酸盐形式造成碱性，使水质得到改善。

（2）处理费用低。培养 SRB 的营养物质可以来自于其他有机废水，反应所需的 SO_4^{2-} 在大多数重金属废水中都大量存在，因而可以以废治废，处理费用低。

（3）处理废水和重金属种类多。SRB 可以处理工业废水、生活污水和矿山废水等多种废水，而且由于大多数重金属硫化物的溶解度很小，可以用来处理多数常见的重金属离子，重金属离子的去除率很高。SRB 不仅可使固体悬浮物凝集沉淀，而且可以降低 BOD，这是其他类型絮凝剂无法比拟的。

SRB 工艺是一种很有应用前景的废水处理方法，已经取得了一定进展，但该工艺在实际应用之前还有大量研究工作有待完成，如生物反应器中 SRB 的生长及代谢规律以及 SRB 与生态系统中的其他微生物之间的相互关系有待探明，这样才能充分发挥该处理工艺的效率。

5.5.3.5 TiO_2 光催化法处理废水

近年来半导体非均相光催化技术在去除水中有机物和重金属方面越来越受到人们的关注。相比于其他半导体，TiO_2 因具有活性高、热稳定性好、持续性长、价格便宜、对人体无害等特征受到人们的重视。

其原理是在半导体表面，空穴可与吸附在半导体表面的物质（电子供体）发生氧化反应。电子则易被吸附在半导体表面的氧及其他物质（电子受体）所捕获发生还原反应。半导体光催化机理如图 5-11 所示。

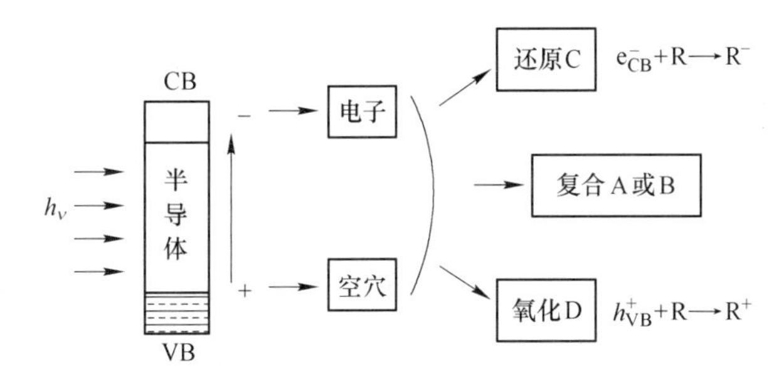

图 5-11 半导体光催化机理示意图

TiO_2 光催化去除重金属离子受到表面结构、晶形、反应体系 pH 值等因素的影响。其中催化剂尺寸和晶形主要影响催化剂活性，而 pH 值主要影响催化剂的表面电荷及其氧化还原电位。试验研究表明，有效调节 pH 值，该技术可有效去除废水中的铅、汞、镉等元素。但 TiO_2 光催化技术去除废水中的重金属离子目前还处在实验室阶段，尚未成熟，从实际应用角度出发，还存在许多问题，如可见光的利用、光催化剂的回收再利用、催化剂失活、光催化反应器及辅助处理系统等都是光催化处理重金属技术实现工业化前需要解决的重要问题。

5.5.3.6 SAPS 被动处理技术

国内外应用被动处理技术处理酸性矿山废水（AMD）在过去 20 年间有了很大发展，已从实验室规模发展到大规模地实际应用。被动处理技术就是在人为控制的环境中，利用自然界发生的生物化学反应去除水中的污染物。在有机物层硫酸盐还原菌（SRB）以低分子量有机物为电子供体，将硫酸盐还原，废水获得碱度，同时形成金属硫化物沉淀。

近年来AMD高额的处理费用给矿区带来沉重的经济负担，限制了AMD的处理，以至于很多矿区周围的河流遭到污染，这就促进人们寻找一种更经济可行的处理方法。理想情况下，采用被动处理技术不要求恒定加入化学药剂，运行和维护费用较低，降低了处理成本，是一种理想的酸性矿山废水处理技术。目前有关试验表明被动处理技术SAPS技术对AMD具有良好的处理效果，已在部分矿山上进行了试用。

5.5.3.7 电絮凝技术

电絮凝技术是将电化学、化学混凝和电气浮3种技术结合，用于处理重金属废水。其优点是不仅能完全去除重金属，且具有设备简单，操作简便，运行周期短，成本低等优点。张石磊研究表明，运用电絮凝高效并节能地处理重金属废水，很大程度上取决于反应器构造。现阶段电絮凝反应器形式主要有单极反应器、双级反应器、柱形流反应器等，其中单级并联式是一种能够高效、节能地去除重金属离子的电絮凝反应器的构造方式，见图5-12。该反应器将阴阳极板交错排列，使废水以折流方式通过极板。污染物能够与极板充分接触，在较短的电解时间内达到较高的去除率。

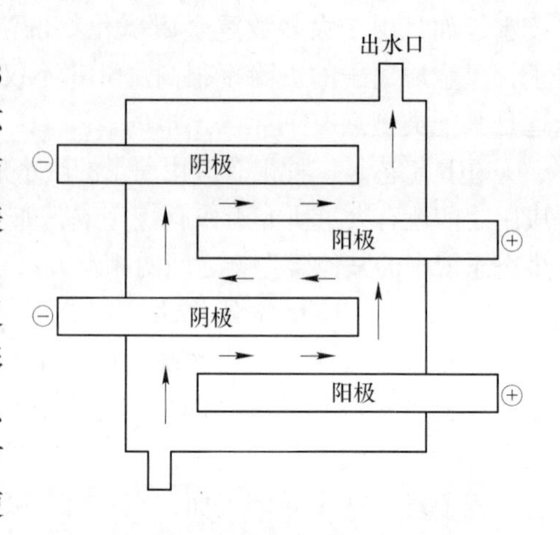

图5-12 电絮凝器内部构造图

该单级并联式电絮凝反应器处理重金属离子废水，解决了pH值、电流密度和电解时间3个因素对处理效果的影响以及电流效率和耗电量的关系，为后续中试工程奠定基础。

5.5.3.8 高密度泥浆法

高密度泥浆法（HDS法）具有较多优点，主要特点是处理后污泥密度高，便于处置和运输，降低处理成本，提高处理水量，大大降低了管道结垢现象。高密度泥浆法工艺的特点是石灰中和获得的稀疏浆料（通常含固率为1%～4%）通过底流循环出现比较显著的晶体化现象，即沉淀污泥的粗颗粒化、晶体化来改进沉淀物形态和沉淀污泥量。这样往复多次循环，使浆料里所有残留的中和潜力都能得到充分使用，产生密度高20%固料量的沉降污泥，有效地减小了碱和沉淀物对设备管道的附着力，从而减缓了对设备的腐蚀。其处理流程见图5-13。

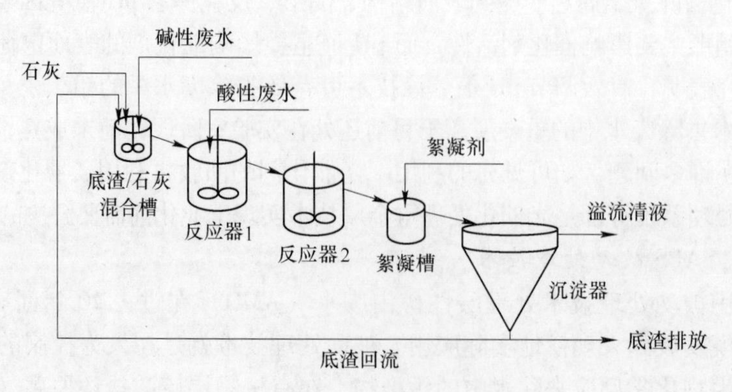

图5-13 HDS处理流程图

5.5.3.9 生物制剂处理技术

生物制剂处理冶炼重金属废水是中南大学柴立元教授发明的专利技术。采用生物制剂配合—水解工艺处理铅锌冶炼重金属废水，工业试验结果表明，废水中重金属铜、铅、镉、锌、砷浓度由0.24～2.38mg/L、1.00～13.47mg/L、2.12～23.47mg/L、50.28～240.81mg/L、0.50～6.00mg/L，处理后分别脱除至0.059～0.40mg/L、0.083～0.71mg/L、0.011～0.071mg/L、0.21～1.98mg/L、0.005～0.10mg/L，均远低于《污水综合排放标准》(GB 8978—1996)的限值。出水可回用于生产过程。水解渣中锌质量分数达到34.04%，可作为锌冶炼原料回收其中的有价金属。

5.5.4 主要重金属污染物治理技术

5.5.4.1 含铅废水处理技术

含铅废水中铅的形态包括有机铅、无机铅化合物以及铅粉。不同铅形态的含铅废水其处理方法不同。有机铅废水常采用离子交换法，无机铅离子多采用化学沉淀法，含铅粉的废水采用过滤、吸附的方法处理。在实际中含铅废水中，铅的形态往往是多种的，其工艺也是多种组合。

A 化学沉淀法

化学沉淀法是利用铅化合物的溶度积原理进行废水中重金属铅的分离、处理的过程，主要针对废水中铅离子的处理。

由于氢氧化铅的溶度积较小，在含铅的废水中加入药剂生成氢氧化铅沉淀，达到沉淀除铅的目的，其最适宜的pH值为9～10，pH值高时铅有返溶现象，使得处理效率下降。采用药剂通常为石灰和氢氧化钠，同时投加无机絮凝剂，为使反应均匀应设置搅拌装置。

含铅废水也可以投加碳酸盐，形成碳酸铅沉淀，其反应最佳的pH值为8～9.2；也可以使含铅废水通过白云石滤床，形成碳酸盐沉淀。

B 离子交换树脂法和吸附除铅法

离子交换树脂法对处理无机铅和有机铅都有效，一般用于二级或深度处理上，以保证达标排放或者回用。

吸附法是含铅废水处理的常用方法，常用的吸附剂有活性炭、腐殖酸煤等，许多无机絮凝剂在水中形成的矾花絮体具有巨大的比表面积，对含铅废水的吸附去除作用较强，用腐殖酸煤吸附处理含铅废水和有机废水可以得到很好的效果，其饱和容量能达到340mg/g；活性炭对含铅废水的处理也具有很好的效果，在适当的前处理条件下，含铅废水经过活性炭过滤后，排放废水中铅含量能达到0.1mg/L以下。在实际应用中，活性炭处理含铅废水常用作为末端把关措施使用。

C 混凝过滤

含铅粉颗粒的废水，需要投加絮凝剂进行吸附、网捕、沉淀，然后进行过滤处理。常用的过滤方式有无烟煤—硅砂双层滤料(滤层厚各为400mm)或者硅砂滤料(滤层厚各为600～700mm)。重力过滤滤速采用6～8m/h，反冲洗强度为15m^3/(m^2·s)，反冲洗时间为6～7min。压力滤池的滤速采用15～18m/h，反冲洗强度为17m^3/(m^2·s)，反冲洗时间为7～8min。还可以采用微孔滤管过滤器，滤速采用0.5～1.0m/h，正压进水。废水经过滤管后，铅粉被截留在滤管外壁，净化后的水从滤管内壁排出。

5.5.4.2　含汞废水处理技术

对于含汞废水，一般可采用化学沉淀法（硫化物沉淀法）、还原法（铁屑还原法、锌粒或铜屑还原法、硼氢化钠还原法）、活性炭吸附法、离子交换树脂法，上述方法中以硫化物沉淀法最为普遍和简易可行，出水汞含量可小于0.5mg/L，具有显著的环境、经济、社会效益。

5.5.4.3　含铬废水处理技术

含铬废水的处理方法有很多，常用有如下方法。

A　化学法

（1）亚硫酸盐还原法。亚硫酸盐还原六价铬，应在酸性条件下进行。当pH≤2.0时，反应时间宜为5min；当pH值在2.5～3.0时，反应时间宜为30min左右；当pH≥3.0时，反应速度缓慢。在实际运行中，废水pH值一般控制在2.5～3.0，反应时间宜控制在30min。常用的亚硫酸盐有亚硫酸氢钠、亚硫酸钠、焦亚硫酸钠等。

（2）硫酸亚铁还原法。六价铬与硫酸亚铁反应，还原成三价铬。用石灰提高pH值至7.5～8.5时，即生成氢氧化铬沉淀。连续处理时，反应时间应大于30min；间歇处理时，反应时间宜为2～4h。

（3）钡盐法。利用固相碳酸钡或氯化钡与废水中的六价铬反应，形成溶度积比碳酸钡或氯化钡小的铬酸钡，以此除去废水中的六价铬。经碳酸钡处理后的废水中含有一定量的残余钡离子，可用石膏（$CaSO_4 \cdot 2H_2O$）进行除钡，生成溶度积更小的硫酸钡。钡盐法处理含铬废水可采用碳酸钡，也可采用氯化钡。采用碳酸钡时，六价铬与碳酸钡的投加量比为1∶10～1∶15；采用氯化钡时，六价铬与氯化钡的投加量比为1∶7～1∶9。采用碳酸钡时，反应时间宜为10～20min；采用氯化钡时，反应时间宜为10min。采用碳酸钡时，反应时废水的pH值应控制在4～5。采用氯化钡时，反应时废水的pH值应控制在6.5～7。

（4）铁氧体法。采用间歇式处理时，经混合反应后的静止沉淀时间应为40～60min，污泥体积约为处理废水体积的25%～30%。采用间歇式处理含铬废水的一个处理周期，可采用2.0～2.5h。污泥转化成铁氧体的加热温度为70～80℃。采用间歇式处理时，应将几次废水处理后的污泥排入转化池（槽）后集中加热；当受条件限制时，可不设转化池（槽），每次废水处理后的污泥在反应沉淀池内加热。

B　离子交换法

废水中的六价铬在接近中性条件下主要以CrO_4^{2-}存在，而在酸性条件下主要以$Cr_2O_7^{2-}$存在。由于废水中六价铬是以阴离子状态存在，因此，用OH型阴离子交换树脂除去。OH型树脂交换吸附饱和失效后，可用氢氧化钠溶液再生，恢复其交换能力。用离子交换法处理含铬废水，六价铬离子含量不宜大于200mg/L。

C　电解法

（1）电解法。采用铁板做阳极和阴极，在直流电作用下，铁阳极不断溶解，产生的亚铁离子，在酸性条件下将六价铬还原成三价铬。随着反应的进行，氢离子的浓度逐渐减少，pH值逐渐升高，溶液从酸性转变为碱性，使溶液中的Cr^{3+}生成氢氧化物沉淀。用电解法处理含铬废水，六价铬离子浓度不宜大于100mg/L，pH值宜为4.0～6.5。当六价铬浓度小于50mg/L时，电解槽电能消耗值应小于1kW·h/m^3废水；当六价铬浓度在50～100mg/L时，应小于2.5kW·h/m^3废水。

（2）内电解法。它是利用铁—碳料粒在电解质溶液中腐蚀形成的内电解过程处理废水的一种电化学技术。内电解法处理含铬废水时，进水流量大于或等于 $5m^3/h$ 时，应采用连续式处理；进水流量小于 $5m^3/h$ 时，应采用间歇循环式处理。

D 集成膜分离

集成膜分离法采用集成膜组件，截留有机物的分子量约在200以上，设备运行压力较低，电耗约为常规反渗透设备的50%。

5.5.4.4 含镉废水处理技术

对含镉废水的处理常有以下方法：化学沉淀法、漂白粉氧化法、离子交换法，此外，处理含镉废水还有活性炭法、气浮法、碱性氯化法和电解法等。

（1）化学沉淀法。化学沉淀法是向含镉废水中投放石灰、聚乙烯亚胺等化学物质，使镉转化为沉淀物。

（2）漂白粉氧化法。漂白粉氧化法常用来处理电镀厂的含 $[Cd(CN)_4]^{2-}$ 的废水。加漂白粉后，将氰根离子氧化，Cd^{2+} 则形成 $Cd(OH)_2$ 沉淀。

（3）浮选法。浮选法是利用空气通过废水时，镉离子在加入的捕收剂（如 $Fe(OH)_3$、Na_2S）作用下，随泡沫上升到水面而得以除去。

（4）离子交换法。利用 Cd^{2+} 与阳离子树脂中的 Na^+ 的交换作用而除去废水中的 Cd^{2+}。这种方法净化程度高，可回收镉，无二次污染。

（5）集成膜分离法。集成膜分离法采用集成膜组件，截留有机物的相对分子质量约在200以上，设备运行压力较低，电耗约为常规反渗透设备的50%。

5.5.4.5 含砷废水处理技术

对于含砷废水，一般可采用化学法（石灰法、中和沉淀法、铁盐法、铁氧体法、硫化法等）、活性炭吸附法、离子交换法、反渗透膜法等进行处理。石灰法和中和沉淀法是最常用的方法，尤其对含砷较高的酸性废水较为适宜，去除效率可达90%以上，出水砷含量可降至0.5mg/L以下，而离子交换法和活性炭法属于深度处理，可将出水砷含量降至0.1mg/L以下。

此外，可用含砷废水沉淀法制备三氧化二砷。该技术可使重有色金属冶炼产生的含砷废水资源化，其创新点为：二段中和除杂，回收石膏和重金属；可制备亚砷酸铜，并用于铜电解液净化；可制备三氧化二砷产品；亚砷酸铜经 SO_2 还原、硫酸氧化浸出回收硫酸铜，循环利用。产品三氧化二砷纯度可达95.12%，砷总回收率不低于85%。适用于铜、铅、锌、锑、金银等冶炼行业的含砷废水处理。

5.5.5 矿冶重金属废水深度处理试验案例

5.5.5.1 离子交换纤维深度处理铅锌矿重金属废水试验研究

A 废水水样

所使用的废水取自广西某铅锌矿矿坑涌水。取回水样后不经任何处理，自然静置约180d，期间分别在1d、30d、90d、180d后取样进行分析水中金属含量，研究水中金属的稳定性。从表5-4可见，废水中重金属离子浓度很稳定，基本上不随时间而变化，说明采取该水样进行试验，可以保证试验数据的可靠性。

表 5-4 不同静置时间水中主要重金属离子浓度变化

时间/d	离子浓度/mg·L^{-1}				
	Pb	Zn	Cd	Fe	As
1	0.45	815	4.15	600	0.095
30	0.44	817	4.16	596	0.093
90	0.46	817	4.15	593	0.095
180	0.45	818	4.17	596	0.094

B 试验原料和试剂

强酸阳离子交换纤维，工业纯，桂林正翰科技开发有限责任公司生产；氢氧化钠、盐酸、硫酸、三氯甲烷、双硫腙（铅试剂）、CaO 等均为分析纯。

C 试验仪器及分析方法

JJ-4A 六联电动搅拌器、WTW pH/Oxi 340i pH 测定仪、DDB-210 电子蠕动泵、BP-Ⅱ型天平、LXJ-ⅡB 离心机、HSZI10 电热蒸馏水器、离子交换柱（自制）。水样金属含量交由有色金属桂林矿产地质测试中心测定，其中，As 的测定采用原子荧光光度法（SL 327.1—2005），Zn、Pb、Cd 的测定采用原子吸收分光度法（GB 7475—87），Fe 的测定采用原子吸收分光度法（GB 11911—1989）。

D 试验方法

a 废水预处理试验

试验水样呈棕黄色，含有大量的 Fe 离子，为了提高后续离子交换纤维处理重金属离子的能力，应进行预处理以去除水中大量的 Fe 离子，然后再进行过柱处理试验。分别采用 NaOH 和 $Ca(OH)_2$（石灰乳）进行预处理。

取 2L 铅锌矿矿坑涌水水样两份，分别用 10% NaOH 溶液和 $Ca(OH)_2$（石灰乳）溶液，调节 pH 值至 6 左右，溶液中出现黄色沉淀，分别过滤后保留滤液，以备离子交换纤维柱吸附试验用。

b 动态柱吸附试验

把 12g 离子交换纤维放入烧杯中，加入去离子水浸泡，并充分搅拌下，然后将纤维与水混合物转移到直径为 2.5cm、长 40cm 的玻璃柱中，用玻璃棒搅动、压实以除去纤维中的气泡，纤维柱高度约为 18cm。用蠕动泵将经过预处理的试液在一定的流动速度下通过纤维吸附柱，在不同的时间收集流出液。在试验过程中采用碱性的双硫腙指示剂检测是否穿透，若收集样检测现淡红色络合物，表明 Cd 或者 Zn 以及发生穿透，初步判断出水水质已不达标。最后取穿透前后的出水水样测定水中重金属离子浓度。

c 纤维柱的洗脱试验

待出水水质超过标准后，用 HCl 溶液在 1.5mL/min 下对纤维柱进行洗脱，收集洗脱液的体积份数，测定重金属离子浓度。然后用去离子水洗涤至中性，纤维可循环使用。

E 结果与讨论

a 不同预处理方式对水中重金属离子的影响

取原水样和经 NaOH、$Ca(OH)_2$ 预处理的滤液分别分析主要金属元素的含量。从表 5-5 可见，采用 NaOH 进行预处理，Fe 的去除率达到 99.9% 以上，Pb 的含量也有一定的降低，而其他金属元素 Ca、Mg、Cd、Zn 等没有明显的变化。用 $Ca(OH)_2$ 进行预处理，Fe 和 Pb 去除得较完全，Zn 和 Cd 也有少量被共沉淀到渣中，沉淀渣中重金属含量较高，同时水中 Ca 和 Mg 明显升高。

表 5-5 两种不同方法的处理结果

项 目	离子浓度/$mg \cdot L^{-1}$					
	Ca	Mg	Fe	Cd	Zn	Pb
原 水 样	232	78	593	4.15	817	0.46
NaOH 预处理（pH=6）	232	78.2	0.59	4.16	817	0.14
$Ca(OH)_2$ 预处理（pH=6.2）	739	130	<0.03	3.64	675	<0.01

b NaOH 预处理后水样动态柱吸附结果分析

采用动态柱吸附法对经过 NaOH 预处理后的水样进行了深度处理。控制流量为 2.5mL/min 流速下过离子交换纤维柱，每隔 50mL 取一个样，分析出水中 Cd 和 Zn 的含量。由图 5-14 和图 5-15 可见，在处理量为 450mL 处时，出水 Cd 的浓度 0.002mg/L，Zn 的浓度 0.75mg/L，对照《地表水环境质量标准》(GB 3838—2002)，出水水质达到了Ⅲ类水，远优于行业排放标准中的最高要求。经过计算，处理 450mL 水样时，Cd 去除率达到 99.95%以上，Zn 去除率达到 99.92%以上。在保证出水水质不低于国家《地表水环境质量标准》Ⅲ类水的条件下，此离子交换纤维吸附柱处理该铅锌矿重金属废水水量为 37.5mL/g 干纤维，即为 37.5m^3/t 干纤维。在控制流量为 10mL/min 流速下也进行了过离子交换纤维柱的试验，结果基本相同。由此可见，采用离子交换纤维处理矿山重金属废水，有很好的效果，完全达到深度去除重金属的目的。

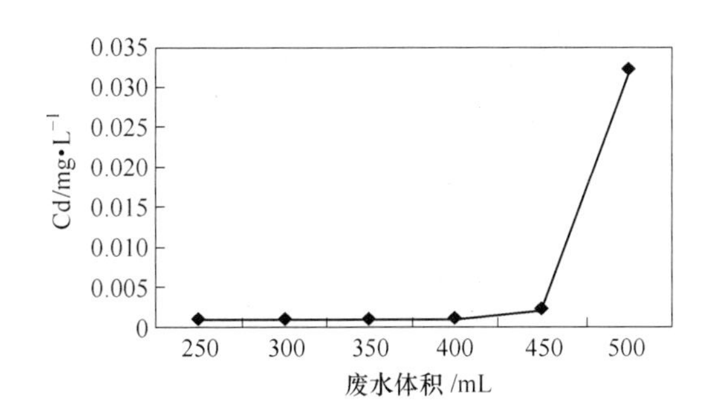

图 5-14 处理量与镉离子含量（NaOH 预处理）

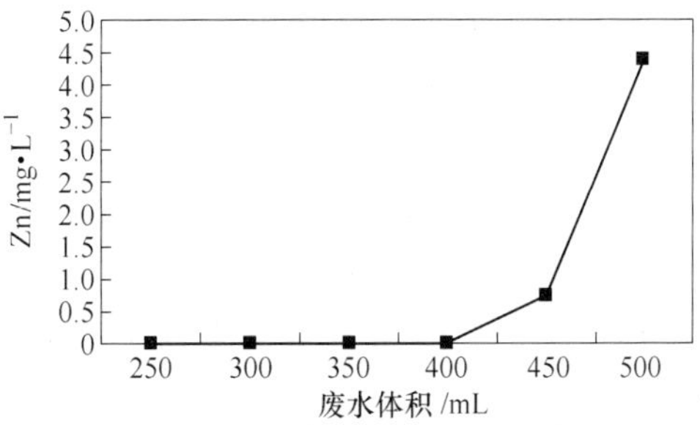

图 5-15 处理量与锌离子含量(NaOH 预处理)

c $Ca(OH)_2$ 预处理后水样动态柱吸附结果分析

采用同样方式对经 $Ca(OH)_2$ 预处理后水样进行动态柱处理试验。从图 5-16 和图 5-17 可以看出，在处理量为 300mL 处时，出水 Cd 的浓度小于 0.005mg/L，Zn 的浓度小于 1.0mg/L，处理的效果依然很好，完全达到深度去除重金属的目的，但由于采用 $Ca(OH)_2$ 处理，水中增加了大量的 Ca 和 Mg 离子，在动态过离子交换纤维柱的过程中，该纤维缺乏选择性，与 Ca 和 Mg 离子也同时进行交换，导致 Cd 和 Zn 和交换容量就减少了，处理的水量减少约三分之一。说明，采用 NaOH 进行预处理比采用 $Ca(OH)_2$ 预处理更有利于提高离子交换纤维对废水的处理量。

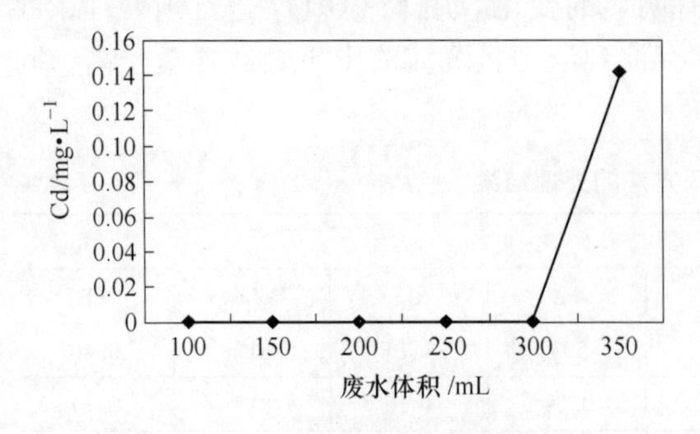

图 5-16 处理量与镉离子含量
（Ca(OH)$_2$ 预处理）

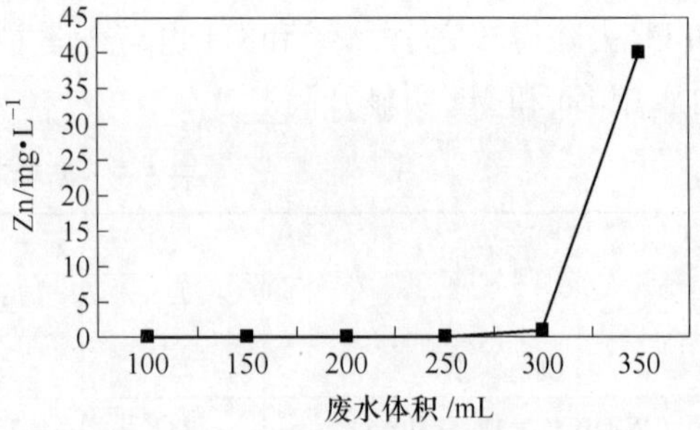

图 5-17 处理量与锌离子含量
（Ca(OH)$_2$ 预处理）

d 洗脱效果分析

HCl 是有效的洗脱剂。从表 5-6 可见，经 HCl 溶液洗脱后，可以得到高浓度的 Zn、Cd 溶液，与原水相比，洗脱液中 Zn 的浓度达到 6.3g/L，浓度提升了 7.8 倍，而 Cd 提升了 9.5 倍。可以通过电积等工艺回收其中的金属。

表 5-6 洗脱液分析结果

项 目	洗脱液用量/mL	离子浓度/mg·L^{-1}		脱除率/%	
		Cd	Zn	Cd	Zn
NaOH 预处理	45	39.5	6390	94.8	78.2
Ca(OH)$_2$ 预处理	30	33.7	5350	92.6	79.3

采用 H_2SO_4 进行洗脱，纤维表面会出现少量硫酸钙沉淀，这会影响纤维的表面积，降低传质和处理能力，故 H_2SO_4 不宜作为洗脱剂。

F 结论与建议

（1）采用 NaOH 溶液和 Ca(OH)$_2$（石灰乳）溶液进行预处理，可有效去除废水中的 Fe 离子，去除率均达到 99.9% 以上。但采用 Ca(OH)$_2$（石灰乳）导致水中的 Ca、Mg 离子升高，对于后续工段的离子交换纤维去除重金属离子有影响，单位离子交换纤维处理能力下降 33%。

（2）对于采用 NaOH 预处理后的废水，12g 离子交换纤维能处理 450mL 废水，出水水质均达到《地表水环境质量标准》中的Ⅲ类水标准，可满足最严的环保要求。

（3）可以采用 HCl 溶液进行洗脱，可获得高浓度重金属废液，有利于采用其他方法回收重金属。对于含 Ca、Mg 离子较高的废水，不宜采用 H_2SO_4 溶液进行洗脱。

（4）离子交换纤维为矿山重金属废水的深度处理提供了一种方案。本试验在水样中同时存在大量 Ca、Mg、Zn 等金属离子的情况下，单位离子交换纤维处理水量仍然达到了 37.5m^3/t 干纤维，可以预见，在低浓度的重金属废水，单位处理量会更大，该技术更有优势。

5.5.5.2 含砷、铊冶炼废水深度处理试验研究

黄金冶炼酸性废水中含有高浓度强毒性的砷、铊元素，若未经处理或处理不达标而排

放，会对生态环境和人类生命安全构成严重威胁。2008 年广西河池市砷污染饮用水事件以及 2013 年 7 月广西贺江铊污染事故，都给下游沿线居民的生产生活造成巨大的负面影响。

广西某黄金冶炼厂酸性废水原采用石灰铁盐沉淀法处理后回用于生产，处理效果最好时可达到《污水综合排放标准》一级标准，但由于水质复杂、进水波动较大，废水处理系统很难保持稳定高效运行，而且根据当地重金属污染防治规划，建议涉重企业将生产废水处理标准提高到砷这一指标执行《地表水环境质量标准》(GB 3838—2002) Ⅲ类标准，铊执行《生活饮用水卫生标准》(GB 5749—2006)后回用或外排，以降低环境风险影响。

铊在自然界水体中常以一价及其化合物的形式稳定存在，很难自然沉降。目前，国内外针对含铊废水的处理方法尚不多见。美国环保署推荐采用活性氧化铝净化法和离子交换法吸附法处理含铊废水，但处理成本高；饱和 NaCl 溶液可促使废水中的 Tl(Ⅰ)以 TlCl 形式有效沉淀，但该方法会增加废水的盐度，影响回用效果。吸附分离法对废水中铊离子的去除效果明显，如利用各种环保型吸附材料、环境矿物材料或生物吸附剂进行废水中 Tl 的吸附分离，但该方法介质条件及操作过程复杂，暂时难以推广应用于实际工业生产过程。

考虑到在较强的氧化环境中，Tl^+ 能够氧化成 Tl^{3+} 形成 $Tl(OH)_3$ 的沉淀，从而降低废水中 Tl 的含量；而且废水中 As^{3+} 的毒性远大于 As^{5+}，铁盐混凝剂对 As^{5+} 的去除效果也比 As^{3+} 好。因此，采用氧化—二段混凝沉淀—絮凝处理法对高浓度含砷、铊废水进行试验研究，在保证处理效果的前提下，为企业寻求一套操作简单、运行稳定、费用较低的处理工艺。

A 材料与方法

a 试验原水

试验原水样品取自广西某黄金冶炼厂酸性废水处理系统进水口，经检测，其中主要污染物是 As、Tl，超标倍数分别为 5960 倍和 90 倍，水质分析结果见表 5-7。

表 5-7 试验原水水质

指 标	As	Tl	Pb	Zn	Cd	Cr^{6+}	Cu
浓度/$mg \cdot L^{-1}$	298	0.009	0.014	0.078	0.001	0.001	0.16
《地表水环境质量标准》Ⅲ类标准/$mg \cdot L^{-1}$	0.05	—	0.05	1.0	0.005	0.05	1.0
《生活饮用水卫生标准》标准/$mg \cdot L^{-1}$	0.01	0.0001	0.01	1.0	0.005	0.05	1.0

b 试验试剂

试验使用的氧化剂为 30% H_2O_2，混凝剂为七水硫酸亚铁（分析纯），助凝剂为氯化铁（分析纯），絮凝剂和沉淀剂分别为 PAM（工业级）和氢氧化钙（分析纯）。

c 试验方法

第一段处理：取 400mL 原水样，首先加入一定量的氧化剂，充分搅拌后加入混凝剂，反应 5min；再加入 10% 的氢氧化钙浊液，搅拌 2min，调节 pH 值至 6 ~ 7；最后加入 5mL 0.1% 絮凝剂，静置 10min 后过滤并送检。

第二段处理：取第一段处理后的滤液 320mL，加入 0.8mL 0.5g/L 助凝剂，反应 5min；再加入 10% 的氢氧化钙浊液，调节 pH 值至 7 充分搅拌；最后加入 1mL 0.1% 絮凝剂，静置 10min 后过滤并送检。

d 检测方法

试验结果检测由具备专业分析测试资质的单位完成，其中砷浓度检测按照 SL 327. 1—2005 规定的原子荧光光度法、铊浓度检测按照《生活饮用水标准检验方法》(GB/T 5750. 6—2006)进行。

B 结果与分析

a 氧化剂氧化条件试验

按照第一段处理的试验方法，分别往 5 组 400mL 原水样中加入 0mL、0. 5mL、1. 0mL、2. 0mL、3. 0mL 的 30% H_2O_2 溶液；氧化后加入 1. 8g $FeSO_4 \cdot 7H_2O$ 充分搅拌，反应 5min 后加入 10% 的 $Ca(OH)_2$，调节溶液的 pH 值至 6 ~ 7；最后加入 5mL 0. 1% PAM，静置 10min 后取上清液测定砷、铊含量。由表 5-8 可知，随着 H_2O_2 投加量的增加，溶液中的砷、铊离子含量依次降低，去除率逐渐增大。当 H_2O_2 投加量为 2mL 时，处理效果最佳，砷、铊的去除率分别达到 99. 97%、98. 56%，但砷浓度仍超标 1. 58 倍、铊浓度超标 1. 3 倍，还需要进一步处理。

表 5-8 氧化剂用量对废水中砷铊去除效果的影响

氧化剂用量/mL	处理后水质/mg · L⁻¹		去除率/%	
	As	Tl	As	Tl
0	2. 47	0. 00855	99. 17	5
0. 5	0. 84	0. 00290	99. 72	67. 78
1. 0	0. 13	0. 00056	99. 96	93. 78
2. 0	0. 079	0. 00013	99. 97	98. 56
3. 0	0. 086	0. 00020	99. 97	97. 78

b 混凝剂投加量试验

按照第一段处理的试验方法，取 4 组 400mL 原水样各加入 2. 0mL 30% H_2O_2 溶液，氧化后分别加入 0. 9g、1. 8g、2. 7g、3. 6g $FeSO_4 \cdot 7H_2O$ 充分搅拌，反应 5min 后加入 10% 的 $Ca(OH)_2$，调节溶液的 pH 值至 6 ~ 7；最后加入 5mL 0. 1% PAM，静置 10min 后取上清液测定砷、铊含量。由表 5-9 可知，随着 $FeSO_4 \cdot 7H_2O$ 投加量的增加，砷、铊去除效果趋于稳定。当 $FeSO_4 \cdot 7H_2O$ 投加量为 1. 8g 时，处理效果最佳，砷、铊的去除率分别达到 99. 98%、98. 78%，但砷浓度仍超标 1. 23 倍、铊浓度超标 1. 1 倍，还需要进一步处理。

表 5-9 混凝剂用量对废水中砷铊去除效果的影响

混凝剂用量/g	处理后水质/mg · L⁻¹		去除率/%	
	As	Tl	As	Tl
0. 9	0. 729	0. 00117	99. 76	87
1. 8	0. 0616	0. 00011	99. 98	98. 78
2. 7	0. 0710	0. 00013	99. 98	98. 56
3. 6	0. 0691	0. 00013	99. 98	98. 56

c pH 值对处理效果影响试验

按照第一段处理的试验方法，取 5 组 400mL 原水样各加入 2. 0mL 30% H_2O_2 溶液，氧化后各加入 1. 8g $FeSO_4 \cdot 7H_2O$ 充分搅拌，反应 5min 后加入 10% 的 $Ca(OH)_2$，调节溶液

的 pH 值分别为 5 ~6、6 ~7、7 ~8、8 ~9、9 ~10；最后加入 5mL 0.1% PAM，静置 10min 后取上清液测定砷、铊含量。由表 5-10 可知，当 pH 值为 6 ~ 7 时，处理效果最佳，砷、铊的去除率分别达到 99.97%、98.33%，但砷浓度仍超标 1.68 倍、铊浓度超标 1.5 倍，还需要进一步处理。

表 5-10 pH 值对废水中砷铊去除效果的影响

pH 值	处理后水质/mg · L^{-1}		去除率/%	
	As	Tl	As	Tl
5 ~6	13.64	0.00720	95.42	80.00
6 ~7	0.084	0.00015	99.97	98.33
7 ~8	0.37	0.00071	99.86	92.11
8 ~9	1.58	0.00082	99.47	90.89
9 ~10	1.58	0.00090	99.47	90.00

从上述试验结果得到，第一段氧化—混凝沉淀—絮凝处理工艺的最优条件为：氧化剂 30% H_2O_2 1.5g/L，混凝剂 $FeSO_4 \cdot 7H_2O$ 4.5g/L，pH 值为 6 ~7，砷、铊的去除率稳定在 99.90%、98.50% 以上，但砷浓度仍超过《地表水环境质量标准》(GB 3838—2002) Ⅲ类标准，铊浓度超过《生活饮用水卫生标准》(GB 5749—2006)，还需要进一步处理。

d 综合条件试验

为保证出水效果，进行氧化—混凝沉淀—絮凝工艺和混凝沉淀—絮凝工艺二段综合试验，其中第一段处理工艺在上述最佳工艺参数条件下，在氧化后的溶液中增加投入 2.0mL 0.5g/L 助凝剂 $FeCl_3$，反应 5min，进行 3 组平行试验，结果见表 5-11。

表 5-11 综合条件试验结果

平行试验	处理后水质/mg · L^{-1}		去除率/%	
	As	Tl	As	Tl
第一段 1	0.0715	0.000092	99.98	98.98
第一段 2	0.0702	0.000088	99.98	99.02
第一段 3	0.0659	0.000082	99.98	99.09
第一段均值	0.0692	0.000087	99.98	99.03
第二段 1	0.0132	0.000028	99.996	99.69
第二段 2	未检出	0.000020	—	99.78
第二段 3	未检出	0.000015	—	99.83
第二段均值	0.0132	0.000021	99.996	99.77

由表 5-11 可知，试验结果重复性较好，该黄金冶炼酸性废水采用氧化—二段混凝沉淀—絮凝处理后，砷浓度为 0.0132mg/L，满足《地表水环境质量标准》(GB 3838—2002)

Ⅲ类标准，铊浓度为 0.000021mg/L，满足《生活饮用水卫生标准》(GB 5749—2006)。

e　成本分析

综合上述试验结果选择最优条件：第一段处理所需 30% H_2O_2 1.5g/L，混凝剂 $FeSO_4 \cdot 7H_2O$ 4.5g/L，助凝剂 $FeCl_3$ 2.5mg/L，絮凝剂 PAM 12.5mg/L，沉淀剂 $Ca(OH)_2$ 2.5g/L，pH 值为 6 ~ 7；第二段处理所需助凝剂 $FeCl_3$ 1.25mg/L，絮凝剂 PAM 3.125mg/L，沉淀剂 $Ca(OH)_2$ 0.625g/L，pH 值为 7。处理 1t 高浓度含砷、铊黄金冶炼酸性废水所需的药剂成本见表 5-12。

表 5-12　废水处理药剂成本

药　剂	价格/元·吨$^{-1}$	用量/t·m^{-3}	合计/元
H_2O_2	750	1.5×10^{-3}	1.13
$FeSO_4 \cdot 7H_2O$	300	4.5×10^{-3}	1.35
PAM	16000	1.5625×10^{-5}	0.25
$Ca(OH)_2$	200	3.125×10^{-3}	0.63
总　计			3.36

C　结论

(1) 黄金冶炼酸性废水经氧化—二段混凝沉淀—絮凝处理后，废水中砷浓度可达到《地表水环境质量标准》(GB 3838—2002) Ⅲ类标准，铊浓度可达到《生活饮用水卫生标准》(GB 5749—2006)，可回用或外排。出水标准提高，既可以减少污染物的排放总量，减少生物的累积量，降低重金属的毒害作用，更利于生态环境的保护。

(2) 最佳工艺参数为：30% H_2O_2 1.5g/L、$FeSO_4 \cdot 7H_2O$ 4.5g/L、$FeCl_3$ 3.75mg/L、PAM 15.63mg/L，pH = 6 ~ 7。

(3) 本次试验提供的处理工艺流程简单可行，工艺合理，易于实施；采用的药剂来源广，价格低，每吨废水的治理费用为 3.36 元，具有推广应用价值。

5.6　重金属污染岩土体固化技术

5.6.1　土体固化剂的应用技术

重金属污染不但会对土壤结构、水体、生物体等造成危害，同时会对岩土体的工程性能造成影响。由于重金属污染土的研究尚不深入，工程施工中往往将其作为一般土进行处理，导致了很多工程事故的发生。目前对于重金属污染土的研究主要侧重于影响机理的研究，而对于污染土的力学性能、固化性能的研究成果鲜见报道。查甫生等研究表明重金属元素被岩土体吸附后并不是稳定下来的，它不断的腐蚀与迁移破坏了土体的内部结构，降低了土颗粒间胶结力。曹智国等研究表明，重金属污染土在传统的固化剂水泥、石灰等作用下，可以有效改善其力学强度与稳定性，但固化后土体的结构受到破坏，弹塑性较差，且固化成本较高，并不能广泛推广。黄敏等通过重金属迁移试验发现，有机固化剂具有良好的保水性，能有效限制重金属污染物在土中的迁移，同时对污染物的腐蚀具有抑制作用，有效改善了土体的物理性能指标，但对于有机固化剂的配比方案及固化效果未进行深入研究。因此选取合理的土体固化剂，可为工程上治理重金属污染岩土体提供合理与可靠的措施依据。

土体固化剂是近年来研发的一种新型环保节能工程材料，它是由多种无机、有机材料合成，用以改善土体结构、固化各类不良土体的掺合剂。土体固化剂的可与土体颗粒之间发生物理、化学反应，改善与增大土体颗粒之间的接触面，强化颗粒间的联结结构、增加胶结力，从而达到稳定土体的作用。其固化机理涉及多种学科的相关内容，包括胶体化学、结构力学、土壤化学、植物学等。固化剂使用后的物理作用主要是与土体中侵入的金属离子进行吸附与交换，使土体胶团表面的电量降低、胶团双电层厚度减小，土体颗粒相互之间趋于凝聚，密实度得到加强；化学作用是固化剂与土体中的氧化物反应生成新的物质，这种新物质能够加强土体颗粒之间的连接，或者生成的新物质具有体积膨胀的特点，它可以填充土体颗粒之间的孔隙、缩短土颗粒之间的距离，从而密实土体结构、增加密实度，使稳定性较差的不良土体固化后易于压实成为一体，获得良好的力学性能。

土体固化剂作为一种稳定土体的制剂已被国内外的工程领域广泛采用，一般情况下常用的固化剂种类有水泥、石灰、粉煤灰等无机结合料、混合物，近年来随着科技水平的不断进步，涌现出了大量的有机土体固化剂、液体固化剂等新型土体固化剂。目前国外工程领域应用较多的土体固化剂有南非的 ISS 稳定剂（Ionic soil stabilizer）、澳大利亚的 TR12、日本的 ATST(AughtSet)-3000 固化剂、美国的 EN-1 固化剂、富士土等，这些种类的固化剂能够适用于各类土体。我国用于工程领域土体固化剂的研发起步较晚，一般都是在借鉴国外经验的基础上进行改进，国产土体固化剂的研究成果主要包括水泥、石灰、工业废渣等无机类土体固化剂，对于有机土体固化剂和新型复合类土体固化剂的研发还只是停留在实验室阶段，工程中采用的土体固化剂大部分都是直接使用国外的产品。

工程中对于污染土的治理应根据不同的土体特征、污染物类型，灵活使用各种固化剂进行土体固化。如对于固化含有大量水分的黏性土、淤泥质土，应使用离子型固化剂，其加入后能够与土体中成分进行离子交换，降低土体中颗粒的双电层厚度，使土体易于压实；对于我国西北地区含沙质量较大的松散筑路土，固化剂应选取水泥等无机材料，使其与 SiO_2 反应而达到固化效果，对于活性较差的建筑废弃物微粉，因其含有废沙和干土，固化剂的选取要有能增加土体固化活性的活化剂；对于重金属污染土因其水化、水解作用强烈，固化剂的选取应以有机物固化剂为主，阻止其水化、水解作用的发生；泥炭土的固化需选择能与炭反应生成稳定物质的固化剂。除此之外，固化土体结构孔隙的填充密实需使用含有膨胀组分的固化剂，如石膏等物质具有膨胀功能。土体固化剂选择应因地制宜，根据不同的情况选取不同的固化剂种类，才能确保固化的效果。

目前有机土体固化剂的材料成本为 5.43 元/平方米，总成本 6.42 元/平方米，与传统的水泥、石灰等固化剂相比经济优势显而易见，可以在治理重金属污染的岩土工程中广泛推广使用。固化剂在国外建设领域中得到了非常广泛的应用，不仅在高速公路路基顶层、路面基层治理方面取得了成熟的经验，而且在工业建筑、民用建筑等应用中也取得了较大进展。

5.6.1.1 基础固化处理施工工艺

对于重金属污染土地基下层固化处理层施工的工艺流程为：选择注浆孔距—施工放样—拌和固化剂混合料—注浆后整平—碾压—洒水浸湿。

5.6.1.2 备料及拌和混合料

（1）将工程上所需固化的重金属污染土进行晾晒。清除干净土中的树根、草皮和其他杂物，同时将不合格的土另行分类处理。

（2）根据重金属污染固化土处理层预定的宽度、厚度及干密度，计算每立方米固化处理重金属污染土需要的固化剂用量，从而计算整个处理路段需要的固化剂数量。

5.6.1.3 施工放样

在污染土路基的碾压层上恢复中线，直线段每 3 ~ 5m 设一监测桩，并在道路两侧固化剂处理的层边缘设指示桩，同时将固化层边缘的设计高程在两侧指示桩上进行标记。

5.6.1.4 注浆施工步骤

（1）对污染土路基进行整平，固化剂注浆通道选择间距应按重金属含量而定，一般按 2 ~ 3m 选择，重金属采用 12t 以上压路机先碾压后静压，直至无轮迹为止，保证道路应有的路拱，见图 5-18。

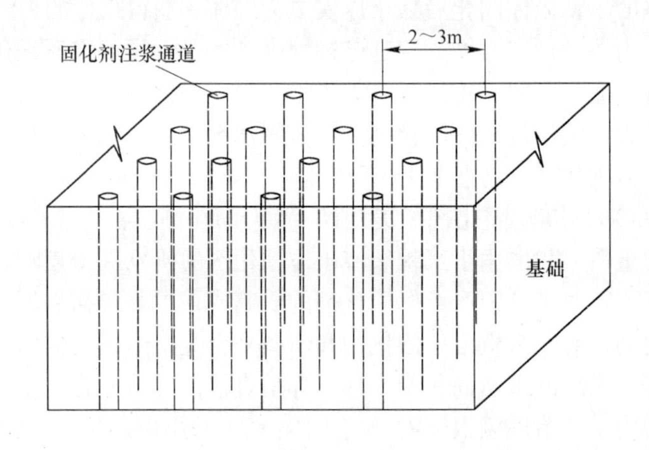

图 5-18 固化治理示意图

（2）在路基碾压过程中，路面局部地段会发生弹簧“现象”，应采用固化剂溶液喷洒后再进行处理，防止固化土的不均匀变形。

（3）同时在碾压面层上应铺筑涂有固化剂的防渗土工膜，铺设好后用砂袋压住。进行无水焊接后再铺筑固化土，防止其应力反弹。

有机土体固化剂在治理重金属污染工程的实际应用中具有很多的优势，与传统的固化剂相比具有生产原料多、人工成本低、运输成本小、环保无污染等优点，并且对环境起到保护作用，易于运输，且施工方便易控制，不需要采用大型机械施工。有机固化剂作为一种新型建筑材料在我国工程建设中还未受到普遍应用，但随着有机固化剂产品生产技术的提高和推广应用，未来在建筑建材行业的使用中具有更为明显的优势。

5.6.2 生态固化的应用技术

近十年来，随着环保理念的不断提升，混凝土构筑物绿化引起了广泛的关注，主要研究方向有两个：（1）通过改变混凝土的外观结构形式，制成不同形状的外观结构以满足植物生长的结构空间来实现绿化的目的，如常用的方格块、菱形块等空心形状，填土后种植低矮灌木、散播草种等。但用这种方式种的草由于根系扎得不深，经不起风吹雨打，难以满足护坡、护岸的要求。（2）调整混凝土的原材料，研究新型的生态混凝土用于治理污染环境下工程建设。

生态混凝土是基于多孔混凝土，并具特种孔结构功能、特殊的表面特征的一种新型混凝土。具有良好的生态协调性与环境适用性，分为环境友好型和生物相容型。环境友好型能减少或降低环境负荷，生物相容型能与动、植物等生态环境相协调。

国外最早于20世纪90年代开始研究生态混凝土，其中以日本“先端建设技术中心”研究为主要代表。研究方向主要以加固和绿化河堤护岸、道路边坡为目的，研究内容为多孔连续型生态混凝土，研究方法以多孔混凝土骨架内填充保水性材料作为基础结构，表面覆盖客土并种植植物。2001年4月，日本制定了亡河川护岸工法，使得植生型多孔混凝土应用进程得到推进。在韩国，也有实例应用于河道护岸工程，在欧洲，将生态混凝土用来减少环境负荷的技术也已经达到了实用化阶段。

国内对生态混凝土的研究已越来越受到重视，已有不少对生态混凝土的研究文献，常见的是对生态混凝土研究的综述性文章；部分研究者对环境友好型生态混凝土进行了研究，他们侧重于将废变宝，或者用其他材料替代水泥，或者是采用高强度的水泥以达到减少水泥用量的目的；一些研究者开展了对多孔混凝土的配比研究，但大多都是在普通混凝土配比研究的基础上做的一些试探性的研究，并没有形成一个统一的方法体系：有关于生态混凝土的应用方面的研究也有相关报道，主要是在生态混凝土的净水功能方面的研究；真正能做到既满足植物生长的连续孔隙率的混凝土，又有一定抗压强度的植生型多孔混凝土还不多，且大多也都处于试验阶段，应用方面还需要不断地完善混凝土的性能。我国的绿化混凝土在河道护坡工程中的应用实例才刚刚起步，上海以及南京的绿化混凝土应用于河道护坡工程，天津市水利科学研究所新研制出的“环保型绿色植被混凝土”在城市防洪和引水渠道工程中采用，在长春市的防洪工程中也应用了长草的绿化混凝土。

此外，由于混凝土不易长距离销售，拥有生态混凝土的自主技术就变得格外重要，目前广西乃至全国对生态混凝土的研究仍是一片空白。一旦对生态混凝土的研究成功，将可以大幅度地提高广西区生产混凝土的技术，使之跨入前沿性和先进性的行列，从而增强广西区的综合竞争能力。

生态混凝土具有透气、透水等性能，草种生长所需的营养通过渗透提供给植物根系。生态混凝土的配制涉及学科方面较多，包括化学、力学、植物学等交叉学科，因此对混凝土的强度、酸碱性、种植植物选择等方面都有很高要求，尤其对草种种类的选择。由于受生长环境的限制，植被新品种的培养、种植等都是较为困难的问题。研究能够适应于绿化混凝土的草种以及合理的种植方式是生态混凝探讨的主要研究内容之一。

5.6.2.1 草种的培养基

植被的生长需以养分、水分、空气、热量等为基础，这些也是植被生长的必要条件。土壤环境中的能量供给通过土壤的孔隙率实现的，一般的土壤孔隙率约为40%，可以有效保证植物营养供给的传输通道。因此生态混凝土植物生长所需的水分、空气、热量等也需要通过合理性的孔隙率才能实现。研究表明，孔隙率在20%以上时，生态混凝土的连续多孔可以满足传输养分、水分、空气、热量等植物所需的养分，满足草种需要的培养基。

草种需要的培养基主要基料为土壤，辅料为珍珠岩和菜枯，其中珍珠岩为吸水性材料，其较强的吸水性能有效保证培养基的保水率和吸水率，以满足草种生长所需的水分；菜枯为草种的肥料，用来提供植物生长所需的养分。培养基的具体做法如下：选取土壤过筛，将土中石子等大颗粒的杂质去除；取等体积的珍珠岩和菜枯搅拌均匀，将混合物与土壤体积按1∶10的比例配制草种的培养基。

5.6.2.2 草种的种植方式

为了获得草种的最佳种植方式，需要对草种的种植方式进行试验，以获取最佳的种植方案。本书根据生态混凝土的特性，进行了以下三种方式的试验研究：

(1) 混合播种草种。试验首先将生态混凝土养护成型，然后将培养基和草种混合均匀，用多孔灌注设备注入生态混凝土的孔隙内，洒水养护七天。试验结果显示仅混凝土的侧面、表面有少数几颗草种发芽。

(2) 分层播种草种。试验分三层浇注生态混凝土，培养基与草种也分三层撒播。具体做法是混凝土每浇注一层，在其表面撒播一层培养基与草种，洒水养护5天后观测其生长状况。试验结果显示只有混凝土的表面层的草种有发芽迹象，下面两层的草种均未有发芽迹象。试验结果表明，在混凝土养护与制作的过程中，孔隙中残留的大量碱性溶液进入培养基，导致了培养基的碱性过高，影响了草种的发芽。

(3) 表面播种草种。试验先将生态混凝土养护成型，再把培养基灌注入其内，然后表面撒播草种，洒水后再用培养基覆盖一层，养护5天后观测其生长状况。试验结果显示混凝土表面和侧面都有大量的新芽发出，其发芽率较上述两种要高很多，表明此播种方法更适应于生态混凝土的种植方式。

5.6.2.3 草种的选择

草种所适合的土壤环境一般为中性，生态混凝土在养护与制作的过程中，孔隙中残留的大量碱性溶液使其内部环境呈碱性。其选择的原则为：(1) 草种能够适应于碱性环境下的生长条件；(2) 要求草种具备耐贫瘠、耐热抗旱等特点。这是由于混凝土的保水率，肥力等低于土壤环境，内部的植被生长环境相对于土壤要差很多；(3) 具有对重金属超累积的能力。笔者结合广西实际气候、气象条件、岩性条件等，选取四种护坡性较好的狗牙根、黑麦草、香根草、结缕草分别进行试验研究，试验周期为6个月。试验后对其发芽情况、成活率、成长率、生长状况进行统计分析。根据种植试验结果，发芽率较高的草种为香根草和黑麦草，且生长状况好；发芽率较低的草种为狗牙根和结缕草，且生长状况很差。另外从环保的角度来看，香根草比黑麦草的环保作用更强，可以有效去除汽车尾气排放中的重金属铅，有空气净化的作用，因此建议选取香根草作为植物护坡的草种。

生态混凝土是一种特殊的混凝土，主要是轻负载，重植物生长的一种环境友好型混凝土。因此，在一定的抗压强度下，孔隙率和吸水率的提高是生态混凝土强度的关键，抗压强度为7.36MPa，重度为1.89g/cm^3，吸水率为3.2%，孔隙率为18.9%的混凝土生长草木植物与其抗压强度最为适配。

在生态混凝土上种植草种，草种的培养基的配制是最根本的，合适的培养基更利于植物的生长。笔者采用珍珠岩、菜枯、细土壤为原料，按1∶10体积比配制的培养基满足植物生长的营养需要；草种的播种方法以表面播种种草法为最优方案，此法更利于草种发芽，基本保证了种子的成活率；选取可适用于扩坡的狗牙根、结缕草、黑麦草和香根草四种进行研究，结果表明香根草的发芽、生长情况较好，且具有环境保护作用。

5.6.2.4 治理效果

对K404+600处、K404+800处路段受污染的岩质边坡治理后进行1个水文年的监测，结果显示该地段边坡处于稳定状态，植被生长状况良好，局部未见开裂、崩落等不良现象发生，见图 5-19 和图 5-20。同时采用光谱检测对该地段边坡岩石中的重金属元素进行检测，其重金属含量由原来的 1.34% 降低到 0.79%。而经普通混凝土治理的边坡都出现不同程度的开裂、垮塌。治理结果表明，生态混凝土可以有效吸附岩体中的重金属元素，具有良好的护坡与绿化功能，在治理类似的重金属污染岩质边坡中可以推广使用。

图 5-19　K404 + 600 处重金属污染边坡治理前后对比图（书后附彩图）

图 5-20　K404 + 800 处重金属污染边坡治理前后对比图（书后附彩图）

综上所述，生态混凝土植物固坡法作为一种新型的环保治理方法，有着广阔的应用前景。目前生态混凝土推广和应用涉及了很多工程领域，尤其是高速公路工程护坡。如广西区宾南高速公路、桂兴高速公路重金属污染岩质边坡的绿色防护已取得显著效果，其边坡防护成为一道风景线，这也是边坡加固与环境相协调的范例，值得推广。另外，对岩石边坡生物防护技术，实现石山边坡的植物防护，在我国其他一些省的科研、施工单位已开展这方面的研究探索，效果良好。如四川、江苏等省主要采用对边坡表面进行排水，使用高强度的生物降解析，较危险地带采用金属网格，然后采用植草混凝土（由风化砂、有机肥、黏合剂和草种制成植草混凝土，喷射施工，养护至草成活）。

因此，针对广西的特点，也应尽早开发或引进适合广西的环境条件，特别是适合岩溶石山地区特点的、技术可靠、经济合理、维护简单的岩石边坡生物技术，这对改善沿线自然和生态环境、降低公路建设对环境的负面影响，十分必要。

5.7　重金属污染检测新技术

前已述及重金属污染现状、来源、危害性以及对环境、动植物、人类的影响，是一个不容忽视的问题。因此，重金属污染检测与排除具有重要意义，对于不同的重金属有不同的检测与排除方法。现就掌握的资料，对重金属污染检测、排除方法作一介绍，仅供参考。

5.7.1　环境污染检查生物技术

5.7.1.1　生物酶抑制技术

生物酶抑制技术是利用重金属在体外对特定酶具有抑制作用的原理，加入该酶催化的底物（显色剂），显色剂是否显色以及显色程度反映了酶是否受抑制以及抑制程度来判断检测环境污染物是否存在及含量的多少。

5.7.1.2　酶免疫测定技术

酶免疫测定技术是生物酶技术、免疫技术应用于环境检测领域的一门新技术，主要依据抗原和抗体之间的特异性反应来进行检测，以环境污染物作为抗原，免疫动物获得特异性抗体，引入辣根过氧化物酶作为示踪物，以揭示微量抗原与抗体的免疫学反应进行情况。

5.7.1.3　PCR 技术

PCR 即聚合酶链式反应，用来检测环境中的生物污染（病原菌、病毒及其他一些有害生物），主要包括模板核酸的提取，PCR 扩增靶序列，PCR 扩增产物的检测与分析。

5.7.1.4　生物发光检测技术

自然界中许多生物具有发光现象，如细菌、真菌、昆虫等，发光菌是一类能运动的革兰氏阴性兼性厌氧杆菌，从环境中选择自身具有发射荧光特性的细菌作为指示菌，土壤中重金属的存在会影响该指示菌的生理指标，以其放射荧光的强度大小作为环境检测的指标，生物发光检测技术具有灵敏度高、特异性强、检测快速方便。

5.7.1.5　生物芯片技术

生物芯片技术其中的基因芯片进行表达水平检测可自动、快速地检测出成千上万个基因的表达情况，在环境污染物的影响下，敏感生物个体细胞的基因表达丰度会发生相当程度的变化，寻找与正常表达的差异，单独或混合地确定有毒物质对敏感生物基因水平上的影响及影响程度，以此来检测环境中的污染物及其生物效益。

5.7.2　重金属免疫检测技术

重金属免疫检测技术当前已广泛应用于毒素、杀虫剂、炸药等环境污染物、危险物的检测，将这一重要技术应用于重金属的检测是值得探索的方向。

重金属螯合剂：重金属特异性单克隆抗体制备的关键在于重金属免疫原的制备，重金属免疫原的关键在于双功能螯合剂的筛选。现在利用化学合成方法制备特定构象、高选择性螯合的重金属离子螯合剂以及相应的抗体用于免疫学检测。

抗体的制备：重金属离子免疫检测的关键在于利用选择性重金属螯合剂与重金属生成复合物，通过载体，常规杂交瘤技术制备重金属特异性单克隆抗体。

免疫检测技术：目前重金属离子的免疫检测都是采用抗原抑制检测的方法，按照使用抗体的种类可分为：包括荧光偏振免疫检测（FPLA）的多克隆抗体免疫检测，包括间接竞争性酶联免疫吸附检测（ELISA），一步法竞争性单克隆抗体免疫检测，包括胶体金快速免疫层析法（CGELA）。

5.7.3 重金属检测新方法

5.7.3.1 应急监测

应急监测是在第一时间内发现污染并迅速作出反应，以降低污染造成的损失，目前比较先进且常用的监测仪器为赛默飞 Niton 便携式 X 射线荧光能谱仪，如图 5-21 所示。

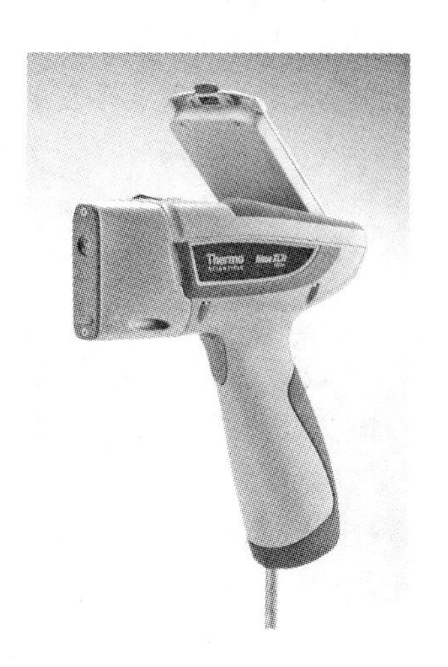

图 5-21 荧光能谱仪

5.7.3.2 多元素分析技术

X 射线荧光与等离子体光谱与质谱技术、QCell 碰撞反应池技术等都属于多元素分析技术。

5.7.3.3 金属元素形态与价态分析

形态分析能准确地评价样品中金属元素的形态组成、毒性、转化特性。利用戴安的离子色谱和 HPLC 与赛默飞的原子光谱完美结合，效果更好。

5.7.3.4 空气质量监测

赛默飞率先推出了成熟的烟气中 Hg 监测系统。Hg 污染监测是环境大气中重金属检测的首要目标。其卓越设备有 DMA-80 全自动测 Hg 仪及 Quick Trace™系列测 Hg 仪。

5.7.3.5 原子荧光光度法

原子荧光光度法是通过待测元素的原子蒸气在辐射能激发下产生的荧光的发射强度来测定待测元素的一种分析方法。许月辉采用高锰酸钾溶液吸收、富集氧化 Hg，用该法测定空气中的 Hg；栾云霞等用双道原子荧光光度法测定土壤中砷和汞的含量；Faouzia 等通过氢化物原子荧光光度法来检测饮料中总砷含量；Liu 等利用紫外诱导甲酸产生的羟基，使其与 Ni 结合，通过原子荧光光度法来检测超痕量的 Ni 的浓度；莫晓玲等还利用氢化物原子荧光光度法测定食品中总砷含量；李丹等测定陆地水中的砷量；柳端明、洪俩和测定药品中砷的含量；史玮等测定稻谷中无机砷含量；唐莲仙等测定白酒中痕量铅等。

上述测定的共性在于利用了重金属氢化物的荧光特性，间接地测定重金属含量。

5.7.3.6 电感耦合等离子体质谱法（ICP）

电感耦合等离子体质谱法是将电感耦合等离子体与质谱连用，利用电感耦合等离子体使样品汽化并原子化，将待测金属分离出来，从而进入质谱依据元素质量特征进行测定，是最先进的痕量分析方法，但价格昂贵，易受污染。孙明星等采用酸消解高锰酸钾氧化、甲醇溶剂化，电感耦合等离子体质谱法同时测定化肥中的微量元素 Cr、Cd、As、Pb、Hg；王娜采用微波消解—电感耦合等离子体质谱法测定土壤中砷的含量；苏永祺等采用微波高压消化仪消解奶粉样品测定奶粉中 Cr 含量。该法还用来检测 5 类木腐真菌中 Cd、Cu、Pb、Zn 的含量，药物中 As、Cd、In、Sn、Sb、Pd 等含量，调味品中 As 含量，海带、紫菜中 Pb、Cd 的含量，地球样品中 V 和 Cr 的含量。

5.7.3.7 电感耦合等离子发射光谱法

高频感应电流产生的高温将反应气加热、电离，利用待测元素发出的特征谱线对其进行测定，特征谱线的强度与该重金属的量成正比，电感耦合等离子发射光谱法具有受干扰小、灵敏度高、线性范围宽，可同时测量或依次顺序测量多种重金属元素（除 Cd、Hg 以外）等优点；方形有等采用该法测定防腐处理后木材中可溶性 Cu、Cr、As；李海峰等采用 DPTA 浸提剂提取土壤中 Cu、Zn、Fe、Mn；Karami 等建立了一种流动注射分析系统，通过电感耦合等离子体发射光谱法实现对水溶液中 Bi、Cd、Co、Cu、Fe、Ni、Pb、Zn 浓度的检测，还用来检测蜂蜜和蔗糖中 Pb、Cd、Cu、Cr、Co、Ni、Mn、Zn 浓度，检测环境水样中痕量的 Cd、Co、Cr^{3+}、Cr^{6+}、Ni、Pb、Zn，矿石中的 Au、W 含量，测定大气颗粒中重金属 Mn、Ni、Cd、Cu、Pb 含量。

5.7.3.8 高效液相色谱法

高效液相色谱法是以液体为流动相，采用高压输液系统，将具有不同极性的单一溶剂或不同比例的混合溶剂，缓冲液等流动相泵入装有固定相的色谱柱，在柱内各成分被分离后，进入检测器进行检测，从而实现对试样的分析。流法用于重金属离子的检测，并取得了一定的进展。痕量金属离子与有机试剂形成稳定的有色络合物，然后用该法进行分离，紫外可见检测器检测，可实现多元素同时测定，但络合物选择有限带来一定局限性。台希等研究了用固相萃取富集高效液相色谱法测定环境水样中痕量重金属 Ni、Cu、Ag、Pb、Cd 和 Hg 的方法；Amoli 等通过该方法用 10cm 长的反相 C18 分析柱，建立一种快速同步检测原油中 V、Ni、Fe、Cu 的浓度；还有利用该方法测定食品中及烟草添加剂中的重金属 Ni、Cu、Sn、Pb、Cd、Hg，药材中的重金属 Hg、Cu、Pb 等。

5.7.3.9 酶分析法

重金属离子对于某些酶的活性中心具有特别强的亲和力，与之结合后会改变酶活性中心的结构与性质，引起酶活性下降，从而使底物—酶系统产生一系列变化。显色剂的颜色、电导率、pH 值、吸光度等可以直接用肉眼加以辨别或通过电信号，光信号被检测到，这样可以判断重金属的存在，并测定其浓度。目前有多种酶用于重金属离子的测定，如脲酶、磷酸酯酶、过氧化氢酶、葡萄糖氧化酶等。Shukor 等利用木瓜蛋白酶建立了一种测定重金属的方法，木瓜蛋白酶对重金属敏感，具有较高的有害物质相容性、较广的 pH 值活性范围、较强的温度稳定性和相对较快的反应时间；还利用菠萝蛋白酶建立一种对于 Hg 和 Cu 的灵敏检测方法。

5.7.3.10 生物传感器

生物传感器是利用生物识别物质与待测物质结合，发生的变化通过信号转换器转化成易于捕捉和检测到的电信号或者光信号等，通过检测电信号、光信号或其他信号等来判断待测物质的量。酶生物传感器、微生物传感器、免疫传感器、DNA 传感器、细胞传感器等在重金属检测方面都有应用。连兰等以普鲁士蓝修饰的葡萄糖氧化酶电极为工作电极，利用重金属对葡萄糖氧化酶的抑制作用来检测环境中微量的 Cu 和 Hg 的浓度；Liao 等研制了一种绿色荧光蛋白质基细菌生物传感器用来检测 Cd、Pb、Sb。该传感器可以用于检测被污染的沉淀物和土壤中重金属离子的相对生物活性，并有很高的灵敏度。

5.7.3.11 免疫分析法

免疫分析法是一种特异性和灵敏度都较高的分析方法，用其分析重金属离子需进行两方面工作：一是选择合适的化合物与重金属离子相结合，获得一定的空间结构，产生反应原性；二是将与重金属离子结合的化合物连接到载体蛋白上，产生免疫原性。其中选择适合与重金属离子结合的化合物是能否制备出特异性抗体的关键。Xiang 等建立一种测定 Pb 的免疫方法，用于环境中 Pb 含量的测定；Blake 等利用抗体能识别金属离子的螯合物的特性成功用免疫学方法检测 Cd、Hg、Pb、Ni。

5.7.3.12 AVVOR8000 便携重金属检测仪

AVVOR 8000 便携重金属检测仪（是厦门隆力德环境技术开发有限公司设置），该仪器精密准确，方便快捷，主要用于检测地表水、废水、污水、饮用水水源地水体中重金属含量测定，还可应用于土壤、食物、饮料、固体废弃物等固态物质的重金属含量测定。该仪器采用国际公认的溶出伏安法原理快速检测水体中 Cu、Cd、Pb、Zn、As、Hg、Ni、Cr、Mn、Tl、Sb 等金属离子浓度。见图 5-22。

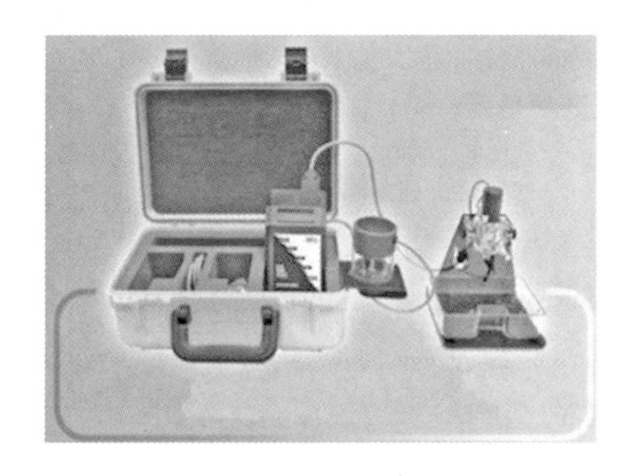

图 5-22 便携重金属检测仪

5.7.3.13 X 射线荧光光谱技术

X 射线荧光光谱技术是利用样品对 X 射线的吸收随样品中的成分及其多少而变化来定性或定量测定样品中成分的一种方法，它具有准确度高、分析迅速、样品前处理简单、可分析元素及可测浓度范围广，能同时测定多种元素、谱线简单、光谱干扰少、试样形态多样性以及测定时的非破坏性、成本低等特点，是解决土壤污染、元素高效快速分析测定的有效技术手段。

重金属污染物在土壤中滞留时间长，一般不易迁移，也不能被土壤中微生物分解，相反可在土壤中累积，并通过食物链在生物体中富集或转化为毒性更大的甲基化合物，对食物链中某些生物达到有害水平，导致土壤环境质量恶化，严惩危害农业生态系统的良性循环和人类生存环境。

薛秋红等建立了玻璃熔片—X 射线荧光光谱测定进出口矾土中主、次量组分的分析方法；贾立宇采用粉末压片 X 射线荧光光谱法测定土壤样品环境质量指标 Pb、As、Zn、Cu、Ni、Cr；徐海等对土壤样品中 31 个主次痕量元素、张勤等对土壤和水系沉积物样品中 42

种主次痕量元素、刘磊夫等对岩石和土壤中 23 种主次痕量元素分别进行压片法 XRF 测定；李小平等用压片法制样，XRF 测定了城市工业区的土壤中 Pb、Zn、Cu、Cr、Ni、Mn、S、N、P 等元素含量建立了重金属 Pb 与土壤性质间的回归预测模型，提出了造成土壤环境污染的原因，证明了 XRF 定对土壤重金属检测和污染评价的快速有效方法；王平等用压片法制样，偏振 EDXRF 测定了土壤中的 Cr、Mn、Pb、Cu、As、Se 元素；魏振林等用熔融法制样，XRF 测定了一个较典型"癌症村"土壤中的主要元素；王志刚等用粉末压片制样，XRF 测定了灰尘样品中 P、Ti、V、Ni、Cu、Zn、Ga、Rb、Sr、Nb、Cs、Ba、La、Hf、Zr、Pb、Al_2O_3、CaO、Fe_2O_3、K_2O、MgO、Na_2O、SiO_2 等主次量组分。

微量元素在蔬菜、果树等农作物的生长发育中起着非常重要的作用，农作物生长需要的营养元素除 N、P、K、Ca 等大量元素外，还有 Mg、Fe、Mn、Zn、B 等微量元素。人类对环境中重金属元素的暴露主要来自土壤—作物—食物的迁移，不同环境中重金属的积累特点及其向食物的迁移可能导致对人类健康的不同影响，蔬菜是最易"吸收"重金属元素的农作物，因此，当土壤被环境重金属污染后，生长的蔬菜与其他作物相比，对多种重金属的富集量要大得多。为此，监测和控制农业环境污染，快速准确地分析农产品中的各种成分，是发展现代化农业的重要课题之一。

5.7.3.14　光电复合传感器

光电复合传感器是光寻址电位传感器（EAPS）和微电极阵列传感器（MEA）的复合传感器件，已应用于水环境痕量重金属的检测中。

EAPS 是一种高灵敏度新型硅传感器，利用光电流与偏压关系的曲线的偏移量可以求出待测离子的浓度。LAPS 的功耗低，可以达到很低的检测下限，同时便于同 IC 芯片进行集成。

MEA 和 LAPS 的光电复合集成芯片可以有效地发挥伏安法（SV）与电位法的优势，针对 MEA 的峰值结果受 pH 值影响较大，LAPS 测定的 pH 值的信息可以有效比校准 MEA 的重金属溶出峰。

5.7.3.15　原子吸收光谱法

原子吸收光谱法是利用光源发出特征光谱辐射，经过原子化器后，由分光系统得到单色光经过光电倍增管后达到检测器，终端电脑从检测器得到信号，进一步转化为数据进行处理，当原子化器进样时，光通过原子化器时有一部分被吸收，透光率减小。根据朗伯—比尔定律，吸光度与样品浓度成正比，根据吸光度可得出样品的浓度。

原子吸收光谱仪可测定 Pb、Cd、Hg、As、Cr、Cu、Zn、Ni 等多种元素，因此，原子吸收（发射）光谱是现今在环境及食品检测中技术手段最为成熟，应用最为广泛一种重金属检测手段。

5.7.3.16　原子荧光光谱法

气态自由原子吸收光源的特征辐射后，原子的外层电子跃迁到较高能级，然后又跃迁返回基态或较低能级，同时发射出与原激发波长相同或不同的发射即为原子荧光，原子荧光是向空间各个方向发射的，因此可以制作多道仪器。

原子荧光光谱法检出限较低，Hg 可达 0.001μg/L，As 为 0.01μg/L，还能实现多元素同时测定。近几年来，冷原子荧光测 Hg 仪作为专门的测 Hg 仪被广泛应用于空气、水、土壤、食品、生物样品及化妆品中的痕量 Hg，具有自动化程度高、操作简便、检测下限低、结果准确等。

5.7.3.17 ICP 发射光谱法

ICP 发射光谱法是用射频发生器提供的高频能量加到感应耦合线圈上，并将等离子炬管置于该线圈中心，在炬管中产生高频电磁场，用微电大火引烯，使通往炬管中的氩气电离产生电子和离子而导电，导电的气体受高频电磁场作用形成火炬形状并可以自持的等离子体，样品由载气（氩）带入雾化系统进行雾化后，以气溶胶形式进入等离子体的轴向通道，在高温和惰性气氛中被充分蒸发、原子化、电离和激发，发射出所含元素的特征谱线。根据特征谱线的存在与否，鉴别样品中是否含有某种元素（定性分析），根据强度确定样品中相应元素的含量（定量分析）。该技术用于测定除氩以外所有已知光谱的元素，适用于超微量成分的分析到常量成分的测定，不仅可取代传统的无机分析技术，还可以与其他技术 HPLC、HPCE、GC 联用进行元素的形态、分布特性等分析，与传统无机分析技术相比，可提供最低的检出限、最宽的动态线性范围、干扰最少、分析精密度高、分析速度快，可进行多元素同时测定以及提供精确的同位素信息等分析特征。

5.7.3.18 发光细菌法

发光细菌法是一类在正常生理条件下能够发射可见荧光的细菌，主要分布在海洋环境中。发光细菌法能够很好地反映重金属的生物有效毒性。在环境污染物毒性评价中，重金属的生物有效毒性能反映出重金属对环境的危害。

在正常生理条件下发光细菌能发出 450 ~ 490nm 蓝绿色可见光，在一定的环境条件下发光强度比较稳定，不同种属发光细菌的发光机制基本一致。发光是细菌体内正常生理氧化反应的结果，任何可以影响细菌体内代谢过程的物质都可以改变其发光强度，这就是发光细菌用于毒性检测的基本原理。

发光细菌的发光强度与生物毒性污染物的浓度在一定范围内呈较好的线性关系，能够稳定、灵敏、快速地反映出环境中污染物的浓度变化。对于检测土壤中的重金属与亲水化合物的效果良好，而对疏水化合物检测结果并不理想，但可以作为化学检测的补充，自然界实际水体和土壤环境中往往不可能只存在单一的重金属污染物若首要检测土壤受哪种重金属元素的毒害必须利用为检测环境中特定重金属而设计的，利用生物传感的原理进行工作的特异性的发光细菌检测法。

Trang 等利用基因工程技术构建了重组发光细菌 E. Coli DHS（PJAMA 2ars R），该发光细菌能够在砷诱导下发出荧光，从而建立了一种测定地下水样品中砷浓度的发光细菌法。

随着现代仪器和光电子技术在分析领域中迅速发展，发光细菌技术和 Gc、Gc/Ms 及荧光、紫外等大型分析仪器相结合，更加准确、定量地对环境污染物急性毒性分析提供了保证。

5.7.3.19 SALLOO 检测仪

百灵达（Palintest）开发出一种一次性电极，能够迅速而准确地在各种水样中检测 Pb、Cu、Cd 等有害重金属的浓度。

SALLOO 检测技术可以在现场进行精确地检测，并且只需很少时间，还可以检测油漆、粉尘、空气和土壤中的 Pb、饮用水中的 Pb 和 Cu 以及陶瓷浸出液中的 Cd 和 Pb。

5.7.3.20 电动—竹炭技术

电动—竹炭技术以柠檬酸预处理、竹炭吸附、电极周期性切换作为强化手段。柠檬酸具有络合能力和控制 pH 值作用（缓冲作用）。因此，柠檬酸预处理能降低重金属污染河涌底泥（底泥经过风干捣碎，剔除废旧塑料，草根等杂物），初始 pH 值提高底泥电导率有利于重金属的去除；添加竹炭，因为竹炭具有特殊微孔结构和生物学特性以及较大比表面积的特点，是一种良好的吸附材料，对重金属具有较强的吸附作用，有利于重金属从底泥中迁出，显著提高重金属的去除率；周期性切换电极可以维持底泥值、土壤中的 pH 值和电导率，防止重金属在两极的富集，提高重金属的迁移效率，要提高迁移，去除效果，还需在重金属迁移特性、电极切换周期等方面作进一步的研究。

5.7.3.21 高铁酸钾（K_2FeO_4）技术

K_2FeO_4 在溶液中主要是以阴离子 FeO_4^{2-} 的形式存在，其氧化能力很强，是水处理中氧化能力最强的氧化剂之一。在中性或酸性溶液中，FeO_4^{2-} 分解速度快，分解后能够产生具有优良絮凝功能的 Fe(Ⅲ)和吸附作用的 $Fe(OH)_3$，因此 K_2FeO_4 在水处理中有氧化和混凝的双重功效。在废水（特别是矿山开发的废水）在不同加药量和 pH 值下，高铁酸钾对水中 Pb、Cd、Fe、Zn、Mn 和 Cu 具有氧化去除效果，对废水的利用和减轻污染具有重要意义，用它处理受重金属污染的废水（在碱性条件下）效果更显著。

5.7.3.22 聚丙烯酸盐

应用聚丙烯酸盐可显著提高土壤持水能力和土壤的 pH 值，同时土壤中水溶性重金属的含量可显著降低，不仅可以改善重金属污染土壤的理化性状，而且对土壤微生物属性也有显著的改善作用，因为它对多种重金属具有较强的和稳定的吸附能力，可降低土壤中重金属的有效性。在合理用量情况下，它在改善植物生长、土壤持水能力、微生物和酶的活性以及降低土壤重金属的生物有效性等方面具有实践应用价值。

5.7.3.23 可渗透反应墙(PRB)技术

可渗透反应墙(PRB)技术是原位修复污染土壤及地下水的新型技术，对重金属 Cr、Cd、Pb、As 的去除率均在98%以上，说明 PRB 技术治理重金属污染土壤及地下水是可行的。以 Fe 为反应介质的 PRB 对重金属具有较高的去除效果，还原性较强的 Fe 可以提供电子给水样中以高价态存在的重金属，使其被还原而去除，如 Cr 在通常情况下以Ⅵ价形式存在，当得到电子后，被还原Ⅲ价 Cr，其反应式：$Fe + CrO_4^{2-} + 8H^+ \rightarrow Fe^{3+} + Cr^{3+} + 4H_2O$，反应中生成的铁水化合物[$Fe(OH)_2$、$Fe(OH)_3$]是一类具有较强的吸附性能的物质，进一步提高了重金属的去除率，并验证了该技术处理垃圾渗透液对处理地下水污染的可行性。

5.7.3.24 激光诱导击穿光谱技术

激光诱导击穿光谱技术可对样品成分进行现场快速分析，可确定土壤有无重金属污染物质及污染土壤的级别。

5.7.4 大气重金属污染检测技术

在大气颗粒物中金属元素的检测方面，目前国内外并存着原子吸收光谱法(AAS)、电感耦合等离子体发射光谱法(ICP-AES)、电感耦合等离子体质谱法(ICP-MS)、X 射线荧光光谱法、中子活化分析法以及质子诱导 X 射线发射光谱法等检测方法，其中，国内采用较多的有 AAS 法、ICP-AES 法和 XRF 法。

大气颗粒物的组成成分复杂，颗粒物中不同金属元素的浓度范围相差很大，在数十甚至数百个 ppm 至 ppt 级的范围内，由于需要控制的金属元素不断增加，而部分元素的基准浓度或控制限浓度都非常低，因此对仪器及检测方法提出了较高要求。分光光度法、石墨炉原子吸收分光光度法等在一次检测过程中都只能检测一种金属元素，且对一般元素的检出限只能达到 ppb 级或亚 ppb 级，原子荧光分光光度法检出限可达 ppt 级，但同样只能检测一种金属元素。ICP-AES 法能同时检测多种元素，其可检元素种类也多于 AAS 法，是一种相对较成熟的方法，但 ICP-AES 法对 Se、Hg、Be、As、Pb、Tl、U 等元素往往无法满足相应的控制限浓度的要求，必须与石墨炉原子吸收(GF-AAS)和汞冷原子吸收(CV-AAS)技术结合使用才能达到大部分元素的分析要求。XRF 法的优势在于检测快速、简便、无需复杂的前处理工作、检测无损性、同时检测多种元素，因此其可以实现现场和在线监测，但 XRF 法的缺点也很明显，检出限仅达 ppm 级，检测对标样有依赖性，对样品量的要求使其需要一定的富集时间，也部分抵消了其现场优势。ICP-MS 法可以实现多元素分析，具有灵敏度高、检出限低，分析取样量少等优点，它可以同时测量周期表中大多数元素，测定分析物浓度可低至纳克/升或万亿分之几的水平，但也有着仪器价格高昂，使用难度和维护使用费用均很高，用于大气颗粒物金属检测时重现性不佳的缺点。

因此，目前我国在大气颗粒物中的金属检测方法标准方面，目前以针对一种金属元素检测的环境保护行业标准为主，而许多大气重金属检测仪器如天瑞大气重金属在线监测仪、聚光大气重金属分析仪等也参考了一些国际标准。

随着仪器及检测技术的发展，国内也开始制修订一些新的标准方法，目前，部分现有暂行方法正在修订，而基于电感耦合等离子体质谱法、电感耦合等离子体原子发射光谱法、原子荧光光谱法或氢化物吸收原子荧光光谱法、X 射线荧光光谱法的新标准方法也均在同时制定之中。

6 重金属污染治理实践

6.1 关闭矿山重金属污染治理

6.1.1 矿区重金属污染基本情况

6.1.1.1 *矿区污染现状*

广西大新铅锌矿矿区面积12.9平方公里，东西长6.2公里，南北长2.08公里，原属自治区国营企业，1954年建矿，从1955年开采至1995年，开采期长达40年，2001年底，因矿源枯竭，经自治区人民政府批准破产。2004年，金涛公司获得在原矿区的探矿权，该公司未能严格执行各项环保措施，采矿产生的废矿渣直接堆放于矿井周围，探矿排出的废水不作处理而污染耕地，金涛公司已于2005年8月底停止探矿作业。

广西大新铅锌矿自1955年投产至1987年，对探明的柏绿山、出银山矿段地质储量开采已基本完毕。出银山矿段于1972年开采完毕，柏绿山矿段于1987年开采完毕。于1986年向中国有色金属工业总公司南宁公司及广西有色公司申请两矿段闭坑申请，1987年3月24日，南宁公司及广西有色公司批准同意矿山的闭坑申请报告。1987年至1995年，矿山回采残留矿柱、回收矿石18.28万吨。1996年6月，大新铅锌矿提交《广西大新铅锌矿柏绿山、出银山矿段闭坑地质报告》。柏绿山矿段主要采用房柱法进行开采，并兼用长壁崩落法进行回采。因顶板围岩松散不稳固，围岩塌陷而充实矿房采空区（围岩即为断层破碎带断层泥和断层角砾），特别是经过长时间的地压，到目前所有的采空区都无人力干预，由其自然崩落，充填采空区。

矿体成矿阶段受区域性断裂控制，地质构造为一近东西向的龙茗—古雾岭背斜。沿背斜轴南侧，发育有一条近东西向缓倾压性断裂，另外，在下泥盆系地层中，还发育有多组低序次的陡倾断裂。这些构造是控制着本区成矿的主要构造。矿体处于下盘，断层上盘为灰岩和白云岩（D_2d），较稳定。该矿段设计开采深度不大，为35～100m，所以采区地压现象并不十分突出，地表陷落应不太明显。但是，由于采空区的无序的崩落，地面地表水渗入，在受断层影响，岩层破碎裂隙发育的地段导致了地表塌陷。最大的塌陷区分布在长屯村北，下陷面积达3000m^2，形成一个大水塘。1992年11月，水塘水和采空区连通，塘水沿陷口突然冲入井下，水势迅猛，井下被淹达半月。

矿区分布的金属矿产以铅、锌、银、黄铁矿为主，并伴生有镓、褚、镉矿。为低温热液充填型铅锌矿床。矿区分为出银山、柏绿山两个矿段。柏绿山矿体产于上述东西向缓倾断裂带中。岜落山矿段矿体产于陡倾斜断裂带中。莲花山组（D_1L）砂页岩、泥岩为矿层的底板，上覆为中泥盆系东岗岭灰岩（D_1d），不整合接触于莲花山组之上。矿物组分以褐色闪锌矿为主，其次为方铅矿、黄铁矿及微量黄铜矿，脉石矿物以砂岩、页岩角砾石为主，石英次之，方解石少见。矿石类型：主矿为硫化锌矿石，石英生矿为硫化铅矿石。有益组分为银0.001%～0.005%、镓0.0014%、锗0.0017%、镉0.052%。开采具有工业价值锌矿及共生的方铅矿是建矿的主要目标。对伴生的银矿在选矿中回收，铅精矿含银700～800g/t。累计回收铅精矿45910.75t，累计回收铅精矿含银总量为32.14～39.02t。而对伴生的镓、锗、镉等矿种目前还没有综合回收利用。1980年，尾矿库品位Pb 0.14%，Zn 0.77%，1985年，尾矿库品位Pb 0.10%，Zn 0.40%。

大新铅锌矿矿石浮选加工工艺具体为：粉碎→磨矿→浮选→浓缩→脱水→精矿（成品）。矿石被粉碎成粉状，选矿结束，尾矿用砂浆泵打到尾矿库内存储。尾矿含有伴生的砷难以被选出，砷、铅、锌等都是有毒性的，和矿山重金属一样，离子溶于水或迁移于土壤都会使环境受到污染。据调查，以前选矿时，用于浮选废水的药物油垢从水面一直漂浮流到龙门河支流，沿途鱼虾绝迹。

原大新铅新矿各矿段40多年开采的矿石总量见表6-1。

表6-1 原大新铅新矿各矿段开采矿石总量统计

矿段名称	岜落山矿段	出银山矿段	柏绿山矿段
开采矿石量/万吨	25.60	64.30	150.30

由于多年开采，矿坑形成了多个体积巨大的采空区，由于矿区断裂及构造裂隙发育，部分矿坑埋深浅，采空区离地面30m左右，使采空区地面局部稳定性较差。柏绿山矿段在长屯北部下陷面积约10000m^2，陷落深度1～3m。出银山采空区局部山地下陷，山峰危岩有崩塌现象。原大新铅锌矿由于管理不善，将废弃的废矿石、废矿渣丢弃在矿井四周，未能集中堆放。这些废矿石、废矿渣堆场是矿山重金属污染的污染源。据调查，较大的废矿石、废矿渣堆场有：

（1）岜落山矿段、金涛公司堆场废矿石、废矿渣堆积场。废矿渣主要是金涛公司选矿遗弃，废矿石为岜落山矿段丢弃，互相混杂，堆积在山谷流水道和山坡，掩埋了碎屑岩区流入谷地的岜落山水渠。废矿石、废矿渣堆长度约320m，宽约50m，体积约12.6万立方米。

（2）出银山矿段废矿石堆场。主要堆积在山坡上，占地面积大，堆场长452m，宽200m，废矿石体积约10.3万立方米。

（3）长屯北陷坑。用废矿石回填，废矿石体积约9万立方米。大新铅锌矿尾矿库选择在矿山南西面叫龙谷的岩溶峰丛洼地，成库之前曾有短时间将现在的洞灵水库用作堆积尾矿。选矿场距浆泵站有960m多，遗弃的粉砂和粉状土，利用水力坡降，在专设输浆渠用水冲至浆泵站。专设输浆渠前后有两套，冲砂时，泥浆、废水流入耕地，有的直接将尾矿置弃于耕地沟边，局限于当时认识，未作出任何措施保护耕地，造成如今田地荒废，不能种植的困难局面。选择龙谷作尾矿库，未做任何论证，未认识到龙谷尾矿库处于地下水的补给区，排泄污染水对下游影响大，岩溶区地下水运移通道复杂，封闭条件差，未有防洪措施。龙谷尾砂库总面积117666.67m^2，用高密度电法和地震反射波映象法勘探，现存于龙谷尾矿库的尾矿数量为70万立方米，共计105万吨（矿尾的比重取1.5t/m^3）。根据尾矿平均品位及共生金属有益组分计算，储存于龙谷尾矿库所含金属量为Zn 5850t、Pb 1400t、Cd 520t、Ga 17t、Ge 14t。大新铅锌矿回收矿种仅为两种：铅、锌，回收部分共生银，其余金属未能回收，置弃于尾矿库。因此，尾矿中镉的含量相对较高，加剧了矿山的环境污染。

原大新铅锌矿生产期间，对采选矿产生的废水、废矿石、尾矿未得到有效处理，使矿区及周边的水、土壤环境和农作物受到重金属污染，影响到长屯村少部分群众的身体健康，同时还伴有地质灾害发生。

地质灾害：大新铅锌矿由于多年的开采，已在矿区形成大面积的采空区，采空区主要位于金涛公司、出银山与柏绿山矿段，采空区岩体为泥盆系中统（D_2）灰岩，裂隙发育，稳定性较差。在采空区出银山山顶和山西北面及西南面，灰岩已塌落，每年在大雨过后，西北面及西南面常有大块灰岩块从山顶往矿山的防洪沟滚下。根据目测，出银山崩落面积约为3000m^2，山头下陷1～2m左右，在雨季常有发生崩塌现象。采空区部分离地表25～30m，已产生了多次塌陷和下沉，特别是排水沟段，沉陷形成水塘，面积约有60000m^2左右，1992年矿山投入十几万元才将水塘填平，但目前又沉陷1m左右，形成水塘，目前下陷还仍未稳定。1993年因山顶危岩崩塌，压倒民工工棚，幸无人员伤亡。出银山崩落面积约有3000m^2，山头下陷1～2m，山体多危岩，稳定性差，该处的小学已搬迁，崩塌对道路过往行人造成威胁。另在西部采空区的原矿子弟学校地板下陷0.25m左右，房屋地面、墙壁有断裂现象，学校被迫搬迁，并且目前沉陷还未处于稳定。

地表水、地下水污染：岜落山坑口涌水含铁高，流出地面后遇空气氧化成三价铁，水变成浑黄色，流经长屯。该水质引起居民警惕，凡是矿山出水均可能含有有毒有害物质。当地居民改引用那良水库水。后来检测表明，矿区水质重金属超标严重，主要为镉、锌超标，超标范围直到下游的洞零水库下游，但未影响到下游的龙门乡和大新县城取水点。

土地污染：长期的污染造成矿区及下游农田土地污染，影响农作物生长。通过对矿区及周边的土壤取样分析结果，结合《广西大新县大新铅锌矿地质环境补充调查报告》，矿区整治的范围最终可以确定为污染严重区：长屯、洞零、端屯和育外四个村庄的农田。根据矿区污染的范围，受影响区域的土地为1828亩。矿区内约有720亩耕地受到重金属严重污染而不能种植，主要是镉、锌超标。

矿区及周边饮用水情况：2005年12月份枯水期，广西环境监测中心站对大新铅锌矿和周边饮用水监测，长屯村饮用水源那良水库尾泉水、端屯公用抽水井以及长屯村各调查对象的家庭饮用水中监测的10种污染物指标均低于《生活饮用水卫生标准》(GB 5749—85)，没有受到矿区重金属污染物污染，适宜饮用。监测矿区以外的8个饮用水点，重金属污染物指标均低于《生活饮用卫生标准》(GB 5749—85)，没有受到重金属污染物污染。

人群健康调查：广西职业病防治研究所对长屯909人（其中男405人，女504人）中检查了672人，占总人口的73.93%。所有参检居民中尿镉、尿NAG酶和β_2微球蛋白三项都达到判断阳性标准的只有2人，属于为镉污染所致慢性早期健康危害个体。但是当地居民中尿镉超过判断标准的有48人，占11.68%；尿NAG酶超过判断标准有35人，占13.73%；β_2微球蛋白超过判断标准的有33人，占8.33%。此次调查未发现与镉污染相关的骨骼X射线征象改变。

以上初步调查结果说明，大新县长屯环境确实受到了镉的污染，已经产生了健康效应。所有参加检查人员检测铅（Pb）健康影响的分析指标无一人超标，可以说，该屯环境中的铅未造成对居民的健康效应。他们的尿氟和尿汞较高的原因还有待调查证实。洞零村位于长屯矿区下游1公里多，村中人口227人（未参加人群健康调查）。村中水渠及耕地，按有关标准评价，均为重金属含量严重超标地区，农田供水及生活用水来源均为洞零水库。调查发现，洞零村为长寿村，年长者众多。对洞零村造成污染的污染物，对人体健康有害或有益还有待研究。

6.1.1.2 矿区地质环境条件概况

大新县位于广西南部，北纬 22°29′~23°05′、东经 106°39′~107°29′之间，县内地势北高南略低。地处云贵高原南缘，石山泥岭间杂遍布，形成许多不完整的小盆地。

大新铅锌矿区位于大新县东北部，势北高南低。矿山调查区范围内，93%的面积为岩溶地貌，在矿山北面仅有 $7km^2$ 面积为碎屑岩低山地貌。碎屑岩分布区，山峰海拔高程为 650~750m，属低山。山体巨大，顶部多呈浑圆形，相对高度 250~350m，沟谷切深 200~250m，山坡陡峻，坡度 30°~50°，山脉走向近 EW 向，和构造线方向一致。

岩溶峰林洼地地貌位于矿区之南端，分布较广。岩溶洼地沿东西向断层断续分布，地形较平坦，地面标高在 400~450m，为调查区主要农作物耕种区和村落分布区；另有悬崖陡壁峰林与岩溶洼地相间分布，其高差为 200~300m，峰林依构造走向相成行群列，山顶标高 500~750m，该地貌单元发育有溶洞和石沟、石芽、暗河、落水洞、漏斗及少数泉水。

大新属亚热带季风气候，气候温暖，终年无冰雪，潮湿多雨，雨量在时空上分配不均匀，雨季主要集中在 5~9 月份，是一年之中的丰水期，占全年总降雨量 74.65%，平水期为 10 月及翌年 3、4 月份，枯水期为 11、12 月及翌年 1、2 月份。12 月份降雨量最小，5 月份进入丰水期，雨量急剧上升，6 月份达到高峰，而后逐月减小。枯水期及平水期降雨量均较小，起伏不大。境内主要河流有黑水河、桃城河、榄圩河，有中型水库 4 座，小型水库 14 座。

根据大新县气象站资料：平均气温为 21.8℃，一年中最热月份为 7、8 月份，7 月份月平均气温为 27.8℃，温度最低为 1 月份，月平均气温为 13.0℃，最低气温 1.8℃，最高气温 40℃。大新县 2009~2011 年降雨量和蒸发量见表 6-2。

表 6-2 大新县 2009~2011 年降雨量（蒸发量）统计表

月 份	年降雨量/mm			年蒸发量/mm		
	2009 年	2010 年	2011 年	2009 年	2010 年	2011 年
1 月	1.5	153.8	15.8	89.1	62.1	43.2
2 月	7.6	2.3	20.3	115.5	116.2	63.8
3 月	27	11.7	103.7	94.1	114.6	58.5
4 月	102.6	222.1	40.4	116.8	82.6	92.8
5 月	160	142.4	84.9	145.1	113.5	166.3
6 月	84.9	344.1	290.4	201.0	113.8	160.1
7 月	401.2	155.8	109.4	170.5	167.1	191.9
8 月	63.3	193.7	174.9	238.7	149.0	171.4
9 月	44.4	208.9	136.8	195.0	141.6	167.1
10 月	50.3	21.9	180.5	157.3	147.8	95.8
11 月	1.3	8.1	1.1	141.9	107.5	116.7
12 月	3.6	75.5	19.1	89.9	64.6	97.1
合 计	947.7	1540.3	1177.3	1754.9	1380.4	1424.7
日最大	155	147.6	105.8	—	—	—

大新县位于右江褶皱区越北隆起褶皱的北缘，红水河褶皱束的南侧。构造行迹表现为纬向构造体系为主导，部分表现为北西西和北东东的弧形构造，以及北西向构造。

调查区位于广西右江再生地槽西大明山隆起的复式背斜北西侧，西大明山复式背斜呈东西向展布，轴向 N85°W ~ N72°E，在全茗附近转为 S76°E ~ N83°E；背斜由寒武系砂岩组成基底，其上零星分布有泥盆系残留顶盖，盖层的泥盆系和基底寒武系地层呈角度不整合，背斜鞍部出露石炭系碳酸盐岩。调查区主要受其次一级龙茗—古雾岭背斜影响。沿背斜轴南部发育一组近东西向的褶皱轴向压性结构面为代表，并派生出一套低次序的张扭性断裂和区域性的二次纵张断裂。

调查区内出露地层有寒武系上统、泥盆系中、下统和第四系地层。寒武系上统主要出露于古雾岭背斜轴部东至出银山北面分布在矿区北部；由一套泥岩、泥质粉砂岩、粉砂岩、细砂岩组成；泥盆系呈角度不整合于寒武系之上，由碎屑岩、生物碎屑硅质岩等组成，主要有灰岩、生物碎屑灰岩、白云质灰岩和白云岩等，其中中泥盆统的东岗岭组灰岩分布于矿区南部，泥盆系中统郁江组粉砂质、粉砂质泥岩分布在矿区北部，下泥盆统四排组粉砂质、页岩，分布在矿区东北部，下泥盆统莲花山轻变质粉砂、细砂岩夹轻变质页岩，分布在矿区东北部；第四系为坡残积含砾、含石英碎屑水云母黏土，砾石呈不规则状，次棱角状和半滚圆状，砾石成分为砂岩、泥岩。矿区分布的金属矿产以铅、锌、银、黄铁矿为主，并伴生有镓、锗、镉矿。

根据《1/20 万大新幅区域水文地质普查报告》（广西壮族自治区地质局，1978），大新县地表水水系整体不发育，仅有几条岩溶水调节的季节性小河，如东部黑水河、桃城河等，具体情况为：

（1）地下水系。按地下水的分布与运动规律可将广西地下水划分为右江水系区与左江水系区两大系、10 个小系，大新县矿区及其周边属左江水系区大新水系，地貌为峰从谷地和峰林谷地过渡区，以碳酸盐为主，黑水河与大新河沿岸有较宽阔的峰林谷地，在谷地边缘和河床以泉或小型地下河出露。

大新水系以裂隙溶洞水为主，大气降水为主要补给来源，岩溶规模以水平方向为主，以裂隙、廊道连通，枯水期水位埋深 0 ~ 25m。地下河规模不大，地下径流主要是自北西向南东、自北向南、自北东向南西运动，从平面布局来看为扇形展布、收敛，排泄于地表河、泉，这是该水系最大的特点。

（2）含水层。本区松散岩类不甚发育，主要分布在右江、左江沿岸，岩性主要为黏性土，一般厚度为 0 ~ 20m，本区主要出露岩层为碳酸岩类，属可溶性岩，水文地质条件复杂，按基富水性可分为三种：

1）含丰富裂隙溶洞水：主要岩性为厚层块状灰岩、白云质灰岩等，占全区绝大部分，地形以峰丛洼地、峰林谷地、孤峰残丘平原和溶岭谷地为主，地下岩溶管道普通发育，地下水补给面积广，并受地表水补给，区段泉点较发育，泉及地下河出口枯水量一般大于 1L/s，最大达 2360L/s。

2）含中等裂隙溶洞水：主要岩性为灰岩、生物灰岩、白云岩、硅质岩等，由于褶皱与断裂所致，面积小，不连续，泉枯水量一般 0.10 ~ 50L/s，枯季径流模数一般为 2L/s。本次调查的采矿区富矿层即位于该区。

3）含水弱的层间溶洞裂隙水：主要岩性为碳酸盐岩夹碎屑岩互层，仅分布于西大明山背斜西段南北二冀，地貌呈溶岭、溶沟，不连续，泉水出露少，流量一般1～10L/s。

（3）地下河。全区查明的地下河有36条，大新县东部全茗（20号）、龙门（21号）、桃城（22号）等地下河属地表水系发育的单斜构造，地顶地下河呈南北向扇形展开，此类地下河上游支流散开，下游收敛，但规模不大，流程短，流量小，一般为50～200L/s。

本次调查区域为大新铅锌矿矿区及其周围地区，总面积为120km²，其中重点调查区35km²，主要通过矿区和尾矿库两个工作面展开调查工作。

根据区域水文地质资料，调查区属于左江水系区大新水系，依调查区内地下水和地表水径排特征、边界条件及补给来源综合考虑，调查区大致可分为3个水文单元亚区，各水文单元亚区的水文特征见表6-3。

表6-3 调查区水文单元统计表

编号	补给、径排特征	边界条件	水文地质特征	备注
Ⅰ	大气补给，向北排泄	矿山北部分水岭以北地区，北部主要为砂岩、泥岩，南部主要为碳酸盐岩	地下水向北排泄，主要以地表径流和地下伏流汇入乔建地下河	
Ⅱ1	大气补给，地下水主要向南排泄	矿山北部分水岭以南，洞零水库水系及其补给区	地下水向南径流，主要以地表径流和地下岩溶管道形式经长屯南伏流入口汇入洞零水库	主要污染源分布及主要影响区
Ⅱ2	大气补给和Ⅱ1补给，向南排泄	洞零水库下游布立地下河流域	地下水以洞零水库为起点向南径流，主要以地表径流和地下伏流汇入龙门地下河	地下水污染次级影响区
Ⅲ	大气补给，向南排泄	或屯地下河流域	地下水向南径流，主要以地表径流和地下伏流汇入龙门地下河	

本次调查区位于左江支流黑水河与右江支流绿水江的流域分水岭地段，地貌上处于由碎屑岩组成的低山丘陵地貌和碳酸盐岩岩层组成峰林洼地两地貌单元交汇带地段，由于泥盆系碎屑岩低丘的存在，地下水依矿山北部分水岭为界，分别向南、北分流。水文地质Ⅰ区位于矿区以北，地下水向东北径流，汇入乔建地下河。水文地质Ⅱ、Ⅲ区地下水向南东径流汇入龙门地下河，具体水文单元为：

（1）水文地质Ⅰ区。主要为大气降水补给，地貌为低山丘陵，上覆盖层主要为坡积黏性土，植被发育，以乔木、灌木丛为主，地层渗透性弱，暴雨期间的地表水经坡面洪流汇入小型沟渠后向乔建河方向排泄；下伏基岩主要为泥岩、泥质粉砂岩、粉砂岩、细砂岩，均属弱透水性地层，地下水类型属的裂隙型基岩裂隙水，该区与尾矿库等污染源无水力联系甚微，可视为不受矿山污染影响区。

（2）水文地质Ⅱ区。主要为大气降水补给，属龙门地下河水系布立地下河支系，其地下河展布规律为地表水系发育的单斜构造地段地下河呈南北向扇形展布，布立、或屯水系分水岭以西，构成布立地下河水系，该区为厚层碳酸岩盐岩组构成的峰林、峰林谷地地表，地表水系较发育，发育有众多的溶潭、漏斗、溶洞等，地下水水位枯期为10～30m，洪水期可接近地面，在岩溶洼地中常造成内涝，由于地表河床为当地地下水最低排泄基准面，地下水最终排入地表溪流中，所以地表径流长度不会太长，自北向南，逐渐收敛汇集，以泉水和小地下暗河出口形式在河中或山前谷地排泄。从地下通道布局来看，自总出口向北呈不规则扇形展布，一般规模不大，枯期径流模数不大，$Q_{枯}=3.88m^3/s$，$Q_{平}=13.13m^3/s$。

水文地质Ⅱ1 区位于洞零水库以北，主要属布立地下河水系补给区，矿区位于这一区域，其中矿区为一封闭岩溶洼地，矿区范围内仅发育有三条小溪，并且随季节变化明显。地下则发育了岩溶地下管道系统。雨季部分降水通过地面入渗的形式进入地下岩溶系统，另一部分则形成地表径流。地表水和洼地内出露的泉水一道流向洼地南端的落水洞（长屯南伏流入口），并由此以快速管道流的方式汇入零洞水库。该区域的代表性水点水质分析结果均检测出超标离子，因此该区为重点污染影响区，尤其该分区内的洞零水库以北的矿区范围污染最为严重。

水文地质Ⅱ2 区位于洞零水库以南，为布立地下河水系径流补给、径流、排泄区，主要接受大气降水、洞零水库、伏流和地表小溪补给地下水，以地下暗河方式，流向南东方向，最后汇入龙门地下暗河。水文地质Ⅱ2 区的水质主要受上游补给区水文地质Ⅱ1 区的控制，洞零水库是其主要的地下水污染源；该区域仅在洞零水库坝首检测到轻微超标重金属离子，且通过洞零水库的稀释沉淀作用及径流路径长度影响，其受污染影响程度从北向南呈逐渐降低趋势。

（3）水文地质Ⅲ区。主要为大气降水补给，也属龙门地下河水系布立地下河支系，其地下河展布规律为地表水系发育的单斜构造地段地下河呈南北向扇形展布，布立、或屯水系分水岭以东，构成或屯地下河水系，该区为厚层碳酸岩盐岩组构成的峰林、峰林谷地地表，地表水系较发育，发育有众多的溶潭、漏斗、溶洞等，自北向南，逐渐收敛汇集，以泉水和小地下暗河出口形式在河中或山前谷地排泄，最终汇入龙门地下河。

受布立或屯水系分水岭分隔，水文地质Ⅲ区与水文地质Ⅱ1 区水力联系较小，与水文地质Ⅱ2 区通过洞断地下河支流相通，区域水点水质分析结果均未检测到超标离子，现阶段水文地质Ⅲ区为基本不受污染影响区。

各调查区地下水类型根据含水层性质划分为松散地层类孔隙水、碳酸盐岩裂隙溶洞水、基岩裂隙水三种类型，具体特点如下：

（1）松散地层类孔隙水。松散地层类零星孔隙水为分布于水文地质Ⅰ区上覆第四系覆盖层及水文地质Ⅱ、Ⅲ区岩溶洼地中第四系松散堆积物，厚 0～17m，上部为含砾、含石英碎屑水云母黏土，砾石为砂岩、泥岩，呈半滚圆至不规则棱角状，粒径 2～10cm，下部为水云母黏土，黏性和可塑性强，渗透系数上部为 1.42×10^{-4}cm/s，为微透水层，下部为 3.55×10^{-5}cm/s，为极微透水层，透水性和含水性差，这两层土均属相对隔水层，松散岩类孔隙水主要补给来源为大气降水和地表水补给。

（2）碳酸盐岩裂隙溶洞水。岩溶水含水层分布在水文地质Ⅱ、Ⅲ区泥盆统的东岗岭石灰岩、白云质灰岩裂隙溶洞及压碎角砾状白云岩中，该含水层厚 23.19～61.61m；裂隙溶洞发育，裂隙溶洞水化学类型为 HCO_3^{2-}-Ca^{2+}-Mg^{2+} 型。因补给区分布范围狭小，又无大水源补给，同时距排泄区近，排泄迅速，所以该地段缺乏水动力补给，是调查区水量不充沛的主要原因。

（3）基岩裂隙水。基岩裂隙水分布在水文地质Ⅰ区和Ⅱ区北端泥盆统、寒武系上统碎屑岩、断层破碎带和矿体中，位于碳酸盐岩裂隙溶洞水的下部，断层破碎带由断层泥和断层角砾岩组成。断层角砾岩由灰岩、砂岩和页岩块组成，厚度 0～22.30m，地下水沿其裂隙和层面渗透，渗透性强，从整个区域来说有较广的分布，厚度变化大，同时与矿层相互连通，故此层与矿层作为一个含水组，地下水沿裂隙流动，含较丰富基岩裂隙水，在坑道可见地下水由洞顶和洞壁呈滴水状出现，水量很小，约0.01~1.41L/s。

矿体产于早期构造断裂带内，其顶板为不稳定破碎带及岩层，厚度呈波浪状起伏变化，矿产于蚀变岩中，呈角砾网脉和侵染状，具有构造裂隙，水沿裂隙流动，其含水、透水性的强弱决定于构造裂隙发育程度及成矿时残留的孔隙裂隙程度。此层与破碎带和上覆灰岩相互沟通，其渗透性较弱，而水质中铅、锌离子有所增多，水质为硫酸型水和重碳酸型水，由于此层与破碎带上下贯通，构成一个主要的含水层。泥盆统莲花山组（D_1L）砂页岩厚度60~180m，裂隙较发育，风化剥蚀较深，含裂隙水，多以下降泉形式出露，涌水量分别为0.025~0.018L/s，其流量甚小。

水文地质Ⅱ1区的覆盖范围内划分为尾矿库区域、矿山区域、长屯洼地三个区域。

尾矿库工作区域位于矿区西北面，分布有龙谷尾矿库、龙月湖和尾矿库坝首水库三个库区；矿区为地下水污染源的主要分布区，同样为污染重灾区，为水文地质Ⅱ1区的覆盖范围，其汇水面积约2.0km^2；长屯洼地子区域位于矿区东面，为轻度污染地区。

为查明含水层类型、埋藏条件、渗透性和富水性，测定有关的水文地质参数以及查明矿区地下水的水力联系特征，中国有色金属长沙勘察设计研究院有限公司所做的抽水、压水、连通试验结果见表6-4~表6-7。

表6-4 各钻孔抽水试验成果汇总表

试验孔编号	地　层	试验深度/m	单位涌水量/$m^3 \cdot dm^{-1}$	推荐渗透系数/$m \cdot d^{-1}$	渗透性等级
ZK01	微风化灰岩③	1.80~10.00	0.928	0.087	弱透水
ZK03		3.20~16.00	1.248	0.071	弱透水
ZK05		9.80~19.50	2.476	0.204	弱透水
ZK07		7.10~15.90	1.346	0.065	弱透水
ZK08		11.00~11.90	9.381	0.832	弱透水

表6-5 各钻孔抽水试验成果汇总表

试验孔编号	地　层	试验深度/m	单位吸水量/$L \cdot (min \cdot m^2)^{-1}$	推荐渗透系数/$m \cdot d^{-1}$	渗透性等级
ZK02	微风化灰岩③	5.00~10.00	0.147	0.1196	弱透水
ZK04		6.30~11.30	0.108	0.0875	弱透水
ZK06		10.00~15.00	0.094	0.0770	弱透水
ZK09		16.80~21.80	0.168	0.1365	弱透水

表6-6 连通试验统计表

取样点编号	本底值		荧光素钠		锌离子	
	荧光素钠	锌离子/$mg \cdot L^{-1}$	接收时间（月/日 时：分）	连通试验流速/$m \cdot h^{-1}$	接收时间（月/日 时：分）	连通试验流速/$m \cdot h^{-1}$
LDT1	—	—	—			
LDT2	—	—	—			
LDS1	4.0	—	11/1 13：30	190.62	未明显测到	
LDS2	3.0	12.10	11/1 14：00	342.36	未明显测到	
LDS3	5.0	9.56	11/1 15：00	242.50	11/3 0：00	21.48
LDS4	6.0	5.64	11/1 16：00	162.14	11/5 20：00	8.18

续表 6-6

取样点编号	本底值		荧光素钠		锌离子	
	荧光素钠	锌离子 /mg·L^{-1}	接收时间（月/日 时：分）	连通试验流速 /m·h^{-1}	接收时间（月/日 时：分）	连通试验流速 /m·h^{-1}
LDS5	4.0	1.23	11/1 20：00	73.21	未明显测到	
LDS6	8.0	—	11/1 20：00	71.10	未明显测到	
LDS7	5.0	—	11/1 17：00	143.32	未明显测到	
LDS8	3.0	—	未明显测到		未明显测到	
LDS9	4.0	15.10	未明显测到		11/1 14：00	267.46
LDS10	6.0	7.54	未明显测到		11/1 15：00	319.08
LDS11	7.0	4.51	11/1 14：00	646.65	11/2 20：00	36.38
LDS12	8.0	5.27	11/1 15：00	544.26	11/1 18：00	272.82

表 6-7 监测结果统计表

监测点编号	监测点名称	水位标高/m			备注
		枯水期	枯水期	枯水期	
SH01	岜落山水库	514.20	514.20	514.20	本次调查地下水水位监测频率为一个连续的水文年的枯、平、丰水期各监测一次，监测时间分别为： 枯水期：2011 年 11 月 10 日； 平水期：2012 年 3 月 10 日； 丰水期：2012 年 6 月 30 日
SH05	那良水库	421.50	421.50	421.50	
SH13	长屯西下降泉	398.40	398.40	398.40	
SH14	长屯东下降泉	392.50	392.50	392.50	
SH15	长屯东天窗	400.50	400.50	400.50	
SH17	龙月湖	386.80	386.80	386.80	
SH19	龙谷尾矿库	398.50	398.50	398.50	
SH21	龙谷尾矿库坝首水库	406.70	406.70	406.70	
SH24	洞零水库	380.00	380.00	380.00	
SH25	洞零水井	370.10	370.10	370.10	
SH27	榜屯水井	380.10	380.10	380.10	
SH33	伏马天窗	366.00	366.00	366.00	
SH37	伏马水井	362.10	362.10	362.10	
SH40	洞断南溢流天窗	361.00	361.00	361.00	
SH46	下况西谷地天窗	354.00	354.00	354.00	
SH48	布唔天窗	375.30	375.30	375.30	
SH55	或屯水井	341.60	341.60	341.60	
ZK01	水文钻孔	387.50	387.50	387.50	
ZK02	水文钻孔	387.00	387.00	387.00	
ZK03	水文钻孔	387.20	387.20	387.20	
ZK04	水文钻孔	386.80	386.80	386.80	
ZK05	水文钻孔	386.50	386.50	386.50	
ZK06	水文钻孔	384.70	384.70	384.70	
ZK07	水文钻孔	384.60	384.60	384.60	
ZK08	水文钻孔	391.90	391.90	391.90	
ZK09	水文钻孔	392.00	392.00	392.00	

6.1.2 废水综合整治技术路线

6.1.2.1 污染源及其污染影响范围

矿区内各污染源按分布区域可分为矿山污染源、长屯北塌陷区污染源、尾矿库污染源和洞零水库污染源；结合连通试验结果，可大致确定各污染源对矿区的污染范围。

A 污染Ⅰ区

污染Ⅰ区主要受矿山矿洞溢出地表水、矿山废矿石堆场和导砂沟淤积矿渣中的重金属离子污染，主要污染方式以地表水污染为主，局部有地下巷道和下渗地表水携带的重金属对该地区地下水进行污染。

B 污染Ⅱ区

污染Ⅱ区主要受长屯北废矿石堆场和矿洞中重金属污染，长屯北存在大片采矿塌陷区，现塌陷区已用矿渣回填。由于矿洞的贯通，该地区地表水和地下水联系密切，该区为长屯地下水最直接的污染区。

C 污染Ⅲ区和Ⅳ区

污染Ⅲ区和Ⅳ区两个区域为尾矿库污染源的污染范围，受尾矿库矿渣重金属的污染。污染Ⅲ区和Ⅳ区还分别受到矿山污染源和长屯北污染源的影响，为多重污染区。

D 长屯东污染区

长屯东大部分区域为直接受到主要污染源的影响，其污染主要来源于地下水弥散作用携带少量重金属离子和大暴雨季节使长屯洼地内涝洪水浸泡。但是其污染较轻，为轻度污染区。

E 洞零水库及其下游污染区

洞零水库是矿区地下水汇合地，同时为布立地下河最大的水源。洞零水库下游的区域污染均由洞零水库引起，随着重金属离子的吸附和沉淀，洞零水库下游污染程度逐渐减弱。

6.1.2.2 地下水管道及其敏感点调查

A 地下水管道

调查区地下水主要通过岩溶管道与地下暗河连通，长屯洼地地下水以长屯南伏流入口为中心，呈扇形状经地下岩溶管道汇入洞零水库。通过对地下水管道的调查和连通试验结果，地下水管道水量、流速及相关参数见表6-8。

表6-8 地下水管道参数统计表

地下水管道		流量/$L \cdot s^{-1}$	流速/$m \cdot h^{-1}$	备 注
尾矿库、龙月湖	长屯	5~50	143.32	尾矿库与SH7上升泉通过岩溶管道流相通
长屯北	洞零水库	2~20	50~100	通过地下巷道和岩溶管道相通
长屯东	洞零水库	2~5	340~650	通过地下巷道和岩溶管道相通
长屯南伏流入口	洞零水库	10~1000	300~700	通过地下岩溶管道流相通
伏马伏流出口		20~1500	350~800	通过地下岩溶管道流相通
立屯地下河入口		50~3000	—	通过地下岩溶管道流相通
或屯地下河出口		80~3000	400~1000	通过地下岩溶管道流相通

B　地下水敏感点

调查区内地下水敏感点主要为长屯及其下游村庄的取水点，取水点名称和水质监测结果见表6-9。

表6-9　地下水敏感点水质分析表

点位名称	重金属检测项目								备　注
	Cd /mg·L^{-1}	Hg /mg·L^{-1}	As /mg·L^{-1}	Pb /mg·L^{-1}	Cr /mg·L^{-1}	Cu /mg·L^{-1}	Zn /mg·L^{-1}	pH值	
岜落山水库	0.001	<0.0004	<0.001	0.054	0.02	<0.001	<0.007	6.48	长屯饮用水
那良水库	0.008	0.005	<0.001	0.020	0.012	0.050	0.050	7.44	长屯饮用水和生活用水
长屯东天窗	0.003	<0.0004	<0.001	0.03	<0.001	<0.001	<0.007	7.67	长屯村灌溉用水
洞零抽水井	—	—	—	0.002	—	—	0.680	—	洞零村饮用水
榜屯水井	0.004	<0.0004	<0.001	0.026	<0.001	<0.001	0.004	7.24	榜屯饮用水
伏马抽水井	—	—	—	0.003	—	—	0.069	6.94	伏马村饮用水
或屯抽水井	0.010	1.000	0.050	0.050	0.010	1.000	1.000	7.1	或屯饮用水

C　污染途径关系

大新铅锌矿是开采了四十多年的老矿山，该区域的污染问题有人为扰动的原因，也有当地特殊的水文地质环境造成的原因。根据大量调查的工作，我们归结出大新铅锌矿污染关系图，详见图6-1。

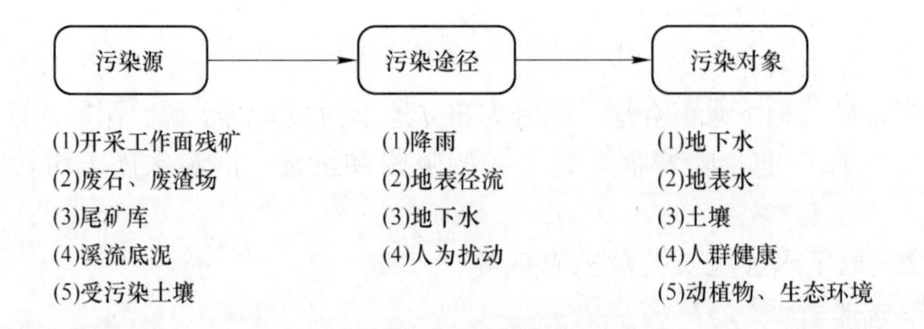

图6-1　污染关系图

从上图可以看出，区域的重金属污染源在雨水、地表径流和地下水溶淋、冲刷等作用下，重金属经水力迁移到下游，造成该区域地下水、地表水、土壤等污染，进而影响动植物和当地人群的身体健康，破坏当地生态环境。

6.1.2.3　废水综合整治思路

根据污染关系图，大新铅锌矿废水综合整治应从消除污染源、切断污染途径和污染末端处理三个方面入手。

A　消除污染源

矿山开采面的残余矿石、尾矿库内的尾矿、各废石场、废渣场以及受污染的溪流底泥是大新铅锌矿受污染地区的污染源，其中开采工作面残余矿石、龙谷尾矿库和受污染土壤（底泥）是最主要的重金属污染源。现雨水、地下水和地表径流通过开采工作面残余矿石、尾矿库和受污染土壤正源源不断地将重金属离子输送至下游地区。

矿山目前矿源枯竭，进一步开采价值不大，且开采同时会带来新的污染。龙谷尾矿库现有尾矿约105万吨，合70万立方米，由于之前选矿工艺水平不高，部分矿石未选出利用，现有龙谷尾矿库中尾矿锌、铅的平均品位在0.85%、0.28%左右，镉的平均含量为43.07mg/kg，经检测，龙谷尾矿库尾砂为Ⅰ类固废可进行井下充填等。长屯洼地及洞灵水库下游土壤受重金属污染面积大，长屯洼地及下游受污染农田约为1828亩，土壤中铅、锌、镉的一项或多项含量值超过《土壤环境质量标准》二类标准，已不适合种植农作物。经土壤浸泡试验结果表明，受污染土壤经蒸馏水浸泡24h后对蒸馏水浸泡液进行检测，水样中Pb、Zn和Cd可检出，但均未超过《地表水环境质量标准》Ⅲ类标准。

根据对固体废物处理的无害化、减量化、资源化原则，对大新铅锌矿区固废处理见表6-10。

表6-10 固体废物处理一览表

序号	名称	特征	处理方式
1	开采工作面残矿	岜落山、出银山、柏绿山三个矿区采空区总容积107.2万立方米	尾矿充填，减小原工作面与地下水接触面积
2	龙谷尾矿库尾矿	共105万吨，为Ⅰ类固废，通过溶洞通道出流至SH7，污染矿区洼地	尾矿用于井下充填
3	废石场、废渣场	29.9万立方米	粗碎后作为井下充填骨料
4	溪流底泥	1254t	与尾矿一起再选后进行井下充填
5	受污染土壤	长屯洼地及下游地区，共计1828亩	污染土壤原位植物处理

B 切断污染途径

人为扰动主要是矿区前期的开采行为，包括开采、选矿和固废的处置等，在长期的开采过程，人为挖开矿层，破坏了矿区原有的地层结构，改变了地下水流场和地下水补、径、排关系，致使地下水受到污染，进而造成当地重金属的污染。现人为扰动处于停滞、较稳定的状态。

各种污染途径中除人为扰动外，其余三项途径为雨水、地表径流和地下水，三者有密切的关系。雨水为当地地表径流和地下水的补给来源，雨水落入地表后，部分渗入地下，形成地下水，大部分进入地表径流，经长屯洼地伏流入口进入洞灵水库，排入下游水域。

此三者的共性是流动性强，易于溶解携带重金属污染物迁移至下游，造成重金属污染及污染扩散。由于雨水、地表水、地下水三者联系紧密，因此可将其分开治理，见表6-11。

表6-11 切断污染途径一览表

序号	名称	特征	处理方式
1	雨水	汇水面积共：5.61km^2，分为矿区、洼地和龙谷尾矿库三大区域，可细分为八大区域	主要位置建截水沟，减少雨水渗入矿区、尾矿库
2	地表径流	有长屯西、长屯北、长屯东三大支流，从三个南伏流入口分别汇入洞灵水库	扩宽并进行河道防渗，建排洞灵水库直通道

续表 6-11

序号	名 称	特 征	处 理 方 式
3	地下水	地下水与地表水联系极为密切	（1）建截水沟，减少雨水渗入矿区、尾矿库； （2）扩宽并进行河道防渗，建排洞灵水库直通道，减少雨水在洼地内停留时间； （3）将地下水于低处引出，并处理； （4）由尾矿进行井下充填，截断主要的污染的岩溶通道，减少地下水渗出
4	人为干扰	积极干预，切断污染源	由尾矿进行井下充填，截断主要的污染的岩溶通道，减少地下水渗出

C 污染末端治理

经消除污染源和切断污染途径两项工程的实施后，雨水渗入地下水水量减少，地表径流与污染区域隔离，可达到《地表水环境质量标准》的Ⅲ类标准，长屯片区的重金属污染得到有效遏制，但在前两项工程实施的过程中和实施后的一段时期内，仍存在原有污染和二次污染的问题，包括矿区固废井下充填前对井下废水的处理等，为消除该区域原有污染，且不增加新的污染，拟按如下措施处理，详见表 6-12。

表 6-12 末端处理一览表

序 号	名 称	特 征	处 理 方 式
1	地下水	地下水与地表水联系紧密	建废水处理站，达到地表水Ⅲ类标准后排放
2	地表水	有长屯西、长屯北、长屯东三大支流，从三个南伏流入口分别汇入洞灵水库	通过切断地表水污染途径，确保地表水不受污染
3	土 壤	污染土壤 1828 亩	采用植物修复处理土壤重金属污染

地下水污染途径大致可归为四类：（1）间歇入渗型。大气降水或其他灌溉水使污染物随水通过非饱水带，周期性地渗入含水层，主要污染对象是潜水。固体废物在淋滤的作用下，淋滤液引起地下水污染，也属于此类。（2）连续入渗型。污染物随水不断的渗入含水层，主要也是污染潜水。废水渠、废水池、废水渗井等和受污染的地表水体连续渗漏造成的地下水也属此类。（3）越流型。污染物是通过越流的方式从已受污染的含水层（或天然咸水层）转移到未受污染的含水层（或是天然淡水层）。污染物或是通过整个层间，或者是通过地层尖灭的天窗，或者是通过破损的井管，污染潜水和承压层。地下水的开采改变了越流方向，使已受污染的潜水进入未受污染的承压水，即属此类。（4）径流型。污染物通过地下径流进入含水层，污染潜水或承压水。污染物通过地下岩溶孔道进入含水层，即属此类。

大新铅锌矿地下水污染方式为直接污染，如长屯北区域内的采空区残矿、尾砂、废石、底泥等，其重金属在水的浸泡、淋溶作用下溶出，重金属的化学性质无变化；而岜落山采区内残矿和龙谷尾矿库内的尾矿经溶出后，受氧化的作用，S^{2-} 氧化成 SO_4^{2-}，致使 pH 值降低至 3 左右，加速残矿中重金属的溶出。溶出的重金属离子在水力迁移的作用下，迁移到下游，扩大重金属污染范围，下游重金属在沉淀、稀释的作用下，水中重金属浓度逐渐降低，沉积在溪流底泥，进入土壤生态圈。

大新铅锌矿地下水污染途径为间接渗入型和径流型。矿区为该区域地下水补给区，补给源为大气降水，地下水的水量受降雨的影响极为明显，属于间接渗入型，矿区内溶洞发育强烈，如 SH7 上升泉、SH12 等，因此大新铅锌矿地下水污染途径即为间接渗入型，也是径流型。

大新铅锌矿地表水和地下水联系极为密切，如岜落山小溪与 SH03、龙月湖龙谷尾矿库与 SH07、长屯洼地各小溪与洞灵水库等，均是地表水和地下水密切联系的例子。地表水水质与地下水水质在经历不同地质条件时，有不同的变化。

岜落山水库的水质是符合地表水Ⅲ类水质标准的，但经岜落山矿区后，pH 值降低，重金属超标严重。

SH7 为尾矿库区地下水的排泄口，该区域不在矿区范围内，但龙谷尾矿库水质污染严重，导致 SH7 上升区水质受污染。

洞灵水库接纳厂区内各小溪和地下水，起到稀释调节的作用，同时，洞灵水库内堆存的尾砂也会使水质受到污染。

所以，大新铅锌矿的水体污染是较为复杂，但归根结底，是水体与矿区内的残矿、尾矿、底泥等有毒物质的相互作用导致该区域重金属污染的加剧与扩散。地下水水质情况详见第 5 章的分析。

D 废水整治工艺流程

水环境综合整治工艺流程图如图 6-2 所示。

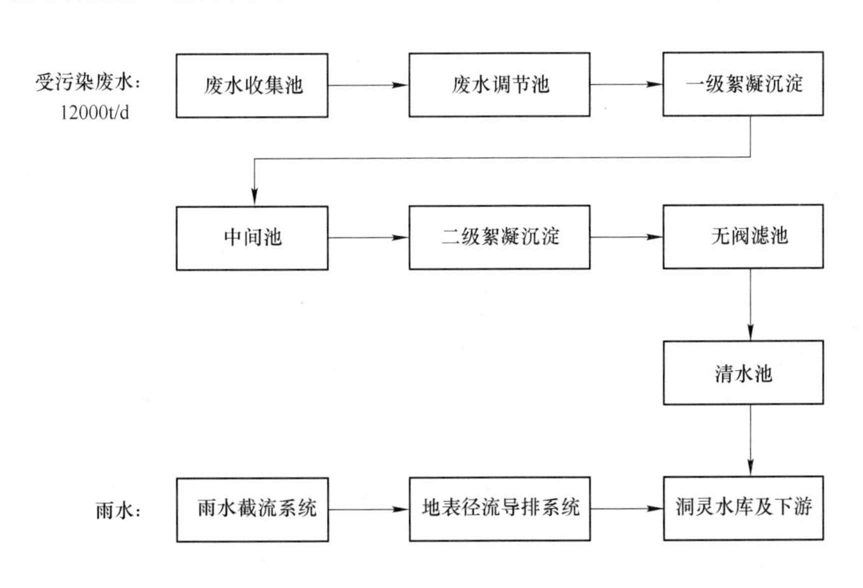

图 6-2 水环境整治工艺流程图

大新铅锌矿水环境整治工程由雨水截流系统、地表径流导排系统和废水末端处理三大系统组成。

雨水截流系统重点截留为岜落山小溪、那良小溪等，使小溪不受采空区、尾砂的污染，减少雨水渗入地下水量并确保雨污分离。域截流后的雨水就近排入地表径流导排系统。

废水末端处理系统由废水收集、废水处理和排放系统组成，末端处理系统处理各废弃矿井涌水、采空区充填前的井下排水和尾矿库。

废水由五座收集池收集，通过管道自流入废水处理站调节池。其中岜落山处收集池为高浓度废水，尾矿库淋溶水视水质水量可由高浓度废水处理站或中低浓度废水处理站处理。为确保处理效果，处理高浓度废水时不处理低浓度废水。具体流程如下：废水提升入水力旋流器，与石灰、助凝剂搅拌均匀并在反应池中反应，控制反应池中废水 pH 值在 9.0，石灰与废水中的重金属生成沉淀并在高效沉淀池中完成固液分离。上清液进入第二级再进行絮凝沉淀，后经提升至砂滤池过滤，出水如 pH 值在 6 ~ 9 范围外则在清水池中投加酸碱中和。处理达标的尾水经排放管排至长屯西小溪后进入洞灵水库。

絮凝沉淀污泥汇至污泥浓缩池后，浓浆泵至选厂处理，经选后尾砂用于废矿井下充填。清液回调节池再次处理。

6.1.2.4 地下水治理方案

受污染的地下水治理较受污染地表水治理而言，难度更大，一直是国内外研究的热点和难点问题。地下水治理的方法和思路，一般遵循以下原则：一旦发现地下水污染，就应该及时采取措施，查清污染来源与途径，采用帷幕灌浆、截流、抽水等措施，排出被污染的地下水或对污染地下水进行修复，防治其继续扩展，具体措施如下。

A 地下水分层开采

开采多层地下水时，各含水层水质差异较大的，应当分层开采；地下水已受污染地区，禁止已污染含水层和未被污染的含水层的混合开采；进行勘探、采矿等活动时，须采取防护性措施，防治串层，造成地下水污染。

B 防渗措施

工程防渗是为了防止建设项目产生的废水、污水和固废淋滤液渗入地下水而必须采取的防渗措施。防渗采用的材料包括黏土、沥青、水泥砼、聚乙烯膜等。HDPE 防渗膜、LDPE 柔性防水膜、高密度聚乙烯土工膜应用于生活垃圾填埋场、工业垃圾填埋场、危险废弃物填埋场、废弃物填埋、固体废弃物填埋、尾矿填埋、废渣场填埋、尾矿山防渗等固废、危废填埋项目。

不同的工程项目，具有不同的工程防渗要求。例如，对于城镇垃圾填埋，我国颁布了《生活垃圾卫生填埋场防渗系统工程技术规范》（CJJ 113—2007），对生活垃圾填埋场防渗材料、工程结构和施工提出了具体的规定。不仅要求填埋场要设有黏土、水泥砼、沥青、高效防渗膜等多层防渗措施，还规定必须设有地下水和淋滤液的收集导排系统和渗滤液处理设施。渗滤液收集导排系统主要由设置在底部防渗层上的排水层、集水盲沟和竖向石笼组成，各垃圾层的渗滤液进入附近的石笼或流到底部坡面上，在经石笼或坡面流入主盲沟，随后经渗滤液主管进入集液井，最后进入渗滤液处理单元。

C 污染物的清除与阻隔措施

对于地表泄漏的污染物，一般采用地面挖去的清理措施。例如，原油和成品油泄漏地表后，应尽快将地表污染的土层挖去，运往规定地域处理。对于已经进入地下水的污染物，可采取抽水方式抽出污染物，然后再处理。也可以采取地下水帷幕灌浆等物理屏蔽方式阻隔地下水污染物。对于可以修复的地下水污染，可以采用地下反应墙进行修复。具体如下：

（1）屏蔽法。屏蔽法是建立各种物理屏蔽，将受污染的地下水体圈闭起来，以防止污染物进一步扩散蔓延。常用的是灰浆帷幕法，即用压力将灰浆灌注，在受污染的水体周围形成一道帷幕，从而将受污染的水圈闭起来。

其他物理屏蔽法还有泥浆阻水墙、板桩阻水墙、块状置换、膜合成材料帷幕屏蔽法等。其原理与灰浆帷幕法相似。

物理屏蔽法只有在处理小范围的污染时才可考虑作为一种永久性封闭方法。多数情况下只是在地下水污染治理的初期，被作为一种临时性的控制方法。

（2）抽出处理法。抽出处理法是治理地下水石油类污染的常规方法。该方法是根据污染物密度小而浮于地下水面附近的特点，抽取含水层中地下水面附近的地下水，从而把水中的污染物带回地表，然后用地表污水处理技术净化抽取的水。

为了防止大量抽水导致的地面沉降，或海水、咸水入侵，还得把处理后的水注入地下水中。此方法应用初期取得良好成效，后来随地下水中有机污染物种类的增多，这种方法的弱点日益显现出来。因为此法虽然能去除有机污染物中的轻非水相液体，却对重非水相液体的治理效果甚微。此外，地下水系统的复杂性和污染物在地下的复杂行为常常干扰此方法的有效性。

（3）地下反应墙。地下反应墙是近几年才兴起的新技术。反应墙是人工构筑的一座具有还原性的墙。在地下水治理中，沿垂直地下水流向设置一堵反应墙，当地下水流通过反应墙时，反应墙与污染水流中的有机污染物发生反应从而道道降解有机物的目的。在现场应用时，可采用墙体下游抽水或注水的方法来控制地下水通过墙体的流速，从而使地下水中的有机污染物通过墙体时与墙体充分反应，以达到彻底治理地下水的目的。

据前文分析，大新铅锌矿地下水污染方式为直接污染，如长屯北区域内的采空区残矿、尾砂、废石、底泥等，其重金属在水的浸泡、淋溶作用下溶出，重金属的化学性质无变化；而岜落山采区内残矿和龙谷尾矿库内的尾矿经溶出后，受氧化的作用，S^{2-}氧化成SO_4^{2-}，致使 pH 值降低至 2～3，加速残矿中重金属的溶出。溶出的重金属离子在水力迁移的作用下，迁移到下游，扩大重金属污染范围，下游重金属在沉淀、稀释的作用下，水中重金属浓度逐渐降低，沉积在溪流底泥，进入土壤生态圈。

由此可见，大新铅锌矿地下水污染情况复杂，参照国内外所提及的各种处理方式比较见表 6-13。

表 6-13　地下水处理方式比较表

序号	处理方法	项目情况及措施	适用情况
1	分层开采	该项目原为开采地下矿石导致各含水层连通，拟采取尾砂充填采空区，防止采空区各含水层混流	适用，在废渣、尾矿处置项目实施
2	防渗处理	该方法主要用于固废填埋场。该项目出银山—柏绿山矿区底部为寒武系泥砂岩，为天然防渗层，可防止污水继续下渗。岜落山矿脉在寒武系泥砂岩内，下渗水量较小	可借鉴，用于废水处理站、溪流排水防渗

续表 6-13

序号	处理方法		项目情况及措施	适用情况
3	清除与阻隔	屏蔽法	岜落山矿脉在寒武系泥砂岩中，为地下水排泄区，屏蔽矿区上游，可减少地下水经过矿区流量，但矿脉在地下 100～200m 处，处理费用大。出银山—柏绿山矿脉在破碎带上，矿区底部为寒武系泥砂岩，上部为灰岩，通过帷幕灌浆将矿区或矿脉隔离开，可减少重金属外排。但矿区面积大，埋深在 30～150m，如遇岩溶通道，效果不能保证	可做参考
		抽出处理法	采取雨水截留、溪流防渗导排方案，减少地下水产生量，采空区采用尾砂充填，充填前将采空区内地下水抽出，充填后采空区内地下水通道受阻、存储地下水空间减少，地下水产生量变小	适合
		地下反应墙	为末端治理技术，多适用于油、有机物污染的地下水处理，用于重金属处理技术不成熟。该项目岩溶管道发育强烈，处理难度大	不适合

通过以上分析，该项目不是地下水开采项目，但长期的采矿活动致使矿区各含水层连通，可通过尾矿充填的方法解决该问题。

防渗方法主要适用于新建的固废处置场，该项目在废水处理站、局部溪流防渗时应做防渗，防止二次污染，也防止溪流底泥、周边重金属进入地表径流。

屏蔽法可有效地隔离地下污染源，但该项目的两个矿区埋深较大、矿区面积大、实施费用高，而且出银山—柏绿山矿区上部为灰岩，如不能详细查明岩溶管道位置，帷幕灌浆方案效果不能保证。

地下反应墙为兴起的新技术，国外多见于油、有机物污染的地下水处理，未见用于重金属处理报道，用于处理重金属地下水的技术不成熟，且该技术多用于裂隙水潜水处理，该项目岩溶管道发育强烈，处理难度大。

由于实施采空区尾砂充填前需要抽干采空区现有的地下水，充填后可极大减少矿井采空区地下水水量和涌水量。即便是雨水截流工程和溪流导排工程的实施，都不能完全杜绝受污染的地下水的外排，如各废旧矿井的涌水、龙谷尾矿库北侧的 SH7 上升泉等，在各项工程实施的工程中，必须修建废水处理设施来处理这些废水。因此，适宜采用的地下水处理方法是抽出处理法。

如只将各废旧矿井、SH7 上升泉靠近地表出口堵死，短期内，地下水将无法从该处排出而另寻排泄出口，但矿区内地下溶洞发育强烈，民井多，今后必将从别的出口或方式排出或直接通到下游，得不到合理处置，隐患极大，因此，对各废旧矿井，SH7 上升泉等的处理宜采用疏导方式而不是堵的方式更合理。

抽出处理方案分为三大步骤：废水收集、废水处理、废水排放。废水收集拟在分散、多点收集，集中处理、集中外排或回用。分散收集点见表 6-14。

表 6-14 收集点布设点一览表

序 号	位 置	收集范围对象	收集能力/L·s^{-1}
1	岜落山、出银山之间	岜落山矿段（SH2、761 中段出口）、金涛公司一号井、矿区充填时抽水	100
2	出银山、柏绿山之间	出银山充填时抽水	150
3	长屯北	柏绿山充填时抽水、3 个废弃矿洞	150
4	龙谷尾矿库北 SH7	SH7 上升泉	50
5	龙谷尾矿库西北	龙谷尾矿库雨水（淋溶水）	100

收集能力分析如下：

（1）岜落山、出银山之间收集池：该点收集岜落山矿段（SH2、761 中段出口）雨水截流后，由周边地下水经矿井巷口的涌水以及金涛公司一号井、矿区进行井下充填前对巷道排空抽水。

岜落山雨水沟、导排沟完成后，现岜落山矿段（SH2、761 中段出口）涌水的主要来源——岜落山小溪被超越过矿区，不再进入矿区补给地下水，矿段的涌水量将大为减少。由于多年的开采，使地下含水层连通，矿井成为该区域地下水的排泄点，在雨季时，地下水水位抬高，由矿洞口排出，因此，即使实施了雨水径流截流工程和导排工程，该处还是会有地下水涌出。

据统计，岜落山矿段矿石开采量为 25.6 万吨，约合 8.53 万立方米，加上巷道空间，约计 15 万立方米，抽取巷道内的水时，周边地下水会补充至巷道中一同抽出，预计总抽水量约 20 万立方米。如在 2 个月内抽完矿井内水，每天抽水量为 3333m^3，按 10h 抽水量约 333m^3/h，合 92.0L/s。

（2）出银山、柏绿山之间和长屯北收集点：充填前需将出银山—柏绿山矿区采空区水抽干，下井展开充填作业。采空区共计 107.2 万立方米，90 天抽完，每天抽水 11910m^3，按每天抽水 24h，约 496.25m^3/h，合 137.8L/s。由于出银山矿段和柏绿山矿段相连，地面巷道口距离较远，故设两个规模相同的收集点。

（3）龙谷尾矿库北 SH7 收集点：龙谷尾矿库北 SH7 水量为 5～50L/s，按最大水量设置抽水能力，即 50L/s。

（4）龙谷尾矿库西北收集点：充填前龙谷尾矿库的雨水量按 50mm，21.08 万平方米汇水面积计算，共 1.05 万立方米，按两天内抽完，每天抽水 20h，约 262.5m^3/h，合 72.9L/s。

废水收集后，经自流或提升至总废水处理站处理。收集采用重力自流方式为主。

6.1.2.5 废水末端处理

该项目废水处理站处理对象为经雨水截流、溪流导排之后，受污染的地下水以及龙谷尾矿库雨水（淋溶水），包括各矿坑的涌水、尾矿库北侧的 SH7 上升泉、各矿区充填前采空区排水、龙谷尾矿库开挖时接纳的雨水（淋溶水）等。设计处理水量随不同实施方案和进度变化见表 6-15。

表 6-15 各种情况废水处理水量表

方案名称	无截留导排措施（导排措施失效）	有截留导排措施	充填前抽水量及尾矿库雨水量	采空区充填完成、固废处理完毕
需处理水量	岜落山小溪：2.5～120L/s；那良小溪：4～100L/s；SH7 上升泉：5～50L/s；长屯北小溪：2.5～80L/s。 小计：长屯西小溪：11.5～270L/s；长屯北小溪：2.5～80L/s，共计：14～350L/s，即 1200～30240m^3/d。此状态为雨污未分流，非暴雨情况，处理量较大	导排工程实施后，岜落山小溪、那良小溪均不受污染。只要考虑从矿坑、地下溶洞涌水的水量，SH7 上升泉、长屯北小溪部分水量。SH7 上升泉：5～50L/s；长屯北小溪：2.5～80L/s，共计：7.5～130L/s 即 648～11232m^3/d	充填前需将出银山—柏绿山矿区采空区水抽干，下井展开充填作业。采空区共计 107.2 万立方米，90 天抽完，每天抽水 11910m^3。 充填前龙谷尾矿库的雨水量按 50mm，21.08 万平方米汇水面积计算，共 1.05 万立方米，考虑可在 2 天内处理完，平均一天处理 5250m^3。 充填前需将岜落山矿段采空区水抽干，下井展开充填作业。采空区共计，20 万立方米，60 天抽完，每天抽水 3333m^3。 此三项最大值为出银山—柏绿山矿区采空区水抽量 11910m^3/d	理论上，所有的尾砂、废石等固废完全充填采矿区后，胶结充填物占据采空区内 2/3 空间，很大程度将地下水与残矿表面隔绝，特别是岜落山矿段的充填更彻底，地下水水量明显减少，地下水重金属浓度明显降低。龙谷尾矿库尾砂等固废清理完毕，SH7 基本不受污染。 采空区充填完成、固废处理完毕后，视水质而定是否需要进行水处理

从上表分析可知，该项目是矿区固废处理项目过程中配套的废水处理项目，确保固废充填矿井过程中抽水不造成二次污染，同时也可保证平时受污染水体得到有效处理。

项目需处理的废水的水量有两个关键因素，导排截留工程和采空区充填工程的效果。导排截留工程是为了岜落山小溪、那良小溪等不受采空区、尾砂的污染，减少雨水渗入地下水量并确保雨污分离。由于导排截留工程易于实施，可先于废水处理站建成前完工，导排截留工程成功实施后，受污染的水量从 1200～30240m^3/d 减少到 648～11232m^3/d，效果明显。

采空区充填工程是用尾砂废石对采空区进行充填，消除尾砂废石等污染源的同时也消除地下水流经采空区携带重金属污染转移。据资料测算，出银山—柏绿山矿区采空区总容积为 107.2 万立方米，岜落山矿段采空区约为 15 万立方米，废石尾砂以及水泥水等胶结充填物的体积为 70 万立方米，岜落山矿段是重点充填对象，力求对岜落山全面充填。出银山、柏绿山矿段剩余部分为主巷道体积。所有的尾砂、废石等固废完全充填采矿区后，胶结充填物占据采空区内 2/3 空间，很大程度将地下水与残矿表面隔绝，特别是岜落山矿段的充填更彻底，地下水水量明显减少，地下水重金属浓度明显降低。龙谷尾矿库尾砂等固废清理完毕，SH7 基本不受污染。采空区充填完成、固废处理完毕后，视水质而定是否需要进行水处理。矿区固废进行井下充填之前，需要抽空井下水，其中充填前需将出银山—柏绿山矿区采空区共计 107.2 万立方米，90 天抽完，每天抽水 11910m^3（不计抽水时周边地下水进入采空区，抽水时间过久则影响井下充填工程的实施）。岜落山矿段采空区水量 20 万立方米，60 天抽完，每天抽水 3333m^3。以上两项最大值为出银山—柏绿山矿区采空区水抽量 11910m^3/d。

进行尾砂井下充填时，绝大部分充填物取至龙谷尾矿库内的尾砂尾矿库表层因长期与空气接触，其中的金属硫化物受到强烈氧化而形成棕黄色，深度约为 0.2m；0.2 ~ 1m 深处为浅黄色，该层处于次氧化环境；再往下尾矿的颜色为灰色，为未充分氧化环境。尾矿库的清理需两年左右，开挖过程中，中下部尾矿会逐渐氧化，使淋溶雨水酸化，加速重金属离子溶出，因此，尾矿库开挖过程中，库内的雨水（淋溶水）应收集处理。按正常暴雨 50mm 的降雨量计算，尾矿库区的雨水量为 1.05 万立方米，不计渗透量，收集的水量可分 2 天处理完毕，每日处理量约在 5050m^3。

根据以上分析，导排截留工程成功实施后，需处理的受污染水量为 648 ~ 11232m^3/d，井下充填前抽水最大抽水量为出银山—柏绿山矿区采空区的水抽量，为 11910m^3/d，综合以上考虑，项目设计废水处理站的处理能力为 12000m^3/d，该处理能力可满足矿坑涌水、采空区排水、尾矿库雨水和充填效果体现前受污染水量处理的需要。

目前的地表径流中，污染程度最重的是岜落山小溪为主的长屯西小溪，其次为长屯北小溪，污染最轻的是长屯东小溪。岜落山小溪锌、镉的浓度高达 200 ~ 800mg/L、1.5 ~ 3.84mg/L，长屯北小溪锌、镉的浓度在 0.46 ~ 29.9mg/L、0.002 ~ 0.36mg/L，长屯东小溪锌、镉的浓度在 0.007 ~ 0.074mg/L、0.003mg/L。

从长屯北的钻孔水质来看，钻孔中水里锌、镉的浓度在 0.042 ~ 1.55mg/L、0.001 ~ 0.006mg/L，尾矿库北侧上升泉 SH7 锌、镉的浓度为 5.37mg/L、0.028mg/L。

现有龙谷尾矿库内积水为常年积水，与尾砂接触时间长，废水呈酸性，铅、锌、镉等浓度在 0.59mg/L、62.88mg/L 和 0.41mg/L，超标严重，废水性质与岜落山小溪类似，属高浓度废水。尾矿库开挖后，雨水与尾砂接触时间较短，其水质中重金属浓度应较低，可视情况其水量、水质情况调整参数进行处理站处理。

综上所述，废水处理站设计进水水质见表 6-16。

表 6-16 进入终端处理系统的污染物浓度设计值

检测指标	pH 值	Zn/mg · L^{-1}	Cd/mg · L^{-1}	Pb/mg · L^{-1}
高浓度废水	2.0 ~ 8.0	850	4.0	0.6
中低浓度废水	6 ~ 9	40	0.5	—

大新铅锌矿矿区属于重点污染控制区，环境容量已达到饱和，政府对当地重金属污染状况也极为重视，重金属属于重点监控污染物，当地环保部门对于重点监控污染物排放量控制属于“硬性指标”，要求极其严格，《污水综合排放标准》一级标准已不能满足控制要求，必须满足地表水环境质量标准的Ⅲ类水体标准才能外排，因此，本可研设计出水水质见表 6-17。

表 6-17 出水水质表 （mg/L，除 pH 值外）

评价指标	pH 值	六价铬	硫化物	COD	SO_4^{2-}	Cu	Pb	Zn	Cd	As	Cr	Fe
指标值	6 ~ 9	0.05	0.20	20	250	1	0.05	1.0	0.005	0.05	0.5	0.3

A 废水末端处理方法比选

a 重金属废水技术方法

根据水质分析报告，监测项目中除 Zn、Cd、Pb、pH 值、SO_4^{2-} 超标外，六价铬、硫化物、氨氮、COD、Cu 的含量均符合国家地表水Ⅲ类水质标准。因此本设计将 Zn、Cd、Pb、pH 值纳入主要处理目标。

国内外常用的重金属离子处理技术主要有，化学沉淀法（加石灰）、混凝沉淀法、生物制剂法、活性炭吸附法、离子交换法、膜处理法等。

化学沉淀法（加石灰）、混凝沉淀法是重金属废水处理常用的方法，废水中的重金属离子与 OH^- 生成金属氢氧化物沉淀，这是石灰法处理重金属废水的基本原理。石灰法对处理多金属共存的废水有较好的效果，且运行费用低。但对于石灰沉淀法的最大缺点就是渣量大、操作卫生环境较差的缺点。

化学沉淀法之一硫化钠法：将硫化剂投加到废水中，锌、镉等重金属离子便呈硫化物沉淀析出，常用的硫化剂有 Na_2S、NaHS、H_2S 等。张玉梅将硫化物沉淀法与聚合硫酸铁沉淀法结合起来处理含镉废水，从而使该法的处理条件易于控制，pH 值适应范围大，镉的去除率达 99.6% 以上。硫化法产生的沉渣含水率低，且不易返溶形成二次沉淀。但在酸性废水中易产生 H_2S 而污染周围的环境，所以此法易产生二次污染，一般用在有价重金属回收和深度处理上。

生物制剂法、活性炭吸附法非常适合重金属废水的二级处理，生物制剂价格高，采用生物制剂法处理重金属废水的运行成本高。

离子交换法、膜处理法是重金属废水深度处理常用的方法。膜处理对待处理水质要求高，对非重金属污染物的去除效果较差，特别是待处理废水中含 SO_4^{2-}、Ca^{2+} 或 F^- 离子时，不仅影响膜的处理效果，还会影响膜的使用寿命，膜处理运行成本高，工程投资大，产水率低，截留浓水处理麻烦；离子交换法对重金属离子的去除具有选择性，不同的水质需选择不同的离子交换剂才能达到理想的处理效果，本工程待处理废水中主要重金属离子是 Zn、Cd，选用强酸型的钠离子交换树脂作为离子交换剂，对 Zn、Cd 的去除效果很理想。比较膜处理而言，离子交换法运行成本较低、工程投资省。但膜处理和离子交换都有膜组件和交换树脂清洗、再生问题，一般使用寿命约 1～3 年需更换膜组件或树脂，更换费用大。各种含重金属离子废水处理方法优缺点对比见表 6-18。

表 6-18 各种含重金属离子废水处理方法优缺点对比表

处理方法	作用机理	工艺复杂性	基建 /元·$(m^3 \cdot d)^{-1}$	大型工程中的运用
常规混凝	混凝接触凝聚	低	500～800	工艺简单、成熟、可有效去除污染物
活性炭吸附	物理吸附	低—中	300～500	一般作为混凝沉淀的深度处理，吸附面广，针对性差，再生困难
离子交换	离子交换	中	1200～2400	一般作为混凝沉淀的深度处理，针对性强，再生后还可继续使用
强化混凝	创造良好水力条件吸附架桥	低—中	500～900	工艺成熟、是对常规混凝的优化，占地更小，可达到预处理效果
膜处理	膜分离	中—高	1000～2000	工艺成熟、占地小、处理成本较高、出水稳定可靠

b 废水处理小试试验

可研单位针对大新铅锌矿废水做了两组小试试验，第一组试验为直接投加药剂，以去除废水中重金属为目的；第二组小试试验的目的是除了确保废水达到排放标准外，还回收废水中的有价金属。试验结果如下。

第一组试验：岜落山小溪废水中分别采用投加石灰、硫化钠两组试验，处理结果见表6-19。

表6-19 第一组小试试验处理效果表

项 目	pH值	锌	镉	铅
原 水	2.39	822.5	3.75	0.43
投加石灰一	9.70	0.67	<0.001	<0.01
投加石灰二	11.64	12.14	<0.001	<0.01
投加硫化钠	10.40	0.048	<0.001	<0.01
地表Ⅲ类水	6.5~8.5	1.0	0.005	0.05
原 水	2.47	807	3.84	0.45
	铁	砷	汞	原水呈黄色透明状
	626	0.095	0.0012	

试验结果表明，对高浓度的锌、镉废水，投加适量的石灰可以使废水中的重金属降低到地表Ⅲ类水标准，过量的石灰反而会引起金属锌的返溶而不能达标，投加硫化钠也可以将废水处理达标，但是在试验过程中散发硫化氢的恶臭。

石灰去除重金属机理：镉铅锌氢氧化物的溶度积分别是2.2×10^{-14}、1.2×10^{-15}、7.1×10^{-18}，单一金属最佳沉淀效果时pH值为锌7.5、镉10.2、铅9.2。锌、铅的氢氧化物在pH值大于10条件下返溶。

废水的pH为酸性，锌镉离子浓度高，废水中加入石灰时，生成锌镉铅的氢氧化物沉淀。在投加石灰一的检测结果表明，处理后废水pH值为9.7，尚未达到镉的理想沉淀pH值，但对镉的去除有极好的效果，这主要是共沉作用的结果。当废水中有不止一种重金属时，含量较大在较低pH值下沉淀的重金属就成为处理较高pH值下才能沉淀的重金属的共沉剂。本试验中锌的浓度高达807mg/L，且废水中还含有高浓度的铁离子和硫酸根离子，石灰和铁离子、硫酸根离子也生成氢氧化铁沉淀和硫酸钙微溶物质，铁盐是常用的废水处理絮凝剂，其氢氧化物有良好的吸附、絮凝作用，有助于其他重金属沉淀物的絮凝沉淀。

如采用石灰法处理该项目重金属废水，可利用废水中高铁高硫酸盐高锌的特点，发挥石灰对多金属共沉的作用，有工艺简单，处理效果好，运行费用低的优点，同时需注意对絮凝污泥的处理。

硫化物处理法的原理：在酸性条件下，硫化钠水解成氢氧化钠和硫化氢，消耗废水中的酸度，同时硫离子与重金属离子形成金属硫化物沉淀。镉铅锌硫化物的溶度积分别是8.0×10^{-27}、1.0×10^{-28}、1.6×10^{-24}，远低于镉铅锌氢氧化物的溶度积，迅速形成细小的硫化物沉淀。

如采用硫化钠法处理该项目重金属废水，生成的硫化物沉淀可富集后形成硫化矿，有一定的回收价值，可抵消硫化钠的药剂费用。但该法在处理低 pH 废水过程中有硫化氢臭气产生。

以上前三种工况的 pH 值都超过标准要求，需要在实际应用中严格控制药剂用量，并设加酸中和系统防止 pH 超标。树脂吸附方法可以将废水中重金属处理达标，但是树脂易于饱和失效。

第二组试验：首先废水通过石灰石反应床，去除废水中的铁、铅离子并提高废水的 pH 值，这样可以保证回收产品硫化锌的纯度。其次投加含硫捕收剂，将金属锌以硫化锌形式沉淀，同时去除废水其他重金属，第三步将废水与第一步产生的絮凝污泥混合，去除过量的含硫捕收剂，经沉淀后，尾水达标排放（图 6-3）。各步骤试验结果见表 6-20。

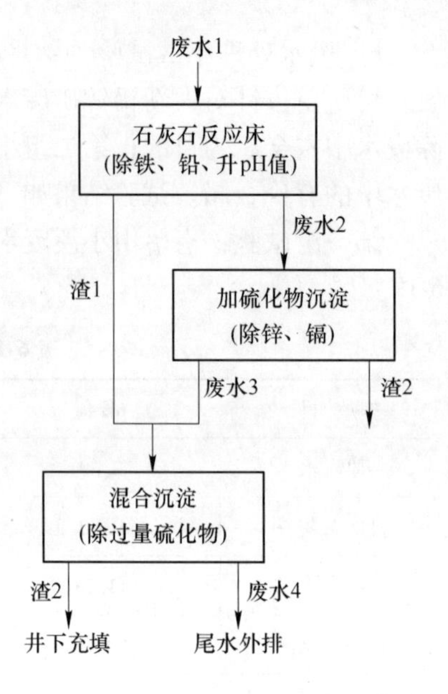

图 6-3 试验二流程图

表 6-20 第二系列实验结果 （mg/L，pH 值除外）

废水 1（原水水质）	pH 值	锌	镉	铅
	2.47	807	3.84	0.45
	铁	砷	汞	
	626	0.095	0.00012	
废水 2	pH 值	锌	镉	铅
	5.5～6.5	675	3.64	<0.01
	铁	镁	钙	
	<0.01	130	739	
废水 3	锌	镉		
	0.94	0.00090		
渣 1/%	铅	镉	铁	
	0.012	0.018	20.24	
渣 2/%	锌	镉		
	53.59	0.29		

两组试验结果表明：

（1）石灰石对铁、铅去除效果好，对锌有一定的处理效果，对镉基本没有处理效果，经石灰石处理的铁、铅可达到地表水Ⅲ类水标准，同时，废水的 pH 值上升到 5.5～6.5。

（2）硫化钠对经石灰石处理后的废水处理效果好，处理后的尾水可达到地表水Ⅲ类水标准，处理时产生的絮凝污泥达到硫化锌精矿二级品等级（锌高于 50%、镉低于 0.3%），可做产品出售。

（3）经石灰石处理后产生的污泥可与经硫化钠处理后的废水反应，去除过量的硫化钠，确保硫离子指标离开废水站前达到地表水Ⅲ类水标准。

试验二的工艺优点是，确保废水达标排放的同时，回收废水中的锌，降低总运行成本，石灰石原料成本低廉易得，废水经石灰石处理后 pH 值升高，显著抑制硫化钠水解产生硫化氢臭气；缺点是，试验出发点是处理并回收废水中的锌，目前只做高浓度的酸性锌镉废水的试验，对中性低浓度锌镉废水未做试验，产品的产量受废水水量和废水中锌镉浓度影响可能较大。

c　废水末端工艺方案的确定

根据项目特点，本可研提出了三个比较方案，具体情况见表 6-21。

表 6-21　废水末端治理工艺对比分析

处理方案	方案一：中和混凝沉淀工艺	方案二：石灰石 + 含硫捕收剂工艺	方案三：高浓度石灰石 + 含硫捕收剂；低浓度絮凝沉淀工艺
工艺介绍	投加石灰等药剂沉淀废水中重金属	石灰石去除铁、铅，硫化钠去除锌、镉	高浓度废水采用石灰石 + 含硫捕收剂回收硫化锌；低浓度石灰絮凝沉淀工艺确保达标，做两套处理系统
主要构筑物	一级絮凝沉淀、二级絮凝沉淀、无阀滤池	石灰石反应床、一级絮凝沉淀、二级絮凝沉淀、无阀滤池	高浓度：石灰石反应床、一级絮凝沉淀、二级絮凝沉淀、无阀滤池； 低浓度：一级絮凝沉淀、二级絮凝沉淀、无阀滤池
选　址	长屯伏流入口西北	长屯伏流入口西北	高浓度废水处理站位于岜落山脚，低浓度废水选址同方案一
投资（数据为直接费用，不含间接费用）	1482 万元（12000t/d）	1756 万元（12000t/d）	2580 万元（高浓度 3000t/d，低浓度 12000t/d）
经营成本（按高浓度废水计算）	药剂费：石灰 0.75 元/吨水 电费：0.14 元/吨水（0.8 元/千瓦时） 人工费：0.022 元/吨水（4 人×2000 元/月）	药剂费： 含硫捕收剂 5.87 元/吨水 电费：0.21 元/吨水（0.8 元/kW） 人工费：0.033 元/吨水（6 人×2000 元/月） 收入：19.4 元/吨水（高浓度）	药剂费： 含硫捕收剂 5.87 元/吨水 电费：0.15 元/吨水（0.8 元/千瓦时） 人工费：0.05 元/吨水（9 人×2000 元/月） 收入：19.4 元/吨水（高浓度）
处理效果	可稳定达到地表水Ⅲ标准	可稳定达到地表水Ⅲ标准	可稳定达到地表水Ⅲ标准
维护管理	较简单，石灰投加量大，有一套固废处理系统	一般，有两套固废处理系统	二座废水处理站，三套污泥处理系统，管理相对复杂
二次污染	无臭味，石灰投加量大，操作环境差，污泥量大	有少量臭味	有少量臭味，石灰投加量大，操作环境差，污泥量大
优　点	（1）工艺成熟可靠，出水水质稳定； （2）工艺流程简洁，设备少，能耗低，工程投资和运行费用少； （3）噪声小，异味少；设备操作简便，自动化程度较高，易于维护管理	（1）流程较长，能保证出水水质稳定达标； （2）对有价金属有回收价值	（1）对高浓度和低浓度废水处理的针对性明确； （2）工艺可靠，可保证出水水质稳定； （3）基本克服方案二的缺点

续表 6-21

处理方案	方案一：中和混凝沉淀工艺	方案二：石灰石+含硫捕收剂工艺	方案三：高浓度石灰石+含硫捕收剂；低浓度絮凝沉淀工艺
缺　点	无法回收废水中有价金属，处理后重金属以污泥方式充填回井下，仍有重金属溢出的风险	石灰石反应床停留时间较长，且需较低 pH 值，并定期清理更换石灰石用于井下充填。工艺流程比较复杂。尚未对混合后废水进行小试试验	高浓度废水水质水量变化极大，有价金属回收和处理效果效益受此影响较大
总　结	以去除废水中重金属为目的的末端处理方案	末端处理和有价金属回收一起实施，由于废水水量水质变化大，高浓度废水较少，有价金属回收效益不稳定，大部分重金属以产品形式离开污染区	对高浓度废水重点回收并确保所有废水达标排放。大部分重金属以产品形式离开污染区

由上表可知，方案二与方案三相比较，方案二所有废水经回收重金属后排放，方案三则对岜落山小溪高浓度重金属进行回收，对其他低浓度废水处理达标排放。如两个方案都能达到预期处理效果，则方案二对重金属处理更为彻底，但多次检测结果表明，混合后废水 pH 值呈中性（如长屯南伏流入口、洞灵水库水质），不能满足第一步石灰石除铁铅反应条件，会导致硫化锌产品中铁盐杂质太多，达不到硫化锌产品等级，无法以产品形式出售，而还需作为危废处理，增大处理难度。方案三对高浓度废水进行硫化锌回收，对低浓度废水采取达标排放的方式，有效处理不同浓度废水，投资在三个方案中最大，处理后对环境影响较小，但操作管理较前二个方案复杂。

该项目的其他配套工程如雨水截流系统、地表径流导排系统、尾矿井下充填系统实施后，废水水量大幅减少，废水处理站将基本停止使用，所以说，该项目的废水处理站类似于施工期废水处理措施，运行期约为 2～3 年。岜落山矿区作为项目重污染区，需优先处理，重点治理，截留导排约 3 个月内完成，且进行井下充填时应优先考虑对岜落山矿段处理，治理后产生的废水量将极小，有价金属回用方案收益不大。该方案将重金属以产品的形式出售，与污染区彻底分离，有助于矿区重金属的污染防治。通过长期观测，岜落山小溪水质中锌的含量在 200～800mg/L，废水有时清澈，有时浑黄（与铁盐含量有关），废水水量水质波动很大，其建设投资、运行管理难度较大，从经济性而言不建议实施。

综上所述，方案三采用回收高浓度重金属废水中有价金属，对低浓度废水以去除废水中重金属，但由于采用两套不同处理工艺对不同废水分别处理，造成投资大，处理期短，可能造成调试成功却无水处理的情况，因此不建议采用。本次可研结合项目实施进度，建议采用方案一，即可处理高浓度废水，也可以确保低浓度废水达标排放，运行管理简便，投资最低，其不足是分离出的重金属仍将与水泥一起充填到井下。根据综合比选，采用的总体工艺路线为方案一。

B　废水末端处理厂址方案比选

由于废水末端处理厂址只能选择在矿区内，经现场勘查，提出两个选址方案比较见表 6-22。

表 6-22 选址方案比较表

场址项目	方案一：邑落山出银山南	方案二：长屯洼地，长屯 SH8 伏流入口西北 300m
可用面积/m^2	9600	30000
废水收集方式	除邑落山小溪外，各收集点需提升入废水站	各收集点可自流入废水站
环境条件	当地主导风向为东风，选址位于敏感点下风向，尾水进入邑落山小溪后进入洞灵水库，不在采空区范围内	当地风向为东风，选址位于敏感点侧风向，尾水进入洞灵水库，不在采空区范围内
自然条件	邑落山与出银山南三角平地	长屯内废弃洼地，可用场地大
社会条件	位于长屯进村公路前，受外界干扰大	位于长屯内废弃洼地内，受外界干扰少
施工条件	主要公路旁，方便。需清除现有废石等污染源后才能开工	需修简易道路至废水站，地势较低
操作管理	对废水处理站管理方便，污泥需提升至选矿废水处理站处理	对废水处理站、处理站产生的污泥处理均方便。周边无居民，处理站选址受外来人员干扰少
其　他	对重污染的邑落山小溪单独处理方便	选矿厂与选矿废水处理站拟建于方案二附近，便于统一管理

经以上分析，新建的废水处理站与选矿厂及选矿废水处理站集中建在长屯洼地内易于操作管理，选择“方案二：长屯 SH8 伏流入口西北”作为该项目废水处理站选址合理。

C　污泥处理方案比选

污泥处理工艺选择：废水处理产生的污泥固废来源絮凝沉淀污泥。絮凝污泥主要含有重金属等无机物。对于传统的矿山废水处理污泥，经脱水浓缩后，其处置方法主要有外运处置、井下充填等。

项目的运行时间与矿区固废处理有密切关系，尾矿充填采空区结束后，结束抽取采空区废水。由于固废处理结束，污染源被清理，废水污染程度降低、所需处理水量变小，废水处理站所需处理的废水量随之减少，污泥产生量也减少。

该项目废水站操作灵活，可处理高浓度废水，也可处理低浓度废水。高浓度废水为邑落山矿段废水和尾矿库废水，截留导排工程实施后，邑落山矿段废水大为减少，在枯水期甚至无涌水产生，井下充填前，将矿井内水抽出，60 天抽完，每天抽水 3333m^3/d。低浓度废水主要有龙谷尾矿库降雨、出银山—柏绿山矿区采空区抽水和有截留导排措施后，受污染水体。龙谷尾矿库降雨处理量约 5250m^3/d。出银山—柏绿山矿区采空区抽水量 11910m^3/d，有截留导排措施后，受污染水体量 648 ~ 11232m^3/d。

在废水处理站满负荷运行时，废水站产生的污泥量按投加石灰量两倍计算，即 1kg（石灰）/m^3（废水）$\times$12000m^3/d $\times$ 2 = 24t/d。

污泥处置工艺的确定：除了高浓度废水中作为有价金属回收的污泥外，高浓度废水中的与石灰石反应生成的泥污和低浓度废水处理产生的絮凝污泥都需要妥善处理，防止产生二次污染。方案如下：

（1）方案一：外运处置。污泥浓缩脱水外运处置，该方案需要确定接受单位有相应的资质或用途，外运前需要确定污泥的性质，如是一般固体废弃物，可用于水泥厂原料、砖厂原料或堆存在合适的尾矿库。如污泥经鉴别是危险废物，则需要有相应资质的单位接受。

（2）方案二：井下充填。由于矿区环境综合治理中需对龙谷尾矿库尾砂进行再选后井下充填，因此废水处理站的污泥可以进入选厂系统再选，如污泥无回收价值，直接进入选厂尾矿浓缩充填系统，与粗尾砂逐步搭配，胶结充填井下采空区。

从以上两个方案比较可知，方案一为传统处理方案，具有较大的不确定性，且需要增加污泥脱水系统，投资和运行管理高，而方案二利用拟建的尾矿充填系统顺带处理废水站污泥，投资省，管理方便。

由于井下充填是采用尾矿等固废为充填物，水泥为黏接剂，因此，在确定高、低浓度废水处理产生的絮凝污泥与水泥按充填比例固化后的性质后，如污泥为一般固废，则采用井下充填处理工艺，如固化体经鉴别是危险废物，则需要有相应资质的单位接受。

6.1.2.6 废水处理工程组成

废水处理工程项目组成见表6-23。

表6-23 工程项目组成表

序　号	工程或车间组成及名称	序　号	工程或车间组成及名称
一	主要处理工程	二	配套工程
1	雨水截流系统	1	总图工程
2	地表径流导排系统（溪流防渗、伏流入口疏通）	2	供配电工程
3	废水末端治理工程：调节池、高效沉淀器1、中间水池、高效沉淀池2、无阀滤池、清水池等	3	自动化控制及仪表工程
		4	给排水管道工程

A 雨水截流系统

雨水截流系统的作用是减少雨水冲刷矿区、下渗增加地下水量、防止加剧矿区重金属污染和迁移。为雨水截流系统沿岜落山、出银山矿区设置，各雨水截留系统就近排入地表径流。

按汇水区域划定七个汇水区，为突出雨水截流效果，只设岜落山、出银山矿区汇水区的雨水截留沟，其设置如下：

Ⅰ区（岜落山水库汇水区）：根据地形，约75%汇水面积雨水汇入岜落山水库以及岜落山水库下游230m区域，该区域未受污染，可不设雨水沟；25%汇水面积雨水汇入岜落山与出银山间冲沟，该冲沟为破碎带和废石堆场，是该项目预防和重点区域，应减少山上雨水进入和冲刷，设环冲沟雨水沟，共600m。沿洼地雨水沟从Ⅰ区与Ⅱ区分界线（150m）至Ⅰ区与Ⅴ区分界线（295m），共计445m。截留雨水就近排入岜落山小溪。

雨水截流沟按下底0.8m，上底1.2m，高0.7m的梯形设置，坡度大于2%，截雨沟采用 MU30 片石砌筑，M5 砂浆，沟内 M5 防水砂浆抹面。

Ⅱ区（那良水库汇水区）：根据地形，约 90% 汇水面积雨水汇入那良水库以及那良水库下游 380m 区域，该区域未受污染，不设雨水沟。沿洼地雨水沟从Ⅰ区与Ⅱ区分界线至Ⅱ区与Ⅲ区分界线，共计 1400m。截留雨水就近排入岜落山小溪、那良小溪。

以那良小溪为界，西侧雨水截流沟按下底 0.8m、上底 1.2m、高 0.7m 的梯形设置，共 620m，东侧雨水截流沟按下底 0.6m、上底 0.9m、高 0.6m 的梯形设置，共 780m。雨水沟坡度大于 2%，截雨沟采用 MU30 片石砌筑，M5 砂浆，沟内 M5 防水砂浆抹面。雨水截留工程数量见表 6-24。

表 6-24 雨水截留工程数量表

序号	名称	范 围	汇水面积 /km^2	24h 降雨量 /万立方米	截洪沟长度/m	规格（下底×上底×高）/m
1	Ⅰ区	岜落山水库汇水区	0.742	11.50	环破碎带雨水沟：600 环洼地雨水沟：445m	0.8×1.2×0.7
2	Ⅱ区	那良水库汇水区	1.466	22.72	西面水沟：620 东面水沟：780	1：0.8×1.2×0.7 2：0.6×0.9×0.6
合 计					1885	

B 地表径流导排系统工程

雨水截留后，为保证雨水顺畅排出长屯洼地，需疏通现有小溪，清除底泥，对现有岜落山小溪和那良小溪局部底面和侧面防渗，同时对长屯南伏流入口进行疏通，确保洪水及时排出洼地。

矿区及洼地内溪流划分见表 6-25。

表 6-25 矿区溪流汇总表

序号	名 称	溪流长度 /m	水量 /$L \cdot s^{-1}$	水质情况	特 征	拟采用处理方式
1	岜落山水库小溪	1160	4~120	pH 值：2.48 锌：510mg/L 镉：2.72mg/L	发源于岜落山水库，流经长屯东洼地由北流向南，在长屯洼地西部地表水少量下渗，地表水渗入量为 2~5L/s，下游流经长屯洼地排入 SH8 号落水洞	岜落山水库下游 200m 至进村泊油路段设导排水渠，共 460m，三面防渗其余加宽或清淤
2	那良水库小溪	1070	4~100	pH 值：7.28 锌：5.86mg/L 镉：0.055mg/L	发源于那良水库，由南向北，流经那良水渠段地表水沿断层破碎带渗入地下，渗漏量为 3.0~5.0L/s 下游流经长屯洼地排入 SH8 号落水洞	水库下游 380m 处始，做 450m 三面光水渠，其余加宽或清淤
3	龙谷尾矿库出流小溪	220	5~50	pH 值：7.0 锌：5.37mg/L 镉：0.028mg/L	岩溶管道流，向东流入 SH8 落水洞	全程加宽或清淤

续表 6-25

序号	名　称	溪流长度 /m	水量 /L·s^{-1}	水质情况	特　征	拟采用处理方式
4	长屯西汇流小溪	710	4～300	pH 值：5.89 锌：35.8mg/L 镉：0.19mg/L	岜落山水库小溪、那良水库小溪、龙谷尾矿库出流小溪汇流入 SH8 落水洞	全程加宽或清淤
5	长屯北塌陷区小溪（柏绿山东）	450	2.5～80	pH 值：7.45 锌：0.012mg/L 镉：0.010mg/L	发源于长屯北 SH13 下降泉，流经长屯东洼地 SH11 下降泉，由北流向南，汇入长屯东小溪	全程加宽或清淤
6	长屯北小溪（柏绿山南）	570	1～40	pH 值：6.92 锌：0.074mg/L 镉：0.002mg/L	长屯北 SH13 下降泉位于长屯北塌陷区，地表水通过地下巷道与地下水连通，地表水渗入量为 2～20L/s，下游流经长屯洼地排入 SH10 号落水洞	全程加宽或清淤
7	长屯东小溪	1280	2.5～100	pH 值：7.45 锌：0.038mg/L 镉：0.003mg/L	发源于长屯东天窗，流经长屯东洼地 SH14 下降泉，由东流向西，在长屯洼地东部地表水少量下渗，地表水渗入量为 1～3L/s，下游流经长屯洼地排入 SH10 号落水洞	570m 全程加宽或清淤
8	长屯南伏流入口	500	10～1000	pH 值：7.49 锌：2.6mg/L 镉：0.018mg/L	共有 SH8、SH9、SH10 三个伏流入口，SH9 入口位置最低	将所有溪流汇入 SH9 入口，疏通 SH9 至洞灵水库通道
小　计		溪流三面光导排：910m；溪流加宽或清淤：4845m；长屯南伏流入口排洪隧道：500m，接引水渠：295m				

溪流三面光导排工程沿现有溪流布设，清除底泥及松散软土后由黄黏土夯实到设计标高，铺 12cm 级配碎石基底并铺 6cm 厚 C20 混凝土，河岸采用片石砌筑，勾凹缝，工程量为 910m。其余溪流加宽或清淤为 4845m，不做三面光处理。

三个伏流入口中 SH9 伏流入口位置最低，洞口高程 393.28m，洞零水库坝首高程 382.50m，暗道长度估算 500m 左右，水力坡度 2°～3°，暗道截面按 3.5m（宽）×2m 深矩形截面设计，水力坡度按 2.5°设计，过水量为 70m^3/s，即 604.8 万立方米/天，可满足洪水排泄需要。

长屯洼地西小溪与长屯东小溪现分别汇入 SH8、SH10 伏流入口，需引至 SH9 伏流入口，接引水渠分别长 150m、145m，渠宽 4.5m，深 0.8m，做法同溪流导排工程。

C　废水收集系统工程

废水收集系统工程共设 5 个收集池，分别位于岜落山、出银山、柏绿山、SH7 上升泉附近、龙谷尾矿库西北。单个有效容积 15m^3，长宽高尺寸为 4m×3m×1.5m，出口管径、材质：岜落山 d300mm 双壁波纹管，出银山 d400mm 水泥管、柏绿山 d400mm 水泥管，SH7 上升泉 d300mm 水泥管，龙谷尾矿库 d300mm 双壁波纹管。输送管道每 200m 设

d700mm 检查井一座。各管坡度大于1%。龙谷尾矿库收集池设提升泵两台，流量 130m^3/h，扬程 68m。工程数量详见表 6-26。

表 6-26 废水收集系统工程数量表

序　号	名　称	管径/mm	材　质	数量/m	检查井数
1	岜落山收集池	300	PE 双壁波纹管	1500	6
2	出银山收集池	400	水泥管	1200	5
3	柏绿山收集池	400	水泥管	950	3
4	SH7 上升泉收集池	300	水泥管	350	1
5	龙谷尾矿库收集池	300	PE 双壁波纹管	750	2

D　末端废水处理系统工程

废水处理站总体设计规模为污水处理量 12000m^3/d，分为四个系列建设，每个系列的处理能力为 3000m^3/d，125m^3/h。

a　调节池

三个废水收集池收集的废水、废水处理站的初期雨水、无阀滤池反洗水及污泥浓缩池溢流水均进入废水调节池，调节池停留时间按 4h 设定，容量为 2000m^3，采用地下式钢筋混凝土结构，调节池净空尺寸为 25m×20m×4m，池顶设六台（4 用 2 备）立式离心泵（Q=130m^3/h，H=15m，N=18.5kW），将污水加压提升至一级絮凝沉淀的反应槽。

一级絮凝沉淀设施包括：

（1）反应槽。废水在反应槽中反应停留时间为 20min，则反应槽的有效容积为 41.67m^3。反应槽采用钢筋混凝土结构，轴线尺寸 4m×4m×3.5m，有效水深 3.05m。每个系列一座。

反应槽前设水力旋流器，混凝剂与废水在旋流器中充分混合后进反应槽，反应槽内加氢氧化钙溶液调废水 pH=9.0。反应槽上设搅拌机。

（2）高效沉淀器。处理站调节酸碱度的药剂采用石灰，泥浆黏性大，易造成管路堵塞，沉淀池斜板堵塞影响处理效果，宜采用刮泥机排泥的平流沉淀池。

单池设计流量：125m^3/h；水力表面负荷 2.5m^3/(m^2·h)。

表面积为 42m^2；单池长宽高为 14m×3.5m×2.5m。

单池配 LBG-3.5 不锈钢链板式刮泥机，功率 2.2kW。

二级絮凝沉淀：二级絮凝沉淀同一级絮凝沉淀，投加的药剂为硫化钠、PAC、PAM。

b　中间水池 1

中间水池 1 采用钢筋混凝土结构，轴线尺寸 7500×6000×4000，有效水深 3.7m，有效容积 150m^3。两座，两个系列共用一座。每座中间水池配 3 台（2 用 1 备）100FUH-46S 工程塑料卧式泵（Q=179m^3/h，H=10m，N=11kW），为无阀滤池处理废水提供必要的水压。

c　无阀过滤器

污水经二级絮凝沉淀处理后，水质已达到国家地表水Ⅲ类水质标准，可以直接外排或回用。但在污水处理站的实际运行中，为防止有少量絮凝污泥，与处理后的废水一起流出。因此在二级絮凝沉淀后增加无阀滤池进行过滤。

每个系列选用一台 YGQ-150 型钢制重力式无阀过滤器，处理能力为 150m^3/h。

无阀滤池自身带有滤料反冲洗设施，每天反冲洗 2 次，反冲洗强度 15L/(m^2·s)，反洗时间 5min/次，滤料层横截面积为 2 × 8.04m^2，则每台无阀滤池每次反冲洗用水量为 72.36m^3。每个系列反冲洗水量为 144.74m^3/d。四个系列反冲洗水量共为 578.88m^3/d。反冲洗水排入污水调节池中。

d　清水池

清水池采用地上式水池，有效容积为 1000m^3，钢筋混凝土结构，净空尺寸 15900 × 15900 × 4000。

清水池进口设酸碱中和自动加药系统和搅拌机，使尾水出水保持在标准范围内。清水池旁设两台（1 用 1 备）200FUH-50 工程塑料卧式泵（Q = 300m^3/h，H = 47.5m，N = 90kW），供活砂滤池反冲洗用水。清水池内的水除设备反冲洗用水外，如有其他地方能用，则尽可能回用，富余水通过标准排放口外排至长屯西小溪。

e　配套机房、药剂间

需配套 200m^2 的操作间、药剂间、休息间、配电间。

f　加药系统

根据工艺要求，本污水处理站所用药剂有石灰、PAC、PAM、NaOH、HCl、Na_2S。

除加酸碱回调 pH 值外，设置每种加药系统两套，便于调制药剂。

石灰、PAC、PAM、Na_2S 加药系统加药能力分别为 500kg/h、7.5kg/h、0.5kg/h 和 5kg/h，按 5%、5%、0.2%、5% 浓度计算，计量泵的流量分别为 10m^3/h、0.15m^3/h、0.25m^3/h、0.1m^3/h。

g　污泥处理系统

在废水处理站满负荷运行时，废水站产生的污泥量按投加石灰量两倍计算，即 1kg(石灰)/m^3(废水) × 12000m^3/d × 2 = 24t/d，污泥含水率按 96% 考虑，每天的污泥量为 600m^3。

污泥处理：污泥自流进污泥浓缩池，经污泥浓缩池浓缩后用耐腐耐磨泵输送至离心机进行离心脱水处理，再运至充填站用于井下充填。

污泥浓缩池采用钢筋混凝土的结构形式，有效容积 300m^3，分为两座，单池净空尺寸 7m × 6m × 4m，耐腐耐磨泵选用 2 台（1 用 1 备）40FDU-50 料浆泵（Q = 25m^3/h，H = 41m，配套电机功率 15kW）。

废水处理构筑物、设备及主要仪器见表 6-27 ~ 表 6-29。

表 6-27　新建主要构建筑物一览表

编　号	构筑物名称	有效尺寸/m	数　量	备　注	所属位置
1	调节池	25 × 20 × 4	1 座	钢砼	废水处理站
2	反应槽	4 × 4 × 3.5	8 座	钢砼	
3	平流沉淀池	14 × 3.5 × 2.5	8 座	钢砼	
4	中间水池 1	7.6 × 6 × 4	1 座	钢砼	
5	清水池	16 × 16 × 4	1 座	钢砼	
6	加药池	2 × 2 × 2.5	8 座	砖砼	
7	机　房	21 × 9	1 座	砖混	
8	污泥浓缩池	7 × 6 × 4	2 座	钢砼	

续表 6-27

编号	构筑物名称	有效尺寸/m	数量	备注	所属位置
9	废水收集池	4×3×1.5	5 座	砖混	废水收集
10	溪流防渗	1~3（宽）	910m	片石	导排系统
11	排洪隧道	3.5×2	500m		
12	雨水沟		1885m	片石	雨水截留

表 6-28 废水处理主要设备一览表

序号	名称	设备规格	单机功率/kW	装机台数
1	调节池提升泵	$Q=130\text{m}^3/\text{h}$，$H=15\text{m}$	18.5	6
2	高效絮凝沉淀池	$Q=135\text{m}^3/\text{h}$	0.37	8
3	刮泥机	$B=3.5\text{m}$，移动速度为 1m/min	2	8
4	中间池提升泵	$Q=179\text{m}^3/\text{h}$，$H=10\text{m}$	11	6
5	重力无阀滤池	$Q=150\text{m}^3/\text{h}$		4
6	清水池反洗泵	$Q=300\text{m}^3/\text{h}$，$H=47\text{m}$	90	2
7	加药系统	$Q=1\sim10\text{m}^3/\text{h}$，$H=20\text{m}$	0.75	10
8	配药清水泵	$Q=25\text{m}^3/\text{h}$，$H=10\text{m}$	1.5	2
9	电控设备		0	6
合计				52

表 6-29 废水处理主要仪器表

序号	名称	规格	台数
1	污泥浓度计	量程大小为 0~100%，系统精度为 2% FS，分辨率为 0.1%	2
2	pH 自动投加系统	检测控制范围：pH=0~14 控制精度：DP5000 系列 pH=0.01 药剂投加能力：$10\text{m}^3/\text{h}$	2
3	手持 pH 计	检测控制范围：pH=0~14 控制精度：DP5000 系列 pH=0.01	1
4	重金属在线监测仪	分析方法：比色法； 测量范围：0~5.0mg/L； 检测限：0.001mg/L； 精确度：优于满量程 ±5%	1
5	pH 在线监测仪	测量范围：0~2.0mg/L（测量量程可根据要求扩展或定制）	1
6	天平	称重范围：310g，读数精度：0.1mg	1
7	台称	量程：0~100kg	1

根据项目的实际情况，废水处理站主要构筑物均采用钢砼结构，管理用房为砖混结构，雨水截流导排系统采用片石砌筑。

E　材料选择

池体混凝土内掺入钢筋阻锈剂（所掺的阻锈剂对混凝土的物理化学性质应无不良影响），采用普通硅酸盐水泥，为提高混凝土抗渗性能，宜加入防水剂，同时应满足规范中规定的最小水泥用量和最大水灰比限值，以提高混凝土的抗腐蚀性能。

大型池体伸缩缝处采用橡胶止水带。池体混凝土内掺 8% Fs 型混凝土防水剂。

处理高浓度废水时水池接触水质为强酸性，需对调节池及第一级絮凝沉淀池相关构筑物做防腐处理。

F　地基处理及抗浮

根据矿山多年开采经验，该场地地质良好，为防止地下水过高对水池的不利影响，大型水池底板应伸出池壁 0.5m。

该项目废水处理主体工程不在矿区的塌陷区范围内，可不考虑构筑物受矿区生产而产生的塌陷影响。

G　抗震设计

处理站各构筑物均按六度设防。

H　池体防水

所有池体均为结构自防水，混凝土抗渗标号 S6。

6.1.3　固体废弃物综合整治技术路线

大新铅锌矿经 40 年的开采、选矿等生产，产生大量的固体废弃物及二次污染物，连同采空区残余矿石，称为该区域的主要污染源，主要有尾矿、废石、采空区残矿、溪流底泥、受污染的土壤等，分述如下。

6.1.3.1　*尾矿*

龙谷尾矿库位于矿区南部的峰丛洼地，尾矿库总面积约 11.8 万平方米，2007 年，桂林矿产地质研究院工程勘察院采用高密度电法和地震反射波映象法对尾矿库中尾矿的存储量进行勘探，估算出存于龙谷尾矿库的尾矿数量为 70 万立方米共 105 万吨（尾矿的比重取 1.5t/m^3）。

2011 年 12 月对尾矿库进行现场调查时发现，尾矿库中的尾矿已被挖掘运走了约 5 万立方米左右。尾矿库表面未覆盖，没有尾水处理等环保措施。通过水文地质调查可知，库内表面积水（标高 414m）呈酸性，重金属浓度较高，连通试验结果显示，尾矿库北面的上升泉（标高 407m）与尾矿库有地下水水力联系，为岩溶管道流，流速 143.32m/h，流量 5 ~ 50L/s，为尾矿库外排水的主要通道。经检测，尾矿库北面的上升泉（标高 407m）中锌与镉超标，但是 pH 值为中性，说明尾矿库表面积水在下渗补给地下水过程中，由于尾矿的吸附、中和沉淀等作用，铅锌镉等离子大部分被尾矿库截留。

2007 年，《广西大新县大新铅锌矿地质环境补充调查报告》依据区环境检测中心站资料，根据《危险废物鉴别指标 浸出毒性鉴别标准》（GB 5085.3—1996）得出如下评价结论：龙谷尾矿库是矿区最大的污染源，属于固体危险废物。

龙谷尾矿库北片尾矿堆积场浸出液有 4 个污染物超标，超标倍数为 As 8.47 倍、Cd 6.30 倍、Zn 14.34 倍、Hg 2.42 倍；龙谷尾矿库南片尾矿浸出液有液有 4 个污染物超标，超标倍数为 Zn 11.88 倍、Cd 15.13 倍、Hg 0.97 倍、As 0.15 倍。

2012 年 2 月 28 日至 3 月 12 日，中国有色桂林矿产地质研究院有限公司委托中国有色金属工业长沙勘察设计研究院对龙谷尾矿库进行钻探取样工作。在龙谷尾矿库中布设了 ZK1 ~ ZK6 六个钻孔，共计完成钻探工作量 167.6m，共取得样品约 1t。在钻孔取样的过程中发现，尾矿库表层因长期与空气接触，其中的金属硫化物受到强烈氧化而形成棕黄色，深度约为 0.2m；0.2 ~ 1m 深处为浅黄色，该层处于次氧化环境；再往下尾矿的颜色为灰色。分析检测结果详见《广西大新铅锌矿矿区重金属污染固体废物整治项目可行性研究报告》，尾矿浸出试验结果见表 6-30。

表 6-30 尾矿浸出试验结果

序 号	污染物	浸出毒性结果	污水综合排放标准（一级）	浸出毒性标准
1	总汞	<0.0004	0.05	0.1
2	总镉	0.069	0.1	1
3	总铬	<0.01	1.5	15
4	六价铬	<0.004	0.5	5
5	总砷	0.001	0.5	5
6	总铅	<0.05	1.0	5
7	总镍	0.02	1.0	5
8	总 Cu	<0.01	0.5	100
9	总锌	1.13	2.0	100
10	pH	7.55	6 ~ 9	

尾矿浸出试验结果表明，所检测尾矿为 I 类固体废弃物。为了使取得的尾矿样品具有较好的代表性，在尾矿库中布设了 ZK1 ~ ZK6 六个钻孔，共计完成钻探工作量 167.6m，共取得用于进行选矿试验的样品约 1t。利用该样品进行浸出毒性实验，实验结果可信度较高。另外，还多次进行了实验室内部及实验室间的平行实验，实验结果表明该尾矿砂属第 I 类一般工业固体废物。一方面可能是由于取样的代表性的问题。另一方面主要的原因可能是由于在自然的环境作用下，重金属“溶出—迁移”现象导致结果的差异。由于尾矿库没有进行表面覆盖等闭库措施，在空气和水、细菌等综合作用下，尾矿中的硫氧化后使其中的重金属元素缓慢溶出，在水力作用下，运移到下游。该说法在水文地质调查中得到印证。通过连通试验表明，尾矿库与其北面的上升泉紧密的水力联系，流量为 5 ~ 50L/s。上升泉水质分析见表 6-31。

表 6-31 上升泉水质分析表

Cd /mg · L^{-1}	Hg /mg · L^{-1}	As /mg · L^{-1}	Pb /mg · L^{-1}	Cr /mg · L^{-1}	Cu /mg · L^{-1}	Zn /mg · L^{-1}	pH 值	采样时间	备 注
0.028	<0.0004	<0.001	0.047	0.045	0.002	5.370	7	2011.11.10	
0.020	<0.0004	<0.001	0.047	0.045	0.002	4.370	6.9	2012.03.10	
0.018	<0.0004	<0.001	0.047	0.045	0.002	3.500	7.21	2012.06.30	
0.024	—	0.004	<0.05	—	—	3.72	7.25	2012.08.30	暴雨后

由表 6-31 可知，该泉水中锌和镉两项指标超过地表水标准（Ⅲ类标准），对下游水质

造成直接影响，同时，该结果也表明尾矿中的重金属元素一直在“溶出—迁移”，这也正是两次浸出毒性结果不同的根本原因。

6.1.3.2 *废石*

原大新铅锌矿由于管理不善，将废弃的废矿石、废矿渣丢弃在矿井四周，未能集中堆放。这些废矿石、废矿渣堆场是矿山重金属污染的污染源。据调查，较大的废矿石、废矿渣堆场有：

（1）岜落山矿段、金涛公司堆场废矿石、废矿渣堆积场。废矿渣主要是金涛公司选矿遗弃，废矿石为岜落山矿段丢弃，互相混杂，堆积在山谷流水道和山坡，掩埋了碎屑岩区流入谷地的岜落山水渠。废矿石、废矿渣堆长度约320m，宽约50m，体积约12.6万立方米。

（2）出银山矿段废矿石堆场。主要堆积在山坡上，占地面积大，堆场长452m，宽200m，废矿石体积约10.3万立方米。

（3）长屯北陷坑。用废矿石回填，废矿石体积约9万立方米。

（4）采空区废石。根据桂林矿产地质研究院于2007年编制的《广西大新县大新铅锌矿地质环境补充调查报告》可知，矿山采空区的面积0.22km^2。柏绿山矿段经物探测定有四个异常点，其Ⅰ区的面积为5500m^2，Ⅱ区的面积为10000m^2，Ⅲ区的面积为900m^2，Ⅳ区的面积为4500m^2，采空区顶板距地表40～60m左右，其中土层的厚度15m左右，岩石厚度25～35m左右。

柏绿山矿段主要采用房柱法进行开采，并兼用长壁崩落法进行回采。因顶板围岩松散不稳固，围岩塌陷而充实矿房采空区，特别是经过长时间的地压，到目前，所有的采空区都无人力干预，由其自然崩落，充填采空区。

矿体成矿阶段受区域性断裂控制，矿体处于下盘，断层上盘为灰岩和白云岩（D_2d），较稳定，该矿段设计开采深度不大，为35～100m，所以采区地压现象并不十分突出，地表陷落应不太明显。但是，由于采空区的无序的崩落，地面地表水渗入，在受断层影响，岩层破碎裂隙发育的地段导致了地表塌陷。最大的塌陷区分布在长屯村北，下陷面积达3000m^2形成一个大水塘。1992年11月，水塘水和采空区连通，塘水沿陷口突然冲入井下，水势迅猛，井下被淹达半月。

根据大新铅锌矿的闭坑报告，累计生产矿石量240万吨，掘进、初选产生的废石量按照生产矿石量的20%计，约为48万吨。残留及损失矿石量合计约为20万吨；矿石比重2.5t/m^3。不考虑地表沉陷等因素，采空区的总容积约为107.2万立方米。

（5）溪流底泥。根据检测结果，所取样的多个结果重金属中锌、镉均较高，长屯洼地内溪流底泥受重金属离子沉降而导致较严重污染的污染。

长屯洼地内除长屯东小溪外的溪流长度为4180m，按溪流评价宽度为1.5m，淤泥深度0.2m计，溪流底泥量为1254m^3。

按土壤利用状况，分为水稻土壤、旱地土壤。水稻土壤为县内主要耕地土壤，水稻土的土体结构较好，以潴育型居多，但有较大部分耕层浅薄，有碍根系伸展，成为主要障碍之一；旱地土壤具有坡地多、水土易流失、保肥蓄水能力差、没有灌溉设施、地块分散、复种指数高的特点。可研单位对矿区及周边土壤重金属进行了含量分析以及土壤中金属的形态分析，结果详见《广西大新铅锌矿矿区重金属污染土壤整治项目可行性研究报告》。

主要结论如下：

（1）大新铅锌矿周边地区的土壤受到多种重金属的复合污染，其中以 Cd 和 Zn 污染最为严重；以长屯、洞零、端屯和育外四个村庄的土地污染最为严重，且离选矿厂最近，其污染最为严重。对大新铅锌矿周围土壤的治理范围为长屯、洞零、端屯和育外四个村庄的土地。

（2）长屯、洞零、端屯和育外的土壤主要受污染 Zn 和 Cr 的污染，表层污染最为严重，深层土壤中 Cd 和 Zn 的高含量很有可能并非来自表层淋溶下移，而更多的是受成土母质影响所致，进行土壤治理方案设计时应首先考虑表层土壤的治理。

（3）土壤中金属的形态分析表明，所有样品中，除了 Pb、Hg 和 Cd，其他元素均以残渣态为主，一般情况下，残渣态稳定，对土壤中重金属的迁移和生物可利用性贡献不大，整个土壤生态系统中对食物链的影响较小，对环境比较安全。但是当它遇到强酸、强碱或螯合剂时，这些金属还是会部分地进入到环境中来，对生态系统构成威胁。Pb 元素中的碳酸盐态、有机态、铁锰氧化态以及残渣态含量相当，水溶态和可交换态含量较少；Hg 元素主要以有机态和残渣态为主；Cd 元素除水溶态含量较少外，其他形式含量均差不多。检测结果表明该项目的土壤中污染严重的 Zn 和 Cd 元素的活性形态比例较低，不利于化学淋溶法处理。

（4）通过对矿区及周边的土壤取样分析结果，结合《广西大新县大新铅锌矿地质环境补充调查报告》，矿区整治的范围最终可以确定为污染严重区——长屯、洞零、端屯和育外四个村庄的农田。根据矿区污染的范围，受影响区域的土地为 1828 亩。

6.1.4 项目实施的环境影响评价

6.1.4.1 项目实施对环境的影响

该项目是针对矿区水体环境综合整治，属于环保型项目，是通过截留导排雨水减少废水水量，同时新建废水处理站对废水进行处理。能改善当地及下游地区的水环境，消除该地区重金属污染。因此项目不仅不会影响周围环境，反而会使现有的恶劣环境转好。

该项目在实施过程中会对环境产生一定的影响，如噪声、交通、固体废弃物、尾水等。

项目建设周期约为 1 年，废水处理实际运行约为 2.5 年，之后由于同时实施的固废整治工程将杜绝尾砂污染源和采空区污染源，整个地区的水体环境质量将得到极大改善。

6.1.4.2 施工期对环境的影响及缓解措施

噪声防护：该项目建设过程会产生部分机械运行、运输车辆等的噪声，为减少对周围环境的影响，晚间不施工，昼间施工时避免大型机械同时启动，最大限度减少声源叠加。

固体废弃物：项目建筑垃圾主要有淤泥、废砖、石砂等，应指定临时堆放点，尽量分类堆放，及时清运。对要回填的土方，在有场地堆放条件下，可临时控制堆放。

6.1.4.3 营运期对环境的影响及缓解措施

A 运营期地表水环境影响分析

该工程完成后，区域地表水水质将得到改善。为保证采矿废水处理站的正常运营，保护和改善受纳水体的水质，在项目营运过程中还应采取如下措施：

（1）为确保废水处理厂正常运行，使其出水水质达到《地表水环境质量标准》

(GB 3838—2002) 中Ⅲ类标准，必须严格按要求进行建设和运行管理，保证达到设计要求；

(2) 防止风险事故的发生，从设计、管理等方面入手，提出可行的事故防范对策和措施，建立事故应急反应系统；

(3) 加强重金属污染物的在线监控，包括对进水、出水水质水量的监控；

(4) 建立废水处理厂运行管理和操作责任制度；搞好员工培训，建立技术考核档案，不合格者不得上岗。

B 环境空气影响分析

该项目营运期采用的化学药剂主要为PAC（聚合氯化铝）和PAM（聚丙烯酰胺），使用过程不产生恶臭或其他大气污染物因此项目的运行对周边环境影响很小。

C 固体废物影响分析

废水处理产生的污泥固废来源于各沉淀段的絮凝沉淀污泥。项目各段混凝沉淀产生的污泥运至坑口充填站，与粗尾砂、水泥搭配，胶结充填井下采空区。

污泥、尾砂、水泥形成密致的混凝土黏结剂与废石一起充填采空区，缩短矿坑涌水与采空区的接触时间，同时减少污泥、尾砂中重金属物质的溶出，对矿坑涌水水质影响不大。

D 声环境影响分析

该项目运营期噪声主要为泵站运行时产生的噪声泵站运行时对操作人员会产生一定的影响，本次环评要求建设单位选用优质产品，并对设备加设减振基础或减振垫、隔音等减噪措施，给操作人员良好的工作环境。

6.1.4.4 重金属减排量

该项目为大新铅锌矿重金属污染综合治理的水处理部分，同时实施的还有尾矿、废石处理、受污染土壤恢复等工程，通过以上的工程配合实施后，可有效地消除矿区污染源，切断污染途径，逐步恢复矿区生态。该项目的实施达到重金属减排量见表6-32。

表6-32 废水处理站重金属减排量表

项目	水量 /$m^3 \cdot d^{-1}$	处理前浓度 /$mg \cdot L^{-1}$	处理后浓度 /$mg \cdot L^{-1}$	消减量		废水种类	备注
锌	50	500	1.0	8982kg/a	31.41t/a	高浓度废水	水量、水质按均值估算；一年按360天计，尾矿库雨水量按1500mm的80%计，采空区水量分为两年计算
	3000	10	1.0	9720kg/a		中低浓度废水	
	252000	10	1.0	2268kg/a		尾矿库雨水	
	540000	2	1.0	540kg/a		出银山采空区水	
	100000	100	1	9900kg/a		岜落山采空区水	
镉	100	2	0.005	36.4kg/a	0.424 t/a	高浓度废水	
	3000	0.2	0.005	213.5kg/a		中低浓度废水	
	252000	0.1	0.005	23.94kg/a		尾矿库雨水	
	540000	0.1	0.005	51.3kg/a		出银山采空区水	
	100000	100	1	99.5kg/a		岜落山采空区水	

该项目在运行期每年对重金属的减排量为锌31.41t、镉0.424t。工程正常运行期为2

年，观察期0.5年，运行期过后，矿区污染源可到有效控制，外排重金属量可有效减少。

6.2 典型铅锌矿矿区重金属污染治理

6.2.1 矿区基本情况概述

6.2.1.1 开采基本情况

广西佛子矿业有限公司佛子冲铅锌矿位于岑溪市北东50km，北至梧州市80km，行政区属岑溪市诚谏镇和龙圩区广平镇管辖。矿区地理极值坐标：东经110°09′57″～111°13′27″、北纬23°02′23″～23°06′22″。

佛子冲铅锌矿自20世纪50年代初期即民采不断，同时国营矿山组织也进行一定规模的开采。佛子冲铅锌矿河三坑口于1966年开始建矿生产，初始生产能力为300t/d，后经过改造生产能力为500t/d。1978年7月，广西冶金设计院完成古益坑口的采选设计工作，1978年8月开始基建，1984年10月建成投产。矿山设计采选能力600t/d，年采选19.8万吨，矿山经过多次技术改造，现在采选生产能力已达到1100t/d。两个坑口的开采对象为佛子冲铅锌矿床石门—刀支口—大罗坪、牛卫、勒寨、午龙岗矿段的矿体，设计开采深度为海拔340m至海拔-60m。

矿床类型为复控成因的矽卡岩型矿床，成矿受地层、岩性、构造、岩浆岩联合制约，矿体空间位置、形态主要受条纹、条带状灰岩层及（层间）断层的控制。矿体主要赋存于奥陶系中统上。

A 矿石的矿物成分

矿石矿物以铁闪锌矿、闪锌矿、方铅矿、磁黄铁矿为主，少量的黄铜矿、黄铁矿、磁黄铁矿，偶见有毒砂及白铁矿；脉石矿物主要有石英、透辉石、透闪石、绿帘石，少量绿泥石、方解石等。

B 矿石结构、构造

矿石结构主要自形—半自形粒状结构、他形粒状结构、边缘交替结构、残余结构、纤维状结构、碎裂（状）结构。

矿石构造较简单，以条带状构造为主，次为致密块状构造、（细脉）浸染状构造，少量碎裂（状）构造。

C 矿石化学成分

矿石中主要有用元素为铅（Pb）、锌（Zn），共生有益元素为铜（Cu）、银（Ag）、伴生有益元素镓（Ga）、镉（Cd）和硫（S），主要有用元素各矿体矿石平均含量铅（Pb）1.75%～5.44%，全矿区平均4.58%；锌（Zn）0.44%～9.23%，全矿区平均6.22%。总体而言，矿区北部相对富锌；少数矿体中央部位铅锌矿化强度强于矿体边缘，但在走向及倾向上铅锌矿化强弱无明显变化规律。

据基本分析矿区共生有益元素各矿体矿石平均含量铜（Cu）0.06%～0.65%，全矿区平均0.37%；银(Ag)(5.31～119.29)$\times 10^{-6}$,全矿区平均79.42$\times 10^{-6}$。

本次对矿区内主要矿体共采15个组合样分析结果,伴生有益元素含量平均为:镓(Ga)(2.90～15.64)$\times 10^{-6}$、平均10.70$\times 10^{-6}$、达到矿床伴生有用组分指标；镉(Cd)(215～1523)$\times 10^{-6}$、平均624$\times 10^{-6}$、达到矿床伴生有用组分指标；硫（S）1.86%～13.69%，

平均7.02%、达到矿床伴生有用组分指标。

D 矿山有毒有害化学成分含量

根据广西壮族自治区区域地质调查研究院2010年3月18日编制《广西岑溪市佛子冲矿区铅锌铜矿补充普查报告》单矿物化学分析显示，含Ag高的金属矿物依次为黄铜矿、方铅矿、闪锌矿，而磁黄铁矿、黄铁矿、毒砂含银低；含Cd高的金属矿物为闪锌矿；含Se高的金属矿物为方铅矿。

E 采矿工艺流程

（1）残采工艺：残采是指中段沿脉揭露的矿体高度不高，在15m以内，矿岩稳固性较好，采场不做采切工程，直接在沿脉后退式往回采，采用电耙出矿时，需打电耙硐室（列入采切工程），当矿体局部高度到20m时，需掘进人行天井，一般而言，矿体高度在15m以内，用装岩机出矿，残采不需采切工程，当矿体长度较长时视矿岩稳固性留永久性间柱。

（2）残矿回采工艺：残矿是指中段沿脉以下，未延伸到下中段矿体，另一种残矿是旧采空区的边角矿体。以上所说的残矿，回采方法还是选用普通留矿法和全面空场法，对于旧采场边角矿体，需对旧空区的稳固性进行技术性评估，采矿时要维持旧采区的稳定，防范旧空区顶板塌方，以免影响采场回采。

F 选矿工艺流程

工艺流程：原矿从古益矿主平硐轨道运输至老虎口卸入原矿仓，进入选矿系统。选矿流程中的各工艺过程分述如下。

a 碎矿工序

为将大块度的原矿破碎至符合入磨粒度要求，采用粗碎+中碎+细碎+振动筛的三段一闭路流程碎矿，粗碎使用1台PE600×900颚式破碎机将原矿破碎至144mm块度以下，中碎使用1台美卓GP100圆锥破碎机破碎至块度46mm以下，细碎使用1台美卓HP200破碎至粒径20mm以下。

细碎后为确保入磨粒度以提高球磨机磨矿效率，采用振动筛进行筛分，筛上物由皮带运输机返回至细碎再次破碎，筛下物通过皮带运输机走廊提升至粉矿仓暂存。

b 磨矿工序

提高磨矿降低原矿粒度可提高浮选效率，磨矿采用两段湿式球磨+螺旋分级的两段全闭路流程。球磨机磨尾排出的矿浆通过螺旋分级机分级，溢流口排出矿浆中的矿石粒度可达到浮选要求，而分级机底部被螺杆刮出的矿石再次入磨，直至磨至溢流粒度。溢流产品-0.074mm占70%~75%，溢流浓度30%~35%。破碎好的原矿从粉矿仓仓底经皮带运输机输送至旋流器进料口，加水进矿形成矿浆。矿浆首先通过旋流器中进行粗分，含较细粒度矿石的矿浆从旋流器上部流出，通过一段闭路球磨直接进入浮选工序，而含较粗粒度的矿浆从旋流器下部进入两段闭路球磨流程。

c 浮选工序

浮选作业采用药剂混浮泡沫选矿法，即铜铅混选，精矿铜铅分离，尾矿选锌工艺。

磨制达到浮选粒度要求的矿浆首先经过铜铅混选，将浮选上来的铜铅泡沫矿浆与底层的锌进行分离，铜铅再通过精矿铜铅分离分选出铜精矿和铅精矿，未浮选出的锌矿通过尾矿选锌工艺浮选出来。

铜铅混选系统：使用16台浮选槽进行二次粗选、四次精选、四次扫选作业，用丁基黑药作捕收剂，$ZnSO_4$、Na_2CO_3 和石灰为抑制剂。

精矿铜铅分离系统：使用12台浮选槽进行一次粗选，三次精选，二次扫选，用CMC抑铅浮铜，2号油作起泡剂。

选锌系统：使用8台浮选槽进行一次粗选，三次精选，三次扫选，用丁基黑药作捕收剂，$CuSO_4$ 作活化剂，少量2号油作起泡剂。

精矿过滤：矿浆经浓缩后，采用3台真空过滤机分别进行铜、铅、锌精矿过滤。

6.2.1.2 矿山地质条件概况

A 地质构造及地层岩性

矿区处于华南加里东褶皱系云开隆起西缘，钦州—玉林海西残余地槽褶皱带之博白—岑溪深大断裂带北东端，属博白—岑溪铅锌金银多金属成矿带组成部分。区内断裂构造十分发育，相伴有紧闭褶皱，按空间展布方向分NNE、NE、NW和SN走向四组，其中以NNE、NE组最为发育，各构造体系相互干扰、利用、迁就或穿插，形成了本区复杂的构造格局。矿区主要出露奥陶系中、上统和志留系下、中统地层。岩性为浅变质的砂页岩夹少量不纯的碳酸盐岩石，属浅海相沉积，出露总厚度2078m。

按岩土体的结构、性质及强度特征，将评估区岩土体划分为三个岩组及一个土体类型。

a 单层土体

由第四系残积层构成，分布于矿区内的山坡一带，主要由黏土、粉质黏土、岩石碎块，厚2～12m，结构松散。

b 坚硬的碎屑岩夹弱岩溶化碳酸盐岩岩组

由下志留统上组上段（S_1^c）、中组上段（S_1^{b-3}）、中组中段（S_1^{b-2}）、下组下段（S_1^{a-1}）和上奥陶统上组上段（O_3^{b-2}）、下组上段（O_3^{a-2}）、中奥陶统上组上段（O_2^{b-2}），岩性为浅变质细砂岩，粉砂岩、板岩页岩夹少量的白云质灰岩或泥质灰岩。奥陶系和志留系轻变质砂岩、（砂质）板岩、变质粉砂岩、岩性本身较硬，受构造影响虽发育不同程度的裂隙，但裂隙多为后期石英脉充填，同时岩石均具不同程度的硅化、绿帘石化等蚀变，增强了岩石的抗压强度。除地表风化带松散外，新鲜基岩稳定性良好。不同的岩性，其抗压强度灰岩为90～126MPa，砂岩为170～284MPa，板岩为70～212MPa；作为矿体顶底板围岩，稳定性良好，矿床开拓一般均不需支护；开采近四十年来，未发生坍塌现象，历年所施工的开采坑道保持完好。

c 坚硬—半坚硬的砂岩页岩岩组

由中奥陶统上组下段（O_2^{b-1}）、上奥陶统下组下段（O_3^{a-1}）、上奥陶统上组下段（O_3^{b-1}）、中志留统（S_2）组成，岩性为浅变质细砂岩，粉砂岩、板岩页岩，属浅海相沉积；其中砂岩、板岩岩体强度大，其抗压强度砂岩为170～284MPa，板岩为70～212MPa。

d 岩浆岩岩组

岩性为黑云母花岗岩、花岗闪长岩、英安斑岩、流纹岩、花岗斑岩等，花岗岩、花岗斑岩抗压抗剪强度较大，抗压强度一般150～300MPa。

B 矿区水文地质特征

地下水类型主要为松散岩类孔隙水、碎屑岩夹碳酸盐岩溶洞裂隙水、花岗岩—混合岩风化网状裂隙水3类。

a 松散岩类含水层

由第四系残坡积层及冲积层构成，残坡积层分布于矿区内的山坡一带，主要由黏土、粉质黏土、砂、岩石碎块，厚2~12m，结构松散。冲积层主要分布于沟谷地带，主要为黏土，细砂土、砂、岩石碎块等，厚2~5m，结构松散。地下水主要赋存于松散土体孔隙中，水量贫乏，富水性弱。

b 碎屑岩夹碳酸盐岩溶洞裂隙含水层

地下水赋存于志留系中统（S_2）、志留系下统上组上段（S_1^c）、志留系下统下组下段（S_1^{a-1}）、志留系下统中组中段（S_1^{b-2}）、志留系下统中组上段（S_1^{b-3}）、志留系下统上组下段（S_1^{c-1}）、奥陶系中统上组（O_2^{b1-2}）、奥陶系上统下组（O_3^{a1-2}）、奥陶系上统上组（O_3^{b1-2}）、细砂岩，粉砂岩、板岩页岩、白云质灰岩、泥质灰岩裂隙中。枯水季径流模数小于6L/(s·km^2)，泉流量小于1L/s，富水性弱。

c 花岗岩—混合岩风化网状裂隙含水层

地下水赋存于黑云母花岗岩、花岗闪长岩、英安斑岩、流纹岩、花岗斑岩等，花岗岩风化网状裂隙中，水量贫乏，富水性弱。地下水枯水季径流模数3~6L/(s·km^2)，泉流量小于1L/s，坑道揭示花岗闪长岩、花岗岩、花岗斑岩呈岩墙、岩脉、岩株状产出，基本呈微—未风化状，裂隙少见，多干燥无水，起隔水墙作用。

矿区位于区域水文地质单元的补给区，地下水的主要补给来源为大气降水。区内大部基岩山区风化强烈，裂隙发育，植被茂盛，有利于大气降水的入渗，但地形坡度较大，雨水排泄顺畅，又不利于雨水形成的地表径流的入渗，据1/20万罗定幅水文地质普查报告的资料，基岩山区一般入渗系数为0.09~0.21。

大气降水入渗补给地下水后，主要汇集于松散层孔隙和基岩裂隙中，在斜坡地带的岩层孔隙、构造裂隙、层间裂隙和风化网状裂隙中以渗流的方式向谷底径流，呈分散形式渗流出地表或以小泉水形式排泄出地表。

6.2.2 矿区重金属污染现状调查与分析

6.2.2.1 矿区污染源的分布状况

佛子冲铅锌矿经40年的开采、选矿等生产，产生大量的固体废弃物及二次污染物，连同采空区残余矿石，称为该区域的主要污染源，主要有尾矿、废石、采空区残矿、溪流底泥、受污染的土壤等，分述如下。

A 勒寨北尾矿库

佛子冲铅锌矿尾矿库选择在矿山南西面叫龙谷的岩溶峰丛洼地，成库之前曾有短时间将现在的勒寨水库用作堆积尾矿。选矿场距浆泵站有1060m多，遗弃的粉砂和粉状土，利用水力坡降，在专设输浆渠用水冲至浆泵站。专设输浆渠前后有两套，冲砂时，泥浆、废水流入耕地，有的直接将尾矿置弃于耕地沟边，局限于当时认识，未作出任何措施保护耕地，造成如今田地荒废，不能种植的困难局面。

选择勒寨作尾矿库，未做任何论证，未认识到勒寨尾矿库处于地下水的补给区，排泄污染水对下游影响大，岩溶区地下水运移通道复杂，封闭条件差，未有防洪措施。

勒寨尾砂库总面积 237266.36m^2，经物探用高密度电法和地震反射波映象法勘探，现存于勒寨尾矿库的尾矿数量为 850000m^3 共 1360000t（矿尾的比重取 1.5t/m^3）。

根据尾矿平均品位及共生金属有益组分计算，储存于勒寨尾矿库所含金属量为：锌（Zn）5850t、铅（Pb）1400t、镉（Cd）520t、镓（Ga）17t、锗（Ge）14t。

佛子冲铅锌矿回收矿种仅为两种：铅、锌，回收部分共生银，其余金属未能回收，置弃于尾矿库。因此，尾矿中镉的含量相对较高，加剧了矿山的环境污染。

对勒寨尾矿库进行钻探取样工作中布设了 ZK1 ~ ZK6 六个钻孔，共计完成钻探工作量 167.6m，其中 ZK1：25.30m；ZK2：7.60m；ZK3：28.40m；ZK4：27.00m；ZK5：31.50m；ZK6：27.80m。共取得样品约 1t。

在钻孔取样的过程中发现，尾矿库表层因长期与空气接触，其中的金属硫化物受到强烈氧化而形成棕黄色，深度约为 0.2m；0.2 ~ 1m 深处为浅黄色，该层处于次氧化环境；再往下尾矿的颜色为灰色。

对尾矿进行筛析及半定量分析，结果见表 6-33 ~ 表 6-38。

表 6-33　尾矿筛析结果表

粒级/mm	+0.28	-0.28 ~ +0.1	-0.1 ~ +0.074	-0.074 ~ +0.045	-0.045	合　计
产率/%	3.83	35.59	6.78	10.03	43.76	100.00

表 6-34　综合样 X 荧光半定量分析结果表

项　目	SiO_2	Al_2O_3	Fe_2O_3	SO_3	K_2O	CaO	MgO	Zn	Ti	Pb
含量/%	70	13	5.1	3.4	3.1	2.7	0.9	0.7	0.3	0.3
项　目	Ba	P_2O_5	Mn	Cr	Cu	Rb	Zr	Ni	Sr	Y
含量/%	0.2	0.2	0.04	0.02	0.02	0.01	0.01	0.01	<0.01	<0.01

表 6-35　+0.28mm 粒级 X 荧光半定量全分析表

项　目	MgO	Al_2O_3	SiO_2	P_2O_5	SO_3	K_2O	$CaCO_3$	Pb	Ti
含量/%	0.30	6.92	49.9	0.11	17.5	1.48	15.49	0.30	0.17
项　目	Cr	Fe_2O_3	Cu	Zn	Rb	Sr	Zr	Ba	
含量/%	0.03	7.46	0.01	0.19	0.008	0.004	0.009	0.12	

表 6-36　-0.28 ~ +0.1mm 粒级 X 荧光半定量全分析表

项　目	MgO	Al_2O_3	SiO_2	P_2O_5	SO_3	K_2O	CaO	Pb	Ti
含量/%	0.42	8.85	74.0	0.06	8.1	2.0	3.6	0.09	0.21
项　目	Cr	Fe_2O_3	Na_2O	Zn	Rb	Sr	Zr	Ba	Y
含量/%	0.02	2.37	0.04	0.07	0.008	0.003	0.01	0.1	0.001

表 6-37　-0.1 ~ +0.074mm 粒级 X 荧光半定量全分析表

项　目	MgO	Al_2O_3	SiO_2	P_2O_5	SO_3	K_2O	CaO	Pb
含量/%	0.48	9.0	80.0	0.1	4.0	2.0	1.8	0.1
项　目	Ti	Ba	Fe_2O_3	Zr	Zn	Rb	Sr	Y
含量/%	0.23	0.14	2.37	0.02	0.1	0.009	0.003	0.002

表 6-38　-0.045mm 粒级 X 荧光半定量全分析表

项　目	MgO	Al_2O_3	SiO_2	P_2O_5	SO_3	K_2O	CaO	Pb	Ti
含量/%	0.62	12.25	66.02	0.17	6.0	2.86	0.45	1.13	0.32
项　目	Cu	Fe_2O_3	Rb	Zn	Sr	Zr	Ba	Sb	
含量/%	0.03	9.00	0.015	0.89	0.004	0.017	0.19	0.01	

将岩芯每一米制一个样，共计得到 160 个样品，每隔五米取一个样品送有色金属桂林矿产地质测试中心进行成分分析，分析结果统计入表 6-39。

表 6-39　尾矿钻探分析结果统计表

检验编号	送样号	检验结果/mg · kg^{-1}								
		Cu	Pb/%	Zn/%	Cd	Cr	Ag	In	As	Hg
1	ZK1-1	128	0.45	1.92	89.1	71.6	6.99	1.29	362	5.12
2	ZK1-6	185	0.49	1.40	81.5	108	6.10	0.93	80.2	5.28
3	ZK1-11	104	0.16	0.44	21.8	95.1	2.95	0.29	258	1.04
4	ZK1-15	175	0.37	1.08	57.7	117	5.56	0.70	70.6	3.14
5	ZK1-21	110	0.22	0.95	20.7	105	3.45	0.99	51.8	0.92
6	ZK2-1	239	0.75	1.60	90.9	78.3	10.2	1.42	243	4.67
7	ZK2-6	80.1	0.20	0.77	54.8	79.0	3.45	0.43	87.8	2.91
8	ZK2-11	81.3	0.17	0.39	17.8	102	2.79	0.32	58.1	0.93
9	ZK2-16	47.3	0.10	0.42	16.9	67.8	2.40	0.33	62.4	0.92
10	ZK2-21	69.5	0.10	0.29	12.0	120	1.90	0.26	57.0	0.58
11	ZK2-26	46.8	0.12	0.52	33.5	71.0	2.94	0.33	72.5	1.63
12	ZK3-1	199	0.53	0.12	5.4	148	11.0	1.21	146	13.5
13	ZK3-6	73.1	0.12	0.33	19.6	97.1	2.29	0.27	63.6	1.29
14	ZK3-11	109	0.23	0.71	21.2	115	3.63	0.54	52.7	1.13
15	ZK3-16	120	0.40	1.26	27.2	97.9	4.68	1.34	50.2	1.19
16	ZK3-21	166	0.35	1.30	35.8	100	6.74	1.17	62.6	2.87
17	ZK4-1	234	0.80	3.09	225	71.7	9.29	1.21	339	6.09
18	ZK4-6	90.4	0.15	0.55	21.0	96.7	2.84	0.42	52.3	1.05
19	ZK4-11	67.0	0.13	0.76	29.4	98.9	1.89	0.61	39.5	0.73
20	ZK4-16	89.3	0.10	0.47	14.5	122	2.29	0.30	47.3	0.79
21	ZK4-21	188	0.69	1.31	68.2	69.2	9.14	0.91	78.6	4.68
22	ZK4-26	143	0.23	1.28	78.1	65.5	4.79	0.87	79.8	18.1
23	ZK5-1	93.7	0.55	0.07	1.28	78.4	8.06	0.86	295	4.06
24	ZK5-6	74.3	0.15	0.49	29.0	84.5	2.94	0.34	69.1	1.60
25	ZK5-11	46.1	0.14	0.73	42.9	156	3.25	0.40	71.4	2.33
26	ZK5-16	130	0.31	0.91	52.3	95.1	4.54	0.57	69.8	2.60
27	ZK5-21	38.5	0.09	0.38	17.9	103	1.90	0.23	50.0	0.89

续表 6-39

检验编号	送样号	检验结果/mg · kg^{-1}								
		Cu	Pb/%	Zn/%	Cd	Cr	Ag	In	As	Hg
28	ZK5-26	37.7	0.10	0.72	34.7	59.1	2.79	0.28	63.3	2.70
29	ZK5-31	33.5	0.08	0.58	26.5	55.9	2.10	0.22	47.5	2.22
30	ZK6-1	264	0.73	1.78	112	95.8	8.56	1.04	250	6.70
31	ZK6-6	58.1	0.22	0.60	39.3	74.9	3.88	0.46	117	4.20
32	ZK6-11	43.8	0.13	0.42	26.2	65.1	2.75	0.30	90.6	2.23
33	ZK6-16	70.7	0.11	0.29	12.8	102	2.35	0.18	65.5	0.85
34	ZK6-21	131	0.16	0.75	19.1	176	2.69	0.48	56.5	0.80
35	ZK6-26	168	0.23	1.05	51.8	76.3	4.53	0.59	73.8	4.79
平均品位		112.38	0.28	0.85	43.07	94.80	4.50	0.63	106.68	3.27

按照现有尾矿堆存的数量及平均品位估算，尾矿中铅锌镉等的金属量见表 6-40。尾矿浸出试验结果见表 6-41。

表 6-40　尾矿中金属量估算表

项　目	估算金属量								
	Cu	Pb/%	Zn/%	Cd	Cr	Ag	In	As	Hg
平均品位 /mg · kg^{-1}	112.38	0.28	0.85	43.07	94.80	4.50	0.63	106.68	0.27
数量/万吨	90								
金属量/t	106.76	2671.59	8071.21	40.91	90.06	4.28	0.60	101.34	3.11

表 6-41　尾矿浸出试验结果　(mg/L)

序　号	污染物	毒性浸出结果	地表Ⅲ类标准	污水综合排放标准	浸出毒性标准
1	总汞	<0.0004	0.0001	0.05	0.1
2	总镉	0.069	0.005	0.1	1
3	总铬	<0.01	—	1.5	15
4	六价铬	<0.004	0.05	0.5	5
5	总砷	0.001	0.05	0.5	5
6	总铅	<0.05	0.05	1.0	5
7	总镍	0.02	0.02	1.0	5
8	总铍	<0.001	0.002	0.005	0.02
9	总氟	0.83	1.0	10	100
10	总铜	<0.01	1.0	0.5	100
11	总锌	1.13	1.0	2.0	100
12	总钡	0.03	0.7		100
13	总 CN^{-}	<0.005	0.02	0.5	5

尾矿浸出试验结果表明，所检测尾矿为Ⅰ类固体废弃物。

B　其他污染源分布情况

佛子冲铅锌矿由于管理不善，将废石丢弃在矿井四周，未能集中堆放。这些废石堆场是矿山重金属污染的污染源。据调查，较大的废石堆场有：

（1）六塘矿段废石堆积场。废石主要是六塘矿段丢弃，堆积在山谷流水道和山坡，掩埋了碎屑岩区流入谷地的芭落山水渠。废石堆长度约320m，宽约50m，体积约12.6万立方米。

（2）大罗坪矿段废石堆场。主要堆积在山坡上，占地面积大，堆场长452m，宽230m，废石体积约15.4万立方米。

6.2.2.2 矿区重金属污染土壤现状

A 土壤环境现状调查

按土壤利用状况，分水稻土壤、旱地土壤。水稻土壤为县内主要耕地土壤，水稻土的土体结构较好，以潴育型居多，但有较大部分耕层浅薄，有碍根系伸护，成为主要障碍之一。旱地土壤具有坡地多、水土易流失、保肥蓄水能力差，没有灌溉设施，地块分散，复种指数高的特点。

B 土壤中金属含量监测

a 监测布点

根据项目的具体情况，前期对大新矿区周围村庄进行布点，在长屯、洞零、端屯、育内、育外、达屯、土洞、那排、派屯、下况、把至等十几个村庄的田地选取表层土样70个。根据前期的调查工作，2011年又在长屯、洞零、端屯和育外共设19个监测点，每个点位分三层单独取样，A层：0~30cm，B层：30~60cm，C层：60~90cm。

b 监测因子及分析方法

监测因子包括pH值、镉、铬、汞、砷、铅、铜、锌等8项指标。各项目监测分析方法按《土壤环境监测技术规范》（HJ/T 166—2004）进行。

c 监测结果

对矿区及周边勘查取样，并通过有关检验部门化验分析，详细结果见表6-42。

表6-42 表层土壤环境现状监测结果统计 （mg/kg，pH值除外）

编号	具体点位	Cd	Hg	As	Pb	Cr	Cu	Zn	pH值	取样时间
T1	东湖取水点玉米地	11.38	<0.01	12.36	450.6	57.85	31.05	1688.3	8.24	2007.7.5
T2	银出山玉米地	74.43	3.01	17.51	3099.6	52.6	65.96	10916.8	8.37	2007.7.5
T3	端屯（水田）	100.7	<0.01	8.89	362.2	81.35	24.83	17808.5	8.22	2007.7.6
T4	零洞水库下游水田	13.14	<0.01	13.38	205.6	85.45	21.45	1822.8	7.76	2007.7.6
T5	零洞水库下游旱地	21.53	<0.01	30.37	313.3	169.5	30.11	4571	8.01	2007.7.6
T6	马伏水田	4.74	<0.01	15.33	87.08	183.2	20.56	936.34	7.63	2007.7.7
T7	门龙桥水田	4.62	<0.01	5.96	92.23	53.6	14.21	539.34	8.03	2007.7.7
T8	零洞村左边稻田	26.24	<0.01	23.01	146.6	173.6	28.68	2223.3	7.7	2007.7.8
T21	立布水田	1.46	—	—	66.71	—	—	485.7	6.92	2007.9.27
T22	门龙玉米地	3.45	—	—	80.39	—	—	324.4	7.04	2007.9.27
T23	目中水田	1.01	—	—	46.78	—	—	179	6.66	2007.9.27
T24	岭大水田	1.26	—	—	63.56	—	—	263	6.85	2007.9.27
T25	俐伶水田	3.62	—	—	225.7	—	—	747.9	6.73	2007.9.28
T26	伶俐旱田	0.89	—	—	118.5	—	—	224.9	6.36	2007.9.28
T27	银屯水田	3.14	—	—	71.43	—	—	679.4	6.65	2007.9.28

续表 6-42

编号	具体点位	Cd	Hg	As	Pb	Cr	Cu	Zn	pH 值	取样时间
T28	银屯旱地	3.32	—	—	84.23	—	—	465.6	6.93	2007.9.28
T29	乔立苗屯水田	0.77	—	—	76.42	—	—	344.7	6.83	2007.9.28
T30	苗立乔屯旱田	0.69	—	—	69.35	—	—	282.9	6.95	2007.9.28
T31	方石旱田	3.82	—	—	167.1	—	—	547.7	6.85	2007.9.28
T32	石方水田	5.56	—	—	194.7	—	—	757	6.86	2007.9.28
T33	洞土村旱田	3.1	—	—	54.49	—	—	261.2	6.98	2007.9.29
T34	土洞村水田	2.76	—	—	49.64	—	—	233.8	6.94	2007.9.29
T35	况律水田	1.42	—	—	34.24	—	—	139.1	6.58	2007.9.29
T36	门依旱地	1.68	—	—	76.88	—	—	503.5	6.92	2007.9.29
T37	门依水田	1.51	—	—	72.6	—	—	451.1	6.35	2007.9.29
T38	浪孔旱田	5.42	—	—	93.66	—	—	346	6.8	2007.9.29
T39	屯备水田	2.02	—	—	71.96	—	—	305.8	6.49	2007.9.29
T40	内育水田	2.36	—	—	100.9	—	—	392.2	6.54	2007.9.29
T41	下况水田	1.54	—	—	41.06	—	—	215.3	6.87	2007.9.29
T42	龙谷坝	3.88	0.4	68.02	192.2	—	—	292	6.56	2007.10.24
T45	老种西旱地	0.99	—	—	68.79	—	—	184.8	7.46	2007.10.26
T46	老种西水田	0.67	—	—	59.35	—	—	136.9	6.41	2007.10.26
T49	合三村西水田	0.085	0.245	5.6	30	54.4	25	2332	6.46	2005.11.16 ~ 2005.11.21
T50	三合村中水田	0.095	0.232	3.5	26.4	64.3	22.8	2239	5.67	
T51	谷井水田	12.41	0.97	0.8	558	69.6	34.5	19093	6.38	
T52	谷打水田	96.27	5.762	4.3	2152	55.5	48.9	13243	6.18	
T53	那岸水田	46.04	3.909	6.9	1680	71	50.5	9497	6.3	
T54	空筹水田	39	3.677	8.5	1023	60.6	40.4	6388	6.4	
T55	达零水田	7.83	1.603	3.7	487	72.6	35	1680	5.86	
T56	江淮水田	6.251	1.781	5.7	384	81.1	34.3	1652	5.8	
T57	凹水水田	5.3	0.449	10.7	99.9	60.8	29.2	1415	6.38	
T58	那岭-1 旱田	0.141	0.125	3.4	18.1	50.9	24.6	1789	5.07	
T59	那岭-2 旱田	0.104	0.107	5.7	23.2	46.5	14.4	1498	5.56	
T60	底孟旱田	2.233	0.521	3.8	119	52	22.9	492	6.36	
T61	长屯菜地	5.317	0.524	6.1	169	64.4	53	1224	7.29	
T62	那雪旱地	6.904	0.546	5.8	139	79.8	33	1398	5.61	
T63	立仑旱地	3.189	0.567	6	111	50.7	32.3	878	6.31	
T64	孔茶-1 旱地	1.819	0.391	13.5	82.5	75.5	37.5	473	7.62	
T65	孔茶-2 旱地	3.266	0.505	18.1	113	148.2	48	447	6.66	
T66	章洞-1 旱地	2.485	0.439	17.1	109	157.4	45	446	7.07	
T67	章洞-2 旱地	2.297	0.539	18	120	173.7	50.1	454	6.52	
T68	选矿厂西北坡	0.167	0.189	13.5	29	65.2	23	1948	4.81	
T69	那良旱地	0.218	0.146	0.9	46.6	63.2	11.8	2522	6.14	
T70	那良水库山顶	0.13	0.109	1.8	43.5	77.4	34.8	1149	4.51	

续表 6-42

编号	具体点位	Cd	Hg	As	Pb	Cr	Cu	Zn	pH 值	取样时间
T71	腊屯水田	3.62	—	—	108	—	—	324.1	6.49	2007.12.7
T72	芭瑞旱地	1.46	—	—	39.74	—	—	144.6	6.49	2007.12.7
T73	石方右侧旱地	3.84	—	—	176.3	—	—	665.3	6.49	2007.12.7
T74	陇怀左侧旱地	2.25	—	—	94.3	—	—	311.2	6.53	2007.12.7
T75	益龙左旱地	0.65	—	—	60.69	—	—	201.3	5.86	2007.12.7
T76	大塘水田	2.36	—	—	57.49	—	—	254.5	6.75	2007.12.7
T77	百沙左侧旱地	2.25	—	—	60.6	—	—	283.3	6.81	2007.12.7
T78	山谷水田	0.47	—	—	33.27	—	—	125.3	6.71	2007.12.7
T79	派屯水田	0.96	—	—	106.6	—	—	240.5	5.8	2007.12.7
T80	立屯旱地	2.37	—	—	93.35	—	—	626.2	6.6	2007.12.7
T81	合三大队林场	2.03	—	—	82.55	—	—	339.5	6.72	2007.12.7
T82	弄屯水田	3.66	—	—	208.9	—	—	721.2	6.68	2007.12.7
T83	排那水田	0.42	—	—	22.26	—	—	134.5	5.84	2007.12.7
T84	洞断旱地	2.38	—	—	77.92	—	—	411.7	5.36	2007.12.7
T86	零洞村水田	11.72	—	—	114.2	—	—	1941	6.14	2007.12.7
T88	端屯水田	40.65	—	—	251.5	—	—	3787	6.15	2007.12.7
T91	端屯村中水田	75.96	—	—	609.7	—	—	7300	6.43	2007.12.7
T93	马伏水田	35.49	—	—	252.2	—	—	4013	6.96	2007.12.7
T95	立布水田	2.22	—	—	52.64	—	—	291.5	6.88	2007.12.7
平均值		10.27	0.86	11.56	232.92	82.32	31.87	1967.71		

从总体来看，矿区表层土壤各元素全量含量范围为 Cu 11.8 ~ 65.96mg/kg、Cr 46.5 ~ 183.2mg/kg、Cd 0.085 ~ 100.7mg/kg、Pb 18 ~ 3099.6mg/kg、Zn 125.3 ~ 19093mg/kg、Hg 0 ~ 5.762mg/kg、As 0.8 ~ 68.2mg/kg。全量平均值的大小顺序为：Zn > Pb > Cr > Cu > As > Cd > Hg。

重金属在土壤剖面中的垂直分布特征是土壤自身理化性质和外界条件影响下迁移和积累的综合反映，也是了解土壤重金属污染程度和修复治理的基础。为了进一步探讨研究区重金属分布的空间变异性和重金属在土壤剖面中的迁移状况，了解重金属元素在土壤中的累积层位、赋存状态、垂直迁移过程，进而探索可能的转移，对环境的潜在危害，有必要对各样点的剖面土壤重金属含量进行分析。各点的剖面监测结果见表 6-43。

表 6-43　剖面土壤环境现状监测结果统计　（mg/kg，pH 值除外）

点位	分层	检验结果							
		Cu	Pb	Zn	Cd	Cr	As	Hg	pH 值
1	A	36.2	543	2628	17.7	89.6	17.3	0.91	6.47
	B	27.7	148	407	2.16	68.5	10.7	0.22	6.56
	C	33.5	64.7	322	1.64	75.3	14.8	0.2	7.06

续表 6-43

点 位	分 层	检验结果							
		Cu	Pb	Zn	Cd	Cr	As	Hg	pH 值
2	A	37.2	1118	3700	26.8	87.5	16.3	1.99	6.12
	B	26.8	179	584	3.25	72.8	12.8	0.2	6.28
	C	30.7	127	409	2.26	73.1	13.8	0.21	6.85
3	A	33.4	787	2958	27.5	79.3	14.7	1.38	6.21
	B	24.9	161	564	2.38	82.8	12.1	0.2	6.28
	C	27.5	75.6	404	1.2	73.9	13.7	0.26	7
4	A	35.8	702	2917	23	86	12.3	0.93	6.29
	B	30	565	2518	14	82.4	13	0.53	6.1
	C	30.6	358	2788	13	75	17.3	0.47	6.92
5	A	35.7	828	2784	26.6	92.1	15.7	1.55	5.81
	B	30.1	1090	1652	9.61	74.1	15.2	0.73	6.35
	C	28.4	621	870	5.4	67.3	18.8	0.71	6.64
6	A	55.8	1205	4520	36	103	22.3	2.15	5.81
	B	37.4	64.9	314	1	135	23.8	0.43	6.2
	C	36.8	52.6	271	0.58	127	26.5	0.39	5.69
7	A	43.5	687	3541	28.1	106	19.8	1.17	6.08
	B	29.7	51.6	242	0.53	118	16.7	0.43	5.98
	C	30.6	43.5	205	0.41	115	17.9	0.39	5.56
8	A	38.6	125	294	3.31	235	89.4	0.43	6.75
	B	48.1	82.8	310	1.56	185	78.7	0.46	6.29
	C	42.9	72.1	314	1.92	164	154	0.48	6.58
9	A	37.7	206	3250	28.4	288	117	0.48	6.61
	B	35.2	121	285	2.22	226	87.6	0.37	6.33
	C	32.3	96.4	262	1.3	209	101	0.37	6.49
10	A	27	85.4	320	1.57	155	28.5	0.21	6.73
	B	25.8	72.1	269	0.64	137	28.5	0.28	6.31
	C	26.7	58.9	288	0.58	141	32.5	0.32	6.45
11	A	50.1	108	443	3.39	323	42.2	0.42	6.7
	B	60.4	97.5	505	1.21	228	41.4	0.55	6.35
	C	69.9	116	469	1.94	316	57.4	0.57	6.52
12	A	55.4	119	339	4.59	342	48.7	0.42	6.62
	B	59.5	92.4	354	2.6	286	46.4	0.49	6.12
	C	62.1	115	362	7.77	298	72.2	0.48	6.4
13	A	66.3	72.3	419	1.03	279	46.2	0.62	6.15
	B	69	72.8	478	1.06	283	47	0.63	5.9
	C	69.9	69.3	425	1.12	294	56.6	0.61	6.25

续表 6-43

点位	分层	检验结果							
		Cu	Pb	Zn	Cd	Cr	As	Hg	pH 值
14	A	31.3	82	505	0.51	127	24	0.38	6.8
	B	34.3	71.8	522	0.38	122	23.3	0.37	6.18
	C	35.6	65.4	671	0.52	118	27.2	0.33	6.39
15	A	33.3	589	949	6.34	138	25.1	1	6.87
	B	30.5	152	609	4.44	115	21.5	0.86	7
	C	42.7	142	873	2.62	118	23.3	0.44	6.38
16	A	37.1	152	960	5.26	177	28.7	0.41	6.84
	B	35.4	57.6	469	0.41	166	23.6	0.37	7.16
	C	25	43.1	215	0.41	180	20.8	0.22	6.33
17	A	38	150	1705	16.3	154	32	0.38	6.4
	B	39.8	65.7	386	0.33	166	25.5	0.37	6.8
	C	38.2	63.8	344	0.42	173	26	0.45	6.25
18	A	37.2	179	1085	5.3	147	22.7	0.4	6.07
	B	35.6	148	574	1.15	113	19.9	0.3	6.88
	C	40.8	155	599	0.82	108	24.1	0.34	6.16
19	A	42	98	626	2.46	131	21.6	0.26	7.04
	B	36.3	109	475	2.18	130	22.7	0.24	7.3
	C	38.3	99.2	487	0.93	109	20.9	0.37	6.22

d 土壤环境质量现状评价

评价因子为铜、铅、锌、镉、汞、砷、铬共 7 项。

由于评价范围内土地使用现状为农业生产用地，且基本为农田。本次评价采用的是《土壤环境质量标准》（GB 15618—1995）二级标准，标准限值见表 6-44。

表 6-44 土壤评价标准限值（二级） (mg/kg)

项目		标准值 pH < 6.5	标准值 6.5 < pH < 7.5
镉		≤0.30	≤0.30
铜	农田等	≤50	≤100
	果园	≤150	≤200
铅		≤250	≤300
锌		≤200	≤250
铬	水田	≤250	≤300
	旱地	≤150	≤200
砷	水田	≤30	≤25
	旱地	≤40	≤30
汞		≤0.30	≤0.50

评价方法如下：

（1）单项污染指数法：

$$P_i = C_i/S_i$$

式中 P_i——土壤中 i 元素单项污染指数；

C_i——i 元素的实际浓度，mg/kg；

S_i——i 元素的评价标准浓度，mg/kg。

（2）内梅罗综合污染指数法：

$$P_{综} = \sqrt{\frac{P_{ave}^2 + P_{max}^2}{2}}$$

式中 $P_{综}$——内梅罗综合污染指数；

P_{ave}——单因子污染指数的平均值；

P_{max}——单因子污染指数的最大值。

e 结果分析与评价

项目采用了污染指数法和内梅罗指数对矿区土壤中的 Cd、Cr、Pb、Zn、Cu、As 和 Hg 共 7 种元素进行污染评价，选用全国土壤环境质量标准作为评价标准。污染指数的计算以中国《土壤环境质量标准》（GB 15618—1995）二级为评价标准，国家土壤质量二级标准是依据全国的土壤环境质量实际情况制定，说明是土壤未受污染情况的最低警戒值，通常用于农田、蔬菜地、果园、牧场的评价，具有一定的可比性和权威性。

表层土壤的分析与评价：采用单项污染指数法和内梅罗综合污染指数法对表层土壤的检测结果进行分析，详见表 6-45。

表 6-45 表层污染指数

编号	实际地点	Cd	Hg	As	Pb	Cr	Cu	Zn	总污染指数
T1	东湖取水点玉米地	18.97	—	0.49	1.29	0.23	0.21	5.63	13.78
T2	银出山玉米地	124.05	3.01	0.70	8.86	0.21	0.44	36.39	89.45
T3	端屯（水田）	167.83	—	0.44	1.03	0.23	0.17	59.36	121.71
T4	洞零水库下游水田	21.90	—	0.67	0.59	0.24	0.14	6.08	15.87
T5	洞零水库下游旱地	35.88	—	1.21	0.90	0.68	0.20	15.24	26.16
T6	马伏水田	7.90	—	0.77	0.25	0.52	0.14	3.12	5.78
T7	门龙桥水田	7.70	—	0.30	0.26	0.15	0.09	1.80	5.58
T8	洞零村左边稻田	43.73	—	1.15	0.42	0.50	0.19	7.41	31.56
T21	立布水田	4.87	—	—	0.22	—	—	1.94	3.82
T22	门龙玉米地	11.50	—	—	0.27	—	—	1.30	8.70
T23	目中水田	3.37	—	—	0.16	—	—	0.72	2.58
T24	岭大水田	4.20	—	—	0.21	—	—	1.05	3.24
T25	俐伶水田	12.07	—	—	0.75	—	—	2.99	9.31
T26	伶俐旱田	2.97	—	—	0.47	—	—	1.12	2.36
T27	银屯水田	10.47	—	—	0.24	—	—	2.72	8.05

续表 6-45

编号	实际地点	Cd	Hg	As	Pb	Cr	Cu	Zn	总污染指数
T28	银屯旱地	11.07	—	—	0.28	—	—	1.86	8.42
T29	乔立苗屯水田	2.57	—	—	0.25	—	—	1.38	2.07
T30	苗立乔屯旱田	2.30	—	—	0.23	—	—	1.13	1.84
T31	方石旱田	12.73	—	—	0.56	—	—	2.19	9.71
T32	石方水田	18.53	—	—	0.65	—	—	3.03	14.11
T33	洞土村旱田	10.33	—	—	0.18	—	—	1.04	7.80
T34	土洞村水田	9.20	—	—	0.17	—	—	0.94	6.94
T35	况律水田	4.73	—	—	0.11	—	—	0.56	3.58
T36	门依旱地	5.60	—	—	0.26	—	—	2.01	4.37
T37	门依水田	5.03	—	—	0.29	—	—	2.26	3.98
T38	浪孔旱田	18.07	—	—		—	—	1.38	13.57
T39	屯备水田	6.73	—	—	0.29	—	—	1.53	5.17
T40	内育水田	7.87	—	—	0.34	—	—	1.57	6.02
T41	下况水田	5.13	—	—	0.14	—	—	0.86	3.90
T42	龙谷坝	12.93	0.80	2.27	0.64	—	—	1.17	9.48
T45	老种西旱地	3.30	—	—	0.23	—	—	0.74	2.54
T46	老种西水田	2.23	—	—	0.24	—	—	0.68	1.74
T49	合三村西水田	0.28	0.82	0.19	0.12	0.22	0.50	11.66	8.36
T50	三合村中水田	0.32	0.77	0.12	0.11	0.26	0.46	11.20	8.03
T51	谷井水田	41.37	3.23	0.03	2.23	0.28	0.69	95.47	69.04
T52	谷打水田	320.90	19.21	0.14	8.61	0.22	0.98	66.22	230.77
T53	那岸水田	153.47	13.03	0.23	6.72	0.28	1.01	47.49	110.82
T54	空筹水田	130.00	12.26	0.28	4.09	0.24	0.81	31.94	93.70
T55	达零水田	26.10	5.34	0.12	1.95	0.29	0.70	8.40	18.96
T56	江淮水田	20.84	5.94	0.19	1.54	0.32	0.69	8.26	15.22
T57	凹水水田	17.67	1.50	0.36	0.40	0.24	0.58	7.08	12.81
T58	那岭-1 旱田	0.47	0.42	0.09	0.07	0.34	0.49	8.95	6.42
T59	那岭-2 旱田	0.35	0.36	0.14	0.09	0.31	0.29	7.49	5.37
T60	底孟旱田	7.44	1.74	0.10	0.48	0.35	0.46	2.46	5.42
T61	长屯菜地	17.72	1.05	0.20	0.56	0.32	0.53	4.90	12.79
T62	那雪旱地	23.01	1.82	0.15	0.56	0.53	0.66	6.99	16.62
T63	立仑旱地	10.63	1.89	0.15	0.44	0.34	0.65	4.39	7.75
T64	孔茶-1 旱地	3.03	0.39	0.54	0.24	0.30	0.25	1.58	2.24
T65	孔茶-2 旱地	10.89	1.01	0.60	0.38	0.74	0.48	1.79	7.87
T66	章洞-1 旱地	8.28	0.88	0.57	0.36	0.79	0.45	1.78	6.00
T67	章洞-2 旱地	7.66	1.08	0.60	0.40	0.87	0.50	1.82	5.57

续表 6-45

编号	实际地点	Cd	Hg	As	Pb	Cr	Cu	Zn	总污染指数
T68	选矿厂西北坡	0.56	0.63	0.34	0.12	0.43	0.46	9.74	7.00
T69	那良旱地	0.73	0.49	0.02	0.19	0.42	0.24	12.61	9.04
T70	那良水库山顶	0.43	0.36	0.05	0.17	0.52	0.70	5.75	4.15
T71	腊屯水田	12.07	—	—	0.43	—	—	1.62	9.16
T72	芭瑞旱地	4.87	—	—	0.16	—	—	0.72	3.70
T73	石方右侧旱地	12.80	—	—	0.71	—	—	3.33	9.88
T74	陇怀左侧旱地	7.50	—	—	0.31	—	—	1.24	5.72
T75	益龙左旱地	2.17	—	—	0.24	—	—	1.01	1.73
T76	大塘水田	7.87	—	—	0.19	—	—	1.02	5.96
T77	百沙左侧旱地	7.50	—	—	0.20	—	—	1.13	5.70
T78	山谷水田	1.57	—	—	0.13	—	—	0.63	1.24
T79	派屯水田	3.20	—	—	0.43	—	—	1.20	2.53
T80	立屯旱地	7.90	—	—	0.31	—	—	2.50	6.13
T81	合三大队林场	6.77	—	—	0.28	—	—	1.36	5.18
T82	弄屯水田	12.20	—	—	0.70	—	—	2.88	9.39
T83	排那水田	1.40	—	—	0.09	—	—	0.67	1.11
T84	洞断旱地	7.93	—	—	0.31	—	—	2.06	6.11
T86	洞零村水田	39.07	—	—	0.46	—	—	9.71	29.97
T88	端屯水田	135.50	—	—	1.01	—	—	18.94	102.58
T91	端屯村中水田	253.20	—	—	2.44	—	—	36.50	191.82
T93	马伏水田	118.30	—	—	0.84	—	—	16.05	89.51
T95	立布水田	7.40	—	—	0.18	—	—	1.17	5.62

从表6-45可以看出，在土壤七种重金属元素中，Cd、Zn的单项污染最为严重，污染指数分别在0.28~320.90和0.56~95.47，变异性很大，属于Cd、Zn重度污染点；Pb、Hg污染次之，污染指数为0.07~8.86和0.36~19.21，属于中度污染；As的污染指数为0.02~2.27，除洞零村和龙谷坝的三个点的As污染指数超过1以外，其余样点的污染指数都处于1以下，Cu的超标点只有一个，位于长屯村，Cr的污染指数均处于1以下，As、Cu和Cr污染属于警戒线以下，尚还清洁。

重金属综合污染指数73个土壤样点中以T52样点的污染最为严重，其综合污染指数达230.77；第T91样点的重金属污染次之，综合污染指数达191.82。根据本区域的综合指数绘制污染区域资料。本研究区的重度污染区主要是长屯、洞零、端屯和育外四个村庄的土地，而且是受到重金属的复合污染，所以已经不适合于农业活动。根据周围测出的未被污染的土地的监测值，推测出长屯村的土地背景值为：Cd的指数为12.0、Zn的指数为2.0，Pd的指数为0.3；洞零、端屯和育外村庄土地的背景值为：Cd的指数为7.9、Zn的指数为2.0，Pd的指数为0.3。

可以看出T51~T55离选矿厂厂最近，其污染最为严重，尤其是Cd、Zn、Pb和Hg的污染最为严重，所以废渣的淋溶水以及污染的地表水是其主要污染来源。样点 T3 ~ T5、T86、T88、T91 和 T93 的 Cd、Zn、Pb 和 Hg 污染也很严重，因为洞零水库曾经作为尾矿的堆场，目前洞零水库北端还堆有大量的尾矿，而下游的洞零村、端屯村采用污染了的洞零水库水进行灌溉。

总的来说，大新铅锌矿周边地区由于长期受选矿废渣和废水的影响，土壤已经发生不同程度的重金属污染，土壤已经不能作为农作物的栽种地了。

剖面土壤的分析与评价：采用单项污染指数法和内梅罗综合污染指数法对表层土壤的检测结果进行分析，详见表 6-46。

表 6-46 土壤单项污染指数统计表

点位	分层	单项污染指数							综合污染指数
		Cu	Pb	Zn	Cd	Cr	As	Hg	
1	A	0.724	2.172	13.140	59.000	0.358	0.577	3.033	42.48
	B	0.277	0.493	1.628	7.200	0.228	0.357	0.440	5.20
	C	0.335	0.216	1.288	5.467	0.251	0.493	0.400	3.96
2	A	0.744	4.472	18.500	89.333	0.350	0.543	6.633	64.33
	B	0.536	0.716	2.920	10.833	0.291	0.427	0.667	7.84
	C	0.307	0.423	1.636	7.533	0.244	0.460	0.420	5.44
3	A	0.668	3.148	14.790	91.667	0.317	0.490	4.600	65.86
	B	0.498	0.644	2.820	7.933	0.331	0.403	0.667	5.77
	C	0.275	0.252	1.616	4.000	0.246	0.457	0.520	2.92
4	A	0.716	2.808	14.585	76.667	0.344	0.410	3.100	55.12
	B	0.600	2.260	12.590	46.667	0.330	0.433	1.767	33.64
	C	0.306	1.193	11.152	43.333	0.250	0.577	0.940	31.19
5	A	0.714	3.312	13.920	88.667	0.368	0.523	5.167	63.72
	B	0.602	4.360	8.260	32.033	0.296	0.507	2.433	23.17
	C	0.284	2.070	3.480	18.000	0.224	0.627	1.420	13.00
6	A	1.116	4.820	22.600	120.000	0.412	0.743	7.167	86.32
	B	0.748	0.260	1.570	3.333	0.540	0.793	1.433	2.51
	C	0.736	0.210	1.355	1.933	0.508	0.883	1.300	1.54
7	A	0.870	2.748	17.705	93.667	0.424	0.660	3.900	67.33
	B	0.594	0.206	1.210	1.767	0.472	0.557	1.433	1.40
	C	0.612	0.174	1.025	1.367	0.460	0.597	1.300	1.12
8	A	0.386	0.500	1.470	11.033	0.940	2.980	1.433	8.03
	B	0.962	0.331	1.550	5.200	0.740	2.623	1.533	3.90
	C	0.429	0.240	1.256	6.400	0.547	5.133	0.960	4.77
9	A	0.377	0.687	13.000	94.667	0.960	3.900	0.960	67.93
	B	0.704	0.484	1.425	7.400	0.904	2.920	1.233	5.45
	C	0.646	0.386	1.310	4.333	0.836	3.367	1.233	3.30

续表 6-46

点位	分层	单项污染指数							综合污染指数
		Cu	Pb	Zn	Cd	Cr	As	Hg	
10	A	0.270	0.285	1.280	5.233	0.517	0.950	0.420	3.81
	B	0.516	0.288	1.345	2.133	0.548	0.950	0.933	1.65
	C	0.534	0.236	1.440	1.933	0.564	1.083	1.067	1.53
11	A	0.501	0.360	1.772	11.300	1.077	1.407	0.840	8.18
	B	1.208	0.390	2.525	4.033	0.912	1.380	1.833	3.11
	C	0.699	0.464	2.345	6.467	1.264	1.913	1.900	4.82
12	A	0.554	0.397	1.356	15.300	1.140	1.623	0.840	11.03
	B	1.190	0.370	1.770	8.667	1.144	1.547	1.633	6.35
	C	1.242	0.460	1.810	25.900	1.192	2.407	1.600	18.64
13	A	1.326	0.289	2.095	3.433	1.116	1.540	2.067	2.71
	B	1.380	0.291	2.390	3.533	1.132	1.567	2.100	2.79
	C	1.398	0.277	2.125	3.733	1.176	1.887	2.033	2.93
14	A	0.313	0.273	2.020	1.700	0.423	0.800	0.760	1.56
	B	0.686	0.287	2.610	1.267	0.488	0.777	1.233	1.99
	C	0.712	0.262	3.355	1.733	0.472	0.907	1.100	2.52
15	A	0.333	1.963	3.796	21.133	0.460	0.837	2.000	15.26
	B	0.305	0.507	2.436	14.800	0.383	0.717	1.720	10.68
	C	0.854	0.568	4.365	8.733	0.472	0.777	1.467	6.42
16	A	0.371	0.507	3.840	17.533	0.590	0.957	0.820	12.64
	B	0.354	0.192	1.876	1.367	0.553	0.787	0.740	1.45
	C	0.500	0.172	1.075	1.367	0.720	0.693	0.733	1.10
17	A	0.760	0.600	8.525	54.333	0.616	1.067	1.267	39.01
	B	0.398	0.263	1.930	1.100	0.664	0.850	1.233	1.51
	C	0.764	0.255	1.720	1.400	0.692	0.867	1.500	1.42
18	A	0.744	0.716	5.425	17.667	0.588	0.757	1.333	12.79
	B	0.356	0.493	2.296	3.833	0.377	0.663	0.640	2.85
	C	0.816	0.620	2.995	2.733	0.432	0.803	1.133	2.33
19	A	0.420	0.327	2.504	8.200	0.437	0.720	0.520	5.95
	B	0.363	0.363	1.900	7.267	0.433	0.757	0.480	5.27
	C	0.766	0.397	2.435	3.100	0.436	0.697	1.233	2.38

由表 6-46 可知，各监测点土壤测定指标均超过《土壤环境质量标准》(GB 15618—1995)二级标准要求。土壤中各元素单项污染指数图见图 6-4。

土壤剖面中各元素的分布是以生物富集上迁和淋溶下移至不同深度而淀积为主要特征。不同土壤的剖面是在特定成土因素综合作用下发育形成，具有其特殊的形态。土壤剖面形态的不同直接影响元素在土壤中的地球化学过程及纵向分布。不同元素因其本身原子

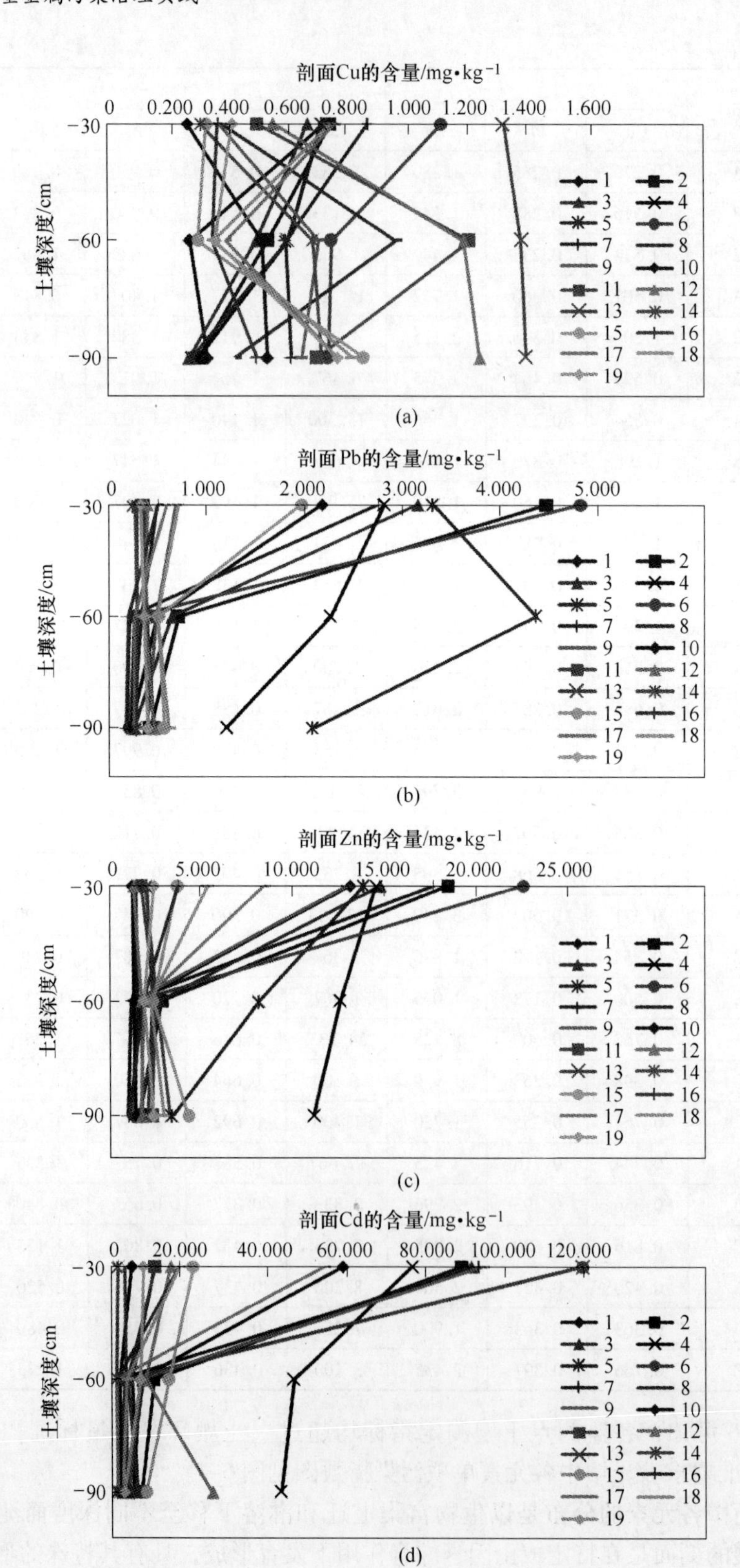
剖面Cu的含量/mg·kg⁻¹
0 0.200 0.400 0.600 0.800 1.000 1.200 1.400 1.600
-30 -60 -90
土壤深度/cm
1 2 3 4 5 6 7 8 9 10 11 12 13 14 15 16 17 18 19
(a)
剖面Pb的含量/mg·kg⁻¹
0 1.000 2.000 3.000 4.000 5.000
-30 -60 -90
土壤深度/cm
1 2 3 4 5 6 7 8 9 10 11 12 13 14 15 16 17 18 19
(b)
剖面Zn的含量/mg·kg⁻¹
0 5.000 10.000 15.000 20.000 25.000
-30 -60 -90
土壤深度/cm
1 2 3 4 5 6 7 8 9 10 11 12 13 14 15 16 17 18 19
(c)
剖面Cd的含量/mg·kg⁻¹
0 20.000 40.000 60.000 80.000 100.000 120.000
-30 -60 -90
土壤深度/cm
1 2 3 4 5 6 7 8 9 10 11 12 13 14 15 16 17 18 19
(d)

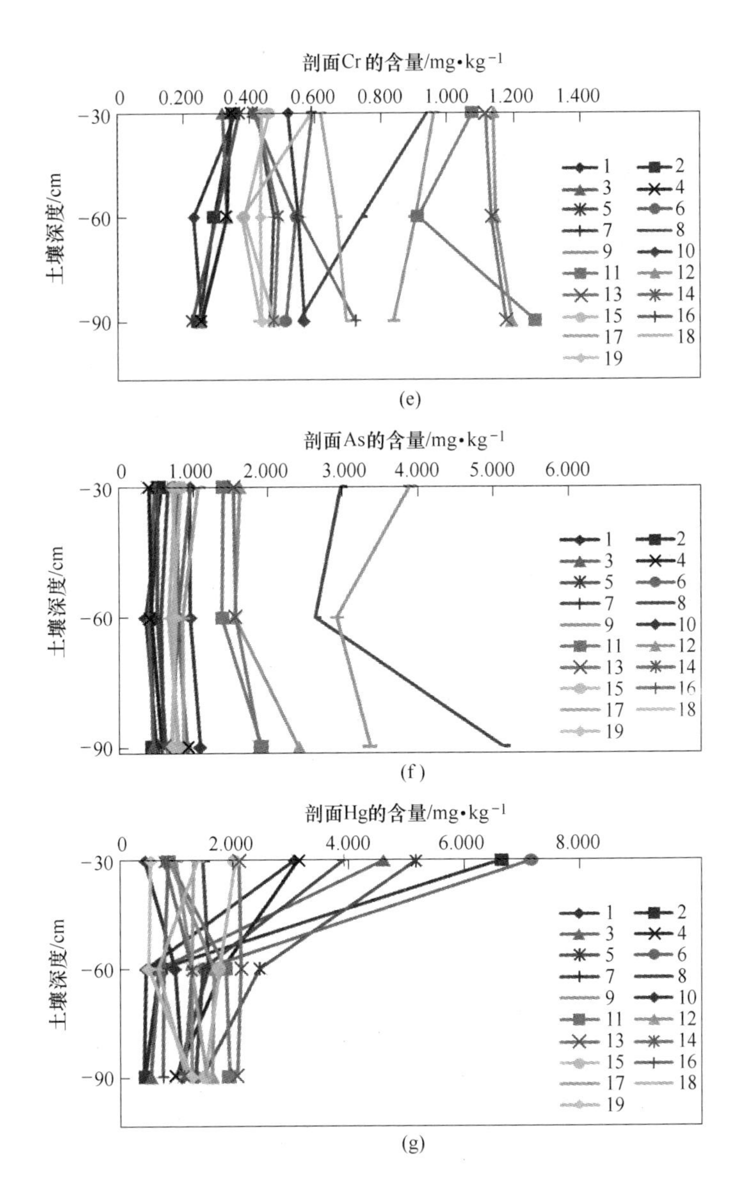

图 6-4 土壤剖面重金属含量分布图

结构及其化合物的地球化学性质差异，使各元素的剖面分布特征不尽相同。图 6-4 显示了 Cu、Zn、Pb、Cd、Cr、As 和 Hg 七种重金属元素在土壤剖面的全量分布特点：

（1）Pb、Zn、Cd、Hg 在剖面的 0～30cm 含量高于下层的土壤，具有明显的表层富集现象。在 0～30cm 的土壤中，大多数样点重金属含量随剖面深度的增加而呈明显下降趋势。这种分布模式有两个可能的解释，一是并非迁移的结果，而是表层污染随时间逐渐加强，在机械截留、胶体吸附等作用下，重金属在土壤表层积累量大，导致土壤表层重金属元素含量增高；二是说明在溶质运移的作用下土壤中重金属向下迁移，但土壤背景的存在远早于污染的产生，所以这种上高下低的模式是污染物逐渐下移的结果，否则污染物质只出现在表层。污染物向下迁移深度将随着时间逐渐增加，在没有外来添加的情况下，将会出现上低下高的淋溶淀积模式，而本研究得到的结果说明目前重金属的输入速率大于其向下迁移的速率，所以仍然维持上高下低的模式。

（2）在30cm以下的土层中Pb、Zn、Cr、Hg含量相对稳定，变化较小，因为Pb、Zn、Cr、Hg在土壤中很快转化为难溶性化合物，使它们的移动性和生物可利用性都大大降低。因此，Pb主要累积在土壤表层。而Cu、Cr、As含量表底土元素含量差异较小，并在60~90cm土层中有相对较高的含量，说明Cu、Cr、As元素迁移淋溶现象较明显。

（3）重金属浓度下降趋势随土层深度的增加并非连续下降，而表现为一定范围内的波状起伏。这表明土壤理化性质的微小差异可能会显著地影响重金属的迁移。从图6-4知，Pb、Zn、Cd、Hg含量在0~30cm的土层内下降速度快，在深层的下降速度较慢，并渐趋缓和。由此可见，土壤对Pb、Zn、Cd、Hg的吸附能力大小顺序为：表层>中层>底层。

（4）Zn、Cr含量在60cm以下的土壤中含量仍然高于国家标准数倍，与研究区所在特殊地理位置有关，一是研究区位于亚热带向暖温带过渡气候带，属暖温带半湿润气候区，纬度偏低、气温高，海洋季风作用较强，降雨量多，气候比较湿润，常绿阔叶与落叶植物生长繁茂。在自然条件综合作用下，土壤黏粒形成和移动过程明显，盐基淋溶作用十分活跃，土壤呈微酸性或微碱性反应，并在剖面出现黏化层。土壤中粘粒和有机质含量高，表面积大，其吸附交换量也大，故这一地区土壤一般背景值较高。二是研究区紧邻大新铅锌矿主矿区。并且50cm以下土层中Pb、Zn含量变化较小，含量趋近，因此，可以推测研究区深层土壤中Pb、Zn的高含量并非来自表层淋溶下移，而更多的是受成土母质影响所致。

C 土壤中金属形态分析

a 监测布点

挑取点3、6、9、11、14和18号样，进行土壤中金属的形态分析。

b 监测因子及分析方法

监测因子包括pH值、镉、铬、汞、砷、铅、铜、锌等8项指标。各项目监测分析方法按《土壤环境监测技术规范》（HJ/T 166—2004）进行。

c 监测结果

本次土壤环境现状现场取样由崇左市环境保护监测站完成，时间是2013年11月28日至12月30日，测试由国土资源部合肥矿产资源监督检测中心。监测结果详见表6-47~表6-53。

表6-47 土壤中砷形态分析结果 （mg/kg）

原样号	全量	水溶态	离子交换态	碳酸盐态	腐殖酸态	铁锰氧化态	强有机态	残渣态
11317-A3-01	19.1	0.08	0.14	0.06	3.36	1.65	0.07	10.6
11317-B3-01	14.8	0.01	0.17	0.07	3.01	1.16	0.02	9.2
11317-C3-01	17.9	0.03	0.04	0.04	3.17	0.93	0.02	10.4
11317-A6-01	26.7	0.34	0.15	0.11	4.08	2.65	0.06	14.5
11317-B6-01	27.8	0.02	0.02	0.16	3.76	1.04	0.04	20.3
11317-C6-01	31.8	0.02	0.04	0.05	4.46	1.38	0.09	20.3
11317-A9-01	80.2	0.07	0.04	0.16	4.80	2.65	0.09	57.4
11317-B9-01	93.5	0.04	0.06	0.15	4.51	3.12	0.22	70.5

续表 6-47

原样号	全量	水溶态	离子交换态	碳酸盐态	腐殖酸态	铁锰氧化态	强有机态	残渣态
11317-C9-01	94.4	0.06	0.02	0.10	4.86	3.93	0.15	72.9
11317-A11-01	36.0	0.01	0.06	0.07	3.54	1.94	0.09	26.0
11317-B11-01	35.6	0.04	0.08	0.07	4.49	2.23	0.06	27.0
11317-C11-01	62.5	0.03	0.01	0.09	4.58	2.56	0.08	44.0
11317-A14-01	31.9	0.01	0.02	0.09	3.84	1.70	0.06	20.5
11317-B14-01	35.4	0.01	0.26	0.15	4.22	1.34	0.11	26.9
11317-C14-01	39.0	0.01	0.02	0.26	3.77	2.71	0.12	28.8
11317-A18-01	46.5	0.12	0.22	0.57	3.32	3.85	0.67	32.6
11317-B18-01	26.2	0.02	0.01	0.07	3.35	1.30	0.07	17.3
11317-C18-01	96.2	0.06	0.07	0.32	3.90	3.71	0.56	72.1

表 6-48 土壤中汞形态分析结果 (mg/kg)

原样号	全量	水溶态	离子交换态	碳酸盐态	腐殖酸态	铁锰氧化态	强有机态	残渣态
11317-A3-01	1049	0.7	0.6	2.0	112.0	1.7	267.1	549
11317-B3-01	299	0.3	0.6	3.5	49.6	4.0	96.2	96
11317-C3-01	266	0.4	0.8	3.0	59.6	5.3	97.1	80
11317-A6-01	1528	2.5	1.5	3.5	210.8	2.5	219.2	834
11317-B6-01	435	0.5	1.2	2.0	60.4	1.1	135.7	173
11317-C6-01	290	0.4	1.4	1.3	44.6	1.3	99.6	91
11317-A9-01	347	0.5	1.2	1.8	59.0	0.8	98.8	124
11317-B9-01	380	0.7	1.0	1.3	66.6	1.1	111.4	137
11317-C9-01	259	0.6	0.8	1.0	40.2	1.7	93.9	91
11317-A11-01	398	0.5	1.0	0.8	34.0	2.0	57.4	256
11317-B11-01	456	0.6	0.8	1.0	56.0	2.2	157.8	171
11317-C11-01	375	0.5	0.8	0.8	46.4	2.4	117.5	154
11317-A14-01	297	0.5	1.0	0.8	50.2	1.6	87.6	116
11317-B14-01	309	0.5	1.2	1.0	65.8	1.7	74.9	111
11317-C14-01	416	1.6	1.0	0.6	62.5	2.6	110.6	166
11317-A18-01	456	1.1	0.8	0.7	64.3	0.6	42.8	277
11317-B18-01	330	1.1	0.3	1.1	46.4	2.3	65.8	165
11317-C18-01	385	0.9	0.7	1.5	42.5	0.5	91.9	181

表 6-49 土壤中镉形态分析结果 (mg/kg)

原样号	全量	水溶态	离子交换态	碳酸盐态	腐殖酸态	铁锰氧化态	强有机态	残渣态
11317-A3-01	31.88	0.563	26.080	2.590	1.246	1.040	0.808	0.34
11317-B3-01	2.93	0.005	1.216	0.436	0.488	0.352	0.134	0.16
11317-C3-01	2.07	0.001	0.868	0.340	0.342	0.254	0.120	0.06

续表 6-49

原样号	全量	水溶态	离子交换态	碳酸盐态	腐殖酸态	铁锰氧化态	强有机态	残渣态
11317-A6-01	33.59	1.002	24.640	2.564	0.340	0.628	1.920	0.48
11317-B6-01	1.68	0.005	0.119	0.121	1.104	0.104	0.192	0.09
11317-C6-01	2.28	0.019	0.708	0.329	0.298	0.220	0.164	0.10
11317-A9-01	31.23	0.045	20.348	2.596	0.394	7.162	0.666	0.55
11317-B9-01	2.23	0.008	0.120	0.168	0.804	0.432	0.412	0.35
11317-C9-01	1.48	0.002	0.096	0.088	0.086	0.428	0.246	0.36
11317-A11-01	3.34	0.005	0.482	0.662	0.320	0.640	0.364	0.53
11317-B11-01	1.16	0.005	0.038	0.064	0.372	0.172	0.132	0.41
11317-C11-01	1.98	0.003	0.116	0.070	0.304	0.576	0.428	0.47
11317-A14-01	0.90	0.001	0.080	0.110	0.209	0.088	0.244	0.14
11317-B14-01	0.82	0.002	0.025	0.082	0.282	0.058	0.244	0.16
11317-C14-01	1.29	0.017	0.156	0.102	0.264	0.104	0.508	0.16
11317-A18-01	5.81	0.140	2.590	0.692	0.486	0.574	1.256	0.22
11317-B18-01	1.49	0.007	0.150	0.082	0.270	0.432	0.294	0.24
11317-C18-01	3.93	0.010	0.152	0.184	0.204	0.386	2.794	0.22

表 6-50　土壤中铬形态分析结果　(mg/kg)

原样号	全量	水溶态	离子交换态	碳酸盐态	腐殖酸态	铁锰氧化态	强有机态	残渣态
Cr	10^{-6}	10^{-6}	10^{-6}	10^{-6}	10^{-6}	10^{-6}	10^{-6}	10^{-6}
11317-A3-01	83.5	0.12	0.37	0.56	8.92	1.85	7.67	66.0
11317-B3-01	82.3	0.05	0.34	0.73	6.73	1.47	7.73	66.3
11317-C3-01	77.4	0.04	0.36	0.68	8.60	0.83	4.52	65.7
11317-A6-01	106.0	0.50	0.44	0.67	8.58	1.39	8.61	84.4
11317-B6-01	130.7	0.24	0.36	0.21	10.35	0.74	4.28	120.3
11317-C6-01	135.1	0.25	0.40	0.22	13.06	0.44	2.32	108.3
11317-A9-01	187.4	0.26	0.27	0.37	13.33	1.28	8.11	155.2
11317-B9-01	167.5	0.32	0.64	0.38	16.26	0.45	4.55	141.7
11317-C9-01	167.5	0.10	0.51	0.25	8.80	0.51	8.22	139.0
11317-A11-01	184.2	0.15	0.40	0.59	13.22	0.57	6.63	170.9
11317-B11-01	199.3	0.08	0.15	0.26	12.82	0.63	3.32	164.3
11317-C11-01	198.4	0.04	0.50	0.23	16.97	0.95	4.66	176.7
11317-A14-01	109.6	0.08	0.47	0.36	14.72	1.11	3.96	92.0
11317-B14-01	112.9	0.04	0.49	0.30	11.23	1.24	4.08	93.9
11317-C14-01	114.0	0.13	0.27	0.30	11.53	1.21	4.87	101.4
11317-A18-01	108.3	0.10	0.38	0.45	13.29	1.11	8.94	86.6
11317-B18-01	99.0	0.18	0.38	0.23	7.00	0.78	3.17	91.8
11317-C18-01	102.1	0.11	0.34	0.33	7.25	0.74	8.58	89.1

表 6-51 土壤中铅形态分析结果 (mg/kg)

原样号	全量	水溶态	离子交换态	碳酸盐态	腐殖酸态	铁锰氧化态	强有机态	残渣态
11317-A3-01	1278.9	9.33	1.49	392.60	290.76	191.57	23.06	119.4
11317-B3-01	255.5	0.20	1.09	21.28	56.52	64.51	10.51	64.6
11317-C3-01	142.7	0.06	14.78	5.52	27.21	47.61	5.29	40.8
11317-A6-01	1708.8	25.80	1.88	587.00	46.17	458.60	31.90	229.9
11317-B6-01	84.0	0.03	6.21	8.51	20.56	15.70	8.09	29.0
11317-C6-01	87.1	0.04	1.06	8.55	11.07	15.83	6.66	28.0
11317-A9-01	277.3	0.09	0.13	18.33	44.61	75.24	13.19	77.4
11317-B9-01	202.2	0.55	0.64	6.89	54.55	82.74	20.62	32.3
11317-C9-01	137.3	0.11	0.05	4.07	9.88	70.33	12.34	23.5
11317-A11-01	183.2	0.18	0.85	3.75	15.36	56.22	13.42	74.8
11317-B11-01	137.1	0.07	0.40	4.29	13.31	37.84	12.29	55.0
11317-C11-01	211.2	0.10	0.35	3.39	14.11	81.88	17.69	57.5
11317-A14-01	165.6	0.09	0.85	12.05	14.64	39.28	15.10	54.5
11317-B14-01	154.7	0.20	1.41	13.24	25.11	37.67	19.13	50.1
11317-C14-01	183.5	0.21	2.16	15.70	21.56	40.78	23.00	54.7
11317-A18-01	414.2	0.95	15.14	32.76	49.90	79.33	42.86	117.2
11317-B18-01	219.0	0.65	1.38	5.44	27.74	66.99	17.42	109.8
11317-C18-01	591.8	0.72	2.04	26.10	35.74	205.84	126.56	108.4

表 6-52 土壤中铜形态分析结果 (mg/kg)

原样号	全量	水溶态	离子交换态	碳酸盐态	腐殖酸态	铁锰氧化态	强有机态	残渣态
11317-A3-01	31.6	0.42	0.15	2.82	10.26	5.10	1.04	12.5
11317-B3-01	22.9	0.14	0.04	2.30	4.59	1.93	0.55	14.1
11317-C3-01	25.5	0.15	0.12	1.21	4.46	2.26	0.67	17.4
11317-A6-01	48.2	0.35	0.25	2.59	6.57	4.34	2.09	24.7
11317-B6-01	31.9	0.26	0.07	0.06	12.08	0.08	0.61	19.0
11317-C6-01	31.6	0.19	0.01	0.01	3.32	0.52	0.91	25.4
11317-A9-01	30.9	0.29	0.07	0.22	5.23	3.81	0.61	19.2
11317-B9-01	28.0	0.21	0.23	0.08	1.36	0.84	0.65	23.2
11317-C9-01	26.0	0.12	0.14	0.23	5.63	0.49	0.61	19.2
11317-A11-01	39.0	0.23	0.05	0.34	0.35	2.26	0.37	29.7
11317-B11-01	49.1	0.22	0.03	0.25	3.00	0.74	0.31	41.9
11317-C11-01	54.4	0.18	0.04	0.13	4.16	1.47	0.41	47.9
11317-A14-01	26.6	0.14	0.06	0.10	0.37	1.00	0.47	22.9
11317-B14-01	28.2	0.19	0.05	0.07	3.07	1.05	0.69	24.3
11317-C14-01	30.2	0.10	0.17	0.13	5.19	0.88	1.34	18.3
11317-A18-01	31.2	0.12	0.41	0.46	7.86	2.83	3.15	17.1
11317-B18-01	31.3	0.14	0.13	0.38	2.78	1.65	0.89	25.6
11317-C18-01	40.2	0.09	0.27	0.26	0.10	2.40	4.72	29.5

表 6-53　土壤中锌形态分析结果　(mg/kg)

原样号	全量	水溶态	离子交换态	碳酸盐态	腐殖酸态	铁锰氧化态	强有机态	残渣态
11317-A3-01	3300.0	44.06	21.62	330.80	483.80	874.40	415.80	525.2
11317-B3-01	611.4	0.94	15.64	53.58	104.38	55.24	35.58	238.4
11317-C3-01	520.2	0.50	110.00	41.12	74.22	40.92	32.72	196.5
11317-A6-01	4012.0	101.90	53.97	348.80	154.04	692.00	1055.40	861.2
11317-B6-01	368.1	0.36	26.62	10.78	45.00	19.68	38.88	237.3
11317-C6-01	454.4	1.51	60.34	17.00	27.10	31.90	41.70	225.6
11317-A9-01	3059.0	3.08	71.05	524.20	143.28	610.40	365.40	809.7
11317-B9-01	418.4	0.87	0.36	5.12	10.40	11.40	47.30	283.1
11317-C9-01	329.2	0.18	0.18	2.52	11.49	5.08	24.30	256.1
11317-A11-01	414.7	0.34	0.59	2.92	19.85	9.06	30.22	352.2
11317-B11-01	508.4	0.31	0.05	1.64	21.42	5.07	24.94	419.2
11317-C11-01	512.4	0.26	0.65	2.46	23.30	9.54	41.12	409.1
11317-A14-01	559.3	0.36	0.55	4.63	27.06	9.52	39.18	455.1
11317-B14-01	567.2	0.49	0.85	4.80	39.84	9.01	48.56	468.3
11317-C14-01	648.1	0.58	2.26	5.69	38.08	12.24	75.92	481.4
11317-A18-01	1054.0	4.60	57.42	38.58	98.86	34.04	211.00	515.3
11317-B18-01	537.7	0.96	2.09	3.89	21.28	6.53	27.72	493.1
11317-C18-01	1023.0	1.37	3.95	14.99	36.90	25.94	389.60	504.7

d　结果分析与评价

重金属的生物毒性不仅与其总量有关，更大程度上由其形态分布决定，用重金属在土壤中的总量来预测其在环境中的行为和对生态环境的影响是不确切的，因为总量难以反映重金属的生物活性和移动性，因此对重金属的形态做了分析，不同的形态产生不同的环境效应。形态分析是指表征与测定的一个元素在环境中存在的各种不同化学形态与物理形态的过程，其目的是确定具有生物毒性的重金属的含量。土壤中重金属各形态的含量分析如图 6-5 ~ 图 6-11 所示（图中 3、6、9、11、14、18 为样点号，a、b、c 为土层）。

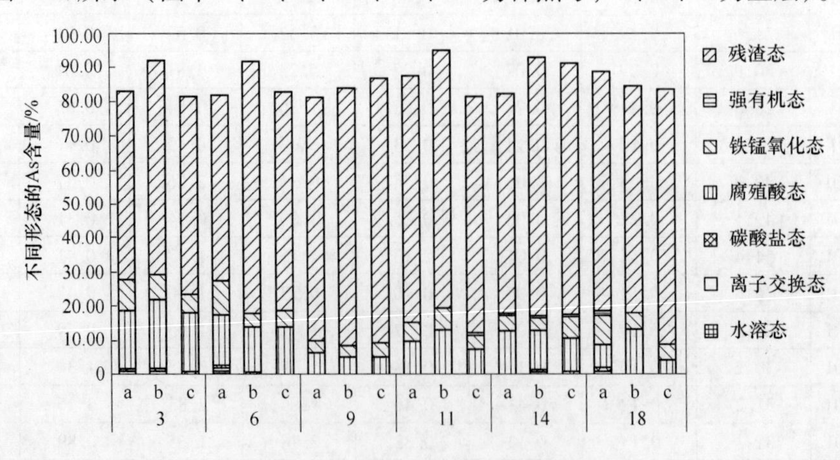

图 6-5　土壤中 As 的形态分布

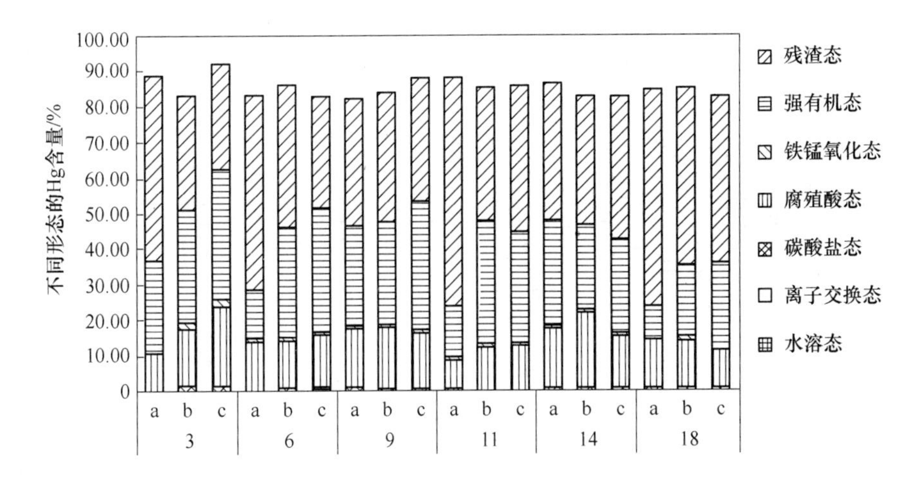

图 6-6 土壤中 Hg 的形态分布

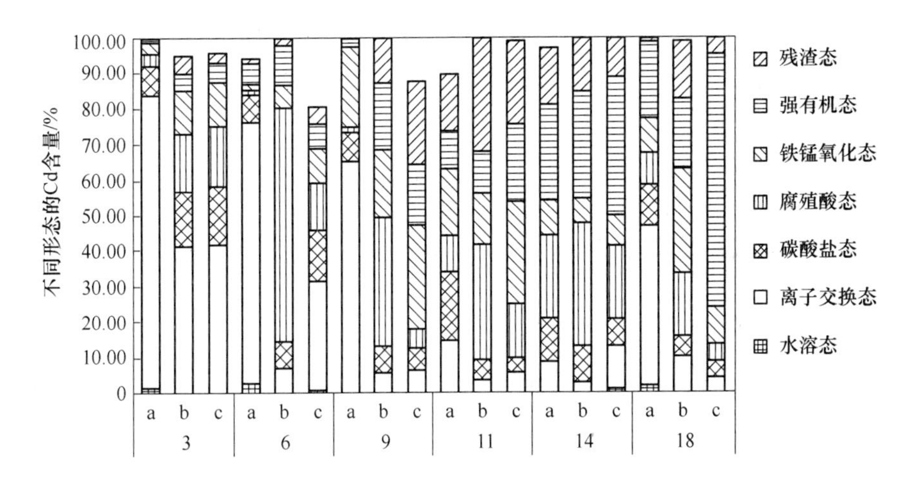

图 6-7 土壤中 Cd 的形态分布

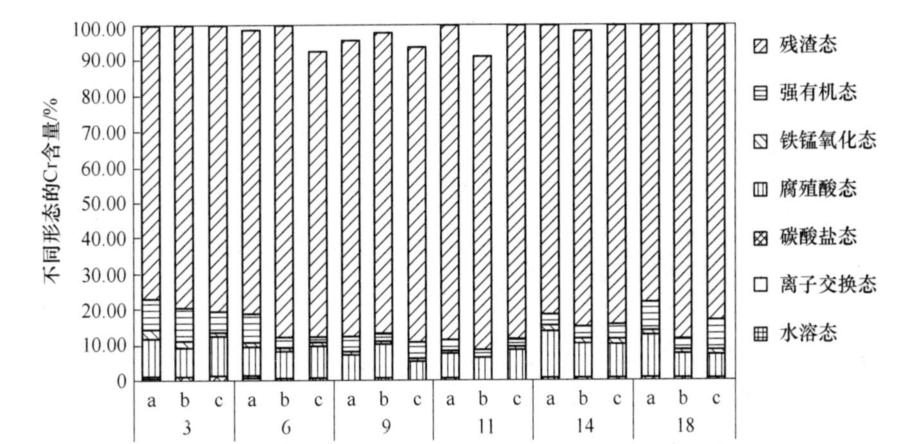

图 6-8 土壤中 Cr 的形态分布

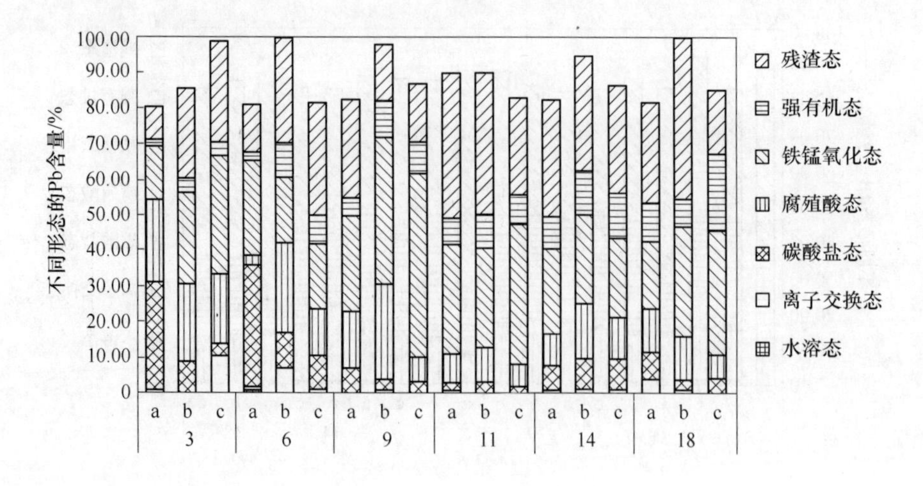

图 6-9 土壤中 Pb 的形态分布

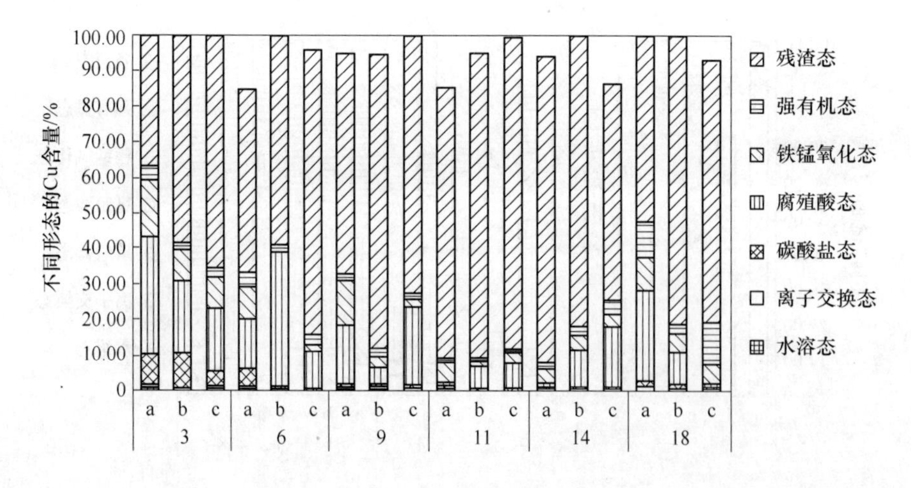

图 6-10 土壤中 Cu 的形态分布

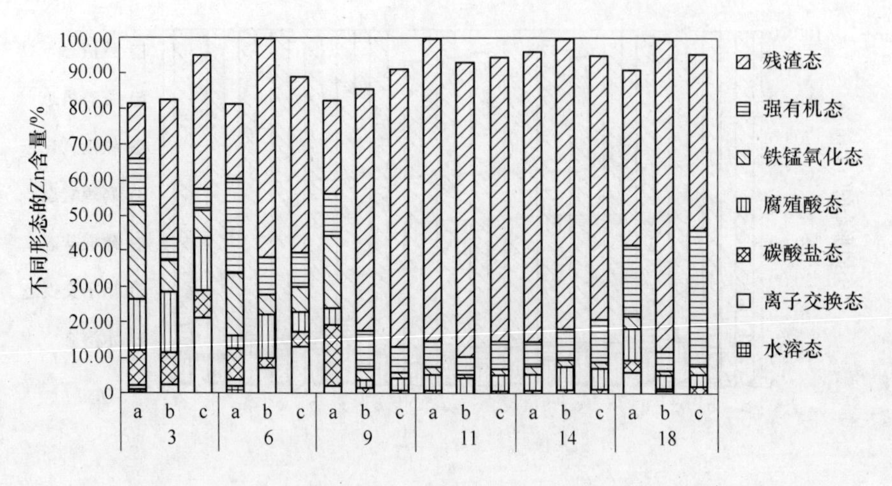

图 6-11 土壤中 Zn 的形态分布

由图6-5～图6-11可知，土壤中重金属各形态的含量分析如下：

（1）水溶态、可交换态和碳酸盐态：水溶态和可交换态主要是通过扩散作用和外层络合作用非专性地吸附在土壤和沉积物的表面上，很容易被其他离子交换出来。它在环境中的可移动性和生物有效性最强，通常把这种形态称为重金属的活性形态或者有效态，并认为是评价土壤重金属污染的重要指标。通过离子交换即可将它们从样品中迅速萃取出来，土壤该形态重金属含量较低，但容易被生物吸收和利用。碳酸盐结合态是通过较为温和的酸即可将它们释放。从表6-47～表6-53可以看出，在各土壤中，以Pb的水溶态、可交换态及碳酸盐态绝对含量最高，最高可达614.68mg/kg；Zn其次，最高达598.33mg/kg；As的水溶态、可交换态及碳酸盐态含量最低，只有0.10mg/kg。而从图6-5～图6-11中可以看出，在全量中所占的百分比，以Cd的水溶态、可交换态及碳酸盐态的含量最高，最高达91.7%，其具有最强的活性，最容易被植物吸收；其次就是Cu，其百分含量最高达35.97%，As、Hg的可交换态及碳酸盐结合态的百分比含量相当，都较低，活性较弱。

（2）铁锰氧化态：铁锰氧化态被专性吸附或共沉淀在土壤氧化物中，该形态重金属被束缚的较紧，只有当土壤的氧化还原电位降低时，重金属元素才有可能释放，因而对植物有潜在的危害。从表6-47～表6-53可以看出，在各土壤中，以Zn的铁锰氧化物结合态绝对含量最高，最高达874.40mg/kg；其次是Pb，最高含量有458.60mg/kg；Cr的铁锰氧化物结合态含量最低，平均不足1mg/kg。而从表6-47～表6-53可以看出，在全量中所占的百分比含量却以Pb的最高，最高达到51.21%；Cd次之，最高达29.09%；而Hg的铁锰氧化物结合态所占比例最低，平均只有0.54%。

（3）有机结合态：有机物结合态是指被土壤中有机质络合或螯合的那部分金属。从表6-47～表6-53可以看出，在各土壤中，以Hg的腐殖酸态和强有机态绝对量最高，最高达到429.98mg/kg；Cd的腐殖酸态和强有机态含量最低，平均不足1mg/kg。而从图6-5～图6-11可以看出，腐殖酸态和强有机态在全量中所占的百分比含量却以Cd的最高，最高达64.01%；其余元素所占比例差不多。

（4）残渣态：残渣态是土壤中重金属的主要组成部分，一般存在于原生、次生硅酸盐和其他一些稳定矿物中，其中包括少量难分解的有机物及不易氧化的硫化物等。一般情况下，残渣态稳定，对土壤中重金属的迁移和生物可利用性贡献不大，整个土壤生态系统中对食物链的影响较小，对环境比较安全。但是当它遇到强酸、强碱或螯合剂时，这些金属还是会部分地进入到环境中来，对生态系统构成威胁。从图6-5～图6-11可以看出，除了Pb、Hg和Cd，其他元素均以残渣态为主，As的残渣态占总量的55.31%～75.76%，Cr的残渣态占总量的79.08%～92.81%，Cu的残渣态占总量的39.65%～88.01%，Zn的残渣态占总量的15.92%～91.71%。

6.2.3 矿区重金属污染土壤治理技术比选

6.2.3.1 土壤污染的危害

目前我国土壤环境的污染现状不容乐观。中国农业部的调查显示，受镉、砷、铬、铅等重金属污染的耕地面积近600万～800万公顷，约占耕地总面积的8%。我国140万公顷的污灌面积中，8.4%、9.7%和46.7%的面积分别受到重金属的重度、中度和轻度污染。我国粮食因土壤污染减产超过1300万吨，并且每年生产重金属污染的粮食多达1200

万吨，直接经济损失达100多亿元。此外，我国作为农产品生产和出口的主要国家之一，但因土壤污染致使大量食品的污染物超标，大约18.5%的农产品污染物含量超过了健康标准，不但影响我国农产品的出口创汇，关系到经济能否保持健康可持续发展，而且也直接关系到当代人和后代人的健康和生活质量。

土壤污染的修复不仅是当前国际资源与环境研究领域的热点问题，也是我国当前生态环境保护面临的紧迫任务，是实施可持续发展战略应优先关注的环保重点任务之一。2006年，国务院发布的《关于落实科学发展观加强环境保护的决定》中确定的七项重点任务的主要工作是污染防治，其中包括：以防治土壤污染为重点，加强农村环境保护。但由于土壤污染的复杂性、地域特性及目前国内外所应用的土壤污染的修复技术成果的应用尚处于萌芽阶段，因此，探索和研究出行之有效的符合中国国情的有效措施与技术解决土壤重金属污染问题，以利于土地利用率和价值，确保史评安全和人民身体健康等方面产生显著的经济、社会和生态效益，从而促进我国经济、社会与环境协调发展。

根据《中国生态保护》、《国家环境保护“十二五”科技发展规划》、国发〔2005〕39号文《国务院关于落实科学发展观加强环境保护的决定》、环发〔2008〕48号文《关于加强土壤污染防治工作的意见》等有关文件精神；结合实施西部大开发战略和大新县经济社会发展的中长期规划，为实现耕地总量保持动态平衡和可持续发展的要求；从人民群众的根本利益出发，保护居民身体健康，改善农业生产环境，为县域经济快速健康发展，顺应当地人民群众对环境保护的强烈要求和致富奔小康的迫切愿望。

铅锌矿尾砂等物质进入矿区周围土壤产生一系列严重的生态环境问题：重金属毒害、农作物减产甚至绝收、土壤质量退化、污染地下水和地表水等。在矿区吉屯村目前的土地基本上已经都荒废了。

6.2.3.2 治理技术路线

土壤重金属污染防治应坚持预防为主，防治结合的原则。受重金属污染的土壤其治理途径有2种：一种是通过物理、化学、生物等方法去除土壤中的重金属污染物；另一种是改变重金属在土壤中的存在形态，将其固定化、降低活性，减少其在土壤中的迁移性及生物可利用性。围绕这2种途径产生了不同的治理措施和方法。

A 工程治理措施

工程治理是指用物理或物理化学的原理来治理土壤重金属污染。在小面积污染严重的土壤治理中，常采用客土、换土、去表土和深耕翻土等措施。在实际操作中通常采用去表土和换土法，去表土是在被污染的土壤上覆盖一层非污染土壤；换土法是将污染土壤部分或全部换掉，当然新换的覆土和换土的厚度应大于耕层土壤的厚度。

但该方法人力与财力投入大，据报道，对1hm^{2}污染土壤进行工程治理（客土），每换1m深土体，耗费800万~2400万美元，且换土过程中存在占用土地、渗漏、污染环境等不良因素，易导致土壤结构破坏和土壤肥力下降，故不是理想的土壤重金属污染的治理方法。

B 物理化学治理措施

a 热处理法

对被污染土壤进行加热，促使其中的有害物质挥发出土壤后集中回收再处理。处理过程中，先破碎土壤，后加入促进分解的添加剂，再加热回收，集中处理。

b 电化法

通过在被污染的土壤外通一直流电场，在电场的作用下，使污染物流向其中的一个电极，后通过收集系统将电极收集起来进行处理。

c 络合淋洗法

该技术是利用一些萃取/淋洗剂的水溶液，通过化学和物理的方法，将污染物质从土壤颗粒分离或解吸到萃取/淋洗液中而去除的技术。由于重金属一般富集于小的颗粒性土壤中，所以物理分离除去大颗粒的土壤可大大减少需要化学萃取的土壤量。常用的土壤重金属萃取剂有螯合试剂（如 EDTA、DTPA 和 NTA 等）和无机酸（如 HNO_3），有机酸（如柠檬酸）等。

根据其修复方式化学萃取/淋洗修复技术可分为原位萃取技术、异位萃取技术以及搅拌萃取技术等：（1）原位萃取技术。主要通过原位萃取液灌注和滤液回收而去除土壤中的重金属，优点是成本较低，工艺较为简单；缺点是重金属去除效率低，对地下水污染存在一定的风险。（2）异位清洗技术。主要通过土壤柱清洗工艺而去除土壤中的重金属，优点是可克服对地下水的二次污染；缺点是重金属去除效率低，处理成本偏高。（3）搅拌萃取技术。主要是在搅拌反应器中使萃取液与土壤经过长时间充分混合，然后滤除萃取液而去除土壤中的重金属的技术，优点是重金属去除效率高，二次污染风险小；缺点是处理成本太高。

d 土壤固化/稳定化修复

该技术是指防止或降低污染土壤释放有害化学物质过程的一组修复技术，通常用于重金属和放射性物质污染土壤的无害化处理。固化/稳定化技术包含了两个概念：（1）固化：包被污染物，使之呈颗粒状或大块状存在，进而使污染物处于相对稳定的状态；（2）稳定化：将污染物转化为不易溶解、迁移能力或毒性变小的状态和形式，即通过降低污染物的生物有效性，实现其无害化或降低其对生态系统危害性的风险。通常固化/稳定化对金属污染效果明显，且不存在破坏性技术，As、Pb、Cr、Hg、Cd、Cu、Zn 均可采用该方法。固化/稳定化技术既可将污染土壤挖掘出来，在地面混合后投放到适当形状的模具中，或放置到空地进行稳定化处理，也可在污染土地原位稳定处理。相比而言，现场原位稳定处理比较经济，并可处理深达 30m 处的污染物。但污染物仍留在原地，随时间流逝，稳定化的污染物复合体会解体，污染物可能更新活化，渗透到下层土壤和地下水，因此还需长时间的土壤监测和更长时间的环境投入。

C 生物修复法

a 土壤动物修复

土壤中的某些低等动物如蚯蚓等能吸收重金属，利用这一特性，可在一定程度上降低污染土壤中重金属比例，达到修复重金属污染土壤的目的。

b 土壤植物修复

土壤中的某些植物，如超积累植物能吸收土壤中的一种或几种重金属，可在被污染的土壤中培育这些植物，待其吸收一段时间后收割其地面茎叶部分，从而达到降低土壤中重金属元素含量的方法。植物去除土壤中重金属的机理主要依靠植物萃取作用、根系过滤作用、植物挥发作用和植物固定化作用。根据修复植物在某一方面的修复功能和特点，可将植物修复分为植物提取、植物挥发和植物稳定 3 种类型。

c 土壤微生物修复

利用土壤中某些微生物对重金属的抗性。让这些微生物在被重金属污染的土壤中吸附、吸收其中的重金属并在这些微生物体内将之固定化、稳定化、降低活性化、无害化及利于根系吸收和转运化等。

d 农业生态因子调控修复

农业生态因子调控修复是以植物修复为基础，通过施有机肥来提高土壤肥力，使土壤中重金属的毒性弱化、提高重金属的生物活性，以利于修复植物的吸收，从而提高修复效率；在植物方面，通过对植物进行培育和驯化，增强植物对重金属的耐性和累积率，促使植物修复效率的提高。此外，通过调节土壤环境的 pH 值、水分、气温、氧化还原状况、湿度等因子来减弱重金属对植物的毒害作用。

6.2.3.3 方案设计

A 整治范围

通过对矿区及周边的取样分析结果，结合《广西苍梧县佛子冲铅锌矿地质环境调查报告》，矿区整治的范围最终可以确定为污染严重区：黄长屯、零洞、端屯和外育屯。根据矿区污染的范围，对受影响区域的土地、人口等进行了统计，统计结果见表 6-54。

表 6-54 污染区域人口与耕地情况表

村庄名称	人口	耕地面积/亩
黄长屯	766	750
零洞	227	234
端屯	519	469
外育屯（马伏）	373	750
合计	1885	2203

通过对矿区及周边土壤的取样分析结果，确定大部分土壤表层约 30cm 被重金属污染，容重按 1.4g/cm^3 计算，要处理的土壤量约为 61.7 万立方米。

B 技术方案

综合佛子冲铅锌矿的具体情况，项目组经过研究分析，讨论出以下几种方案：换土、淋洗处理或植物修复。

a 换土处理

采用换土法处理重金属污染的土壤，需换掉重金属污染土地 2203 亩，处理工程量约 44 万立方米；主要换掉原耕作层污染的土壤，土壤厚度为 30cm 左右。换过来的土壤应满足《土壤环境质量标准》（GB 15618—1995）二级标准。

b 淋洗处理

污染土壤采取物理分离和化学淋洗技术集成技术。物理分离技术是基于简单的粒径分离如使用在水流的作用下采用水力分选和摩擦分选。化学淋洗则是采用化学淋洗液，如 EDTA 溶液，盐酸等化学萃取剂对土壤进行循环淋洗。具体的工艺流程见图 6-12。该项目采用异位物理分级-化学淋洗处理工艺对污染土壤进行处理。

c 植物修复

在重金属污染的田地，种植重金属影响小的，又能带来经济收益的桉树。可在避免种

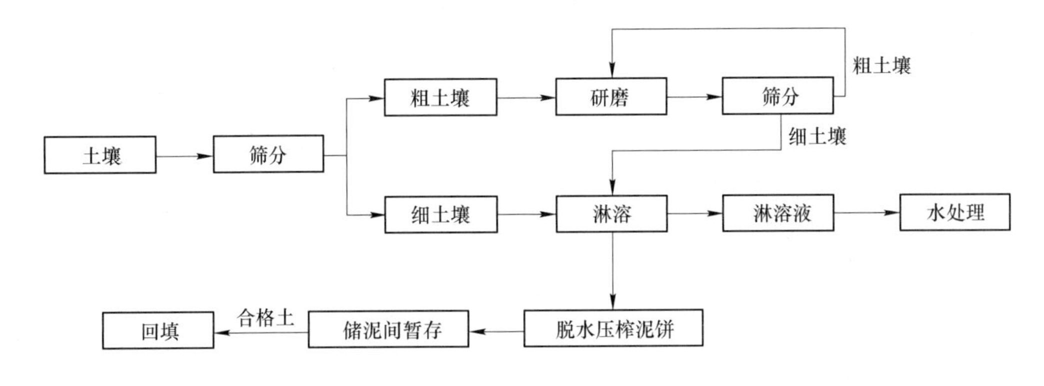

图 6-12 淋洗处理土壤工艺流程图

植食用性植物前提下对重金属污染的土壤实行植物修复，又可缓解当前木材资源供给压力，提高经济收益。其种植株行距 2m×3m，种植穴穴面 60cm×60cm，穴深 50cm，穴底 40cm×40cm。种植面积共 2203 亩，可种植桉树约 32 万株。在植株间种植重金属超积累植物，可对土壤进行修复。

C 方案比选

换土处理可达到彻底并快速去除污染物的目的。换土修复治理的处理步骤如下：

（1）修建污染土壤的放置场地、取来土的放置场地；

（2）通过机械设备和人工将污染土层收集，运输至放置场地，最终运输至最终处置场；

（3）进行无污染土壤挖取；

（4）将无污染土壤回填。

该项目区应用此技术存在的问题：

（1）工程量过大。由于项目区污染农田总面积 2203 亩，对表层 30cm 的土壤进行换土，处理工程量约 44 万立方米，土壤比重按 1.4t/m^3 计算，项目区需换掉的土壤总重量约为 62 万吨。需修建大面积的堆放场，并动用大量机械动力设备和人工进污染土壤的集中、运输和回填等工程。

（2）费用极高。由于工程量大，建设费、工程费、设备费等开支庞大，所以该方法人力与财力投资很大。

（3）环境和生态影响。由于集中堆放的修建，需占用大面积土地，以及取土场生态环境影响的问题。需做好大量污染土的处置工作，以避免产生二次污染。

（4）农业生产难以恢复。即使进行污染物换土处理后回填等措施，土壤性质将被严重破坏，需花费过多的时间、成本和精力去进行土壤性质改良和肥力恢复，会因此造成农业生产难以恢复。

工程量大、费用高、土壤结构和肥力恢复时间长，生态破坏，并且存在污染土壤的处理问题，由于存在以上各方面问题，大新铅锌矿污染土壤无法使用换土处理技术进行修复治理。

D 淋洗处理

在国外，土壤淋洗技术正以其广泛的适应性和快速性而被广泛地在实验室进行研究并且应用于野外实际治理中。土壤淋洗法是用淋洗液来淋洗污染土壤，使吸附或固定在土壤颗粒上的重金属溶解，然后回收淋洗液循环利用。淋洗和淋滤的方法对于小面积重金属严重污染的地区的修复效果较好。第一个大规模的土壤淋洗项目是在美国新泽西州于1992年10月完成的。根据2000年美国环保局的报告，在600多个政府资助的场地修复高新技术示范工程中有4.2%的项目采用的就是土壤淋洗技术。现在针对重金属污染土壤的化学淋洗技术已经有比较成熟的商业运作。美国已经成功实施的土壤冲洗修复重金属的示范项目及相关情况见表6-55。

表6-55 采用土壤淋洗法成功修复的重金属污染的案例

污染场地名称及位置	淋 洗 剂	目标重金属	相配套工艺
Ewan Property，NJ	清水	As、Cr、Cu、Pb	以溶剂萃取有机污染物作为预处理
GE Wiring Devices，PR	KI溶液	Hg	洗后土壤现场回填并以清洁土壤覆盖
King of Prussia，NJ	淋洗试剂	Ag、Cr、Cu	污泥处置
Zanesville Well Field，OH	清水	As、Cr、Hg、Pb	热处理法去除有机污染物
Twin Cities Army Ammunition Plant，MN	酸	Cd、Cr、Cu、Hg、Pb	土壤淋滤
Sacramento Army Depot Sacramento，CA	淋洗试剂	Cr、Pb	洗出液的异地处理

a 国外研究进展

国外化学淋洗的研究多集中在淋洗剂去除效率的对比，去除条件的优化及相关机理的探讨。当前的研究动向主要体现在以下几个方面：（1）淋洗剂种类的研究：试图寻找一种对土壤破坏较小，淋洗效果好的淋洗剂。EDTA淋洗后其生物可降解性低，研究以较易降解的螯合剂如EDDS等来代替EDTA（Tandy，et al.，2004）。一些研究者对表面活性剂如SDS（十二烷基磺酸钠）、CTAB（十六烷基三甲基溴化铵）、鼠李糖脂等进行研究（Francisco，et al.，2007；Shin，et al.，2005）。（2）淋洗效率的增强方面：采用还原剂如$Na_2S_2O_5$与EDTA的结合（Chaiyaraksa，et al.，2003），表面活性剂与螯合剂的结合（Ramamurthy，et al.，2007）等增强淋洗效率。操作工艺上也证明多步淋洗比单步淋洗效果较好等（Finzgar，et al.，2007）。（3）淋洗剂回收技术：人工螯合剂成本较高，许多研究者研究EDTA的回收技术，以实现淋洗剂的重复利用，从而降低淋洗成本。如采用$FeSO_4$及Na_2HPO_4等实现了EDTA的回收（Palma，et al.，2003）；Udovic等(2006)采用臭氧与紫外线相结合的方法实现EDTA的回收利用。（4）重金属污染与有机污染如菲、石油烃类等相结合的修复（Khodadoust，et al.，2005）。

b 国内研究进展

我国的土壤淋洗技术的研究较少，并且都处于实验室小试阶段，尚未有示范工程。而研究也集中在解吸（魏世强等，2003）或在植物修复中的重金属活化方面（Wu，et al.，2003；MuHuaFeng，2005）。魏世强等（2003）研究了天然有机物胡敏酸和富里酸，螯合剂EDTA和DTPA和4种简单有机酸对紫色土Cd的溶出效应和吸附解吸行为的影响。结果表明，供试8种有机物均能显著促进Cd从紫色土中的溶出。作用大小顺序为：EDTA≥DTPA>柠檬酸>胡敏酸>草酸>富里酸>酒石酸≥水杨酸。陈同斌等（Chen，et al.，

2003）探索了柠檬酸废水、味精废水等行业有机废水活化土壤重金属、促进植物吸收重金属的可行性，发现味精废水具有良好的促进香根草对重金属铜锌、遏兰菜对镉的富集。

可欣等（2006）采用振荡淋洗的方法研究了皂素溶液浓度、pH 值、淋洗时间对重金属去除效果的影响。结果表明：皂素溶液在质量浓度为 3%、pH 值为 5.0～5.5、淋洗时间 12h 的条件下能达到对污染土壤重金属的最大去除。去除率分别为 Cd 93.5%，Pb 20.5%，Cu 8.64%，Zn 48.4%。模型拟合的结果表明，镉的质量转移系数最大，其次是锌，然后是铅，最后是铜。这一结果同时也说明了在土壤淋洗过程中，镉和锌最先达到质量转移的平衡状态，然后是铅和铜。

蒋煜峰等（2006）用生物表面活性剂皂角苷（saponin）进行解吸实验。随皂角苷浓度增加，重金属解吸率随之增加，在皂角苷浓度为 3% 时，Cu、Cd、Pb、Zn 解吸率分别达到 43.87%、95.11%、83.54% 和 20.34%。陈亚华等（2007）采用土柱淋滤试验，研究乙二胺二琥珀酸（EDDS）和乙二胺四乙酸（EDTA）诱导植物修复过程中的土壤重金属淋滤行为，同时比较了香根草和玉米在减少重金属淋滤方面的作用。结果表明，在 25d 内经过 480mm 降雨的淋洗，EDDS 处理的土柱（80cm 土层）没有出现重金属的淋滤；而 EDTA 明显导致表层土壤重金属向下层土壤迁移，该迁移行为与降水量的大小、种植植物与否关系密切。香根草和玉米可明显延缓 EDTA 引起的土壤重金属向下层土壤的淋滤，且香根草的延缓效果好于玉米。上述结果表明，EDDS 诱导的高生物量植物修复是相对安全的，而使用 EDTA 需要考虑当地的降水条件。

淋洗处理的处理步骤如下：

（1）修建污染土壤的放置场地、取来土的放置场地；

（2）通过机械设备和人工将污染土层收集，运输至放置场地；

（3）对土壤进行筛分、研磨后，进行土壤的淋洗，对淋洗液收集、处理；

（4）处理后的土壤进行检测，检测合格后脱水，运至储泥间暂存；

（5）处理后的土壤回填。

该项目区应用此技术存在的问题有：

（1）去除重金属效果有限。土壤中重金属的存在形态有水溶态、可交换态、腐殖酸态、碳酸盐结合态、铁锰氧化物结合态、有机结合态和残渣态形式存在。通过土壤淋洗主要能处理前水溶态、可交换态和碳酸结合态的重金属，而对于其他形态的重金属淋洗效果有限。

（2）环境和生态影响。由于集中处理场和堆场的修建，需占用大面积土地，涉及工程选址及场地生态环境影响的问题。需做淋洗水的处置工作，以避免产生二次污染。

（3）农业生产难以恢复。即使进行污染物淋洗处理后回填的土壤，土壤性质将被严重破坏，需花费过多的时间、成本和精力去进行土壤性质改良和肥力恢复，会因此造成农业生产难以恢复。

（4）淋洗液的处理。土壤和淋洗液比按 1∶20 计算，处理 44 万立方米的土壤需要 880 万立方米的淋洗液，损耗按 20% 计算，产生的废淋洗液为 704 万立方米，工期约为 1000 天，每天需处理废水量为 7040m^3，处理量很大。

E　植物修复

项目区的土地环境问题不仅制约着大新县经济发展，而且影响社会稳定，危害当地居民身体健康。该项目实施从根本上解决大新县上述困境，完全符合大新县、乡环境保护和社会发展的总体规划。通过污染土壤修复、土壤地力恢复、土地整治、农田水利建设等，达到改善土地生态环境，恢复土地生产力，提高耕地质量，增加有效耕地面积的目的，提高农民的经济收入。

a　桉树种植的可行性分析

桉树因其对恶劣环境较强的适应性和自身的速生性在世界范围受到瞩目，自 19 世纪末引入中国后到目前种植面积将近 300 万公顷，其用途广、经济效益好，已成为中国南方的重要战略树种之一。目前，诸多的桉树研究文献中桉树养分循环和营养配方施肥方面的研究很多，从中可以得到一些关于重金属元素与桉树生长的关系以及桉树对于土壤中重金属元素含量的影响效果。

李东海等对刚果桉、尾叶桉、窿缘桉（E. exserta）3 种桉树 Fe 和 Zn 元素的积累、循环进行比较研究，研究结果表明，3 种桉树 Fe 元素质量分数平均值分别为 2438.94mg/kg、4618.85mg/kg、3858.13mg/kg，林分 Fe 元素积累量分别为 16787.43kg/hm^2、73163.47kg/hm^2、16421.54kg/hm^2；3 种桉树 Zn 元素含量平均值分别为 28.42mg/kg、13.64mg/kg、18.03mg/kg，林分 Zn 元素积累量分别为 2.74kg/hm^2、1.41kg/hm^2、0.62kg/hm^2；3 种桉树 Cu 元素平均含量分别为 4.61mg/kg、3.45mg/kg、4.36mg/kg，林分 Cu 积累量分别为 0.35kg/hm^2、0.40kg/hm^2、0.12kg/hm^2。

杨胜香在土壤中 Mn、Pb、Cd、Cu 等重金属元素严重污染的八一矿区研究发现，大叶桉（E. robustus）和细叶桉（E. tereticomis）在当地生长良好且对 Mn 元素有较好的富集作用，树体中 Cr、Cd 含量均较高，都远远超过了正常植物含量上限值。有研究表明，在 Cd 胁迫条件下，给蓝桉（E. globulus）接种沙漠球囊霉（Glomus deserticola）显著促进地上部的生物量，康氏木霉（Trichoderma koningii）增加了 Glomus deserticola 对桉树生长的促进作用；AM 真菌和康氏木霉双接种提高了桉树地上部对 Cd 的吸收量。康敏明等研究发现，在 Cd、Zn 和 Pb 污染严重的广州市黄埔工业区土壤，由于土壤重金属的毒害，以及土壤重金属污染对植被生长导致不同程度的破坏，人工植被只剩下少量台湾相思（Acacia confusa）林和尾叶桉林，并且尾叶桉林地的土壤细菌数量、微生物代谢活性和群落多样性较裸地显著提高。

b　龙葵种植可行性分析

邓小鹏等采集了湖南及江苏 8 个矿区或冶炼厂周边 4 种茄科（Solanaceae）植物及其根际土壤，分析了植物及土壤样品中 Cd、Cu、Pb、Mn 和 Zn 5 种重金属浓度。发现第 1 次采集的龙葵（Solanum nigrum L.）叶中 Cd 质量浓度最高达 146.0mg/kg，显示了其对 Cd 的超积累能力；第 2 次采集的龙葵根、茎和叶中 Cd 质量浓度最高分别达 177.0mg/kg、197.0mg/kg、187.0mg/kg，再次印证了龙葵对 Cd 的超积累能力。龙葵对 Pb、Mn 等重金属也具有较强的积累和转移能力。综合分析 2 次采样结果发现，刺天茄和龙葵可以用于重金属污染土壤的植物修复研究。魏树和等通过室外盆栽模拟试验及重金属污染区采样分析试验，发现并证实杂草龙葵（Solanum nigrum L.）是一种 Cd 超积累植物。其中，盆栽试验表明，在 Cd 污染水平为 25mg/kg 条件下，龙葵茎及叶的 Cd 含量分别超过了 100mg/kg 这一公认 Cd 超积累植物应达到的临界含量标准，其地上部 Cd 含量大于其根部 Cd 含量，且地上部 Cd 富集系数大于 1，同时，与对照相比，植物的生长未受到抑制。污染区采样分析试验进一步表明，龙葵对 Cd 的富集符合 Cd 超积累植物的基本特征。这一通过未污染区对超积累植物进行筛选的方法，可以为 Cd 污染土壤的植物修复获得更多具有实用价值的新材料。

c 香根草种植可行性分析

香根草适应性广、抗逆性强，可在贫瘠、紧实、强酸或强碱的土壤中生长，且易种植、易成活、易管理、极少滋生或传播病虫害。国外研究表明，香根草能在高含量金属如砷、铅、铬、铜、镍、镉等情况下，正常生长，在土壤被重金属放射性污染或在开矿、地下掩埋废弃物等污染情况下种植香根草极有利于土壤的复垦。

近年来，我国也开始以香根草为试验材料进行污染治理和控制方面的研究。陈怀满等引的研究也表明，香根草是一种净化富营养水体的优良植物。夏汉平等研究用香根草净化处理垃圾场的渗滤液也取得了较好的效果。通过香根草在铅锌尾矿的盆栽试验表明，香根草在纯尾矿或由尾矿和垃圾组成的混合基质上都能生长，且在尾矿和垃圾各占50%的基质中吸收最多的重金属；添加一定量的垃圾（25% ~50%）用于尾矿改良时，不仅能使尾矿得到更快的植被恢复与更高的植物修复效果，而且能使垃圾资源得到充分合理的利用。聂俊华等通过 Pb 富集植物品种的筛选研究表明，香根草是植株体内含 Pb 量大于 500mg/kg，且能正常生长的6 种植物之一，是修复重金属污染土壤的首选植物之一。田胜尼等通过试验表明，香根草对 Cu^{2+}、Pb^{2+}、Zn^{2+} 等重金属有较强的耐性，在重金属污染土壤的植物修复及尾矿废弃地的植被重建中，可优先作为选择的材料。

研究表明，香根草耐盐碱，在可交换性盐质量分数高达33%时香根草仍表现正常，在 pH 值 3.8 的酸性土壤中，Al^{3+} 质量分数高达 68% 情况下仍能生长（一般作物 Al^{3+} 质量分数 15% 就相当高了），在高质量分数含量的 As、Pb、Cd、Al 等状况下也能生长正常。因此，在土壤被重金属、放射性物质、矿山开发、地下掩埋物或废弃物污染后，种植香根草对促进土壤的复垦非常有利。初步分析认为，香根草有相当大的地上生物量，可在较短的时间内通过根系吸收并被地上茎叶带走相当量的有毒物质。

植物修复过程如下：

（1）根据植物行距 2m ×3m 挖坑，种植穴穴面 60cm ×60cm，穴深 50cm，穴底40cm ×40cm，挖坑时要将表面的熟土、下面的黄土分倒在坑两侧。

（2）在相应的坑内种植桉树。将树苗栽好后，覆盖一层薄土，以保持水分。

（3）在植株之间种植对重金属有超积累的植物，如龙葵、香根草等。

（4）4 月播种龙葵和香根草，10 月份进行收割，晒干后进行焚烧，飞灰进行统一处理。

该项目区应用此技术存在的问题如下：

（1）修复时间长。超积累植物往往植株矮小，生物量较低、生长速度慢、生长周期长，因此需要修复的时间很长。其次植物对土壤肥力、气候、水分、盐度、酸碱度、排水、通气等自然和人为条件有一定的要求。

（2）植物吸附的单一性。一种超积累植物只作用于一种或两种重金属元素，对土壤中其他浓度较高的重金属则表现出某些中毒症状，土壤的超积累植物通常个体矮小、生物量低、生长缓慢、修复时间太长，因而不易机械化作业，同时只局限在根系能延伸的范围内。

三种方案比选见表6-56。

表6-56 3种污染农田的处置方案对比

序 号	处置方式	优 势	劣 势	花 费
1	换土	重金属处理完全	(1) 工程量过大； (2) 费用极高； (3) 破坏生态环境； (4) 严重破坏土壤性质	164383 美元/吨
2	淋洗	—	(1) 工程量过大； (2) 费用极高； (3) 工艺技术要求高； (4) 严重破坏土壤性质	处理淋溶水运行成本10万元/天
3	植物	(1) 能带来经济效益； (2) 费用低廉； (3) 操作简单； (4) 环境效益良好； (5) 安置社会劳动力	修复时间相对较长	700 元/亩

对比以上3种项目区污染农田的修复治理技术方案，考虑使用淋洗和植物修复法修复佛子冲矿污染土壤。

项目实施主要目的是恢复污染绝收耕地农业生产、提高绝收耕地的土壤质量，以改善项目区的农业生态环境，促进农村经济的发展和农民收入的提高。

6.2.3.4 土壤重金属处理方案设计

该项目主要为土壤重金属污染，由于污染较为复杂，单一的方法处理效果达不到治理的要求，因此，该项目最终确定方案为淋溶方案+植物修复方案进行综合治理。

A 淋溶方案

a 治理目标

根据修复场地土样的重金属分析及评价结果，选定需修复的土壤为黄长屯、零洞、端屯和外育屯四个村庄的田地，淋洗修复目标污染物为Cd、Pb、Zn、As和Hg五项指标。

修复土方量：根据前面场地调查及重金属污染分析结果，本次修复实验拟对黄长屯、零洞、端屯和外育屯的污染土壤进行淋洗修复。整个工程淋洗处理量约62万吨。

示范工程的多金属污染土壤淋洗修复目标如下：

(1) 将污染土壤全部进行淋洗修复，修复后土壤中重金属的含量达到《土壤环境质量标准》(GB 15618—1995) 二级标准，回填到原位置。

(2) 修复过程中产生的旧淋洗液处理后回用，工程结束时剩余废水处理达到《污水综合排放标准》(GB 8978—1996) 一级排放标准要求，排入附近农灌渠。

(3) 修复过程产生的含重金属污泥（干泥）为危险废物，委托有资质的单位处理。

b 修复工艺流程

淋洗修复工艺工艺过程主要包括：挖土及晾土、筛分、粗粒研磨、细粒淋洗、净土压滤、淋洗剂处理及预处理、污泥压滤、净土回填及污泥外运：

(1) 挖土及晾土。采用人工方式挖土，分区进行。

（2）筛分。筛分机筛孔 2mm，单筒处理量 50t/h，共三套。主要配件有振动筛、电动机、液槽、托架、高压喷头、空气压缩机及配套水管。

（3）淋洗池及配套设备。经湿式筛分后，小于 2mm 的土粒连同湿筛用的水适用砂浆泵一起泵入淋洗反应罐。淋洗反应罐单台规模为 10～18m^3，采用可移动圆形设计，材料为三布两油防腐碳钢。共设 18 台，平均每罐（24h）可处理 35t 细土，估算需处理细土 62 万吨，需时 3 年左右。淋洗反应罐设计考虑锥形底设计，利于淋洗后的沉淀，但对搅拌机的动力要求高。

（4）污泥浓缩。淋洗反应罐静置产生的下层泥水混合物经泵入污泥浓缩池后，再次静置沉淀 2h，上层约 2/3 体积为清液，采用放空管排入淋洗液收集池。下层约 1/3 体积为泥浆。

（5）压滤脱水—漂洗—压滤。污泥浓缩池的泥浆进入压滤机进行进一步浓缩，正压滤脱水。为了去除残留在土壤表面的淋洗剂和重金属溶液，在土壤回填前需对土壤表面进行清水的漂洗。在压滤机上以反冲洗的方式进行，对含水率已经降低但尚未固定成泥饼的土壤进行高压水冲洗，冲洗水来自滤板的反冲洗废水。冲洗后继续压滤成泥饼。

（6）淋洗液的收集、处理及回用。上述淋洗液、粗粒及细粒土清洗液、压滤水等均集于水池内。水池规模按 700m^3 设计（对应 1 个淋洗池及清洗和压滤水），共 3 个，一个作为集水池调节水量，一个进行重金属沉淀和淋洗剂回用处理，一个为回用储水池（具体按污水处理设计方案定）。

c 工程设备及设计

设备规格及要求：滚筒筛 3 套；振动筛主体：ϕ15m×10m，孔径 2mm，密度 40%，带进料及螺旋出料，材质不锈钢，带进料及出料口；研磨机 3 台，生产能力 40～60t/h，功率 80kW；电机 9 台，2800r/min，功率 37kW；液槽 9 套，17m×12m×10m，碳钢＋防腐处理，按要求留出浆口；喷淋设备，长 1000mm，工程塑料管，按要求留出喷淋口。

土壤淋洗反应平台规格及要求：操作平台 18 套，4m×5m×3.5m，碳钢＋防腐处理，带扶梯和 4 根承重柱及安装螺孔，与反应罐配套设计；高位槽 54 个，V=6m^3，工程塑料；反应罐（带搅拌系统）36 台，1.5m×2m，带搅拌机，碳钢＋防腐处理，按要求留出料孔，反应罐要与操作平台配套设计；泥沙分离装置 18 套，500mm×500mm×1000mm，泥沙分离袋 72 个，泥浆池碳钢＋防腐处理，带抽浆泵，相关支架及出沙口。以上设备整体设计，操作平台带扶梯和 4 根承重柱及安装螺孔，留反应罐空位。

d 淋洗液循环回用处理工程设计

（1）水量。按只处理 1m^3 污染土壤，产生淋洗废液约 16m^3；淋洗液处理按 24h 计，处理规模为 293m^3/h。

（2）水质。土壤基础分析测定结果显示，修复场地土壤 Cd、Zn 污染严重，Pb、As 和 Hg 的含量也较高。土壤淋洗后，产生的淋洗废液主要含 Pb、As、Hg、Cd、Zn。

（3）设计范围及处理标准如下：

1）设计范围：处理过程从淋洗液收集到处理达标排放口的整套工程设计及施工，包括工艺、电气、控制。

2）设计标准：淋洗液在正常的土壤淋洗操作过程中，经处理后全部回用到淋洗工序，工程完成时，剩余淋洗液需要处理达到《污水综合排放标准》（GB 8978—1996）中一级标准要求。

e　设计处理工艺流程

根据项目特点确定工艺流程如下：沉砂池→调节池→絮凝加药池→沉淀池→中和反应池→回用池。整个工艺说明如下：

废淋洗液、过滤清洗水及其他废液混合进入沉砂池内，先将水中泥沙沉淀，再进入调节池内，可考虑设搅拌均质系统，用泵泵入沉淀反应池处理。从调节池中抽取洗出液至铁盐反应池时，加入铁盐与洗出液中重金属离子进行交换，为使反应充分进行，加入搅拌装置。在中和反应池中调节废水的pH在沉淀适合的范围，使各种重金属离子生成氢氧化物沉淀，反应的关键是控制pH值，为此采用一套pH控制仪保证沉淀反应充分进行。反应后淋洗液进入沉淀池，利用沉淀进行固液分离。经沉淀后的出水应能循环作淋洗液使用。沉淀池排泥将采用程序控制、自动静压排泥。污泥经压滤机压干后外运。

f　主要工艺设计参数

主要工艺设计参数如下：

（1）沉砂池：

功能：收集废淋洗液，沉淀水中泥沙。

设计参数：外形尺寸 $L \times B \times H = 8.0\text{m} \times 5.0\text{m} \times 3\text{m}$，结构形式：半地下式钢砼结构，数量：2座，池内玻璃钢防腐，停留时间：$HRT = 16\text{h}$。

主要设备：淋洗液提升泵，型号200FUH-50，数量6台（1用1备），流量 $Q = 150\text{m}^3/\text{h}$，扬程 $H = 10\text{m}$，功率 $N = 90\text{kW}$；电磁流量计，型号LDT-50，规格 $Q_{\max} = 150\text{m}^3/\text{h}$，数量3套；液位计，投入式静压液位计，型号JYB-KO-LAGl，数量3套。

（2）调节池：

功能：调节pH值，并提升至反应池。

设计参数：外形尺寸 $L \times B \times H = 8.0\text{m} \times 5.0\text{m} \times 3\text{m}$，结构形式：半地下式钢砼结构，数量：3座，池内玻璃钢防腐，停留时间 $HRT = 8\text{h}$。

主要设备：淋洗液提升泵，型号200FUH-50，数量6台（3用3备），流量 $Q = 150\text{m}^3/\text{h}$，扬程 $H = 10\text{m}$，功率 $N = 90\text{kW}$；电磁流量计，型号LDT-50，规格 $Q_{\max} = 150\text{m}^3/\text{h}$，数量3套；在线pH计，型号PC350，数量3套；液位计，投入式静压液位计，型号JYB-KO-LAGl，数量3套。

（3）加药絮凝池：

功能：通过物化沉淀去除淋洗液中的大部分悬浮物。

设计参数：外形尺寸 $L \times B \times H = 10\text{m} \times 5\text{m} \times 5\text{m}$，结构形式：钢结构，数量：3座，池内玻璃钢防腐，表面负荷 $q = 1.5\text{m}^3/(\text{m}^2 \cdot \text{h})$。

主要设备：污泥泵，6台（3用3备），流量 $Q = 30 \sim 50\text{m}^3/\text{h}$，扬程 $H = 60 \sim 80\text{m}$，功率 $N = 90\text{kW}$；搅拌器，数量6台；在线pH计，型号PC350；计量泵，型号AT-01；pH自控系统。

（4）沉淀池：

功能：沉淀絮凝物。

设计参数：沉砂池外形尺寸 $L \times B \times H = 8.0\text{m} \times 5.0\text{m} \times 3\text{m}$，结构形式：半地下式钢砼结构，数量：3座，池内玻璃钢防腐，停留时间 $HRT = 16\text{h}$。

主要设备：淋洗液提升泵，型号200FUH-50，数量6台（1用1备），流量$Q=150m^3/h$，扬程$H=10m$，功率$N=90kW$；电磁流量计，型号LDT-50，规格$Q_{max}=150m^3/h$，数量3套；液位计，投入式静压液位计，型号JYB-KO-LAGl，数量3套。

（5）淋洗液储备池：

功能：储存淋洗液用于回洗。

设计参数：外形尺寸$L\times B\times H=10m\times 5m\times 5m$，结构形式：钢结构，数量：3座，池内玻璃钢防腐，停留时间$HRT=3h$。

主要设备：搅拌器，数量2台，功率$N=50kW$；在线pH计，型号PC350，数量3套。

（6）污泥处理系统：

功能：压滤污泥。

主要设备：板框压滤机，数量：3台。

（7）压滤处理系统：

设备规格及要求：板框压滤机，数量3台，带明流清洗，自动保压，压力0.6MPa，过滤面积$80m^2$，材质为增强聚丙烯板；泥浆提升泵，数量2台，流量$Q=150m^3/h$，扬程$H=60\sim 80m$，功率150kW；高压淋洗水泵，数量2台，流量$Q=150m^3/h$，扬程$H=60m$，功率$N=150kW$，材质不锈钢；污水提升泵，数量2台，流量$Q=150m^3/h$，扬程$H=10m$，功率$N=80kW$。

g 工程施工情况

根据工艺流程，委托有关公司进行有关设备的设计生产、订制。根据实际经费及现场情况，一些设备与初始设计时略有不同。整个工程分为以下几个部分：

（1）污染土壤的挖掘及粗筛。采用人工方式挖土，分区进行。人工拣出大砖块堆放，其余部分用推车推出外面风干后过1cm粗筛。粗筛的孔径为1cm，目的是将原有土壤分成小砖块及待处理的砂泥两部分，便于后续筛分机的工作。粗筛时筛出的小砖块中含有不少泥块。等这部分土壤阴干，然后轻敲余下部分，尽可能将其中泥块敲碎处理掉，然后再送到筛分机处理。

（2）土壤的筛分。经粗筛后的土壤，由小推车推到筛分设备进行筛分。筛分时人工进料，打开淋洗液喷淋管进行湿筛。筛分后的粗砂或小石块人工取出，再推出工地外面堆放，细沙由提升泵抽至反应罐进行淋洗。未过粗筛的小石块单独送到筛分机上统一处理。

应注意，喷淋管不要开太大，以免淋洗液溅出。抽沙时控制好每次耙入的沙量，以免抽沙设备堵塞。洗2~3次后即可开始抽沙，后面边洗边抽，以节省时间。

（3）淋洗。筛分后的泥浆经抽沙机抽到反应罐中，搅拌机开动时打开EDTA药剂瓶开关，以弥补由于蒸发、土壤吸附等的损失量。开关应小点，以免操作忙忘记关掉而致使加入的量过多，每批处理约需新加$0.5m^3$ EDTA。搅拌反应时间为4h。

（4）泥沙分离。淋洗反应后，关掉搅拌机，静置1h。待淋洗液澄清后，打开反应罐上层开关，将反应罐上部澄清液排入洗出液收集池。之后再打开下层开关，将下部泥浆排出进行泥沙分离。分离后的沙经清洗后单独存放，泥浆泵入泥浆池。

（5）洗出液处理。洗出后的淋洗液由两部分组成：由反应罐排入的部分，由压滤机产生排入应急池的部分。当应急池水满时应及时抽入到洗出液收集池。洗出液处理时经泵抽至洗出液处理槽中，抽时应同时打开铁盐水龙头，并搅拌使其与洗出液混合均匀。抽水完后打开 NaOH、HNO_3 药剂开关，分别调节沉淀池 pH 值到 10 ~ 12，淋洗剂储备池 pH 值到 4 ~ 6。回收的淋洗液进入储备池，以供下批淋洗之用。

应注意，因工程上没有流量控制设备，应逐步调节，以免加入的酸或碱太多。

（6）泥浆压滤。造成实际使用时不太好把握。调节 pH 值时，pH 值调整过头。由泵及压滤机对泥浆进行泥水分离。经前期工艺调整、泥沙分离后，压滤机的负荷大大降低。可以一天只开一次机，三天左右取一次泥。压滤后的泥单独堆放以便后续处理，压滤时产生的淋洗液进入淋洗液收集池。

应注意，压滤机溅水时应停机，等其干后铲泥，之后再使用。此部分干泥应单独填埋，填埋时加石灰作固定。

h 淋洗效果的监测采样

水样的采集：每批淋洗处理采两个水样，反应缺罐出水及淋洗液沉淀池两个地方分别采样。因土壤的不均匀性，每次所洗的土壤重金属全量不一定相同，采集水样测试结果后所计算的去除率作为参考。喷淋管水样用于监测淋洗剂回收效果。实际工程中的准确去除率只做一批数据。

B 植物修复方案

a 建设规模

根据前期土壤的监测结果，重金属污染严重的土壤主要是长屯村、端屯村、洞零村以及育外屯村的农田，总面积 2203 亩。按其种植株行距 2m × 3m 种植桉树，种植穴穴面60cm × 60cm，穴深 50cm，穴底 40cm × 40cm，一共可种植桉树约 32 万株。在树间种植重金属超积累植物龙葵和香根草。土壤通过植物修复技术提取土壤重金属，以达到修复大新铅锌矿农田土壤污染的目的，在污染土壤种植桉树，使农民带来经济收入，保障居民的生活。

b 项目主要工程内容

项目主要工程内容有土地整治改良工程、植物修复工程、农田水利工程、田间道路工程。

土地整治改良工程：近几年来土地荒芜，导致土地板结，表层出现沙化现象，这需要对项目区内的土地进行整治改良：

（1）对于表层有明显沉积尾砂的耕地，首先通过机械铲除表层污染物。

（2）根据项目区地形、地物的实际情况，采取人工和机械翻土。

（3）项目区的土壤养分含量都较低，增施有机肥，采取根茬肥田，过腹还田等措施，逐步将绿肥纳入轮作制度，推广套种，抓好深耕、深松等工程措施，并依据作物需肥性能，实现配方施肥保持土壤养分平衡。

污染耕地修复工程：项目区主要是重金属污染导致耕地绝收，根据具体污染特征，拟采用植物修复技术开展污染治理。采用超富集植物和桉树套作技术处理，即修复与农业生产同时进行。

农田水利工程：农田水利工程是为项目进行农田修复与种植农作物灌溉。桉树种植需水量较大，农田水利的修建尤为重要。修建农田水利是采用三面光混凝土明沟。根据受污染的地块面积和分布情况，项目需建水沟内空为高 0.4m，宽为 0.3m，总长为 9.5 公里的水沟。

田间道路工程：按照渠、路、田匹配的要求，修建田间道路的目的满足项目区的农田修复，便于田间道路的农业生产材料的运输。由于沿岸受污染的耕地面积较大，根据实地调查需修总长7.5公里、路基宽4.5m的田间道路才能方便项目区的农田修复与综合整治需要。

c 整治后的土地利用结构

受灾污染导致绝收的耕地主要为长屯、洞零、端屯和育外四个村庄的农田，项目区的耕地在灾前大部分种植的是水稻和玉米。通过本次农田修复与综合整治后的耕地以种植桉树为主。因为桉树不直接影响人身的健康，而且很好种植，可以增加农民的收入。在桉树植株之间种植重金属超富集植物，能逐年降低土壤中重金属的含量，对土壤进行一定的修复。

6.2.3.5 项目实施后环境影响与效益分析

A 项目实施对环境的影响

该项目是针对污染农田进行修复治理，属于环保型项目，是通过在农田上种植植物，改善农田功能、改善农田及周边的生态环境，给农民带来经济效益。因此项目不仅不会影响周围环境，反而会使现有的恶劣环境转好。

该项目主要是在实施过程中对环境产生一定的影响，包括噪声、交通和固体废弃物等。

a 施工期对环境的影响及缓解措施

噪声防护：该项目仅在土地整治改良、农田水利、道路建设过程会产生部分机械运行、运输车辆等的噪声，为减少对周围环境的影响，晚间不施工，昼间施工时避免大型机械同时启动，最大限度减少声源叠加。

固体废弃物：项目建筑垃圾主要有淤泥、废砖、石砂等，应指定临时堆放点，尽量分类堆放，及时清运。对要回填的土方，在有场地堆放条件下，可临时控制堆放。超积累植物种植后，应统一收割，集中处理。

b 项目环境影响评价结论

项目虽然在建设期对环境存在一定的影响，但这些影响是临时性的、可控制的、短暂的，而项目建成后将使污染区农田的环境得到很大改善，具体表现在：

（1）植被覆盖率与水土保持。通过各种工程措施的实施，可以防止新增水土流失、减少对水体的污染等问题。通过植物修复和农田综合治理，将使2203亩污染丢荒、无植被覆盖的农田的植被覆盖率达到90%以上。同时，在植被的生态环境调节作用下，将在水土保持、地表径流的调节、水源涵养和降低自然灾害发生率等方面产生巨大的效益。

（2）生态景观效益。通过土地整治、生态修复和持续的生态保护，污染农田的植被覆盖率将逐步得到恢复，生态环境得到有效改善，实现开发与环境的协调发展，使污染农田恢复为环境优美、田园式的、人与自然和谐共处的农业生产区。

因此，从环保角度看，项目的建设对环境的影响利大于弊，项目是可行的。

c 主要危险因素分析

该项目通过对污染农田进行修复和综合治理，以修复受灾污染的生态环境、治理水土流失、提高环境质量、促进社会、经济可持续发展的目标。项目建设符合国家产业政策，技术方案可行，原材料供应有保证。但是，该项目还存在一定的风险，分析如下：

（1）项目主要风险因素识别。通过上述各章的分析研究，该项目主要风险因素在于市场、种植品种的选择和种植技术等方面。

(2) 风险程度分析。采用专家评价法帮助识别风险因素和估计风险程度，聘请若干熟悉本行业和项目实施地的专家就项目可能涉及的风险因素及其风险程度进行判断，对结果的整理与分析见表6-57。

表6-57 风险程度分析

序 号	风险因素	风险程度	说 明
1	市场	一般	市场对项目选择的种植品种的需求量很大
1.1	产品价格	较大	农产品产量大，市场销售价格的浮动直接影响生产收益
1.2	竞争力	较小	项目区交通运输方便，种植的品种多样
2	种植品种的选择	一般	选择的是适宜于本区水土和气候条件的品种
3	种植技术	一般	选用比较成熟的种植技术

(3) 防范和降低风险的对策。根据对各种风险因素及风险程度的分析，项目风险很低，主要面临的风险在于市场，其防范和降低风险的对策主要有：

1) 在物种选择上主要采取以下措施：

①针对本地区的气候条件，筛选相宜的种类；

②从重金属污染物对作物的影响入手，选择耐受污染能力较高，污染物吸收量较小，采收部位对人体健康无影响的作物种类；

③选择种植技术成熟的物种。

2) 农产品的营销战略应注重三方面：

①政府和相关单位要强化服务网络，满足向高附加值的新产品发展的要求；

②在产品质量相差无几的情况下，价格就成为高度敏感的因素，为提高产品竞争力，要发挥低成本策略的作用，充分利用交通运输资源，发展稳定灵活的运输机制；

③通过有效的管理，降低成本，以具有竞争力的产品价格销售用户满意的产品，以确定自己在市场上与其他来源地同类产品的竞争中占据有利地位。

3) 要注意和苍梧县各方面的联系和协调，确保与该项目有关的所有配套条件都能落实，以保证项目能够按时实施和运行。

B 社会效益分析

项目区所在区域在受灾污染后，2203 亩良田遭受严重重金属污染，造成绝收或减产，经济损失严重；600 多亩农田至今仍然寸草不生，大量农村劳动力闲置剩余；重金属污染问题，威胁周围居民的身体健康，大面积农田的污染严重影响了当地社会稳定和经济发展。

该项目将环境污染治理与提高土地资源利用相结合，符合中央提出“坚持以人为本，树立全面、协调、可持续的发展观，促进经济社会和人的全面发展”的科学发展观要求，适合我国国情和广西实际。项目的成功实施必将对我国保护生态环境，发展循环经济，建设资源节约型社会；实现人与自然的和谐统一和社会经济的持续健康发展，产生深远的影响。该项目建设将带来良好的社会效益：

(1) 按苍梧县土地利用总体规划，通过对污染耕地修复和综合治理及水利、道路等综合整治，提高耕地质量，增加有效耕地面积，提高农田的抗污染和抗灾害能力，改善农业生产条件和生态环境。

（2）安排农村剩余劳力，促进农村劳动力向恢复正常农业生产、发展市场经济转移，有利于社会治安综合治理，使社会安定、繁荣。

（3）使农业产业结构调整趋向合理，适应市场经济发展，满足市场需求，实现市场繁荣，物价稳定，改善食物结构。

（4）提高农民收入，安置当地剩余劳动力，对减轻政府负担、保持农村社会稳定都将产生较大的作用。

（5）通过污染耕地修复与综合治理，加快了社会主义新农村建设步伐，促进了农业现代化建设，改善了农村环境，促进了农村精神文明建设和农民文化素质的提高，有利于农村社会的长治久安和全面发展。

C 生态效益和环境影响分析

在广西大新开展该项目，对有效解决当地严重的土壤及农产品重金属污染超标问题，提高资源利用率，保障人民群众的健康安全具有重大的社会现实意义。对项目区污染土壤进行治理不仅可改善当地居民的生活质量，也是实现广西壮族自治区及大新县经济与环境、社会和谐发展的必要前提：

（1）通过项目建设，进行污染农田修复和综合治理及实施配套工程，提高耕地质量，增强抗御自然灾害能力；

（2）通过农业种植模式的调整，保障了农产品安全，减少污染物通过食物链途径进入人体；

（3）通过修复农田和综合治理，减少污染物的再扩散，降低二次污染地下水和地表水的风险，保护人体健康；

（4）土地资源得到优化配置，有效地减少土地侵蚀，控制了水土流失，减轻土壤浸蚀动力；

（5）净化空气，美化环境，造福子孙后代。

6.3 历史遗留多金属复杂尾矿污染治理

6.3.1 治理区域环境质量和重金属污染现状

6.3.1.1 区域地质环境基本情况

A 气象水文

南丹县地处低纬气候带，属亚热带季风气候，夏长而炎热，冬季短而温和，光照充足，雨量充沛。年平均气温 17.0℃ ~23.3℃，最低气温达摄氏 -5.5℃，年极端最高气温 42.5℃；年平均降雨量一般在 1200 ~1600mm，多则会超过 2500mm，最小降雨量也不低于 1000mm；降雨集中在 5 ~8 月份，占全年降雨量的 2/3，水分平均蒸发量 1134.8mm，年平均相对湿度 83%。主导风为东南风，区域内静风频率 34%，多年平均风速 2.0m/s。

大厂镇境内承载地表水的主要小溪、河流有洪塘沙沟、平村小溪、那彦小溪、平村河以及铜坑河。

a 洪塘沙沟

洪塘沙沟属常年性河流，发源于大厂镇东北山区，补给源主要为附近选矿废水、大厂镇居民的生活污水和该片区大气降水，三股水进入洪塘（又名绿荫塘）混合后，除小部分渗入地下外，绝大部分汇入洪塘沙沟，沟水进入班塘落水洞，出丰河洞（又称班塘出水口）后形成平村小溪，出大厂界汇入金城江长老乡境内的平村河。2006 年在对大厂镇新公路尾矿库进行扩建时，在洪塘沙沟建设拦截坝将从绿荫塘进入洪塘沙沟的沟水截流并通过隧洞将水引流至下游班塘。而洪塘沙沟中的一段成为了大厂镇新公路尾矿库的一部分。

b 平村小溪

平村小溪出丰河洞后形成，主要水源为洪塘沙沟水及小溪沿岸山体流出的少量山泉水，溪水自北向东南流，于平村桥头附近流入平村河，整个流程长约 4.2km；小溪河面宽 1.6 ~3.7km，河深0.2 ~0.6m，平均流量约0.12m^3/s；据现场踏勘调查，由于近年来该小溪作为大厂镇片区居民生活用水、选矿企业生产废水及排洪水的纳污水体，其水质受到污染，已达不到生活饮用和农灌要求。

c 那彦小溪

那彦小溪发源于大厂镇境内的黄瓜洞，溪水自西北向东南流，流经坡王、上房、那彦等屯后，于平村桥头流入平村河，整个流程长约 4.5km；小溪河面宽 0.8 ~ 1.4m，河深 0.05 ~0.1m，平均流量约 0.009m^3/s；该小溪的水体功能主要为小溪两岸的耕地灌溉。

d 平村河

平村河由平村小溪与那彦小溪于平村桥头附近汇合后形成，河水自西北向东南流，流经三合、拉图、甘棠、塘龙、宝藏、岜腊等村屯后，于拉盘屯附近与拉么河汇合，最终流入车河（刁江上游），河流全长 9.2km；该河河面宽 1.2 ~5.4m，河深 0.3 ~0.7m，平均流量约为 0.13m^3/s。

e 铜坑河

铜坑河流经骆马河—打优河—清水河—红水河，属珠江水系。珠江水系是广西最大水系，流域面积占广西总面积的85.2%，集雨面积50km^2 以上的河流有 833 条，主干流南盘江—红水河—黔江—浔江—西江自西北折东横贯全境，全长 1239km，出梧州流向广东入南海。

铜坑河是骆马河的支流。铜坑河发源于铜坑的大山、卡房及羊角尖一带山区，流经铁板哨、铜坑、广马峒、鱼泉洞、老木岗，于老木岗下游 1.2km 处汇入骆马河。铜坑河的支流为铜坑溪，基本处于断流状态。铜坑河丰水期最大流量为 8.7m^3/s，枯水期最小流量为 0.138m^3/s，平均流量为 0.27m^3/s。河床高程在 585 ~730m。鱼泉洞为当地最低侵蚀基准面，标高为 640m。铜坑河河长 9.5km，流域面积 27.4km^2。

骆马河位于清水河支流打优河的上游，全长 15.3km（铜坑河入河口至打优河河长为 10.9km），于南丹县班恼汇入打优河。地下水类型主要为上层滞水、潜水、基岩裂隙水、弱岩溶—裂隙承压水。其中上层滞水赋存于人工填土和冲洪积、残坡积土上部的浮土中；潜水赋存于尾砂、冲洪积土；基岩裂隙水赋存于岩层的风化裂隙中，山体较低处的岩石露头其裂隙常见有地下水渗水；灰岩的弱岩溶—裂隙承压水。

B 区域地形地貌

南丹境内以浅海相沉积岩为主，出露地层有泥盆系、石炭系、二迭系和第四系。其主要分布是：刁江流域的车河八步至芒场的蛮坝公路两侧，东西宽约 4km，低凹、小凸坡处，属泥盆系的泥岩，泥岩页岩、硅质岩。其余山高处为石炭系、二迭系灰岩。大厂镇内以石山和半石山为主，属喀斯特地貌，岩溶广布。

C 区域地质构造

从区域构造上看，南丹大厂一带位于江南台背斜与滇桂台向斜之间的丹池坳陷带，坳陷带内北西向线形复式褶皱、断裂构造发育，呈紧密线状展布，以倒转褶皱、逆断层为主，以复式形式出现的褶皱一般是西翼陡东翼缓甚至倒转，并伴有岩浆活动和变质作用，侵入岩体呈岩床、岩脉、岩墙产出，属燕山晚期中酸性浅成岩，深部有较大的隐伏花岗岩体存在。侵入岩与区域构造关系密切，呈串珠状分布于丹池背斜、大厂背斜的轴部，或呈川字形排列，或呈雁形排列，走向与区域构造基本一致，明显受构造控制。

区内主要次级构造有丹池背斜、大厂背斜和丹池大断裂等，仍以北西向为主，北东及近南北向次之，多被岩脉充填。在部分隆起区有酸性火成岩侵入及矿液活动形成大厂、长坡等多金属矿田。丹池断裂为区域性断裂，在岩浆活动之前已经形成，并为后来的岩浆侵入开辟了通道。

D 地震

查阅相关史料，南丹县近代地震活动微弱，无破坏性地震。据国家标准《中国地震动参数区划图》（GB 18306—2001），查得本区地震动峰值加速度为小于0.05g，反应谱特征周期为0.35s，地震设防烈度为Ⅵ度，工程建设按有关地震设计规范设防。

6.3.1.2 区域污染基本情况

南丹县是著名的有色金属之乡，与之相关的矿企数量较多，每年产生大量的尾矿砂和含重金属的废水；大厂镇是南丹县典型的矿企集中地，20世纪80年代至2010年前，大厂镇矿区，特别是铜坑河上游，采矿和选矿产业发展迅猛并且呈无序状态，加之企业环保意识薄弱，生产过程中产生的大量未经处理的废水和尾矿砂无组织排放或堆积于山沟、河道，导致该区域小溪、支流以及土壤等生态环境受到严重破坏，特别是重金属污染极其严重。多年来，整治、关停了大批采矿、选矿企业，提高了环保标准和管理要求，实施了大量的环境工程治理项目，累计投入环境治理的资金十几亿元，经过十多年的以重金属污染综合治理为主的区域环境治理，区域环境质量有了明显的提高，监测表明县域内主要河流地表水已基本上恢复到了《地表水环境质量标准》(GB 3838—2002)中的Ⅲ类水，但枯水期或洪水期个别监测点位仍存在重金属污染物超标的现象。

由于大厂矿区覆盖的面积大，开采历史长，历史遗留的重金属污染问题多，治理难度大，重金属治理过程中产生的污泥、废渣等处理不当就会造成二次污染，区域内最突出的环境问题表现是没有进行安全有效处置的尾矿废渣范围广、数量大。

据现场实地调查，大厂镇区域内历史遗留的、关停选矿企业中未处理的、环境治理工程中山塘、小溪、河道清理出来没能安全处置的尾矿共计1500万立方米，详见表6-58。

表6-58 大厂镇区域尾矿量统计表

序号	地点	堆存量/万立方米	备注
1	班塘	600	
2	班塘地磅	4	
3	鲁塘旁	50	
4	大厂老菜园	4	

续表 6-58

序　号	地　点	堆存量/万立方米	备　　注
5	大厂医院旁	60	
6	汇源选矿厂	8	
7	高峰竖井门旁	40	
8	高峰竖井大门上方	43	
9	丛峰厂地磅	3	
10	金龙厂	8	
11	金龙厂——半成品原料	1	
12	宏润矿业公司	30	
13	海矿矿业	60	绿荫塘挖出尾砂
14	新公路1号坝	150	
15	荥阳公司	60	
16	绿荫塘中未挖出尾砂	70	
17	龙神坳料场	10	
18	更庄坳	25	
19	酸水湾	60	
20	铜坑火区	100	位于金海选矿厂下方左侧
21	铜坑河	200	矿渣侵占约2km河道
22	巴里山	14	
合　计		1500	

图6-13～图6-18部分反映了大厂镇存在尾矿砂堆放无序、对环境污染破坏严重及周围居民正常生产生活构成威胁等问题，形势严峻，尾矿砂安全处置及其所造成的环境问题亟待解决。

图6-13　铜坑河道中堆积的部分尾矿

图6-14　绿荫塘环境治理工程未清挖完的尾矿

经取样分析，大厂镇铜坑河、班塘、绿荫塘、山坡等处的尾矿砂通常含有多种有害物质，并且部分含量较高，见表6-59。这些裸露在山坡等地尾矿中的重金属矿物很易风化氧化，重金属污染物随雨水渗入地下、进入地下水系统和地表水系统，由于尾矿量大、散布范围广，变成了区域性的面污染源；而小溪、河道内的尾矿重金属矿物随丰枯季节水流的涨落交替也极易氧化溶于水中造成地表水的污染。在前期大规模关停选矿企业、加大企业

图 6-15　新公路边堆放的尾矿氧化现象

图 6-16　关停选矿企业中堆放的尾矿

图 6-17　关停选矿企业的尾矿及产生的重金属废水

图 6-18　堆积在班塘河道中尾矿

环保治理力度等基础上，区域性的尾矿废渣治理已迫在眼前，而按第Ⅱ类一般工业固体废物标准建设一座尾矿废渣填埋场可较好的解决大厂镇内尾矿安全处置的问题。

表 6-59　大厂镇尾矿废渣重金属含量范围　（%）

项　目	Pb	Zn	Cd	Cu	As	S	Sb	Sn
含　量	0.1～2.0	0.1～3.5	0.01～0.5	0.01～0.5	0.5～6.0	0.1～35	0.05～1.5	0.02～0.5

6.3.1.3　*尾矿库污染现状*

大厂尾矿库位于大厂镇南面约 2km 的新公路的山坳中，周边由 20 多家主要洗选老尾矿的选矿企业围绕，见图 6-19 和图 6-20。始建于 1997 年，1998 年 8 月投入使用，是这 20

图 6-19　尾矿库及其边上已关停的小选厂（1）

图 6-20　尾矿库及其边上已关停的小选厂（2）

多家选矿厂共用的湿排式尾矿库，由业主自行设计、施工、建设的山谷型上游式尾矿库，汇水面积约 0.5km²。目前该尾矿已不能使用，存在以下的主要问题：

（1）尾矿库纵深较短，沟谷坡度较陡，不能满足湿式尾矿库调洪及排矿要求；

（2）回水面积小，尾矿砂沉降时间短，废水外排造成严重的环境污染；

（3）该库没有进行防渗处理，库中堆放的约 150 万立方米尾矿中重金属含量高，其中铅约 0.5%、锌 1.5%、锑 0.6%，同时还含有砷约 3.5%、硫约 30%，极易产生酸性重金属废水，见图 6-21 和图 6-22。对地下水和下游平村河地表水造成严重污染；

（4）库区没有设置截排洪沟且周边选矿厂密集，植被破坏严重，洪水季节易发生泥石流，可能造成尾矿库垮坝带来的环境污染风险。因此，大厂尾矿库必须抓紧清理。

图 6-21　大厂新公路尾矿库中的渗滤水

图 6-22　大厂新公路尾矿库堆放的尾矿

6.3.1.4　项目治理的意义

（1）保障当地民生，构建和谐社会的需要。由于历史遗留问题，大厂镇区域内的河道受到尾矿砂、废石等固体废弃物淤积，导致河床不断被抬高，部分河道淤积埋深达 40m 以上，仅班塘内淤存的富含重金属的尾矿砂约 600 万立方米。每逢雨季区内尾砂通过暗河侵入下游的平村河，淹没沿岸农田，使土壤受到严重污染，导致颗粒无收，基本生活难以保障，群众反映极为强烈，不利于社会的稳定。

项目建设可较为彻底的根除重金属污染源，有利于整个区域生态功能的恢复、特别是河流生态的改善，也有利于稳定、和谐社会的构建。

（2）加强重金属治理，全面提升大厂镇生态环境质量需要。大厂镇是南丹县有色金属矿产重要集中区域之一，早在 20 世纪 60 年代，大厂矿务局及当地一些国有企业就开始从事采矿、选矿作业；但由于粗放式作业，再加上当时环境保护已很薄弱，生产过程中产生的大量废水和尾矿砂处置不规范，污染严重，尾矿砂无组织堆放。由于雨水的冲刷，堆积的尾矿砂随地表径流汇入地表水体或农田，导致下游河流和农田受到重金属污染，严重危及大厂镇生态环境的可持续发展。

项目建设为全面治理大厂镇重金属污染奠定基础，是全面改善大厂镇生态环境关键所在。

（3）全面治理刁江流域重金属污染的需要。刁江流域由北向南流经南丹县、金城江区和都安瑶族自治县三地共 200 多个自然屯，流程约 229 公里。平村河是刁江流域源头段的重要支流，但位于平村河上游的大厂矿区存在严重的环境污染隐患，有大量的未妥善处置的尾矿砂无序堆放，致使平村河经常被这些污染源污染，尤其是重金属污染。由于重金属污染具有持续时间久、毒害性大等特点，为了彻底改善刁江流域的生态环境，需从源头治理污染，因此应遵守从源头治理、从上游到下游治理的规律才能有效避免治理后反弹等不良现象的发生，彻底根治刁江流域重金属污染。

因此，科学合理地处置尾矿砂是保障重金属治理效果的前提，该项目的建设可收纳重金属治理项目产生的尾矿砂，防止尾矿砂再度成为污染源。

6.3.2 固体废弃物集中堆场工程

6.3.2.1 入场固体废弃物数量及性质

该项目固体废弃物集中堆场处理的固废来源主要有：铜坑河道环境修复工程施工、清理过程中产生的废渣；堆场场址上的尾矿废渣；大厂矿区环境治理，如绿荫塘、班塘等治理工程产生的废渣；关停的20多家尾矿选矿企业遗留的未选的尾矿废渣；散落在大厂镇区域内尾矿废石等。

A 铜坑河道环境修复工程产生的废矿砂

据初步估算，铜坑河整治、清淤产生的废渣量约30万~200万立方米。含有一定量的铅、锑、镉、砷等重金属污染物。

B 堆场场址上的尾矿废渣

拟选场址原为众多小型选矿企业尾矿库，现有渣量约150万立方米。黄铁矿约占40%，并伴有铅、锑、镉、砷等重金属，属于严重的重金属污染源。

C 环境治理工程产生的含重金属废渣

（1）“班塘治理工程”废渣。班塘现有尾矿渣量约600万立方米，主要由历史上众多采选矿企业尾矿废石直排堆积形成，由于重金属矿物及砷、硫含量高，属于高硫高砷有色金属尾矿废渣。

（2）“大厂镇刁江源头绿荫塘至丰和洞重金属污染治理工程”遗留的尾砂。该工程为国家重金属污染防治重点工程，虽已完成工程量的85%左右，但进度远远落后于工程计划。已清挖出来但没有安全处置的尾矿渣约60万立方米，绿荫塘中尚有尾矿渣约70万立方米，两者合计150万立方米。这些尾矿也是20世纪80年代以来长期累积形成的，含有大量的铅、锌、锑、锡、砷、硫，属于高硫高砷有色金属尾矿。

D 关闭涉矿企业遗留的尾矿

为响应国家相关产业政策、有色金属及相关行业调整规划以及贯彻落实自治区党委、政府《关于开展以环境倒逼机制推动产业转型升级攻坚战的决定》，依据南丹县“十二五”期间淘汰落后产能工作实施方案并结合河池市人民政府办公室关于关停南丹县54家涉重企业的文件要求，截至2013年，南丹县共有81家涉矿企业，已获恢复生产资格企业18家，停产整改企业7家，关闭淘汰类企业56家，其中大厂镇内没有矿山资源的选矿企业全部关停。目前以大厂新公路尾矿库为中心关停的企业厂内和附近山坡上堆存有700多万立方米的尾矿，属于区域环境污染隐患源。

E 尾矿总渣量估算

根据以上统计估算，尾矿废渣量总计约1500万~1600万立方米，采取分期分批处理，一期按500万立方米设计，考虑远期总库容1600万立方米。

6.3.2.2 入场固体废弃物性质及基本参数

A 入场固废性质

从固体废弃物来源及其分析结果可以看出，堆场所处置的固废为历史遗留的尾矿废渣，都含有大量的硫、砷矿物和锡、铅、锑、锌、镉、铟等，虽然堆场按Ⅱ类场进行建设和运营，这些固废直接入场处置也符合规范要求，但为了降低潜在的环境风险，应尽量去除固体废弃物中会对环境造成污染的物质，因此，在将固体废弃物安全填埋前，应将毒害性较强的物质，如铅、锌、锑、锡、砷、硫等从废弃物分离出来，与此同时分离出的产品成为有价资源，也即将尾矿废渣中的重金属矿物及硫铁矿物、含砷矿物降到最低，实现污染物资源化、减量化后再进入堆场安全处置；分离出重金属矿物及硫铁矿物、含砷矿物等的。可以判断，除部分固废属于第Ⅱ类一般固废外，大部分是将尾矿进行再选回收其中的铅、锑、锌、锡、砷、硫铁等金属矿物后所得的最终尾矿，基本上属于第Ⅰ类一般固废。按第Ⅱ类一般固废场标准进行固废处置场建设，已充分考虑了环境风险因素，满足了当前严格的环保管理要求。

B 入场固废基本参数

（1）堆场处置的固废性质，属于第Ⅰ类（部分为第Ⅱ类）一般工业固体废弃物性质的尾矿废渣以及尾矿废渣污染场地的治理过程中清理出来的受污染的土壤；

（2）处理规模为5000t/d；

（3）设计尾矿废渣堆积干容重为1.8t/m^3；

（4）尾矿废渣含水：经过压滤或过滤脱水后，浓度在80%以上的尾矿，严控浓度低于80%的尾矿进入堆场。

6.3.2.3 固体废弃物集中堆场设计

目前尾矿处置的方案主要有两种：尾矿干式堆存和尾矿湿排尾矿库。两者相比，尾矿干堆场有以下优点：非饱和尾矿砂抗剪强度高于饱和尾矿砂，导致干堆场堆积边坡抗滑安全系数高于湿式尾矿库；压滤后的尾矿砂不再沉积离析，同时没有了高水位渗流作用，降低了渗透破坏（管涌、流土）的风险；尾矿干堆场可能形成非常低的地下水位线，大部分尾砂处于非饱和状态，因此地震情况下出现砂土液化的可能性小。

因此，尾矿干堆场安全度高。此外，尾矿干式堆存减少了地下水渗漏及有毒污染物质迁移，同时将80%以上的回水在选厂车间内实现闭路循环，在环保和节水方面具有较大优势。

该固废集中堆场为按一般工业固体废物处置Ⅱ类场标准设计的尾矿废渣干堆场，主要存放经过压滤或过滤后的尾矿滤饼，禁止干、湿尾矿混排。平时库区表面不应积存雨水，汛期降雨时库区积存的雨水须及时排出库外，排空时间不超过72h。

堆场的用途：除直接填埋处理铜坑河环境修复工程产生的废矿砂外，主要是安全处置大厂镇区域内环境治理项目产生的尾矿废渣（这些尾矿废渣应该是经尾矿废渣处理中心进一步处理后得到的最终尾矿渣），为区域环境治理服务，使区域环境治理工程得以顺利推进，并确保区域生态环境可持续的改善。

处理中心处理能力为150万吨/年，可资源化回收的量约占50%，即经处理中心资源化减量化后进入堆场处置的固体废弃物约70万～80万吨/年，但综合考虑，堆场处置固体废弃物的能力仍按150万吨/年计，则10年处置量为1500万吨；按固废的干容重1.8t/m^3

计算可知，堆放1500万吨的尾矿固废的库容应为833.3万立方米。当高程为670m时，库容约为710万立方米，此库容不包括已堆放在库址上的历史遗留下的约150万立方米尾矿；因此，若加上历史遗留尾矿砂所占的库容，当高程为670m时，全库容约为860万立方米，大于833万立方米，可满足设计年限10年内需堆放的尾矿渣。

A 拦渣坝

a 坝址选择

坝址基于以下原则选择：（1）坝轴线短，土石方工程量少；（2）坝基处理简单，两岸山坡稳定，尽量避开溶洞、泉眼、淤泥、活断层、滑坡等不良地质构造；（3）最小的坝高能获得较大的库容。该工程拦渣坝坝址拟选取原洪塘沙沟与堆场相交附近的隘口。

b 坝型的选择

坝型选择应综合考虑以下因素：（1）坝址区地势地形、坝址基岩性质、覆盖特征及地震烈度等地形地质条件；（2）筑坝材料的种类、性质、数量、位置、开采运输和填筑条件；（3）工程的总体布置及坝体与填埋区的连接；（4）坝基处理方式；（5）施工进度、填筑强度、气象条件、运输条件等施工条件。综合考虑上述因素，该项目拟采用浆砌石坝。

c 拦渣坝的坝高与坝宽

（1）拦渣坝坝高的确定应满足下列要求：储存选矿厂投产后半年以上的尾矿量；调蓄洪水；利用尾矿库调蓄生产供水时，储存所需的调蓄水量；经计算，当尾矿库拦渣坝坝高为20m时，可满足上述要求。

（2）拦渣坝坝宽，拦渣坝坝顶宽度，当无行车要求时，不宜小于表6-60规定的数值。该堆场坝高为20m，所以坝顶设计宽度为3.0m。

表6-60 拦渣坝坝顶最小宽度

坝高/m	坝顶最小宽度/m	坝高/m	坝顶最小宽度/m
<10	2.5	20～30	3.5
10～20	3.0	>30	4.0

（3）拦渣坝坝坡，本工程拦渣坝的上游坡比选择为1∶1.6，下游坡比选择为1∶2.0。

综上所述，初步设计拦渣坝为浆砌石坝，坝高为20m，坝宽为3m，坝上游坡比为1∶1.6，下游坡比为1∶2.0。为防止渗透水将尾矿带出，在拦渣坝的上游面必须设置反滤层。拦渣坝的反滤层一般由砂、砾、卵石或碎石等三层组成，粒径沿渗流方向由细到粗，并应确保每一层的颗粒不能穿过另一层的孔隙。

B 堆场防渗设计

a 库区防渗评价

库区汇水面积较大，且汇水中含有害物质，因此应考虑坝基及绕坝渗漏。根据勘察及调查，库区覆盖层主要为：填土①、尾矿细沙②1、尾矿砾沙②2、尾矿粉质黏土③1、尾矿粉质黏土③2、粉质黏土④，基底为强风化砂质页岩⑤1、强风化泥灰岩⑥1。

其中：填土①、尾矿细沙②1、尾矿砾沙②2、强风化砂质页岩⑤1、强风化泥灰岩⑥1为强透水层；尾矿粉质黏土③1、尾矿粉质黏土③2、粉质黏土④、中风化砂质页岩⑤2、中风化泥质灰岩⑥2为弱透水层；中风化灰岩⑦为微透水层。

砂质页岩岩层倾角较陡，强风化层上部的风化裂隙较发育，积水易沿节理裂隙产生库区渗漏。根据经验，宜采用防渗铺盖对库区进行防渗处理。

库周边坡自然状态下处于稳定状态，但在长期风化剥蚀及地表水冲刷、软化作用下，局部陡坡地带的土质边坡将趋于不稳定，因此应在相应地段采取削坡或支护措施。

b 常用防渗工艺

填埋场产生的渗滤液含有多种重金属污染物，一旦通过地层渗入地下，势必会给场区内地下水、场区外地下水、地表水体造成严重的污染，不仅会恶化生态环境，而且将直接危害到人类健康。现今，愈加的国家法规以及人们对生存环境高质量的期望，都要求所设计的堆场采取安全、稳妥的防渗工程措施，以确保最大限度地防止渗滤液的外泄。因此，防渗系统的好坏，是关系到填埋场设计成败的关键因素。

目前堆场的防渗方式分为天然防渗、人工防渗两种方式：

（1）天然防渗。若在填埋场底部和周边有足够数量的高黏性土壤的压实土壤层，且各个部位土层相对均匀，厚度不小于1.5m，渗透系数不大于10^{-7}cm/s，可考虑天然防渗。

（2）人工防渗。当填埋场地基不能满足最低渗透性设计要求时，一般需采取人工防渗。根据场址的工程地质和水文地质条件，人工防渗主要有以下三种形式：

1）水平防渗工艺。水平防渗指采用复合防渗标准的天然黏土层或其他人工衬板材料，将库区底部隔绝起来形成防渗层，以阻止渗滤液下渗，主要有以下三种材质：

①天然黏土防渗层。利用场区底部密实的天然黏土层作为自然防渗层，该土层的渗透系数不大于10^{-7}cm/s，其厚度应视渗滤液的水利坡度而定，一般情况下应不小于1.5m。如果堆场附近有充足的低渗透性黏土，可以采用人工回填、压实黏土形成满足要求的防渗层。

②钠基膨润土板防渗层。这是一种以钠基膨润土为原料，经进一步深加工而制成的防水板材。将其铺设于库底，可形成一种防渗性能好的连续的柔性防渗层，起到阻止渗滤液外渗的作用。膨润土在自然界经历数千万年，稳定性极强，一经铺设，长期有效。膨润土遇水后立即膨胀，最后形成一层不透水的胶状物，它还可以自动封闭填补缝隙，防渗效果较为理想。目前国内生产的有两种规格：普通A型和特殊B型。A型板厚5mm，B型板厚15mm，两者的渗透系数均能达到10^{-9}cm/s量级。国外已经将此种材料制造成系列产品，可根据不同的地质条件进行选择。据报道使用效果较好。

③高密度聚乙烯（HDPE）土工膜防渗层。这是一种高性能防渗材料，能随一定的拉力伸长变形，适应地基不均匀沉降，具有较好的抗微生物侵蚀和抗化学腐蚀性能。对外界环境中的温度、湿度及紫外线的影响适应性强，使用寿命可达50年左右。目前，在国外许多堆场中都采用这种土工膜作防渗层。在我国也有生产厂家，其产品规格主要有两种：一膜型和一毡一膜型，厚度1.5~2.0mm，渗透系数均小于10^{-13}cm/s量级。

2）垂直防渗工艺。垂直防渗是指通过垂直库底方向、沿库底周边敷设于岩土中的防渗幕墙，且使幕墙与库底以下的天然隔水层相连，使得库底以下形成一个相对独立封闭的水系，从而阻止渗滤液外渗。其适应条件是：要求堆场基底在地下水承压水位之上，必须有一层符合防渗标准的天然隔水层。垂直防渗幕墙可以通过帷幕灌浆工艺来实施。通过灌注压入浆液（水泥、黏土或其他化学浆液），使浆液填充岩石裂隙，胶结成符合防渗标准要求的地下幕墙。垂直防渗易造成清污合流，增加渗滤液调节池的负荷，一般堆场垂直防渗，渗滤液水量是水平防渗的2～3倍，而且其防渗可靠性值得怀疑，宜慎重采用。由于地质资料和实际情况的差异，国内已经发生过在帷幕灌浆施工时找不到原来勘探查明的连续不透水层的事故。

3）复合防渗。为了使堆场的建设既符合有关标准，又经济易行，根据堆场的自身条件，可采取了天然防渗和人工防渗相结合的方式，在以下几种情况下常采用复合防渗：

①堆场为富水区时；

②当堆场的底部黏土满足防渗要求，而侧向基础达不到要求时，底部采取天然防渗，侧向采取人工防渗；

③当堆场的底部黏土都能满足要求时，为了进一步保障人工衬层的安全性，采取以人工衬层为主、天然衬层为辅的单层防渗系统；

④当堆场的底部黏土部分能满足防渗要求，而部分黏土不能满足防渗要求时，可以按区域采取天然和人工相结合的复合防渗，这种情况下，防渗层铺设的连续性显得尤为重要。

c 防渗方案比选

根据本工程堆场场址的水文地质初勘报告等资料，对堆场防渗方案分析比较如下：

（1）根据堆场区工程地质及水文地质初勘结果表明，场区不具有防渗能力，渗透系数远远大于防渗标准10^{-7}cm/s，因此本场不适于考虑天然防渗处理。

（2）由于人工防渗垂直防渗工艺会造成清污合流，增加渗滤液调节池的负荷，其渗滤液水量是水平防渗的2～3倍，而且其防渗可靠性值得怀疑，不宜采用。

（3）由于库区防渗能力差，渗透系数远远大于防渗标准10^{-7}cm/s，因而不宜采用人工防渗水平复合防渗工艺。

（4）人工水平防渗工艺中，钠基膨润土板因为具有稳定性强，能自动膨胀弥合填补缝的特点，所以防渗效果较为理想。但其对施工的要求较严格，板与板之间的接缝处理不当则很容易产生渗漏，特别是在不规则的地形上铺设，施工难度较大。此外，板材在运输储存过程中要求严格，不能与水接触。因此不宜采用钠基膨润土板防渗方法。

（5）根据对工程地质和水文地质条件的分析，场区覆盖土层内能满足防渗标准的黏土数量很少，若采用人工回填夯实黏土作防渗层，则需要大量运进黏土，且在库底及库区斜坡上夯实黏土层达到防渗标准，必须采用人工分层夯实，密实度不小于95%，施工难度大，综合造价将达到约80～90元/m^2，还高于其他水平防渗工艺，此外，因铺设黏土层将会减少堆场的容量，因此不宜采用人工水平黏土防渗工艺。

（6）高密度聚乙烯（HDPE）土工膜水平防渗工艺，具有以下显著特点：

1）防渗效果可靠。其渗透系数小于10^{-7}cm/s，较膨润土板防渗性能高两个数量级；

2）施工铺设较膨润土板容易实施，比较适合本场址的地形；

3）其拉伸强度、断裂伸长率等材料性能均优于膨润土板；

4）接缝采用热焊机及缝连接，接缝强度高，不会产生渗漏；

5）保存及运输均无特殊要求。

综上所述，人工水平HDPE膜防渗工艺，防渗效果可靠，使用寿命长，易于运输，经济可行，因此本工程拟人工防渗水平复合防渗工艺，采用2mm厚高密度聚乙烯（HDPE）土工膜防渗。

d　库底防渗设计

填埋场防渗衬层系统设计的基本要求是杜绝填埋场渗滤液对于当地地下水的污染。按现行的国家标准《一般工业固体废物储存、处置场污染控制标准》（GB 18599—2001），填埋场底部防渗层的渗透系数必须小于 10^{-7}cm/s。

由于堆场库底覆盖层渗透性未达到自然防渗要求，为避免库底发生渗漏事故，要求对库底进行防渗处理，防止含重金属渗滤水从库区、库底流失造成环境污染。堆场区防渗结构设计如下：在库底铺设300mm的中砂作为防渗膜支撑层，同时也可以起到导排地下水的作用；然后在中砂上层铺设2mm后的HDPE防渗膜，防止渗滤液污染地下水；最后在防渗膜上铺设200mm厚的鹅卵石，起导流渗滤液的作用。

e　库周防渗设计

库区边坡防渗存在差异性，部分边坡较平缓防渗施工较容易，部分边坡较陡峭防渗处理难度较大；首先用机械将库周边坡修整，将树枝或尖刺硬物处理干净，根据边坡条件的不同，采用三种不同的防渗方式：

（1）对于库周边坡坡度较缓的，可以直接铺盖土工膜。

（2）对于库周边坡坡度较陡的，采用300mm厚中砂装编织袋堆叠铺盖为支持层，再铺盖土工膜于支持层上，最后再用150mm厚鹅卵石装编织袋堆叠铺盖为保护层。

（3）对于不能按第二种方式处理的山坡（边坡太陡无法用堆叠黏土编织袋覆盖的），在将山坡表层修平后，直接采用喷射混凝土封闭，喷射厚度不少于100mm，然后在其表面铺盖土工膜。土工膜采用膨胀螺丝或其他方式固定后，再将土工膜穿刺部位重新贴膜焊接覆盖。

由于堆场的库容较大，服务年限也较长，为了节省前期投资，也为了保护做好的库区防渗系统免受自然气候的侵蚀，因此库区防渗系统的施工可以分期实施。

C　渗滤液收集与处理系统

a　渗滤液量

参照矿山降雨径流渗入量计算堆场渗透液的产生量。

计算公式如下：

$$Q_p = H_p F \Phi_{max} \tag{6-1}$$

式中　Q_p——设计频率暴雨径流渗入量，m³/d；

H_p——设计频率暴雨量，m；

F——渗水面积，m²；

Φ_{max}——设计频率暴雨径流渗入量渗入系数。

一般矿山设计暴雨频率取5%；渗水面积为高程670m时的平面面积，即 F = 0.105km²；200年一遇的年最大24h降水量 H_p = 329.2mm；根据矿山实践经验，设计频率暴雨径流渗入量渗入系数一般取0.05。

计算得知 Q_p = 1728.3m³/d；即堆场渗透液最大产生量为1728.3m³/d。

由于本地区降雨量大于1000mm，正常降雨时渗透液的产生量取设计频率暴雨径流渗入量的10%，即172.8m³/d。

b　渗滤液导排系统

尾矿砂在填埋场过程中或填埋场封场后都会有渗滤液排出。渗滤液是尾矿砂填埋场影响环境的主要污染源，必须对其进行有效的收集和处理。

渗滤液收集导排系统主要由设置在底部防渗层上的排水层、集水盲沟和竖向石笼组成。渗滤液收集导排系统的工作机理：库内设置的纵横交错的盲沟和石笼形成堆场区渗滤液收集系统，各堆层的渗滤液进入附近的石笼或流到库底坡面上，再经石笼或坡面流入主盲沟，最后经主盲沟集中排至渗滤液调节池，再由泵抽升至污水处理站处理。

主盲沟设置如下：沿库区底部排水沟设置，断面采用梯形断面，最大断面尺寸为下底宽1100mm，上宽1500mm，深400mm，埋入HDPE穿孔管，总长455m，其中DN400，长355m；DN315，长100m；回填级配碎石、从近管处向外粒径逐渐增大，粒径d20～50mm，形成纵向主盲沟，不同管径的管采用管顶平接方式连接，管道转弯处焊接。按坡度为2%、充满度0.6设计。

次盲沟设置如下：尾砂每完成两个单元高度（4.7m）进行中间覆土后，需在中间覆土层面上铺设次盲沟，次盲沟按约50m间距设置，采用矩形断面，断面尺寸为$B \times H =$ 400mm×250mm，盲沟内设DN200穿孔管，填充级配碎石，粒径d20～50mm，次盲沟均按2%的坡度与竖向石笼连接。

竖向石笼设置如下：沿着次盲沟铺设方向每隔约50m进行设置，并与各中间层覆土下设置的次盲沟连通，主、次盲沟和竖向石笼形成一个完整的导排系统，石笼直径为1.5m，内设DN200HDPE穿孔管。渗滤液将沿着次盲沟导排至竖向石笼，再沿着竖向石笼流至库底盲沟。主盲沟的坡度大致为地形坡度集中于谷底，再通过尾砂坝流入调节池。

c　渗滤液处理工艺

由前述条件可知，当暴雨频率为5%时，渗滤液为1728.3m^3/d；而平时，渗滤液则为其10%，即172.83m^3/d。收集到的渗滤液会含有一定浓度的重金属等有毒害物质，因此需建设一套2000m^3/d的水处理系统来处置渗滤液。

废水深度处理技术比选：国家重金属污染综合防治“十二五”规划对有色金属采选、冶炼企业废水治理推广的工艺有高浓度泥浆法、电絮凝、膜技术或者离子交换技术，见表6-61。

表6-61　污染源治理措施

污染源	主要污染物	污染治理措施
有色金属采选、冶炼企业	含多种重金属的废水、废气、废渣	废水治理推广高浓度泥浆法处理、电絮凝工艺、膜技术或者离子交换回用。废气治理采用捕集、液体吸收、固体吸附等二级以上过程联合净化。从源头上减少低品位矿渣、烟尘、污泥等产生量。砷渣鼓励采用“置换—氧化—还原”全湿法制取三氧化二砷产品。同类整合，园区化、区域式集中治污

在上述污染治理措施中，高浓度泥浆法和电絮凝法严格上说仍属于常规处理工艺。出水水质要达到地表水环境质量中的Ⅲ类水，必须采用膜技术和离子交换技术等深度处理技术（两种工艺对比见表6-62）。

表6-62 离子交换法和膜分离法两种工艺技术相对比

技 术	处理效果	适合水质	处理成本	脱附水或浓水浓度	脱附水或浓水资源回收	总投资	成熟度
离子交换法	好	低浓度	低	高	易	低	成熟
膜分离法	好	高深度	高	低	稍难	高	成熟

(1) 离子交换法：离子交换法是利用离子交换剂分离废水中有害物质的方法，含重金属废水通过交换剂时，交换剂上的离子同水中的金属离子进行交换，达到去除水中金属离子的目的。此法操作简单、便捷、残渣稳定、无二次污染，但由于离子交换剂选择性不强、成本较高，再生剂耗量大，在应用上受到较大限制。目前所采用的离子交换树脂或离子交换纤维的材料性能已获得了很大的提升，具有富集能力强，浓缩倍数高（可以从0.1mg/L以下浓缩到5g/L以上，出水水质最高可达饮用水标准），易于脱附，操作简单等优点。

(2) 膜分离法：膜分离法包括电渗析、反渗透、膜萃取、超滤等。含铜、镍、锌、铬等金属离子废水都适宜用电渗析处理，已有成套设备。采用反渗透法处理电镀废水，已处理水可以回用，实现闭路循环。膜萃取技术是一种高效、无二次污染的分离技术，该项技术在金属萃取方面有很大进展。膜分离法具有分离率高、选择性强、常温下操作无相变、能耗低、设备简单、操作方便，易于实现机械化、自动化等优点，但膜组件比较昂贵且膜易污染、废水预处理要求高。对于重金属废水深度处理而言，由于废水本身物质组成复杂，竞争离子及其他共存有机质含量往往远高于目标污染物，膜处理浓缩比不高、浓缩液量大且二次处理困难，装置投资及操作成本偏高。

该项目废水深度处理的目的主要是为了确保回用于生产的尾水水质更优以保障选矿指标最好，或使外排水达到地表水环境质量标准中的Ⅲ类水。进入深度处理系统的废水经过常规处理，重金属离子或砷的含量已较低，从上述技术工艺分析可以看出，离子交换法比膜分离法更适合，故该项目深度处理工艺采用离子交换法。

渗滤水处理流程：根据相关类似资料与堆场填埋尾矿可以判断，本渗滤废水的性质与有色金属矿采选生产废水性质相近，故渗滤废水处理系统分常规处理和深度处理两大部分。常规处理后的尾水回用于尾矿废渣处理中心选矿厂生产；深度处理用于废水外排时进行深度处理以达到当地环保要求，即外排水必须达到地表水环境质量标准中的Ⅲ类水。常规处理包含调节池、反应池、混凝沉淀池、压滤间、清水池、深度处理池及加药间；深度处理拟采用国家重金属污染综合防治“十二五”规划推荐的离子交换工艺。工艺流程图如图6-23所示。

常规处理工艺流程说明：渗滤液进入调节池后通过泵抽到反应池，向反应池中加入氧化剂，反应15min后加入亚铁盐、石灰和PAM，剧烈搅拌1min后自流到沉淀池中；沉降一段时间后，上清液进入砂滤池，沉淀抽到压滤间通过板框压滤机压滤，滤液返回反应池，滤饼则运至堆场安全填埋；检测砂滤后的滤液，若达到排放标准则予以排放，否则滤液需经深度处理方可排放。

根据渗滤液产生最大量1728.3m^3/d进行设计水处理系统，初步设计如下：

(1) 调节池：调节池有效容积为1200m^3，有效水深3m，构筑物尺寸20m×20m×

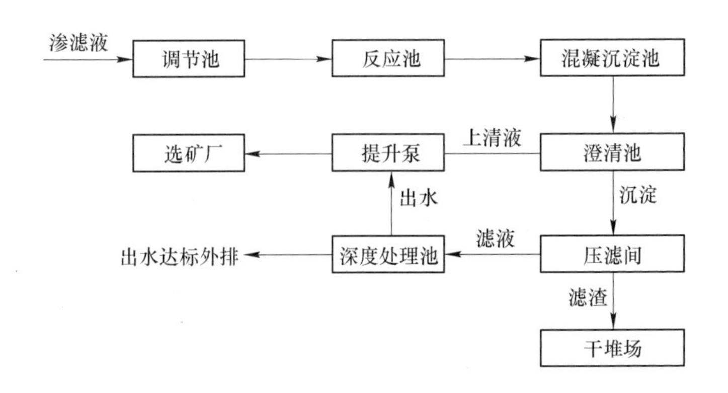

图 6-23 渗滤液处理工艺流程图

3.5m（长×宽×深）；池子均分为2格，每格位600m^3。

（2）反应池：反应池的有效容积为20m^3，有效水深为3m，构筑物尺寸ϕ3.0m×3.5m。

（3）平流沉淀池：平流沉淀池的有效容积为150m^3，有效水深为2m，构筑物尺寸为25m×3m×2.5m（长×宽×深）。表面负荷1m^3/(m^2·h)，沉淀时间2h。

（4）砂滤池：砂滤池尺寸4m×2m×2.5m，分为2格，轮流用，定期进行反冲洗。

（5）清水池：清水池尺寸2m×2m×2.5m。

常规渗滤水处理系统主要构筑物见表6-63，主要设备见表6-64。

表 6-63 常规水处理系统主要构筑物

序 号	名 称	规 格	数 量	备 注
1	调节池	20m×20m×3.5m	1	砖混
2	反应池	ϕ3.0m×3.5m	1	砖混
3	平流沉淀池	25m×3m×2.5m	1	砖混
4	砂滤池	4m×2m×2.5m	1	砖混
5	清水池	2m×2m×2.5m	1	砖混

表 6-64 常规水处理系统主要设备

序 号	名 称	规 格	数 量	功率/kW	总功率/kW	备 注
1	离心泵	150S100	2	75	150	一用一备
2	板框压滤机	125m^3/h	2	—		一用一备
3	压滤机水泵	125m^3/h，H=15m	2	55	100	一用一备
4	桨叶搅拌器	转速0~750r/min	2	2.5	5	一用一备
5	反冲洗泵	Q=250m^3/h，H=15m	2	25	25	一用一备
6	加药系统	—	1			一用一备

深度处理站工艺流程说明：该项目采用两级离子交换树脂（或纤维）柱串联工艺，第一级树脂柱采用重金属离子吸附树脂（或纤维），第二级树脂柱采用砷离子吸附树脂（或纤维），既可除去铅、镉等重金属阳离子，又能除去砷离子，出水水质达地表水环境质量

标准中的Ⅲ类水排放或回用。综合考虑深度处理规模为1200m³/d。一方面可保证雨季最大渗滤水产生时处理的需要，另一方面在平时渗滤水产生量少时，用于处理选矿生产废水，能保证生产工艺对水质、水量的要求。脱附液进行资源回收，防止二次污染。工艺流程框图见图6-24。

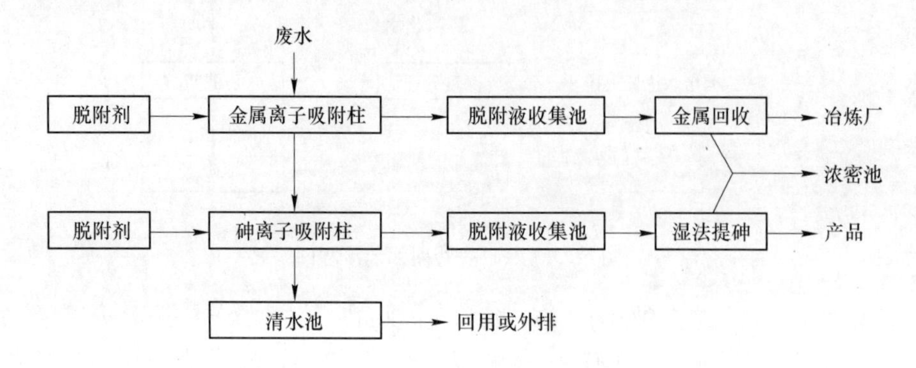

图6-24 废水深度工艺流程图

深度处理系统主要设备见表6-65，主要动力见表6-66。

表6-65 深度处理系统主要设备

序号	工艺单元	名 称	型 号 规 格	数量	单位	材质	单价/元	总价/元
1	吸附系统	重金属离子吸附柱（含树脂）	ϕ1.4m×4.6m	2	座	钢衬 PO	120	240
2		砷离子吸附柱（含树脂）	ϕ1.2m×4.0m	2	座	钢衬 PO	90	180
3	脱附系统	脱附剂一提升泵	40FSB-20 N=3kW	2	台	氟塑料	0.84	1.68
4		脱附剂二提升泵	25FSB-20 N=1.5kW	2	台	氟塑料	0.63	1.26
5		搅拌器	N=1.1kW	2	台	碳钢防腐	0.6	1.2
6		脱附剂一储槽	ϕ1.3m×1.8m，VN=2m³	1	台	PE	0.35	0.35
7		脱附剂一泵	CQF20-15-75 N=0.18kW	2	台	氟塑料	0.45	0.9
8		脱附剂二储槽	ϕ1.0m×1.4m，VN=1m³	1	台	PE	0.23	0.23
9		脱附剂二泵	CQF20-15-75 N=0.18kW	2	台	氟塑料	0.45	0.9
10		脱附液提升泵	32UHB-ZK-5-20 N=1.1kW	2	台	UHPE	0.77	1.54
11		管道混合器	DN40	2	台	FRP	0.15	0.3
12		水洗提升泵	ISW50-160B N=1.5kW	2	台	铸铁	0.67	1.34
13		鼓风机	YH-50S-1240-2.2 N=1.5kW	2	台	铸铁	1.5	3
14	电控系统	电动阀	DN80 220V	2	台		0.3	0.6
15		电动阀	DN50 220V	20	只		0.25	5
16		浮球控制器	220V 3A	6	套		0.45	2.7
17		液位控制器	220V 3A	4	台		0.5	2
18		pH 控制器	220V 4~20mA	2	台		0.78	1.56

续表 6-65

序号	工艺单元	名 称	型 号 规 格	数量	单位	材质	单价/元	总价/元
19	电控系统	电磁流量计	DN80 220V 4～20mA	2	台		0.65	1.3
20		电磁流量计	DN50 220V 4～20mA	2	台		0.57	1.14
21		控制柜	GGD	1	台		14	14
22		现场按钮箱	XJF	3	台		0.35	1.05
23		PLC 柜	GGD	1	台		29.67	29.67
合 计								491.72

表 6-66 主要设备动力一览表

序号	用电设备名称	规 格 型 号	数量	单机功率 /kW	运行功率 /kW	运行时间 /h	日耗电量 /kW·h	装机功率 /kW
1	上柱液泵	ISW80-200B $N=7.5$kW	3	7.5	12	24	288	22.5
2	脱附剂一提升泵	40FSB-20 $N=3$kW	2	3	2.4	0.1	0.24	6
3	脱附剂二提升泵	25FSB-20 $N=1.5$kW	2	1.5	1.2	0.1	0.12	3
4	脱附液提升泵	32UHB-ZK-5-20 $N=1.1$kW	2	1.1	0.88	0.1	0.088	2.2
5	水洗提升泵	ISW50-160B $N=1.5$kW	2	1.5	1.2	0.1	0.12	3
6	电控、照明等	—	1	2	2	10	20	2
合 计					19.68		308.57	38.7

D 堆存工艺方案

需安全处置的尾矿渣量大，按相关部门的建议和业主的要求，设计考虑采用干排干堆、分区分段方式堆存尾矿渣，暂未使用分区先覆土绿化，正在使用的分区作业区采取挡雨措施，每完成一个平台就进行覆土绿化。这样不但可以充分利用库容，提高库容利用系数，而且最大限度减少了尾矿渣堆存运营过程中的环保问题，从安全角度讲也是有利的。具体堆存工艺如下：

（1）分区及暂时未利用区的处理：库区面积较大，按使用的时间顺序划分为 5 个区，先利用Ⅰ区。按 5000t/d 的处理规模，Ⅰ区可以使用约 1 年。其他分区存放有大量的含重金属和硫、砷的尾矿，对区域环境的污染很大。采取对场地进行整理、碾压后覆盖 20cm 土壤，再播撒草籽等措施，并做好区内雨水的导排，将区内径流及时排出到库区外，减少下渗量，从而减少甚至消除含重金属渗滤水的产生。

（2）作业区堆存方式：

1）排矿方式：有库尾、库前、库中及周边排矿四种方式，分别介绍如下：

库尾排矿：由库区尾部（上游）向库区前部（下游）排放的方式。排矿时自上而下，按设计要求设置台阶并碾压，台阶高度不宜超过 15m，平台始终保持 1%～2% 的坡度坡向拦挡坝方向。

库前排矿：类似上游法筑坝，排矿自拦挡坝前向库尾推进，边堆放边碾压并修整边坡。

库中排矿：排矿自库区中部向库尾和库前推进，边堆放边碾压，设计最终堆高时一次修整堆积坝外坡。

周边排矿：排矿自库周向库中间推进，始终保持库周高、库中低，边堆放边碾压并修整边坡。

根据场地地形及库区规模，本工程Ⅰ区选择库尾排矿方式，尾矿由库后向库前按次序分层堆放。其他分区根据实际并考虑安全环保因素选择适合的排矿方式。

2）堆积方式：干式尾矿采用胶带机运输和汽车运输。尾矿选矿厂经过压滤或过滤后的再选尾矿（浓度80%左右）采用胶带机运输；运距较长的采用自卸汽车运输。进入库内的尾矿采用移动胶带机、装载机倒运至作业区，后续推土机，碾压机械跟进作业，推平和机械碾压，碾压主要目的一是提高库内物料的干密度，提高库容利用系数；二是为后续尾矿渣堆填创造较好的基础平台。要求碾压完成后压实度不低于0.92～0.96、尾矿渣的干密度约为1.6kg/m^3。堆积过程中必须逐层碾压到不小于堆积体（堆积坝）持力区需要的宽度。作业过程中，堆积体（堆积坝）外坡采用自然安息角（30°～45°）。

在雨季，作业过程中雨水将尾矿冲刷、微细矿泥易被径流带走，雨水渗入堆积体，一方面可使堆体稳定性变差，另一方面增加渗滤水的量，这些都加大了产生安全和环境事故的可能性，因此建议在作业区安装可拆移的挡雨棚，随作业区的推进而拆建。

（3）作业区堆存方式：在每一作业区堆积完成后，还必须要对堆积体（堆积坝）外坡面进行碾压。最终平台与平台高差约5m，顶面宽约10m。平台上修建永久性纵、横向排水沟。平台坡面保持2%的坡度，坡向排水沟。

每级平台堆积作业完成后立即对顶面和坡面表面应覆土两层，第一层为阻隔层，覆20～45cm厚的黏土，并压实，防止雨水渗入固体废物堆体内；第二层为覆盖层，覆天然土壤，以利植物生长，其厚度视栽种植物种类而定。同时完善相应的径流导排水系统，防止产生扬尘污染环境，保护堆体在汛期雨天不受雨水冲刷，减少雨水下渗量。

关闭或封场时，尾矿堆积体表面坡度控制在33%。尾矿废渣堆体及植被恢复剖面示意见图6-25。

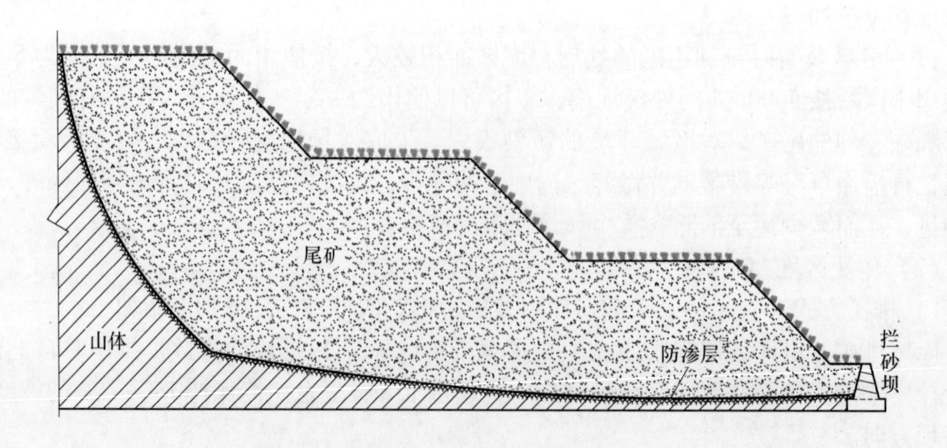

图6-25　渣堆体及植被恢复剖面示意图

（4）作业机械：尾矿砂运输和堆积过程中所用到的主要机械设备，见表6-67。

表 6-67 主要设备表

序号	名 称	型 号	数 量	单 位	每台功率/kW	总功率/kW
1	皮带运输机	TD75/DTⅡ	2	台	100	200
2	推土机	TY220	2	台	162	324
3	振动式压路机	YZ14 (155-TT)	2	台	75	150
4	手扶振动式压路机	YSZ06B	2	台	3.7	7.4
5	轮式装载机	ZL50F	2	台	162	324
6	料场喷洒水枪		8	把	—	—
7	洒水车	WSD-10B	1	辆	—	—
8	水 泵	IJF100-65-200	2	台	45	90

6.3.3 尾矿废渣处理中心工程

6.3.3.1 尾矿废渣工艺矿物性质

尾矿废渣性质主要参考中国有色桂林矿产地质研究院对新公路尾矿废渣和班塘尾矿废渣所取的1.5t混合样的研究结果。大厂矿区范围内历史遗留的尾矿废渣性质基本相似。

A 废渣类型

该项目所处理的废弃矿渣主要为含锡铅锑锌等多金属的高硫高砷尾矿废渣。

B 化学成分

尾矿废渣光谱半定量分析结果见表6-68，尾矿废渣多元素分析结果见表6-69。尾矿中铅、锑、锌、锡、硫含量较高，具有一定的回收价值。镉、砷含量也较高，但属于低价值元素，且产品市场容量不大。铅、镉、砷是区域重点防控的重金属污染物，不管价值大小，都必须回收，减少进入堆场的尾矿中重金属污染物的含量。硫铁矿（黄铁矿）等易氧化产生酸性废水，进而促使矿石中其他铅、镉等金属矿物溶于水中，给环境带来危害，硫铁矿等含硫矿物也应尽可能的回收。

表 6-68 废弃矿渣光谱半定量分析结果 (%)

成 分	Cu	Pb	Zn	Ag	Co	Ni	V	Ti	Mn	Cr	W
含 量	0.03	0.2	0.11	$>5\times10^{-4}$	10×10^{-4}	40×10^{-4}	70×10^{-4}	0.05	0.2	30×10^{-4}	3×10^{-4}
成 分	Sn	Mo	As	Sb	Bi	Cd	Fe_2O_3	Al_2O_3	CaO	MgO	SiO_2
含 量	>0.02	5×10^{-4}	>>0.1	>>0.1	10×10^{-4}	0.01	>10	10	2	0.3	30

表 6-69 尾矿废渣多元素分析结果

元 素	Pb	Zn	Sn	Fe	S	Sb	As
含量/%	0.98	0.66	0.2	31.22	28.28	0.72	3.38
元 素	Cr	Cu	Cd	SiO_2	Al_2O_3	CaO	
含量/%	0.009	0.038	0.02	31.3	11.3	2.6	

C 矿物组成及矿物特征

废渣中物质组成较复杂，按粒度大小可分为角砾、砂、泥质，其粒度与主要金属元素分布见表6-70。

表 6-70 废渣的粒度与主要金属元素分布

编 号	粒度段/mm	产率/%	检验结果（$Ag/10^{-6}$）/%							
			Sn	TFe	Pb	Zn	S	As	Sb	Ag
1	+1.41	24.06	0.11	25.98	0.53	0.60	18.48	1.99	0.36	23.25
2	-1.41 ~ +0.25	9.69	0.22	25.99	0.93	0.52	14.84	1.74	0.56	44.91
3	-0.25 ~ +0.075	27.52	0.14	38.82	0.94	1.03	33.90	3.40	0.77	49.62
4	-0.075 ~ +0.038	24.81	0.19	44.20	0.87	0.24	35.11	5.89	0.78	41.99
5	-0.038	13.93	0.24	31.74	1.21	0.40	21.19	3.49	0.68	55.69

废渣按物质成分可分为无机的岩屑、矿物晶屑、泥质、铁屑、金属筛网以及有机的草屑、昆虫等，其中：

（1）岩屑：包括石英岩岩屑、云英岩岩屑、泥质岩岩屑、碳酸盐岩屑，粒径在5cm ~ 0.05mm，主要分布于+0.25mm粒级中。岩屑含量在18%左右。

（2）矿物晶屑：石英、电气石、云母、黄铁矿、磁黄铁矿、碳酸盐矿物为主，其次为毒砂、针铁矿、黄玉，少量脆硫锑铅矿、铁闪锌矿、锡石以及微量黄铜矿等。矿物晶屑含量约占65%左右，其中，金属矿物约占67%。主要金属矿物含量、解离情况见表6-71。

表 6-71 尾矿废渣中各种矿物百分含量

矿物名称	黄铁矿	毒砂	磁黄铁矿	锡石	脆硫锑铅矿	闪锌矿	黄铜矿
占金属矿物总量/%	45	8	40	1	3	2	<1
解离度/%	98	95	98	55	75	75	

金属矿物特征如下：

1）黄铁矿。在-1.41 ~ +0.25mm粒级中，见到表面具明显竖纹的晶型完整的立方体黄铁矿晶体；反光显微镜下，淡黄—黄白色，棱角状，高反射率，正交光下具均质性。解离度统计为98%，未解离的黄铁矿主要存在于岩石角砾中，但约30%的黄铁矿与磁黄铁矿等晶屑被泥质胶结以“渣屑”（见图6-26和图6-27）的形式存在。在-1.41 ~

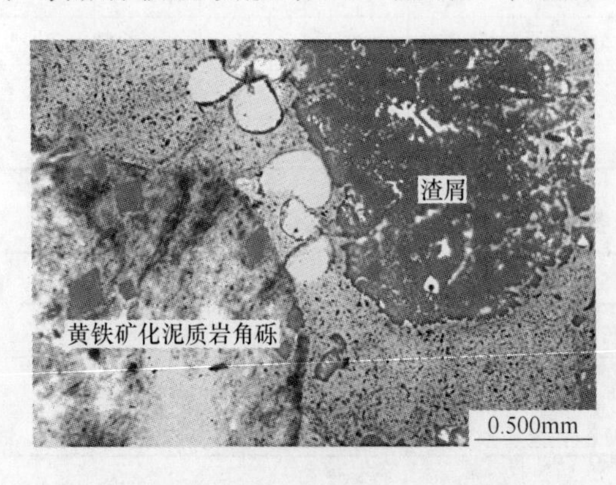

图6-26 渣屑及岩石角砾（书后附彩图）

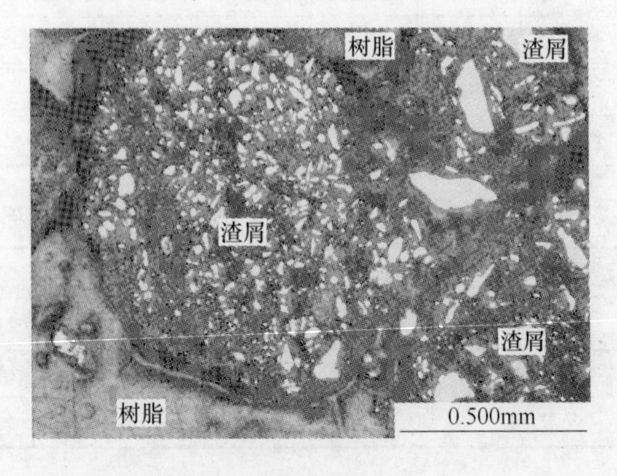

图6-27 金属矿物或被泥质交结呈“渣屑”或独立存在（书后附彩图）

-0.038mm粒级段内皆有解离的黄铁矿晶体较均匀分布。黄铁矿含量约占金属矿物的45%。

2）毒砂。反光显微镜下，淡黄—黄白色，棱角状，高反射率，正交光下具强非均质性。解离度大于98%，偶见与其他矿物连生（见图6-28），但约30%的毒砂与黄铁矿、磁黄铁矿等晶屑被泥质胶结以“渣屑”形式存在。在-1.41～-0.038mm粒级段内皆有解离的毒砂较均匀的分布。毒砂含量约占金属矿物的8%。

3）磁黄铁矿。反光显微镜下，乳粉红色，棱角状，反射率较高，正交光下具强非均质性。解离度大于98%，偶见与其他矿物连生（见图6-29），但约30%磁黄铁矿与黄铁矿等晶屑被泥质胶结以“渣屑”形式存在。在-1.41～-0.038mm粒级段内皆有解离的磁黄铁矿较均匀的分布。含量约占金属矿物的35%。

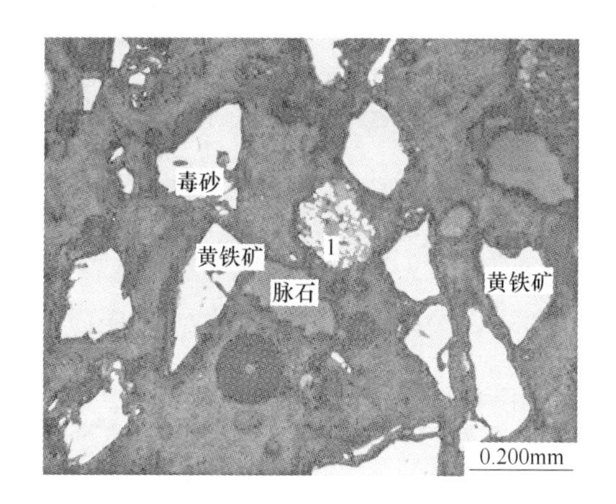

图6-28 毒砂与闪锌矿连生（书后附彩图）

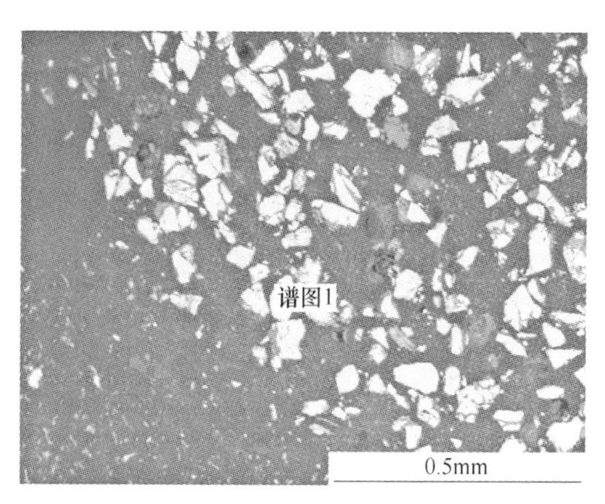

图6-29 磁黄铁矿能谱测试结果（书后附彩图）

4）锡石。偏光镜下，棕褐色，极高突起，糙面显著，棱角状—次棱角状；正交光下，高级白干涉色。反光显微镜下，灰色带棕色，反射率低；正交光下具强非均质性。锡石解离度约55%，未解离的锡石主要包含在石英岩角砾中或与闪锌矿、石英等连生（见图6-30和图6-31）。在+1.41～-0.038mm粒级段内皆有锡石分布。镜下见到解离的锡石粒

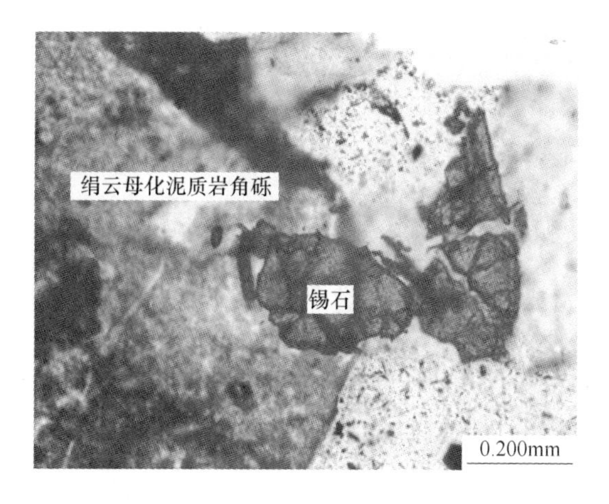

图6-30 解离的锡石（书后附彩图）

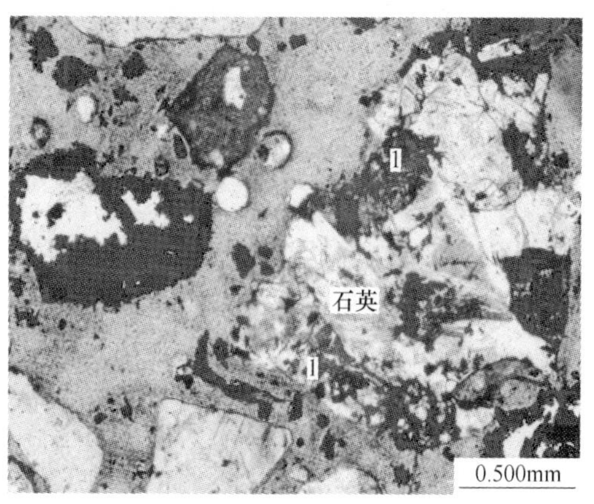

图6-31 石英岩角砾中未解离的锡石（书后附彩图）

度最大达0.4mm，最小0.002mm。锡石含量约占金属矿物的1%。

5）脆硫锑铅矿。反光显微镜下，灰白色微带绿黄色，条状，集合体常具棱角状（见图6-32和图6-33），反射率较高，正交光下具有强非均质性。能谱测试结果见表6-72。解离度统计为75%，未解离的脆硫锑铅矿主要与闪锌矿、磁黄铁矿连生，常见脆硫锑铅矿集合体独立散布于光片中。在-1.41～-0.038mm粒级内皆有分布，主要富集在-0.125mm粒度段。镜下见粒径最大者0.17mm，直径最小者为0.001mm。含量约占金属矿物的3%。

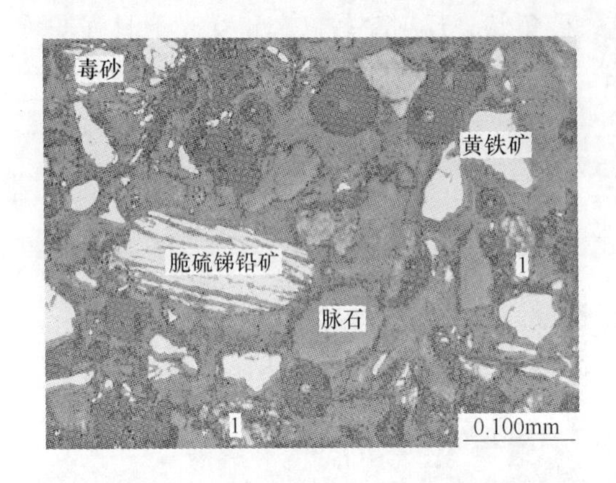

图6-32 脆硫锑铅矿集合体团块（书后附彩图）

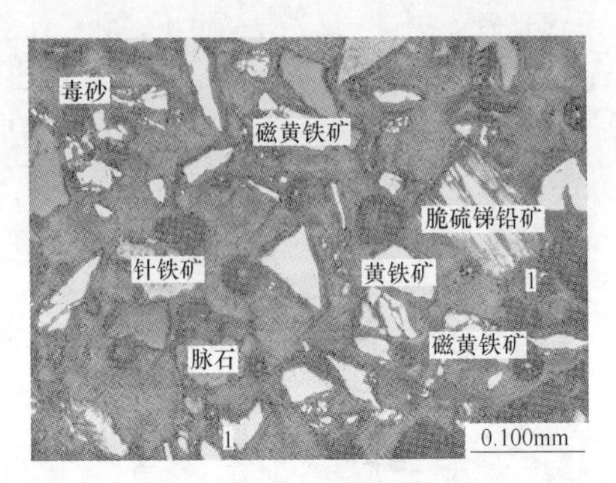

图6-33 脆硫锑铅矿集合体（书后附彩图）

表6-72 脆硫锑铅矿能谱测试结果

矿物数	元素	S	Fe	As	Sb	Pb
5	含量/%	22.46	2.59	0.52	36.80	37.63

6）闪锌矿。偏光镜下，棕褐色，极高突起，糙面显著；正交光下具均质性；反光显微镜下，白色微带棕色，多为次棱角状（见图6-34和图6-35）、破布状，反射率低，正交光下可见内反射色。能谱测试结果见表6-73。解离度统计为75%，未解离的闪锌矿常见与脆硫锑铅矿、黄铁矿等连生。常见闪锌矿散布于光片中。在-1.41～-0.038mm粒级内皆有分布，主要富集在-0.25～+0.075mm粒度段。镜下见粒径最大者0.4mm，直径最小者为0.001mm。含量约占金属矿物的2%。

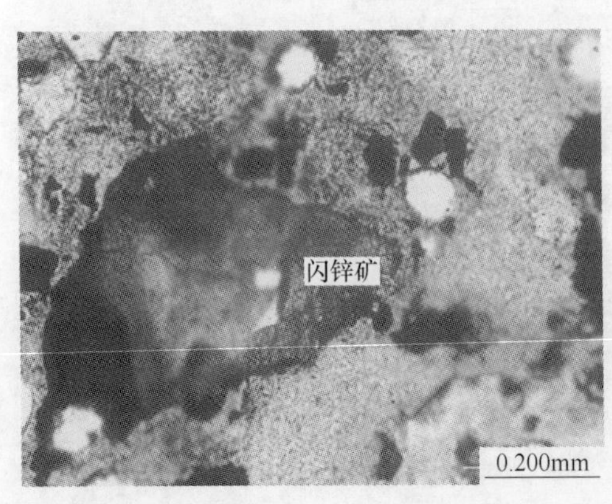

图6-34 解离的闪锌矿（书后附彩图）

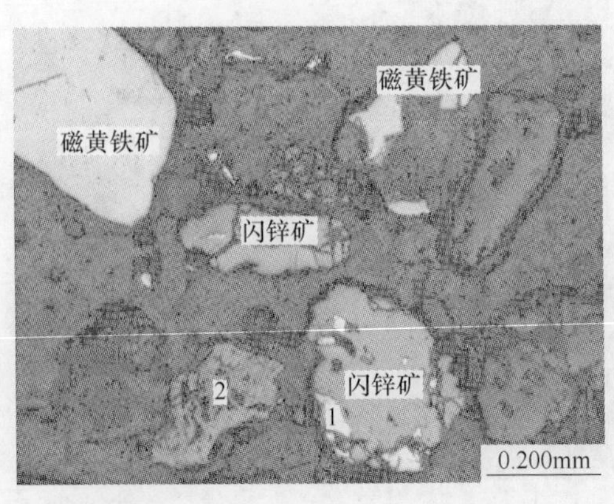

图6-35 闪锌矿与毒砂、脉石矿物连生(书后附彩图)

表 6-73 闪锌矿的能谱测试结果

矿物数	元素	S	Mn	Fe	Zn
5	含量/%	32.82	0.14	8.30	58.73

7）黄铜矿。解离度统计为 40%，未解离的黄铜矿主要以包裹体形式存在与闪锌矿中（图 6-36）或与石英连生。量微，含量占金属矿物总量的 1% 以下。

8）其他金属物质。其他金属矿物主要为针铁矿，其次有铁屑、筛网等金属物质。针铁矿在 -1.41 ~ -0.038mm 粒级内皆有分布，主要富集在 -0.25 ~ -0.038mm 粒度段。含量约占金属矿物的 4% 左右。

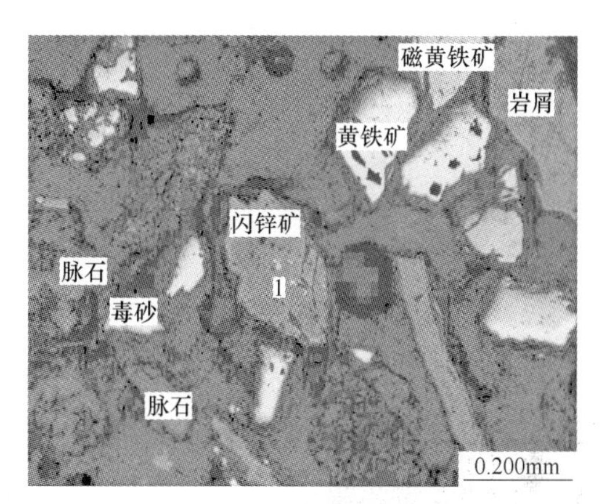

图 6-36 闪锌矿中的黄铜矿包体（书后附彩图）

（3）泥质。褐黑色，黏手。显微镜下：显微隐晶质。能谱测试其成分复杂，且不同测点成分变化较大，但共同以氧、铝、硅、铁、砷、硫、锑、铅、钙、镁等成分为主，13 个测点中，氧含量 44.18%、铁含量最高达 50.12%、锑含量最高达 36.21%、铅含量最高达 37.25%、锌含量最高达 4.20%、砷含量最高达 11.10%、铬含量最高达 30.33%、硅含量最高达到 12.83%。在高倍镜下，可见泥团中含有一些颗粒极细的金属矿物碎屑。泥质含量约占 15%。

D 废弃矿渣性质特点综合评价

（1）废弃矿渣中锡石、脆硫锑铅矿、闪锌矿含量较高，解离度较好，可以形成产品回收；黄铁矿、磁黄铁矿合计约占金属矿物总量的 85%，是最主要的金属矿物，可以作为硫精矿产品资源化综合回收。

（2）毒砂的含量也较大，约占金属矿物总量的 8%。尾矿废渣中含砷矿物是生态环境，特别是水体环境中砷的主要来源。为了减少砷污染物进入堆场可能对环境带来的污染风险，必须对废弃矿渣中含砷矿物进行富集回收，使最终尾矿的污染物的含量降到最低，实现“污染物减量化”。

（3）脉石矿物主要是石英、云母、电气石、碳酸盐矿物、黄玉及矿泥等，为最终尾矿的组成矿物，在没有找到大规模产业化利用的情况下，进入固体废物集中堆场（Ⅱ类场）进行安全处置。

6.3.3.2 尾矿废渣处理设计技术方案

根据该项目处理的原料性质和原选矿厂生产实践，拟采用磁选法回收磁黄铁矿、浮选法回收铅锑锌矿物、重选法回收锡并抛尾，浮选法回收硫铁和砷。

A 工艺流程

因尾矿废渣基本上都少于 20mm，故不设置破碎系统。选矿工艺流程为：“磨矿—磁选—浮选—重选—浮选”联合工艺。尾矿废渣处理工艺流程详见图 6-37。

a 磨矿流程

采用一段闭路磨矿流程。球磨机与螺旋分级机构成闭路磨矿系统。

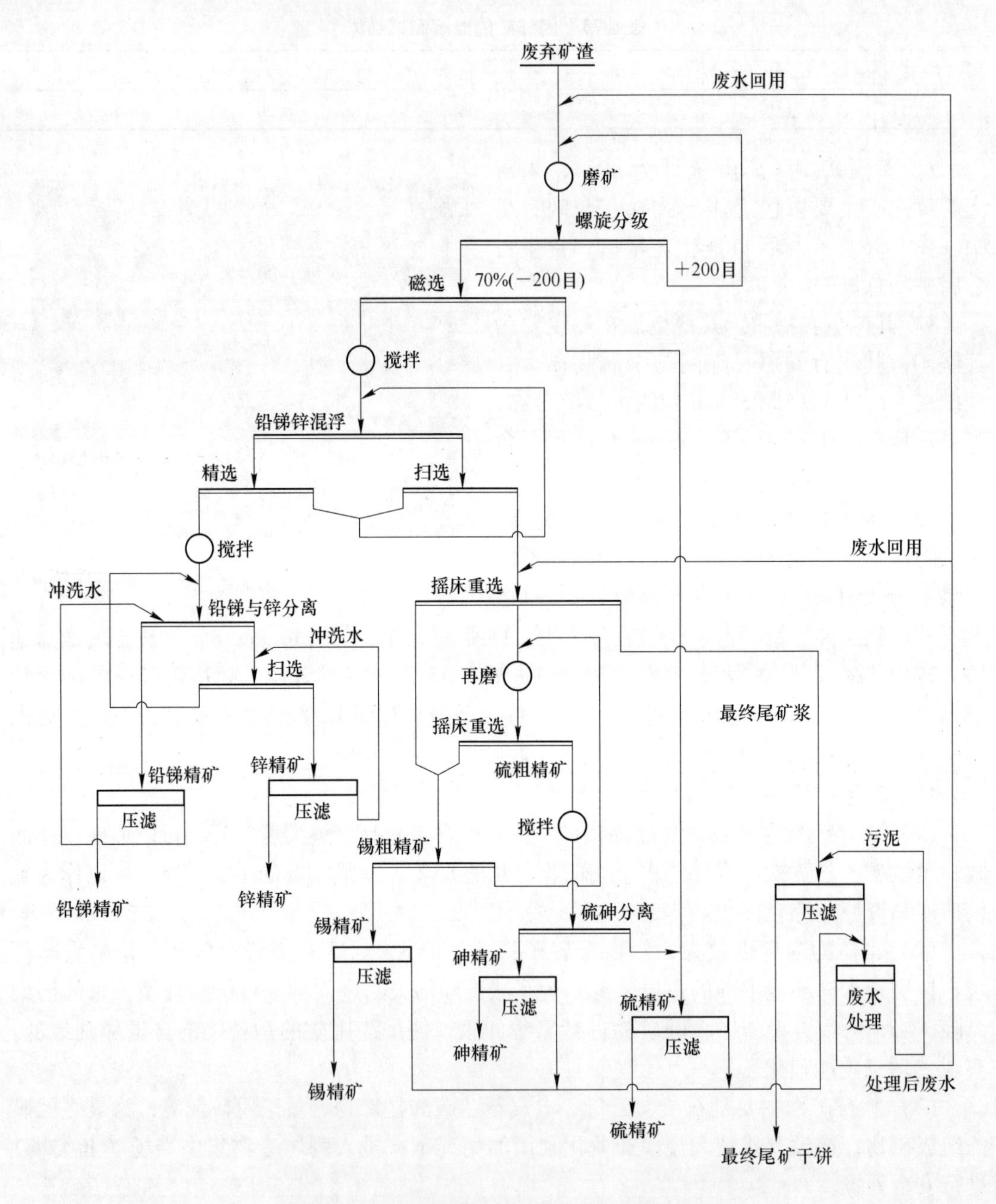

图 6-37　尾矿废渣处理中心设计选矿工艺流程图

其工艺过程为：在大厂镇范围内的尾矿废渣用挖机清挖并用自卸汽车运到处理中心原料堆场，再用铲车送入粉矿仓，每个粉矿仓对应一台球磨机。粉矿仓内的矿石经给料机给到胶带输送机上，通过胶带输送机送入球磨机。共设置 5 个磨矿系列，MQG3200 × 4500 球磨机与螺旋分级机组成 1 个闭路磨矿系列；4 台 MQCϕ2100 × 3600 球磨机与螺旋分级机组成 4 个闭路磨矿系列。磨浮系统设置电子秤恒定给矿，稳定工艺参数。

磨矿最终细度控制 -200 目约占 70%。磨矿合格产品经矿浆分配器分配进入磁选系统。

b 磁选流程

磨矿合格产品先进入磁选系统，通过4500Gs永磁式磁选机分选出磁性矿物——磁黄铁矿。经一次粗选和一次扫选后，得到磁黄铁矿精矿，磁黄铁矿与后续工段分选出的黄铁矿合并为硫铁精矿。

c 铅锑锌选别流程

磁选尾矿进入铅锑锌混浮系统，经一次粗选二次精选三次扫选后得到铅锑锌混合精矿，尾矿进入重选系统；混合精矿进入铅锑与锌分离系统，经一次粗选一次精选一次扫选得到Pb + Sb含量约26%的铅锑精矿和Zn含量约35%的锌精矿。

其工艺过程为：来自磁选尾矿矿浆进入ϕ2500搅拌桶加药搅拌，然后进入7A和6A浮选机进行粗选和扫选作业，精矿进入5A、4A、3A浮选机进行精选作业。最终铅锑精矿和锌精矿分别输送到压滤工段压滤除去多余水分得到合格产品。混浮尾矿采用砂泵抽送到重选系统。浮选系统的配给药系统使用PLC自动加药系统实施微机自控加药，合理用药并降低生产成本。

d 重选流程

来自混浮的尾矿进入重选系统。矿经分级后分别采用6S细粒摇床和细泥摇床分选。细粒摇床选出锡精矿和摇床中矿并抛掉部分尾矿，细粒摇床产出的中矿进入MQS ϕ1200×3000磨机再磨至－200目占75%后经细泥摇床再选；细泥摇床分选出锡粗精矿、硫砷精矿和抛掉尾矿。

重选系统最终分选出锡粗精矿和硫砷精矿以及最终尾矿。

锡粗精矿经一次浮选精选得到含Sn 50%的锡精矿，精尾经MQYϕ750×1800磨机再磨后返回重选系统再选；锡精矿经沉淀、10m^{2}真空过滤机脱水得到合格精矿产品。

e 硫砷分离流程

硫砷精矿采用6A、5A、4A浮选机经一次粗选二次精选三次扫选后浮选分离后到硫精矿和砷精矿。

f 精矿脱水流程

所有精矿产品均采用浓缩 + 过（压）滤两段脱水流程。其中铅锑精矿采用陶瓷过滤进行过滤；锡精矿采用带式真空过滤机过滤；硫精矿、砷精矿采用500m^{2}压滤机压滤。

g 废渣、废水处理流程

最终尾矿浆全部采取压滤处理。经20台（500m^2/台）压滤机将尾矿压滤至含水20%左右，采用胶带运输机输送到固体废物集中堆场（Ⅱ类场）安全处置；压滤水进入废水再生处理系统，处理工艺与堆场渗滤水处理工艺基本一致，经调节、反应、混凝沉淀、压滤得到合格再生水，返回生产系统高位水池供生产使用，污泥随最终尾矿一起进入堆场安全处置。

B 主要设备选择

对主要工艺设备进行选择计算、比选。在设备能力计算中，考虑增加负荷波动系数1.2左右。在设备选择中已考虑采用原有设备。选矿工艺主要设备选型详见表6-74。

表 6-74　选矿厂主要工艺设备汇总表

工　段	设备名称	型号及规格	单位	数量	每台电机功率/kW
磨　矿	铲　车	50C	台	2	
	振动给料机	GZG200-6	台	1	23
	振动给料机	GZG110-4	台	4	1.5
	格子型球磨机	MQCϕ2100×3600	台	4	245
	节能球磨机	MQG3200×4500	台	1	800
	球磨机	MQSϕ1200×3000	台	8	75
	螺旋分级机	2FC30	台	1	26
	螺旋分级机	FG15	台	12	15
磁　选	磁选机	4500Gs	台	25	11
	磁选机	CTS-1540（4500Gs）	台	2	11
	矿浆分配器		套	1	0
浮选系统	普通搅拌桶	ϕ2500	台	10	11
	提升搅拌桶	ϕ2500	台	6	22
	浮选机	7A	台	60	18.5
	浮选机	6A	台	60	15
	浮选机	5A	台	292	7.5
	浮选机	4A	台	88	3
	浮选机	3A	台	12	3
重选系统	水力分级箱		台	120	0
	细粒摇床	4×2	台	600	1.1
	细泥摇床	4×2	台	600	1.1
给药系统	PLC 自动给药机		套	2	1
	石灰磨机 MQY0918D	MQY0918D	台	1	22
	分级机	FG10	台	1	5.5
	硫酸罐		个	2	
	搅拌桶	ϕ2500	台	8	11
浓缩压滤及泵	周边辊轮传动式浓密机	NG-53	台	1	11
	陶瓷过滤机	HTG-15	台	2	15
	陶瓷过滤机	HTG-60	台	4	30
	压滤机	50m^2	套	30	55
	浓缩机	TNZϕ9M	台	10	5.5
	胶带输送机	FD75-50	套	1	30
	砂　泵		台	50	45
	回水泵	150S100	台	2	75
	回水泵	300S58	台	2	180
试验室、化验、检修、照明				1	350

续表 6-74

工　段	设备名称	型号及规格	单位	数量	每台电机功率/kW
尾矿废渣清挖运输	铲　车	50C	台	2	
	铲　车	40C	台	4	
	铲　车	30C	台	3	
	挖掘机	小松牌铝带式 PC210-8	台	4	
	挖掘机	卡特牌铝带式 320D	台	3	
	车　辆	乘龙牌中型自卸货车	辆	12	
	车　辆	乘龙牌重型自卸货车	辆	14	

C　处理中心辅助设施

a　尾矿废渣（原料）堆场

料场按可供 3 天生产量储矿，矿量 15000t，堆积体体积约 8333m^3，考虑平均堆高约 3m，需料场面积约 2778m^2，增加 1/3 以上的原料卸车、铲车送矿等操作空间，设计料场面积为 4000m^2。

料场地面全部用水泥硬化，采取防风防雨水措施（实心围墙、铝板顶等），外设截排水沟，防止雨水及地表径流进入料场。

b　矿仓（库）容量和储矿时间

矿仓（库）容量和储矿时间见表 6-75。

表 6-75　矿仓容量和储矿时间

矿仓名称	容量/m^3	储量/t	储矿时间
原料仓	750	1250	6h
锡精矿库	44	145.00	10d
铅锑精矿库	805	2550.00	10d
锌精矿库	375	1000.00	10d
硫精矿库	4929	11500.00	10d
砷精矿库	4950	11550.00	10d

c　药剂储存、制备和添加

浮选使用的药剂种类有乙硫氮、丁黄药、2 号油、石灰、硫酸、硫酸铜、腐殖酸钠等。药剂储存在药剂库内，其面积为 200m^2，可满足生产储存的要求。

除 2 号油直接添加外，其余药剂均用搅拌槽制备，其中硫酸铜用玻璃钢溶槽，石灰乳单设制备间。磁浮车间的选矿药剂配备车间设在原料堆旁边，面积约 160m^2。重浮车间的选矿药剂配备车间就近设置，面积约 80m^2。药剂溶液在配制/储存制好后，全部通过气动阀自动放至给药室。

给药室分别设在各车间（工段）主厂房内，配制好的选矿药剂溶液由制药室放至给药室缓冲桶后，全部通过 PLC 自动加药系统精确添加。

石灰制备工作制度为年工作 300d，3 班/d，8h/班。其余药剂制备工作制度为年工作 300d，1 班/d，8h/班，仅在白班配药。药剂用量见表 6-76。

表 6-76 药剂消耗表

药剂名称	用 量		
	kg/(t·矿)	kg/d	t/a
丁基黄药	0.5	2500	750
2 号油	0.08	400	120
乙硫氮	0.2	1000	300
硫酸锌	0.6	3000	900
亚硫酸钠	0.45	2250	675
硫酸铜	0.35	1750	525
腐殖酸钠	0.6	3000	900
石 灰	2.5	12500	3750
硫 酸	3	15000	4500
合 计		41400	12420

d 试验室和化验室

该项目处理的尾矿废渣来源广、成分复杂，需要根据废渣性质的变化通过小型试验室试验提供合理的生产操作条件，改进选矿工艺和解决生产中存在的问题。试验室按可以进行条件试验和简单的闭路流程试验的小型浮选、重选、磁选试验所需的设备、人员进行设置和配备。

化验及技术检测室负责对进厂的原料量、品位、磨矿的给矿量、磨矿浓度、细度，磁选、浮选、重选精矿，出厂最终精矿、最终尾矿、水质等分班进行取样检测和统计，掌握各班组的生产情况和统计出全厂的技术经济指标，以指导生产。化验室装备按小型规模配置。化验室应具有分析锡、铅、锑、锌、硫、砷、银、镉以及部分杂质元素的手段。

e 磨矿钢球存放设施

磨矿介质钢主要存放在仓库。为方便生产中添加使用，在磨矿间预留存放部分钢球存放场地，在球磨机给矿端附近，设置钢球仓。

f 检修设施

选厂各个跨间有公路与外部相通，以便备品备件的运输。各个跨内预留设备检修场地，为方便维修，各个主要跨间内设有起吊设备如电动桥式起重机、电动单梁起重机、电动葫芦等。

6.3.3.3 尾矿浆浓缩压滤及水处理系统

A 工艺选择

根据处理中心最终尾矿采用干排、废水全部回用于生产的尾矿浆处理模式，以及磨矿、磁选、浮选工段的用水要求稍高而重选工段对水质没有要求的特点，采取“分质回用、部分处理”的废水处理原则工艺，大部分废水直接回用于重选工段，部分废水处理后回用于除重选工段以外的磨矿、浮选工段，以不影响选矿指标为标准。

B 工艺流程

工艺流程框图见图 6-38。

尾矿浆浓缩压滤及废水处理系统包括 1 台 NG-53 浓密机（沉淀面积 2202m^2）、20 台

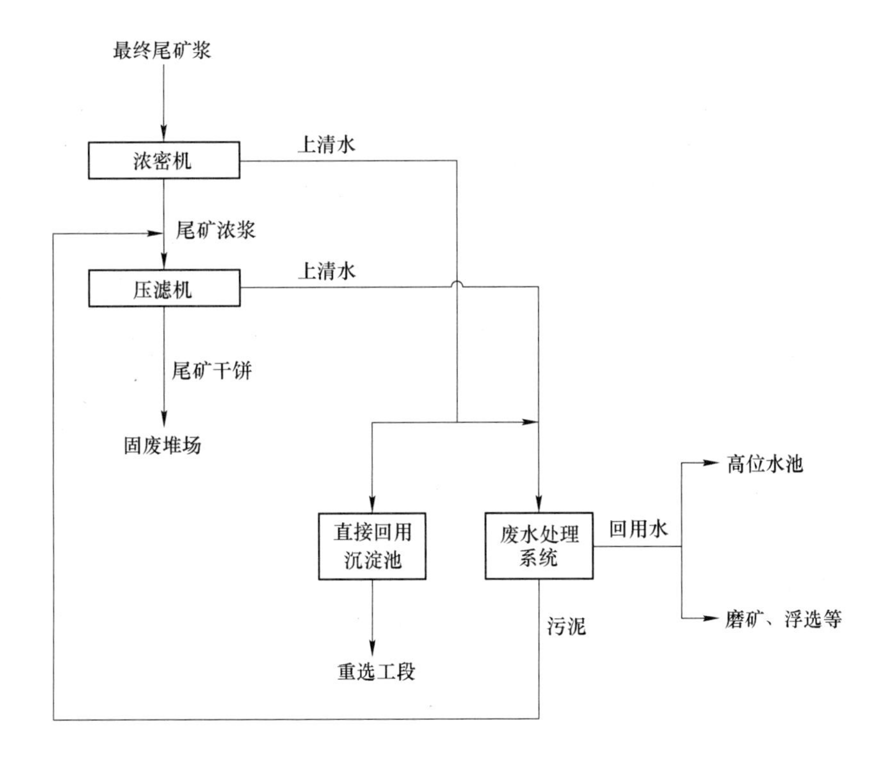

图6-38 尾矿浆及废水工艺流程图

500m² 压滤机、7000m³ 直接回用水沉淀池（5h 用量）、总容积约为 2934m³ 氧化混凝沉淀处理系统和提升泵站，以及配套的加药系统、污泥收集系统、动力系统、控制系统等。

C 工艺流程说明

（1）为充分、合理地利用水资源，并根据重选、浮选等对水质的要求不同，本工艺以“分质回用、部分处理”、“不影响选矿指标”原则利用、处理废水，约 75% 的废水（26800t/d）直接回用于重选工段，约 25% 的废水（8955t/d）处理后回用于磨矿、浮选工段。

（2）铅锑锌浮选工段的尾矿浆处理：该工段尾矿浆采用自流式浓泥斗（水力分级箱）进行分级，并在末级设计有效容积约 60m³ 沉淀池 1 个（5m×5m×3m）。浓泥斗按沉砂的粗细分别对应细粒摇床和细泥摇床。沉淀池清水直接回用于摇床重选段生产。

（3）最终尾矿浆及废水处理说明如下：

1）最终尾矿浆进入 1 台 NG-53 浓密机，通过重力沉降作用使固体与水分离，上清液溢流约 26800t/d 进入有效容积约 7000m³ 直接回用水沉淀池，尺寸为 25m×25m×3.5m×4（长×宽×深×个）；固体物质沉降到浓密机底部。

2）浓缩后的尾矿浆由压滤机进料泵分别送入 20 台 500m² 板框压滤机中进行压滤，滤饼通过皮带运输机运至固废堆场进行安全填埋，滤液进入废水处理系统，多余部分与浓密机溢流出的上清液汇流。

3）由于重选对水质要求不高，因而可将浓密机清水中的 26800t/d 经简单沉淀处理后通过水泵直接回用于重选工段中。

4）压滤机滤液约2500t/d和浓密机清水中的6455t/d（二者合计8955t/d）进行、混凝沉淀常规处理。

氧化反应池：反应池的有效容积为54m^3，有效水深为3m，尺寸ϕ3.5m×3.5m×2。

平流沉淀池：平流沉淀池的有效容积约2880m^3，有效水深为3m，尺寸为20m×15m×3m×4（长×宽×深×个）。总沉淀时间7.5h。

砂滤池：砂滤池尺寸4m×2.5m×2.5m，分为4格，轮流用，定期进行反冲洗。

5）常规氧化、混凝沉淀处理产生的污泥则由污泥泵输至板框压滤机，与浓缩的尾矿浆一同处理。

6）常规处理后的尾水中的10%左右进入离子交换深度处理系统（详见深度处理章节）进行深度处理。深度处理水和常规处理水分别回用于对水质要求较高的磨矿、浮选等工段的相应工段中。

7）离子交换深度处理脱附产生的高浓度脱附液进行资源回收。

D　主要构筑物及设备

尾矿浆及废水常规处理系统主要构筑物见表6-77，主要设备见表6-78。

表6-77　尾矿浆及水处理系统主要构筑物

序　号	名　称	规　格	数　量	备　注
1	直接回用水沉淀池	25m×25m×3.5m	4	钢筋混凝土
2	氧化反应池	ϕ3.5m×3.5m	2	钢筋混凝土
3	平流沉淀池	20m×15m×3m	4	钢筋混凝土
4	砂滤池	4m×2.5m×2.5m	4	钢筋混凝土

表6-78　尾矿浆及水处理系统主要设备

序　号	名　称	规　格	数　量	功率/kW	总功率/kW
1	浓密机	NG-53	1	11	11
2	板框压滤机	500m^2	20	5.5	110
3	桨叶搅拌器	转速0~750r/min	3	2.5	7.5
4	反冲洗泵	Q=250m^3/h，H=15m	4	25	100
5	加药系统	—	4		

E　土建工程

a　土建结构

处理中心磨矿车间、磁选车间、铅锑锌浮选车间、重选车间、锡精选车间、砷硫分离选车间、压滤车间、废水处理站、试验化验室、药剂制备、办公楼、临时宿舍、食堂、配电所采用现浇钢筋混凝土基础、现浇钢筋混凝土柱梁、轻型屋面、夹芯彩板围护结构形式。

大型设备基础、矿仓、污水处理池、水池、沉淀池、浓密池、水泵房等均采用钢筋混凝土结构，较小的单层房屋均采用砖混结构。

b　建筑配置

建筑设计除满足工艺要求外，尽量改善生产环境与劳动条件，全面考虑车间的采光、通风、隔声、防水防腐等要求，并采用相应的保护措施。

厂房的耐火等级均为二级。厂房安全出口的数目，符合国家规定要求。

生产车间主要采用自然通风，配电房、控制室设置空调等湿度、温度控制设备。

c 建筑工程量

处理中心场地总面积约 24 万平方米，厂房建筑面积约为 14.3 万平方米。土建工程量估算见表 6-79。

表 6-79 土建工程量

序 号	项目名称	工 程 量	结构标准	备 注
1	厂 房	$26660m^2$		混凝土地面
(1)	磨 矿	$1190m^2$	钢筋混凝土	混凝土地面
(2)	磁 选	$550m^2$	砖混	混凝土地面
(3)	浮 选	$4490m^2$	砖混	混凝土地面
(4)	重 选	$20430m^2$	砖混	混凝土地面
2	原料堆场	$4000m^2$	混凝土地面	混凝土地面
3	矿 仓	$625m^3$	钢筋混凝土	混凝土地面
4	药剂材料仓库	$1500m^2$	砖混	混凝土地面
5	石灰池	$65m^3$	钢筋混凝土	混凝土地面
6	回水池	$1500m^3$	钢筋混凝土	混凝土地面
7	高位循环水池	$3000m^3$	钢筋混凝土	
8	浓密池	$2500m^2$	钢筋混凝土	混凝土地面
9	尾矿压滤	$1620m^2$	砖混	混凝土地面
10	尾水沉淀池	$9660m^3$	钢筋混凝土	混凝土地面
11	配电房	$400m^2$	砖混	混凝土地面
12	产品库	$2200m^2$	砖混	混凝土地面

6.3.3.4 堆场处理中心总平面布置

拦渣坝建于项目区西南角两小山形成的隘口，拦截整个项目区泥砂废水，以拦渣坝为界，将堆场场区分为渗滤液废水处理区（含事故应急处置池）及填埋库区两个大区。填埋区占地约为 24 万平方米，渗滤液废水处理区位于拦渣坝的下游，占地面积约 $1000m^2$，事故应急处置池为该项目拦渣坝与砂沟拦截坝形成的区域，面积约 $18000m^2$，深度约 20m。

A 填埋库区

由于场区内尚有约 150 万立方米的尾矿，进行无害化和资源化处理需要约 1.5 年。为了便于分阶段、合理有序开展场址上尾矿清理、场地平整、防渗施工以及回选后尾矿砂的填埋工作，将填埋区又分为 5 个小区域，按 Ⅰ 区-Ⅱ 区-Ⅲ 区-Ⅳ 区-Ⅴ 区顺序依次施工和进行尾矿填埋。Ⅰ 区布置在场区东侧，现堆存的尾矿量相对较小，便于填埋区的建设，且有利于下一填埋区的准备工作的展开，离处理中心较近，尾矿输送成本较低，减轻前期总投资额太大的压力。Ⅰ 区填埋完成后，因离处理中心近，通过对场面、边坡进行硬化等特殊方式进一步处理后可作为处理中心的活动场地。

B　渗滤液废水处理区

渗滤液调节池布置于场地西侧，紧邻拦渣坝和填埋库区。调节池为柔性结构，铺设水平防渗系统。渗滤液经收集后进入调节池，经调蓄后输送至调节池南侧的渗滤液预处理站进行处理。渗滤液预处理站位于预处理区西侧、调节池以东，包括综合车间和水处理构筑物。事故应急处置池位于项目区下游。

C　库外排洪系统

为尽量减少进入填埋场的降雨径流，维护填埋作业安全和减少渗滤液的生产量和处理费用，设计一道环库排水沟，将拦截的雨水排往库外，防止雨水进入库区，导致渗流增大，影响库的稳定性。填埋场在填埋到坡顶高度后，在填埋场周边建设堆场排洪沟。库周排水沟总长 3400m，坡降为 0.06。排水沟采用浆砌块石护砌，净断面（底 × 高）为 1.0m × 1.2m。

D　处理中心厂房布置和设备配置

处理中心选矿厂生产设施由原料堆场、磨矿车间、磁选车间、铅锑锌浮选车间、重选车间、锡精选车间、砷硫分离选车间、压滤车间、废水处理站等 9 部分组成；辅助及公用设施有试验室、化验室、机修间、变电所、值班室、回水泵房、溪边水泵房及生活行政福利设施。

厂区场地最高标高为 756m，最低标高约为 700m，地形由西北向东南倾斜及由北向南倾斜，西北至东南横向最长约 620m，场地不规整，地形高差有限，厂房布置必须充分利用地形条件及环绕堆场的特点。原料堆场、磨矿、磁选、铅锑锌浮选车间（简称磁浮区）布置在厂区西北部，各车间由上往下依次布置在新公路下方山腰的缓坡上；重选车间、压滤车间、废水处理站布置在中部（重选压滤区），由北往南依次布置，重选尾矿经压滤后很方便地进入堆场处置；重选车间东南面布置砷硫分离选车间、锡精选车间。各车间内设备注意呈阶梯式布置，以实现物料提升高差最小和矿浆自流，减少电能消耗；同类设备尽可能布置在同一跨间内，以方便管理和维修。围绕主要生产车间布置相应的高位水池、地磅房等生产辅助设施，以便尽量缩短与其服务对象之间的距离，缩短管线敷设长度。

总的来看，处理中心选矿布置分为磁浮区—重选压滤区；在磁浮区与重选压滤区之间预留一块面积约 30000m^2 场地建设用地，将来处理规模扩大时，磁浮车间向重选车间方向扩展，而重选车间则向磁浮车间方向扩展，从而连成一个整体，操作和管理不但不受到影响而且更加顺畅。在规模没有扩大之前，可以先进行整治、绿化，建设成为花园，供生产工人交接班前后的休闲娱乐。

各生产区竖向布置，既要遵循自然地形条件，同时要满足生产工艺对高程的要求，根据场地自然地形条件及工艺要求，场地平整采用台阶式，高度 2 ~ 4m 设一台阶。

厂区雨水的排除采用浆砌片石明沟、盖板暗沟两种，在人流、物流较集中的区域，采用盖板暗沟排水，在一般道路两侧及厂外截排水沟等采用明沟排水。

6.3.3.5　设计中采取的环保措施

A　大气污染物治理措施

（1）对尾矿、废渣，适当洒水（含水不超过 20%）以防止施工、清理、转运过程中产生扬尘；

（2）运输车辆不能超载，且加盖挡布；

(3) 及时清扫运输车辆散落在城区运输道路上的泥土;

(4) 运送砂石水泥经过城区的车辆,限制车辆行驶速度;

(5) 对可能产生扬尘的建筑材料禁止露天堆放;

(6) 对易产生扬尘的场地及附近路面适当洒水抑尘。

B 水污染物治理措施

(1) 对于堆场施工产生的废水,采取先建设本工程中拟建的废水处理站,后进行其余工程的施工,施工过程中产生的废水全部进入废水处理站处理合格后回用于生产,或达标后排入班塘清水区;

(2) 处理中心场地清理等施工过程中产生的废水必须收集于沉淀池中回用于施工生产;

(3) 清理关停选厂场地时,如沉淀池、污水池等存有重金属废水或其他有害废水,必须安全环保的处理后方能继续施工;

(4) 注意开挖面的遮盖,防止雨水冲刷;

(5) 施工人员生活污水,采用三级化粪池处理后,排往附近的林地或荒地,以林灌形式消纳。

C 固体废弃物治理措施

(1) 堆场库外截排洪沟建设产生的废土石,用于道路修建或堆放于对周边环境影响小的低洼处,并种植草木;

(2) 堆场内及处理中心厂区施工产生的废土石,暂存于堆场中,并采取防雨、防冲刷措施,待填埋区可以使用后移到填埋区填埋处理;

(3) 所有尾矿采取暂时存放措施,待处理中心建成后,进入处理中心选矿厂再选,将尾矿中的重金属矿和硫、砷矿物去除(回收)经压滤后回到堆场填埋处理;

(4) 施工人员的生活垃圾,堆放于临时垃圾池内,定期运至大厂镇街道内制定的垃圾投放点投放。

D 噪声治理措施

(1) 尽可能采用先进的低噪设备;

(2) 注意维护保养机械,使机械维持最低声级水平;

(3) 在高噪声机械设施旁作业的施工人员采取佩戴耳机,减轻噪声对施工人员的影响程度;

(4) 合理安排各类施工机械的工作时间,避免在同一时间集中使用大量高噪声机械设备。

E 运营期环境保护措施

a 堆场防渗

堆场的防渗已在堆场防渗设计详细分析,本节不再重复。

b 废水处理措施

堆场设渗滤液收集处理系统,正常情况下,渗滤液经常规处理系统处理后全部回水到选矿厂使用,堆场废水不外排;非正常情况下,废水经常规处理系统处理后再经深度处理达到当地环保要求标准后才外排。

堆场周边设置了截排洪沟,并采取尾矿废渣压滤至浓度约80%、“边填埋边覆土绿化”

填埋工艺和径流导排系统，作业区安装可拆移式挡雨棚，预计渗滤液产生量比前面章节预测的还小。

因此，规模为2000m³/d的渗滤液废水处理系统可确保渗滤液不对环境造成污染。

处理中心最终尾矿浆采取压滤处理工艺，尾矿中的水分少于20%，生产废水基本上不被尾矿带出污染环境；压滤废水再进一步处理，防止水中污染物累积，回用生产，可以循环使用。

c 噪声和扬尘防治措施

选矿厂产生的尾矿压滤饼采取固定式胶带输送，堆场内采用移动式胶带机输送，同时采取与施工期相同的保护措施，以减少噪声和扬尘的影响。处理中心磨矿、泵房采取独立设置并相对封闭措施。对噪声、震动较大的设备，安装隔震器和减震垫；同时加强四周绿化以降低噪声污染，减少对环境的影响。

原料堆场在原料含水量较小、易产生扬尘时应适当洒水防尘。

d 堆场环境风险防范措施

只要堆场的设计符合工程建设强制性条文标准和行业技术规范，堆场的稳定、安全是有保证的。

同时利用拦渣坝下游的原本洪塘沙沟（上下已建坝，河水已由修建的隧道流向下游）作为事故应急池。

6.3.4 环境效益与社会效益分析

该项目属于环境治理工程，且是区域环境治理关键性工程，对于区域生态环境的改善具有重要的作用，环境效益与经济效益巨大。

6.3.4.1 环境效益

本工程的实施将产生显著的环境效益，主要包括区域水环境质量显著改善、土壤环境质量改善：

(1) 该工程的实施可有效控制刁江源头——大厂矿区尾矿砂污染。按每年处理150万吨尾矿废渣计，经测算，可减少进入刁江水系中的重金属污染物的量为镉750kg、铅1500kg、砷5200kg。项目建设对刁江水质有关键性改善作用，有助于妥善解决长期以来困扰刁江沿岸居民的重金属污染问题。

(2) 该工程的实施可解决大厂矿区尾矿砂安全处置的难题，并有利于因尾矿砂无序堆积而遭到破坏的生态环境的恢复。在工程完工后，植被恢复工程的实施可提高植被覆盖率，改善区域景观，提高该区域的水源涵养能力，有效控制水土流失，对刁江流域的生物多样性保护有重要意义。

6.3.4.2 社会效益

本工程实施后的重要特征之一是社会效益十分明显。社会效益一般是潜在的和无形的，主要表现在提高公众的健康水平、改善投资环境、增加就业机会和提高沿岸居民环境保护意识等。具体社会效益包括：

(1) 促进刁江流域的可持续发展。该项目工程建设实施后，刁江源头污染得到有效清除与控制，水环境质量与生态环境质量逐步得到恢复，水资源得到有效保护，当地村民的就业机会增加，当地村民的经济收入得到一定程度的改善，可促进整个刁江流域的可持续发展。

(2) 有益于当地居民的公共健康。随着广西大厂固体废弃物处理中心建设项目的实施，可大大降低大厂矿区选厂的污染负荷，对刁江水环境质量改善和工程区自然环境和景观的改善有重要作用，消除当地居民生产、生活用水的重金属污染威胁，保护和改善当地居民的生存环境，有益于公共健康。

(3) 增加当地村民的就业机会和收入。项目区建设期间可解决部分就业问题，项目建成后，配套的固体废弃物处理中心的管理和运行需要直接工作人员、辅助工作人员、技术与行政管理人员和后勤人员，可为南丹县和邻近地区剩余劳动力提供就业机会，增加收入。

(4) 提高当地村民的环境保护意识。该项目工程建设实施过程是一次深刻和生动的环境保护宣传过程，通过具体的工程实施，使人们体会到环境保护的重要性和环境效益。此外工程实施后，随着生态环境的改善，人们的环保意识也随之加强，保护环境，爱护环境将成为当地村民的自觉行为。

(5) 改善投资环境。大厂矿区尾矿砂历史遗留问题严重，尾矿砂堆积的地方生态破坏严重，堆积区域寸草不生；尾矿砂中有毒有害重金属元素污染地下水、地表水及土壤，威胁饮水安全和粮食作物质量安全。这些自然环境问题会较大程度影响公众的生产和生活等社会环境。该项目的实施可直接有效地解决尾矿砂带来的环境问题，为招商引资创造良好的环境。

6.4 典型多金属矿选厂尾矿库溢流水处理方案

6.4.1 矿厂性质及选矿工艺

某多金属选矿选厂所处理的矿石中主要矿物有锡石、铁闪锌矿、脆硫锑铅矿、黄铁矿、磁黄铁矿、毒砂及少量的方铅矿、闪锌矿、黄铜矿、黝锡矿。脉石矿物主要为石英、方解石。其矿物种类多，矿石品位低，有用矿物嵌布粒度细，共生关系复杂，是目前国内贫、杂、细资源的典型。原矿多元素分析结果见表6-80。

表6-80 原矿化学多元素分析 (%)

元素	Sn	Pb	Zn	S	As	Sb	SiO_2	Fe	Cu	CaO	In/g·t^{-1}	Ag/g·t^{-1}
含量	0.45	0.14	1.70	5.34	0.64	0.17	23.44	7.72	0.054	4.62	90	12

6.4.2 选矿工艺流程

该选矿厂拥有两个平行的生产系列，处理原矿规模为5000t/d，主流程采用“重—浮—重”原则流程回收有用矿物，主要选矿产品为锡精矿、锌精矿、锑铅精矿。生产上锡石回收方法采用“重—浮—重”的原则流程实现锡石的粗磨早收、阶段磨矿、阶段选别、阶段回收。即原矿经过预筛及粗磨后，前段采用跳汰、圆锥+螺溜+枱浮等重选设备选别，获取大部分粗粒合格锡精矿（质量分数不小于48%）；跳汰中矿及枱浮尾矿进入二段磨磨至-0.3mm以下，采用混浮浮选方法脱除硫化矿；混合浮选尾矿采用摇床选别获取部分细粒锡精矿。同时所有细泥集中脱泥后采用混浮浮选方法脱除硫化矿，浮选尾矿采用

“浮—磁—重”流程获取细泥锡精矿；所有硫化矿集中磨至 -0.2mm 以下进行铅锑、锌、硫分离浮选，最终获取质量为47%的锌精矿及42%的铅锑精矿；浮锌尾矿采用磁选—硫砷混浮—硫砷分离的流程回收硫铁精矿。

选矿过程中采用的药剂有硫酸、硫酸铜、黄药、黑药、2号油、氰化物、石灰、碳酸钠、FN、BY-9、P86、絮凝剂。

6.4.3 尾矿及废水

该选矿厂尾矿量较大，尾矿性质复杂，金属品位低，硫化矿物表面氧化严重，物料粒度组成偏细，各种硫化矿大部分已单体解离，其余均以细粒为主、呈不均匀嵌布于脉石中，且相互嵌结比较致密，性质复杂，选别难度特别大。尾矿中含有大量的锡、铅、锑、锌、硫、砷、镉等多种元素，其中，铅、砷、镉等为区域重点防控的金属污染物，是一个重金属污染潜在污染源。

该选矿厂的选矿废水约50%在厂内循环回用，另约50%随同尾矿一起进入尾矿库，澄清净化。尾矿库澄清水95%泵回选厂循环回用，约5%尾矿库溢流水进入废水深度处理站处理。

6.4.4 尾矿库溢流水处理方案

6.4.4.1 进水水量和水质

A 进水水量

对尾矿库溢流水进行处理，处理量为1200m^3/d。

B 进水水质（表6-81）

表6-81 设计进水水质

污染物	砷	镉	铅
指标/mg·L^{-1}	≤0.3	≤0.05	≤0.3

C 出水水质

由于当地环境容量较小，自净能力有限，环保部门要求企业排水水质指标必须达到《地表水环境质量标准》（GB 3838—2002）Ⅴ类水体要求（表6-82）。

表6-82 出水水质按地表水环境质量标准Ⅴ类部分指标要求

污染物	砷	镉	铅
指标/mg·L^{-1}	≤0.1	≤0.01	≤0.1

6.4.4.2 废水处理工艺

该废水采用“特种树脂吸附”工艺处理，该技术为北京矿冶研究总院及国家有机毒物污染控制与资源化工程技术研究中心联合研发的成果。工艺流程如图6-39所示。

工艺流程说明：该项目主要处理尾矿溢流废水重金属离子以及As离子的去除，待处理废水污染物浓度较低，但出水水质要求较高，针对该项目的特点，本方案拟采用“树脂

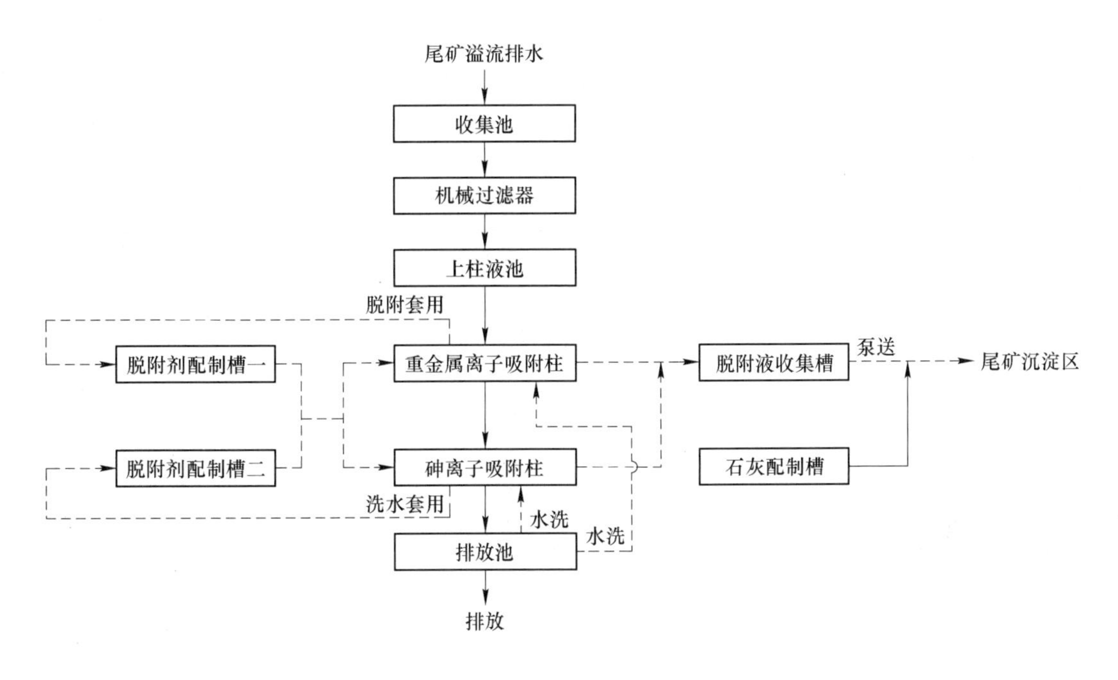

图 6-39 工艺流程图

吸附法”对废水进行处理。

树脂吸附法采用专门研发的特种树脂分别对重金属离子与砷离子进行吸附，该项目所采用的树脂具有富集能力强，浓缩倍数高，易于脱附，操作简单等优点。

该项目采用两级树脂柱串联工艺，采用机械过滤器作为树脂吸附预处理工艺，第一级树脂柱采用重金属离子吸附树脂，第二级树脂柱采用砷离子吸附树脂，吸附出水可达标排放。树脂吸附饱和后需要进行再生处理，其中第一级树脂柱平均每 400h 脱附一次，脱附约 20～24h，第二级树脂柱平均每 62.5 天脱附一次，脱附约 6～8h，脱附药剂用量见运行费用估算表。树脂再生效率大于 98%，树脂寿命 4 年。

脱附剂套用的考虑：优点是减少脱附剂使用量，特别是对去除重金属作用明显；缺点是操作繁琐，管路复杂，脱附槽多。鉴于除砷周期很长，因此该项目脱附操作，除重金属树脂脱附套用，除砷树脂脱附不套用；并共用脱附液收集槽。

除重金属树脂脱附剂脱附分两次，一半脱附后进脱附液槽；另一半用洗水配制脱附剂后脱附，脱附液套用进第一个脱附剂配制槽，之后洗水采用脱附出水，水洗出水用于配制第二个除重金属树脂脱附剂。除砷树脂脱附剂脱附一次，脱附后进脱附液槽，洗水采用脱附出水，水洗出水用于配制除砷树脂脱附剂。脱附液内加入石灰乳作为沉淀剂，将砷、重金属等离子态污染物转化为难溶性无机物从水中分离，脱附液处理采用管道混合加药，泵送到其尾矿沉淀区沉淀处理。

考虑到该项目为中试项目且现场工程用地面积有限，本方案采用紧凑型布置方式，在保证设施正常运行的情况下，尽量精简设施，减少占地，考虑到该项目工程用地的不确定性，本方案拟定用地位于一次提升泵站旁边，可采用现有池体、渠道作为收集池。

6.4.4.3 主要设备（表6-83）

表6-83 主要设备一览表

序号	工艺单元	名　称	数量	单位
1	预处理系统	人工筛网	1	个
2		工业废水集水井提升泵	2	台
3		手动葫芦	1	台
4		机械过滤器（含滤料）	2	座
5		反冲洗泵	2	台
6		上柱液泵	3	台
7	吸附系统	重金属离子吸附柱（含树脂）	2	座
8		砷离子吸附柱（含树脂）	2	座
9	脱附系统	脱附剂一提升泵	2	台
10		脱附剂二提升泵	2	台
11		搅拌器	2	台
12		脱附剂一储槽	1	台
13		脱附剂一泵	2	台
14		脱附剂二储槽	1	台
15		脱附剂二泵	2	台
16		脱附液提升泵	2	台
17		管道混合器	2	台
18		水洗提升泵	2	台
19		鼓风机	2	台
20	加药系统	石灰乳配制槽	1	台
21		石灰乳搅拌器	1	台
22		石灰乳加药泵	2	台
23		絮凝剂配制槽	1	台
24		絮凝剂搅拌机	1	台
25		絮凝剂计量泵	2	台
26	电控系统	电动阀	2	台
27		电动阀	20	只
28		浮球控制器	6	套
29		液位控制器	4	台
30		pH 控制器	2	台
31		电磁流量计	2	台
32		电磁流量计	2	台
33		控制柜(包括断路器、热继电器、交流接触器、电压表、按钮等)	1	台
34		现场按钮箱（包括信号灯、按钮、开关等）	3	台
35		PLC 柜（包括继电器、电源、断路器、触摸屏、PLC 等）	1	台

6.4.4.4 直接运行费用

废水处理运行费用主要包括：能源消耗费（主要是电耗）、药剂费（包括混凝剂、脱附剂、pH 值调节用酸碱等）、易耗品消耗、树脂更换费、工资、福利费等，处理费用为每立方米污水 1.15 元。

6.4.4.5 运行情况

项目投入运营后，处理效果较好，基本上达到了设计要求，监测的外排水水质见表 6-84。

表 6-84 外排水水质 (mg/L)

日　期	铜	锌	铅	镉	砷
2014.4.18	未检出	0.05	未检出	未检出	0.102
2012.3.23	0.06	0.06	0.2	0.05	0.0239

7 重金属污染防治与矿业可持续发展

长安大学环境科学与工程学院郭路等同志认为我国矿业发展大致经历了三个阶段：(1) 建国后至20世纪80年代中期，大力发展矿业，“重开发、轻环保”；(2) 20世纪80年代中期到1996年矿业秩序整顿前“国家、集体、个人一起上”和“大矿、小矿一起开”的政策误导，出现了“重开发、轻治理”、“只开发，不治理”的局面；(3) 1996年至今，实行“谁开发、谁保护；谁受益、谁治理；谁破坏、谁恢复”的生态环境保护新机制。但是乡镇和个体矿山对生态环境的破坏问题依然很严重。

矿业开发不仅是一个高污染行业，而且是一个高破坏行业，矿业开发就会伴随地下水系统的补排关系、流态、水岩相互作用及氧化还原环境的变化；岩体系统的稳定性、应力场、构造场、岩压的变化以及地表形态、地表水的变化，这一系列变化都会引起环境地质问题。如采矿活动及堆放的废渣因受地形、气候条件及人为因素的影响，易发生崩塌、滑坡、泥石流等灾害；由于地下采矿形成大面积的采空区并且一般要进行矿坑排水，使矿体位于地下水位以上，导致地应力减小，容易形成地面塌陷；矿山的瓦斯爆炸，矿井突水严重；无论是露天开采还是地下开采，都会产生大量的废渣，同时在选矿过程中又产生大量的尾矿，使得大量的森林、草地、地质景观、地质遗迹被占用、破坏；在降雨量大时，崩塌、滑坡的次生产物作为泥石流物源，形成泥石流；由于采矿对矿体的疏干，出现大面积疏干漏斗而容易形成海水倒灌及土地沙化；矿体、矿渣中的有害元素，通过淋溶进入地表水和地下水，污染水源，带有有害物质的废水、废渣直接排入河流，严重污染河水，河水补给地下水，造成地下水污染；在矿石开采、加工及冶炼过程中，会产生大量扬尘、废气，往往含有大量的有害物质，污染大气，它们降落在地表或通过降水落在地表，会对土壤造成污染，尤其是扬尘，对土壤的污染相当严重。

有色金属矿山是重金属污染较严重区域，矿坑废水、井下涌水、尾矿库滤水等都含有大量重金属离子。矿山开采过程形成的酸性矿山排水，水体具有较低的pH值并富集可溶性的Fe、Mn、Ca、Mg、Al、SO_4^{2-} 等以及重金属元素Cu、Zn、Pb、As、Cd等。

矿业发展必须走绿色矿业之路。一要放弃以牺牲生态环境为代价的“先污染，后治理，先破坏，后恢复”的矿业模式；二要努力做到矿山尾矿、废石以及废水、废气的资源化和对周围环境影响的无害化，实现矿山闭坑后对矿山环境整治，复垦工作制度化；三要努力做到合理开发利用矿产资源等矿区生态环境保护协调发展，实现“绿色矿业”模式。

要实现“绿色矿业”，实现矿业可持续发展，必须加强重金属污染治理。要实现矿业可持续发展必须明确矿业的概念及矿业可持续发展的原则、内涵及模式。

7.1 矿业可持续发展概述

矿业是对矿产资源进行地质勘探、开采、遴选、冶炼、加工和综合利用、循环利用的产业，也是国民经济中的支柱产业，是衡量一个国家经济、社会发展和综合国力的标志，对一个国家经济、社会发展具有决定意义，矿业发展的水平基本反映了一个国家的社会生产力发展水平。

矿业在社会发展中具有重要作用，是人类从事生产活动最为古老的领域之一，矿业所提供的矿物能源和原材料是人类赖以生存的、不可缺少的物质基础。但是矿产资源的不可再生性与可持续性利用构成了一对矛盾，这就造成了对矿产资源可持续发展问题的争论，问题的焦点是矿产资源是否是可持续的和矿业可持续发展的本质究竟是什么？都沁军等认为，矿产资源可持续利用的实质不是搞好代际之间分配，而是建立一种动态资源结构。他认为，对不可再生的矿产资源而言，不存在也制造不出某种机制解决好矿产资源在当代人与后代人之间的分配问题，如果能建立一种保证社会经济持续发展的动态的矿产资源结构，就可认为矿产资源开发利用方式是可持续的。另外，矿业重金属污染问题是我国目前经济发展和结构调整中的一个突出问题，要用可持续发展的观点进行系统研究。

7.1.1　矿业可持续发展内涵

在当代中国，矿业资源发展面临来自两方面的巨大压力。一是国民经济持续、快速的增长要求矿业提供更多的矿产资源；二是矿山开发过程中环境保护的任务也越来越重。对中国矿业来说，实施可持续发展战略必须完成三个方面的任务：一是矿业要为国家经济建设和社会发展提供矿产资源保障；二是矿业开发过程中要搞好环境保护；三是矿业自身要实现可持续发展。

矿产资源是矿业发展的基础，又是不可再生资源。为了实现矿业的可持续发展，必须注意以下两个方面：一是适度开发，均衡生产；二是提高资源利用率。

适度开发就是要寻找这样一个资源耗竭率，矿产资源最优耗竭量是指在一定的时间范围内，为满足该区域社会经济发展的资源需求，该区域实际可以开发利用的矿产资源量。首先，这个概念具有综合性的内涵，即一定时期的矿产资源最优耗竭量是由诸如市场需求、资源基础、开发利用条件、生态环境承载能力、外来资源可供性等多方面因素综合作用的结果；其次，这个概念具有相对性的内涵，即一定时期、一定条件下确定的矿产资源最优耗竭量，只是权衡各个方面影响要素条件下，得出的一个相对较为合理的数量；再次，这个概念具有动态性的内涵，即一定区域的矿产资源最优耗竭量只是在一定的时间范围内可以规划开发利用的数量，随着时间的推移，环境条件的变化，这一耗竭量数据需要不断调整变化。依据上述概念，结合社会经济可持续发展的资源需求，研究分析矿产资源合理开发利用的力度和水平，对合理规划区域内矿业系统发展战略，制定相关的资源开发利用政策，具有重要的指导意义。

合理开发利用资源的另一个重要方面，就是努力挖掘资源潜力，提高资源利用率，延长矿山服务年限，实现可持续发展。应特别注意这样两点：在开发过程中尽量提高资源采收率，避免矿产资源的破坏和浪费；对矿产资源进行综合开发和综合利用。

7.1.2　矿山可持续发展模式

根据目前在资源开采利用中存在不可持续发展的因素：早期开采资源观局限；综合利用程度低，损失浪费大；矿山环境治理多为“末端治理”；矿山开发外部环境差；乱采滥挖屡治不愈；管理和开采科技含量低等。因此，今后矿山的开发就强调三个方面的内容：一是以矿山可持续发展思路为指导，进行矿山规划与设计，强调矿山开发与区域环境、区域发展以及矿山开发各个子过程之间的协调；二是加强技术创新与清洁生产工艺研究与应用；三是进行管理体制改革和创新，其模式如图 7-1 所示。

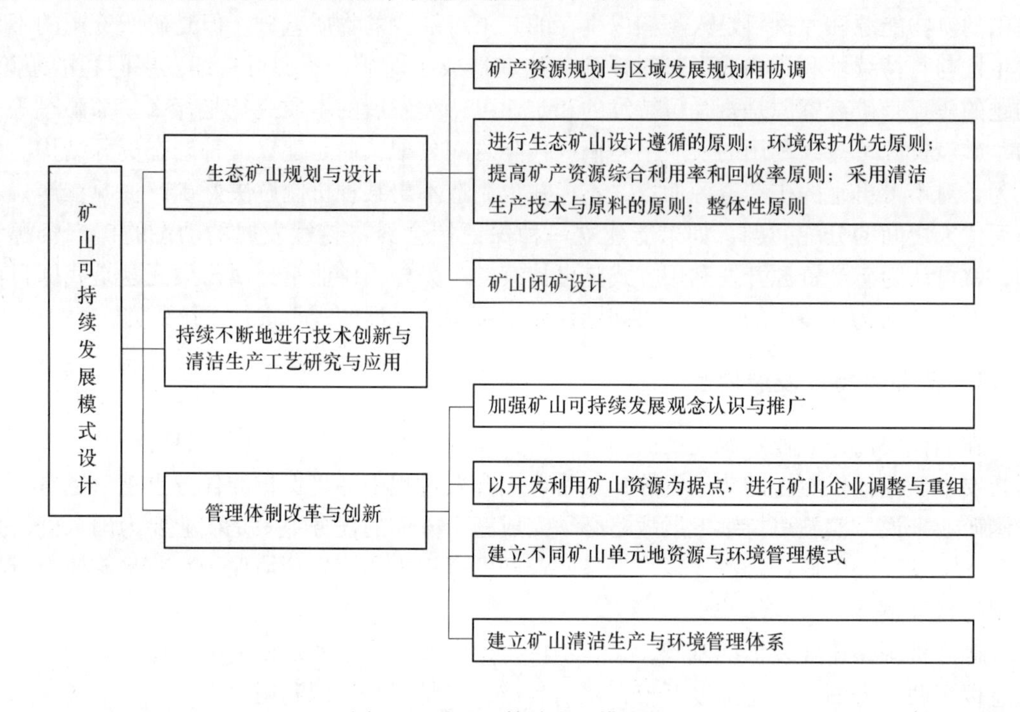

图 7-1 矿山可持续发展模式图

7.2 矿业重金属污染对可持续发展的影响

矿产资源的合理利用和良好的生态环境是可持续发展的基础；提高矿产资源的利用率，做到矿山尾砂废石、废水、废气的资源化和对周围环境“无害化”是矿业生产的最大效益；保护矿区生态环境是实现可持续发展的根本途径。

随着矿业的持续发展以及企业对各种金属矿产及金属的大量需求，许多地方对金属矿山的开采日益增多，因此，所带来的环境问题也不断地涌现。矿山的开发所产生的酸性废水、选厂尾矿废水、洗矿废水、废石堆的淋漓溶浸和烟尘的排放，给矿区及其周围带来威胁性的地质灾害。特别是伴随矿业的发展，重金属污染范围逐渐扩大，污染程度不断增加。重金属区域污染不仅对矿区有很大危害，而且对周围的农田土地有较大的影响和破坏作用，由此引起的环境问题也不断涌现。重金属污染会破坏土壤的营养结构，能使土地贫瘠、干枯，植物枯萎。特别是在一些岩溶较发育的矿区，水文地质条件复杂，水流携带大量含重金属元素的矿渣到处蔓延，致使污染面积越来越大。矿产资源的特点和开采方式决定了矿区重金属污染的地域、途径、种类及严重程度。

首先，矿山的开采、冶炼含重金属元素的尾矿、冶炼废渣和矿渣堆放等可以产生被酸溶出含重金属离子的矿山酸性废水，随着矿山排水和降雨、洪水将其带入水环境或直接进入土壤，都可以间接或直接地造成土壤重金属污染。特别是被洪水淹没过的农田泥砂含量较高，沙化明显，这些泥沙很大一部分来自矿区选矿的尾砂，则重金属污染程度更重。就采矿来说，采到地下一定深度，使地下矿物暴露于地表，改变了矿物的化学组成和物理状态，从而使重金属元素开始向生态环境释放和迁移，并产生严重的重金属污染；井下坑道废水中的重金属离子已严重地污染了流过矿区的河流，重金属离子排入河流后，有一定的沉降、滞留。虽然离子浓度随流向呈下降趋势，但对流经地域可产生污染。因此，矿业可持续发展要紧紧围绕矿产资源开发过程中资源消耗程度高、“三废”排放量大、综合利用率较低、环境污染严重等制约问题进行改革，达到矿山开采与环境发展协调一致，为矿业可持续发展提供更为安全的保障平台。

这里要特别提出的是矿山的尾矿库。开采过程中的洗矿渣、洗矿液、尾矿等均倒入尾矿库，是导致尾矿库污染最为严重的直接原因。尾矿暴露于大气中，被氧化形成了酸性废水，这种废水富集了可溶性的 Fe、Mn、Ca、Mg、Al 等以及重金属元素 Cu、Zn、Pb、As、Cd 等，通过地表径流污染地面水体或土壤，造成整个矿区甚至区域水体和土壤重金属污染。可以说尾矿库是重金属进入环境的重要场所，尾矿堆存在地表，空气和地质体的氧化和水解引起尾矿中硫化物矿物的风化作用，导致风化产物的释放。尾矿酸性废水导致尾矿中的重金属迁移，通过流经土壤有选择性地浸出重金属元素，并使重金属元素滞留在土壤中，造成土壤的重金属污染。

其次，矿区重金属污染主要由采矿、冶炼中的废水、废气、废渣、尾矿及降尘所造成，尤其在生产过程中有毒元素的排放及泄漏、废弃物的任意堆放，使得废渣中的重金属物质淋溶下渗至土壤或挥发到大气造成污染。在矿区内，土壤中重金属的重要来源是废矿石淋溶水的迁入，废石颗粒因风吹扩散而降落于土壤，并长期在雨水、生物的综合作用下，引起重金属在一定距离内迁移与均质化。在矿山生产中，氧化、风蚀作用可使废的堆场、尾矿库形成一个周期性的尘暴源。矿山生产对大气的污染还有公路运输时的大量扬尘。废矿石堆放无序，浸沥出的污染水不能从矿山排水渠道流走，而且直接流入耕地，增加了土壤中重金属毒素。其次是矿山导水渠道淤塞、损坏，丰水期洪水将矿渣冲入耕地，都会使耕地水体受到严重污染。

最后，矿产资源的开采供给能给矿区经济的飞速发展以有力支撑，但同时，资源带动矿山经济发展的单一模式会造成发展瓶颈。特别是重金属污染的恶果，会给当地的农林牧渔行业造成沉重的打击，制约矿山可持续发展。主要表现为：(1) 经济负担沉重。矿产资源对矿业经济的发展是双刃剑，一旦造成严重的重金属污染事故，整治十分困难。目前的修复方法在实施过程易受局限性与可行性影响，且恢复治理资金庞大；(2) 破坏其他经济形式。重金属污染会通过食物链的循环，产生乘数效应，危害激增。可以想象，当水质恶劣、动植物不能食用、农田荒漠化成不毛之地，农林牧渔行业瘫痪之时，更不用说发展矿业经济了，这样的后果无疑是可怕的。重金属污染还会带来一系列社会问题，如居民生活质量差及生存的安全感缺乏保障等。近年“镉米”、“癌症村”等健康危机事件更是敲响了警钟，如此恶性发展将造成社会的不稳定。由于矿产资源开发的有限性，重金属污染对矿山经济发展的抑制，矿区收益也会遭受不同程度的损失。而矿业的技术更新、引进及推广离不开资金的充足支持，人才队伍的建设供应。

可见，矿业可持续发展系统的要素相互影响关联，牵一发而动全身，重金属污染更是制约发展的一大隐患。矿山环境的保护必须防治结合，从源头抓起，以免矿业陷入发展的死圈。

7.3　矿业可持续发展测评指标体系

7.3.1　体系建立的原则

（1）建立广西矿业测评指标体系必须遵照全面性原则。广西矿业测评指标体系应能全面、系统地评价影响的各因素。指标项目的设置应该考虑到影响各个指标的主要方面，以及指标项目之间的系统性，从而使指标体系能对广西矿业测评做出全面、综合的评价。

（2）建立的广西矿业测评指标体系必须遵照重要性原则。广西矿业测评的各项指标对准确测评广西矿业的现状是十分重要的。一定要选择关键的指标，评价指标体系的重要性应与全面性相结合。

（3）建立广西矿业测评指标体系必须遵照测评指标可测量性。广西矿业测评的结果是一个量化的值，因此设定的测评指标必须是可以进行统计、计算和分析的。

（4）建立广西矿业测评指标体系必须遵照评测指标可修改性。指标因素对于广西矿业评价体系测评的影响大小会随着时间的推移和社会发展而改变，现有的某些影响因素对于矿业可持续发展的影响将会弱化或加强，指标体系中的一些指标需重新设置，以期适应评测指标体系的实用性。

（5）目的性原则。设计评价指标体系的目的在于测评影响广西矿业的各因素，指出改善广西矿业可持续发展的手段和方法。

（6）建立广西矿业测评指标体系还需要考虑到与竞争者的比较，设定测评指标时要考虑到竞争者的特点。

7.3.2　测评指标体系的建立

重金属污染测评指标体系见表7-1。

表7-1　重金属污染测评指标体系

目标层	准则层	决策层
重金属污染测评指标体系	矿产资源A1	储耗比C1
		选矿回采率C2
		矿石贫化率C3
		主要矿产资源聚集度C4
	生态环境A2	固体废物治理率C5
		废水达标排放率C6
		SO_2 治理率C7
		土地复垦率C8
	经济效益A3	工业增加值率C9
		全员劳动生产率C10
		百元矿业固定资产实现利税C11
		成本费用利润率C12
		职工人均收入C13
	社会效益A4	人均收入C14
		非矿业人口占总人比例C15
	智力水平A5	各年科技人员数量C16
		矿业科技贡献率C17

7.4 矿业生态可持续创新战略

根据矿业可持续发展测评指标体系，提出了矿产资源开发利用的生态创新战略，它指的是在经济和社会长期发展过程中，综合运用资源经济学原理和方法，采取分类经营，生态优先；科技治理，合理利用；建立保障体系，依法治理矿业生态，实现经济发展、矿产资源开发利用及生态环境之间的协调发展的目标。围绕这一战略方向，构建矿产资源开发利用的生态创新战略模型如图 7-2 所示。

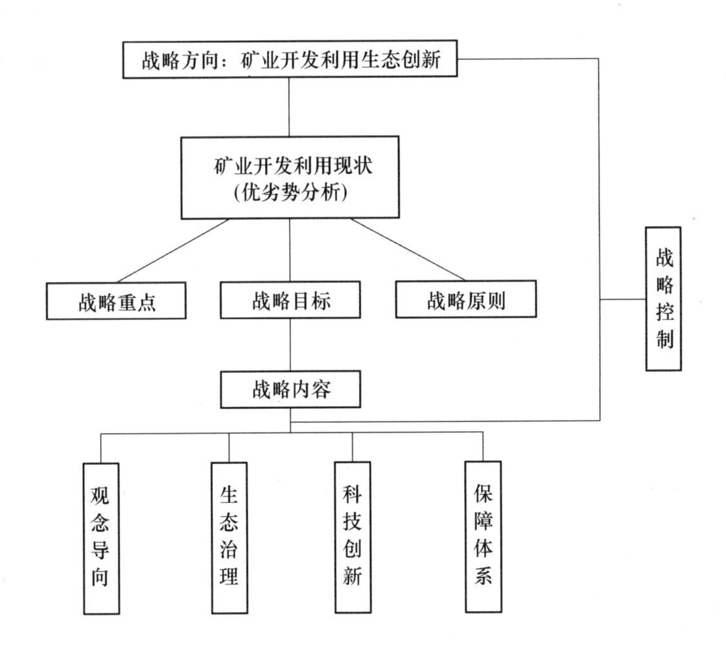

图 7-2 矿产资源开发利用的生态创新战略模型

矿业可持续发展战略模型主要由以下几点决定：

（1）战略原则。按照“在开发中保护，在保护中开发”的原则，以提高经济社会可持续发展的保障能力为目标，着力处理好经济发展与矿产资源开发利用的关系，突出资源节约、合理利用和保护，提高矿产资源综合利用水平，形成有序开发、有偿利用、供需平衡、结构优化、集约高效的矿产资源开发利用新格局。

（2）战略重点。毫不动摇地坚持发展可持续的现代矿业。改革矿业经营方式，大力提倡生态矿业，加快发展以生态技术为核心的高科技矿业。大力推进以矿业开发生态技术创新为重点的矿业内涵升级，实现由传统经验型矿业向现代科技型矿业转变，由外延粗放型增长方式向内涵集约型增长方式转变，由自给封闭低效矿业向市场开放高效矿业转变。

（3）战略阶段。生态创新战略具有阶段性，矿产资源开发利用的生态创新战略应分三步走：

第一阶段为打基础阶段。“十一五”期间，要奠定生态环境基础、基本建设基础和人力资源开发基础。我国生态环境脆弱已是不争的事实，生态环境一旦破坏，难以恢复，对人类生存环境将造成毁灭性灾难，应把生态环境治理与恢复放在首位，把生态创新战略作为基础战略，加强生态环境管理体系的建设。在制定生态创新战略时，应以矿产资源状况和生态环境条件为主要考虑因素，制定经济发展目标，确定矿业发展方向，调整矿业产业结构，经济发展与生态建设并重，推动经济社会可持续发展。因此，这一阶段生态创新战略不能将经济增长速度放在首位，应主要是科学规划，合理分类，因类因地区采取不同措施保护生态环境。如扩大矿产资源保护区范围，限制或禁止民采等不法行为，对效益低下、污染严重、与大型企业争原料的“三小”企业要严格按有关规定关、停、并、转，污染严重的大企业要限期整改，达不到要求的要坚决关停。有条件的地区对脆弱生态环境逐渐恢复，必要时实行异地安置政策，遏制生态环境继续恶化的趋势，大力发展经济效益、社会效益、环境效益与生态效益相统一的绿色矿业。

第二阶段为经济和生态环境共建阶段。到 2020 年，使经济达到较高的发展速度，以经济发展促进生态创新战略的实施。加强与东部兄弟省区和国外的联系，学习先进的管理经验和生产技术，结合矿业产业结构调整，实现矿业产业升级和跨越式发展。

第三阶段为社会、经济、生态环境和谐、持续阶段。到 2030 年以致更长时期是社会、经济、生态环境高效、和谐、持续发展时期，人民群众生活质量将得到明显提高，人们对生态环境要求也将会提高，这一时期，生态创新战略仍将以继续恢复和增强脆弱区生态系统可持续性为重要战略，大力推广以清洁生产技术、生态工程技术、生态设计和全过程控制为主要技术特征的环境技术，仍将以可持续设计、生命周期分析、系统分析和生态管理为重点，提高生态系统效率，增强生态环境的可持续性，力争使矿产资源开发利用的生态创新达到一个较高水平。

根据目前矿业发展的现状，要实现矿业经济的腾飞，就必须走绿色发展之路，遵循经济规律和生态规律，建设生态矿业经济，谋求一条经济、资源与生态协调发展的新路子。在实践中做到，以生态环境为保证，以资源开发为手段，最终达到发展经济的目的。

7.5 重金属污染防治的可持续发展规划

7.5.1 重金属污染防治的可持续发展趋势

当前，经济增长与资源相对紧缺的矛盾已成为经济发展面临的一个突出问题，资源供应不足已成为制约我国经济发展的重要因素之一。解决这一矛盾的出路就是紧紧围绕实现经济增长方式转变和可持续发展，以提高经济效益为中心，一手抓资源节约，降低消耗，减少废弃物的排放，另一手抓资源综合利用，尤其是矿产固体废弃物的综合利用。矿业固体废弃物综合利用是实现经济增长方式转变的需要。当前，矿业面临着来自三方面的压力：一是来自环境保护呼声日益增强的压力；二是受国际矿产品市场的冲击；三是来自矿业自身的困难。我国矿业利用先进技术装备和达到一般机械化水平生产的矿石量只占总量的 40%，装备水平比发达国家落后 15 ~ 20 年，能耗高，效率低。为了实施可持续发展，对于矿业来说，须完成三个方面任务：一是矿业要为经济建设与社会发展持续提供矿产资源保障；二是矿业开发过程中要搞好环境保护；三是矿业自身要实现可持续发展与经济增长方式的转变。开展矿产固体废弃物综合利用，实现固体废物资源化，则是完成上述任务的必然选择。矿产固体废弃物的一个显著特点是矿物伴生成分多和未燃炭分含量多。如煤炭，除利用不合理外，还存在洗选设施跟不上、燃烧技术落后等原因，致使废弃物中包含的未燃炭分多。在开发矿物资源方面存在着“单打一”、“取主弃辅”等诸多问题，将许多伴生组分矿物作为废弃物弃置。矿产固体废弃物堆存，需要花费大量征地及管理费用，成为企业的巨大负担，仅尾矿库基建费用就占整个采选企业费用的10%左右，最高达40%。据统计，堆存1t废渣的费用需4元。另外，由固体废弃物而引起的环境污染及其引起的直接经济损失和间接损失难以估量。大量事实证明，对矿产固体废弃物进行开发利用，可达到保护环境、提高资源的利用效率和企业的经济效益的多重目的，对可持续发展战略的实施，推进企业经济增长方式转变具有重要的长远意义和现实意义。

矿业固体废弃物综合利用是改善和提高生态环境质量的迫切需要。为加快国民经济发展步伐，扩大矿产资源开发势在必行，但在开发利用矿产资源的同时，必须重视由此引发的环境污染问题。随着矿产资源的开发利用，引发的环境污染成为不可忽视的重大问题。矿产资源开发利用过中产生的尾矿、煤矸石、粉煤灰和冶炼渣已成为我国排放量最大的工业固体废弃物，约占总量的80%。大量矿产固体废弃物排放占用了宝贵的土地资源，造成生态环境恶化，同时也造成大量金属与非金属资源的流失，矿山排出的固体废弃物亟待治理回用。

矿业固体废弃物综合利用是节约土地资源的迫切需要。矿产资源的开发与利用占用了大量土地，其中主要用于堆放尾矿、渣（尘、泥）、煤矸石等固体废弃物。据国务院有关部门对1173家国有大中型矿山联合调查进行测算，全国矿山开发占用土地面积为581.71万hm^2，并以每年200~300km的速度增长。全国固体矿产采选业排出的尾矿、废石破坏土地和堆存占地面积已达到1.87万~2.47万km^2，煤矸石、冶炼渣占地和破坏土地面积也十分巨大。矿产固体废弃物占用大量土地给社会造成的压力和难题是久远的。因此，开展矿产固体废弃物综合利用，使之资源化对于节约土地具有重要的意义。

目前，有限的资源将承载着超负荷的人口，环境负担，仅靠拼资源，外延扩大再生产的经济增长是不可能持续的。结合固体废物利用现状及大量尾矿所带来的诸多问题，废弃物利用工作应当进一步引起有关部门、矿山企业的高度重视，应从政治、经济、法律、技术等方面采取切实可行的措施。为了实施矿业的可持续发展，研究地下矿山采矿无废料生产技术将是十分必要的。可以说，无废开采是未来矿业可持续发展的趋势。矿业固体废弃物综合利用是矿业可持续发展的必然要求，只有将矿业固体废弃物合理、综合利用了，做到“资源化、无害化、减量化”，环境保护和经济效益才能真正地同时走上正轨，经济效益、环境效益、社会效益和资源效益才能得到最佳统一。

7.5.2 重金属污染防治工作总体部署

近年来重金属污染问题开始逐渐显露，重金属重特大污染事件呈高发态势，对生态环境和群众健康构成了严重威胁。党中央、国务院高度重视，对加强重金属污染防治工作做出了一系列重要部署。相继出台了《循环经济促进法》、《清洁生产促进法》、《固体废物污染环境防治法》等法律法规。2012年11月，国务院办公厅转发了环境保护部、发展改革委等七部门《关于加强重金属污染防治工作的指导意见》（国办发［2012］161号），明确了重金属污染防治的目标任务、工作重点以及相关政策措施。

作为金属矿产资源储量丰富而经济相对落后的省市地区，部分地区重金属污染和环境恶化较严重，为切实抓好重金属污染防控和整治，保护人民群众身体健康，促进社会、经济可持续的快速发展，依据有关法律法规和文件要求，全国以及各省市自治区都相继编制实施了《重金属污染综合防治规划》（以下简称《规划》）。

各地出台的《规划》都以"治旧控新、削减存量"为基本思路，以"调结构、保安全、防风险"为着力点，立足于"源头预防、过程阻断、清洁生产、末端治理"的全过程综合防控理念，遵循"以人为本、统筹规划、突出重点、综合防治、落实责任"的原则，以"重点防控污染物、重点区域、重点行业、重点防控企业"为工作重点，明确重金属污染防治目标、任务和措施，转变发展方式，优化产业结构，推进技术进步，加强重金属污染源监管，有效解决污染严重、威胁人民群众健康的重金属污染问题，逐步建立起比较完善的重金属污染防治体系、事故应急体系、环境与健康风险评估体系。

一直以来重金属污染事件常有发生。我国曾发生多起严重的重金属污染事件，对群众身体健康造成严重威胁，造成较恶劣的社会影响。历史遗留问题突出。以有色金属为主的金属矿采选、冶炼业，长期以来是广西部分地区的主导产业。经济基础落后，造成一些地区的小化工、小皮革制品制造业曾得以存在。大量的含重金属的废渣和许多矿山损毁土地及尾矿库没有得到有效治理和修复，部分废弃的采矿坑道产生的含重金属的矿坑涌水也没有得到有效治理。由于污染持续时间长、治理技术落后、监督管理薄弱，重金属的不可降解性使部分地区水体底泥、场地和土壤中重金属污染物越积越多，潜在事故风险较高，特别是湘江、长江、漓江、刁江等流域水体底泥、土壤及大量的农田均受到了重金属污染。人体健康和食品安全受到威胁。重金属元素具有较强的迁移、富集和隐藏性。一些重金属元素属于人体必需的微量元素，但含量超过一定的限度也会对人体健康造成危害。不少重金属经空气、水、食物链等途径进入人体，具有显著的生物毒性，往往引发慢性中毒（如汞污染引起水俣病、镉污染引起痛痛病等）、致癌作用（如六价铬等）、致畸作用（如汞和铅等）及致突变作用，并对免疫系统造成一定的影响。监测和研究结果表明，部分矿区、冶炼厂周边受重金属污染农田中产出的粮食重金属含量超过了国家粮食卫生标准，对当地人民群众的身体健康构成了较大的威胁。

7.5.3　可持续发展规划主要政策措施

7.5.3.1　切实转变发展方式，加大重点行业防控力度

A　加大落后产能淘汰力度，减少重金属污染物产生

（1）严格依法淘汰落后产能。坚持以调结构、促减排为手段，严格执行国家颁布施行的《有色金属产业调整和振兴规划》、《产业结构指导目录》、《国家产业技术政策》以及颁布施行的《广西壮族自治区有色金属工业调整和振兴规划》等相关的产业政策及相关行业调整振兴规划，按照"十二五"期间淘汰落后产能铅金属3万吨、锌金属5万吨计划，制定和实施小矿山、小化工、小冶炼等重污染产业退出机制，并把淘汰退出工艺、设备、产品和企业任务要分解落实到具体企业，按期完成。改善土地利用计划调控，严格落实《禁止用地项目目录》，严格禁止向氯化汞触媒项目、有钙焙烧铬化合物生产装置、开口式普通铅酸蓄电池项目等办理用地相关手续。禁止将涉重金属落后产能向向农村和不发达地区转移。支持优势企业通过兼并、收购、重组落后产能企业，淘汰落后产能。

（2）加强对淘汰落后产能工作的监督考核。定期向社会公告限期淘汰涉重金属落后产能的企业名单和各地执行情况。对没有按期完成淘汰落后产能的地区，暂停其新增重金属排放的建设项目环评审批；对未经环保部门审批以及治理无望、实施停产治理后仍不能达

标排放的涉重金属污染企业，要依法予以关停。

（3）加大重点防控区落后产能淘汰力度。重金属污染较严重的河池市金城江、南丹等重点防控区域，除依法强制淘汰落后产能，强制淘汰规模经济小、重金属污染严重、环境信誉差的企业外，对于合法合规存在，但是具有以下情形的涉重金属企业，应采取措施鼓励其加快退出市场：需要淘汰或者限制的严重污染或者破坏生态环境的落后工艺技术、装备和产品，在淘汰期限之前提前退出的，或者自愿退出的；采用或者生产“高污染、高环境风险”产品名录所列的工艺或者产品，自愿退出的；因土地利用总体规划、城乡规划调整后不再符合新规划要求，需要退出的；地方政府为减少重金属污染、降低重金属环境风险，保护和改善环境而退出的；规模较小、产品相似的有色金属采选、冶炼企业兼并、收购、重组的；生产规模等已不符合行业准入条件，自愿退出的。

B 严格执行行业准入政策，严格限制涉重金属项目

（1）优化产业布局，提升产业水平。做好区域产业发展规划，特别是各区域的有色金属产业的发展规划，大力推进重点防控区有色金属矿采选业和有色金属冶炼业产业结构、产业技术优化升级，促进产业健康协调发展。鼓励发展产污强度低、能耗低、清洁生产水平先进的生产能力。环境容量有限的地区要坚持新增产能与淘汰产能“等量置换”或“减量置换”的原则，条件成熟时，在非重点防控区范围内探索在符合产业政策基础上不同企业重金属排放量置换、交易工作试点，实施“以大带小”、“以新带老”，鼓励重金属排放企业兼并重组，实现区域内主要重金属污染物新增排放量零增长。

（2）严格准入条件，限制涉重金属项目。严格执行《铅锌行业准入条件》或其他行业准入条件的相关规定。对涉重金属行业，严格环评、土地和安全生产许可审批。按照《外商投资产业指导目录》，严格限制排放重金属污染物的外资项目。新建或者改建的项目必须符合环保、节能、资源管理等方面的法律、法规，符合国家产业政策和规划要求，符合土地利用总体规划、土地供应政策和产业用地标准的规定，并依法办理相关手续。严禁向涉重金属行业落后产能和产能严重过剩行业建设项目提供土地。对重金属环境质量超标区域，要实施区域限批，禁止新建涉及重金属污染物产生的项目。完善环境影响评价制度，将环境与健康风险评价作为涉重金属建设项目环境影响评价的重要内容。建设重金属污染物排放项目时，要科学确定环境安全防护距离，保障周边群众健康。

对于金城江区、南丹县、环江县重点防控区，要执行更加严格的环境准入政策。重点防控区禁止新建、改建、扩建增加重金属污染物排放的项目。禁止在重要生态保护区、敏感区和环境质量重金属不能稳定达标区域新建外排主要重金属污染物项目。制定并实施重点防控行业的重金属污染物特别排放限值。对现有的重金属排放企业，要严格按照产污强度和安全防护距离要求，实施准入、淘汰和退出制度。

重有色金属矿（含伴生矿）采选业的项目必须符合下列基本条件：新建铅锌矿山最低生产建设规模不得低于单体 3 万吨/年（100t/d），服务年限必须 15 年以上，中型矿山单体矿生产建设规模应大于 30 万吨/年（1000t/d）。采用浮选法选矿工艺的选矿企业处理矿量必须在 1000t/d 以上。露采区必须按照环保和水土资源保持要求完成矿区环境恢复。对废渣、废水要进行再利用，弃渣应进行固化、无害化处理，污水全部回收利用。地下开采采用充填采矿法，将采矿废石等固体废弃物、选矿尾砂回填采空区，控制地表塌陷，保护地表环境。采用充填采矿法的矿山不允许有地表位移现象采用其他采矿法的矿山，地表位

移程度不得破坏地表植被、自然景观、建（构）筑物等。尾矿库必须采取有效的防渗漏措施。

重有色金属冶炼业的项目必须符合下列基本条件：严格执行准入条件。在饮用水水源保护区及其汇水区（直接补给区）、自然保护区、风景名胜区、生态功能保护区等需要特殊保护的地区，大中城市及其近郊，居民集中区、疗养地、医院、学校，以及食品、药品、电子等对环境质量要求高的企业周边的环境安全防护距离内，不得新建重有色金属冶炼企业及生产装备，不得扩建除节能环保改造外的重有色金属冶炼项目。已在上述区域内投产运营的重有色金属冶炼企业要通过搬迁、转停产等方式退出。新建重有色金属冶炼项目必须有完善的资源综合利用、余热回收、污染治理等设施。烟气制酸严禁采用热浓酸洗工艺。利用火法冶金工艺进行冶炼的，必须在密闭条件下进行，防止有害气体和粉尘逸出，实现有组织排放；必须设置尾气净化系统、报警系统和应急处理装置。利用湿法冶金工艺进行冶炼，必须有排放气体除湿净化装置。

7.5.3.2 采用综合手段，严格污染源监管

A 加大执法力度，促进污染源稳定达标排放

所有涉重金属企业应纳入重点污染源进行管理。2012 年底前，建立涉重金属企业环境管理动态档案，实施重点监管。对通过环保验收正式投入生产的建设项目及时纳入数据库管理，对已经淘汰、关停的企业定期注销。企业生产、日常环境管理、清洁生产、治理设施运行情况、在线自动监测安装及联网情况、监测数据、污染事故、环境应急预案、环境执法及解决历史遗留问题等情况要列入数据库进行动态管理，实施综合分析、核查监管。在河池市选择部分重点冶炼企业，进行重金属特征污染物自动监控装置试点工作，待条件成熟后逐步实现重点涉重金属污染源全部安装重金属自动监控装置。鼓励、支持自动监测系统第三方运行，实行实时监控、动态管理，确保车间排放口达标。

实施专项整治行动。将整治重金属违法排污企业作为整治违法排污企业保障群众健康环保专项行动的重点，每年开展一次联合执法。采取行政、法规等手段，切实规范矿业生产秩序。依法关闭并拆除饮用水水源保护区内的所有重金属排放企业。从严查处一批未经环评审批许可开工建设、未执行“三同时”和竣工环保验收、采用淘汰生产工艺、重金属污染物不经处理任意超标排放、没有按照重金属排污许可排放等环境安全隐患问题突出的高危企业，停止建设不满足行业准入条件、未采用清洁生产技术、没有依法执行环评审批和“三同时”的新建工程项目。

做好监督性监测和检查。实施重金属排放企业环境监督员制度，加强对涉重金属企业污染防治的监督和检查。建立重金属污染物排放企业的监督性监测和检查制度。各地应对重金属排放企业车间（或车间处理设施排放口）、企业排污口水质及厂界无组织排放情况，每两个月开展一次监督性监测。加大监督性检查力度，重点检查物料的管理、重金属污染物的处置以及对可能产生重金属污染的各类生产和消防安全事故所制定的针对重金属污染的环保处置预案及建设环保应急处置设施情况等，促进企业规范化管理。

B 重视矿山法制管理与政策激励

提高矿权市场准入门槛，使新建矿企每一步都遵循法律法规和可持续发展原则。同时，加强对已开采矿山的环境保护监管力度，云南曲靖发生的铬渣非法转移倾倒事件更是暴露出部分矿企责任严重缺位，监管部门监管失察等问题。环保部门必须建立危险废物污

染防治情况日常检查制度，并从重从快处罚违规企业。地方政府也需解决好老化矿山的环境遗留问题。我国可充分吸收国际经验，施行环境税、矿地恢复保证金等税收制度规范矿业生产，利用对矿企的耗竭补贴，鼓励经营者积极勘探新资源或开发可替代资源，并通过资源税将企业的外部环境成本内部化，完善我国环境税收体系的建设，从而更好地防治重金属污染。

C 健全体系，提高信息透明度

各级政府需逐步制定重金属污染防治体系、事故应急体系和环境与健康风险评估体系，加强项目管理和督促检查，有序推进防控、整治各项工作。此外政府及矿企还需及时、公正、准确、客观地向社会公布环境安全信息，提高公众的环境参与权、知情权，增加信息的透明度，使全社会一同督促与关注矿业的可持续发展，减少重金属污染的发生。

D 加大科技投入，完整产业链

矿冶工业是国民经济发展的支柱产业。要使资源利用最大化，成本投入最小化，杜绝环境污染，必须加大先进科学技术的研发与投入力度，优化勘探、开采、选冶炼一系列环节，实现清洁生产、减少有毒废弃物的产生。并通过技术升级和改造，加强研发工作，提高产品的附加值，建设高新产业群带，建立从资源提取到深加工产品开发的完整产业链，实现从资源消耗型向低耗、高效益型的转变。

E 构建矿冶工业生态系统

矿冶工业生态系统遵循循环经济的生产理念，通过废物交换、循环利用、清洁生产等手段，形成企业共生和代谢的生态网络，促进不同企业之间横向耦合和资源共享，物质、能量的多级利用、高效产出与持续利用。一方面从根源上减少废料产出，实现资源节约型、环境友好型生产，提高生产效率。另一方面将废料再次资源化，将矿山废料作为内部资源被重新循环利用，获取最大的经济效益。它有着传统矿冶生产模式无法比拟的优越性，能更大程度地解决矿山环境污染问题，一些重点循环工业试点示范工程取得的成就很好地说明了这一点，是矿业实现可持续发展的有效途径。

F 规范日常环境管理，提高操作运行水平

规范企业日常管理。提高涉重企业人员的污染隐患意识和环境风险意识，进一步明确责任，克服麻痹大意思想。制定并逐步完善企业重金属污染环境应急预案，定期开展培训和演练。加强企业内部管理，抓好重金属污染物的日常监控，保证污染治理设施正常稳定运行，提升污染治理管理技术水平。切实规范涉重金属的物料堆放场、废渣场、排污口的建设。加强企业内部各工序的管理，减少重金属污染物的无组织排放。加强含重金属废弃物的管理，防止流失和扩散，禁止向没有重金属污染治理能力的单位销售或转移，杜绝二次污染。

实施台账管理。所有涉重金属企业应建立重金属污染物产生、排放详细台账，并纳入“厂务公示内容”，公布重金属污染物排放和环境管理情况。企业产量和生产原辅料发生变化时应及时向环保部门报告，实施动态管理。

加强涉重金属企业环境信息公开。没有安装重金属在线自动监测及联网的重金属排放企业要建立特征污染物日监测制度，每月向当地环保部门报告。同时，企业应建立环境信息披露制度，定期公开环境信息，每年向社会发布企业年度环境报告书，公布含重金属污染物排放和环境管理等情况，接受社会监督。环保部门应及时向有关部门通报执法监管等有关环境信息。

G 鼓励公众和媒体参与监督

完善舆论和公众监督机制。强化新闻媒体和社会公众对重金属污染防治的知情权、参与权、监督权。对查处的重大事件按规定及时向社会公布。加大重金属健康危害、预防、控制、治疗和愈后防护知识的宣传力度，努力营造公共监督环境。

7.5.3.3 积极推进清洁生产，实施污染源综合防治

A 推动涉重金属产业技术进步

重有色金属矿（含伴生矿）采选业。采用适合矿床开采技术条件的先进采矿方法，使用安全高效、能耗物耗低的新工艺、新技术，尽量采用大型设备，提高采矿成套机械设备的自动化水平。鼓励重有色金属矿采选企业进行技术改造，提高采矿回采率及选矿回收率，减少重金属在废石、尾矿中的含量。尽量采用湿式作业来减少粉尘的产生量；对溜井出矿系统、露天穿孔系统及选矿厂的破碎系统和皮带运输系统，采用密闭抽尘和净化措施相结合的方法来控制废气中颗粒物的含量。鼓励重有色金属矿选矿企业采用先进的废水分质治理分质回用等工艺技术，提高水循环利用率，并尽可能达到生产废水“零排放”。

重有色金属冶炼业。大力推行闪速熔炼、顶吹熔炼、诺兰达熔炼以及具有自主知识产权的白银炉熔炼、合成炉熔炼、底吹熔炼等生产效率高、工艺先进、能耗低、环保达标、资源综合利用效果好的富氧熔池或者富氧漂浮熔炼等炼铜工艺；改变传统的铅锌冶炼工艺，转变为铅锌联合冶炼循环经济产业模式；锡粗炼向强化熔炼发展，采用氧气顶吹炉或大型反射炉等先进工艺，锡火法精炼采用自动控温电热机械结晶机和真空炉工艺等先进工艺，锡湿法精炼采用电解等先进工艺，选用高效节能的整流设备；锑冶炼采用真空蒸馏技术处理锑汞矿、用湿法工艺处理锑金砷矿和锑铅矿等新技术新工艺。

B 大力推进清洁生产

依法实施强制性清洁生产审核。积极开展涉重金属企业员工清洁生产培训，组织清洁生产审核评估验收。区环保厅会同区工信委等有关部门依法公布应当进行强制性清洁生产审核的重金属防控企业名单。全区所有有色金属冶炼企业每两年开展一次强制性清洁生产审核，其他行业的涉重金属企业每三年开展一次强制性清洁生产审核，并严格实施审核推荐的清洁生产方案。组织清洁生产审核评估验收，并公布结果。大力推广清洁生产工艺技术和示范工程。通过开展清洁生产审核，促使企业注重清洁生产工艺的开发，立足于在生产过程中减废，通过减少废物的产生量来减少重金属污染物的处理量重金属污染物产生和排放量。对于使用涉重金属原料进行生产或者在生产中排放重金属污染物，但不实施清洁生产审核或者虽经审核但不如实报告审核结果的企业，责令限期改正，对拒不改正的依法从重处罚。到2012年底，重点防控企业强制性清洁生产审核率达到100%。

鼓励含砷及含其他重金属尾矿无害化资源化处理技术、冶炼烟尘环保治理及回收有价及稀贵金属技术等。大力开展具有先进性、典型性、代表性的清洁生产技术的示范推广工作。

建立推进清洁生产的激励机制，对通过实施清洁生产达到国内清洁生产先进水平的重点防控企业，应给予适当的经济奖励。涉重金属企业应结合清洁生产标准要求，实施清洁生产审核所推荐的方案，改造提升生产工艺，减少重金属污染产生量和排放量。各级政府应制订重金属污染企业清洁生产推广计划，设立引导奖励资金，明确鼓励措施和工作

要求。

C 加大污染源治理力度

（1）实施废水深度治理，减少重金属排放。含重金属废水的处理，应贯彻清污分流、分质处理、以废治废、一水多用的原则。鼓励工业企业在稳定达标排放的基础上进行深度治理，鼓励企业集中建设污水深度处理设施，提高水资源的重复利用率，减少重金属的排放总量。废水处理推广高浓度泥浆法处理、电絮凝工艺、膜技术或者离子交换回用。含汞废水采用化学沉淀、还原、吸附、离子交换等多种处理工艺组合处理；含铬废水采用化学沉淀、铁氧体法、离子交换、电解、内电解、集成膜分离等一种或多种工艺组合治理。含镉废水采用化学沉淀、漂白粉氧化、离子交换、吸附、气浮、碱性氯化、电解、集成膜分离等方法组合处理。含砷废水采用化学沉淀、吸附、离子交换、膜法等方法处理。

（2）加强固体废弃物资源化利用和安全处置。涉重金属企业产生的固体废弃物在经过危险废物鉴别后，对含重金属一般固体废物，按照资源化、无害化的要求，综合利用，安全储存，逐步消化。达到危险废物等级的含重金属废物，生产单位应按国家规定的要求进行处置，无法处置或处置不符合规定的，必须依法将危险废物送往有资质的处置单位集中处置。现有重金属选、冶企业必须提出并实施本企业所产生的尾矿、冶炼渣综合利用方案，优先考虑资源化回收再利用。对无法再利用、确属危险废物的，送交具有资质的单位进行无害化处理处置。落实含重金属危险废物管理计划、排污申报、危险废物经营许可证和转移联单等制度。坚决取缔无经营许可证企业从事含重金属危险废物利用处置经营活动。大力发展循环经济，推动含重金属废弃物的减量化和循环利用。加快广西危险废物处置中心项目建设，妥善处理涉重金属企业产生的固体废物。涉重金属企业要改进生产工艺、管理方式，从源头上减少含重金属低品位矿渣、含重金属污染物的烟尘、含重金属污泥等废渣的产生量，并妥善堆存废渣。砷渣推荐采用氧化焙烧、还原焙烧和真空焙烧等火法回收白砷，鼓励采用“置换—氧化—还原”全湿法制取高质量三氧化二砷产品。

（3）加大废气重金属治理力度。所有冶炼企业应进行废气重金属监测，并根据监测结果制订废气重金属治理方案，加快、加强冶炼废气深度净化处理或对现有净化工艺升级改造，削减废气产生的重金属污染，特别是铅尘的污染。此外，对于无组织排放的含重金属废气要加大防护和治理力度。进行除尘器改造，提高铅尘捕集效率，铅烟采用化学吸收治理。含汞废气采用液体吸收、固体吸附、气相反应、冷却等二级以上净化过程联合净化；含铬废气采用干、湿两级组合旋风除尘器治理；冶炼烟气推广洗涤废酸处理技术。

加强园区集中治理。鼓励有色金属冶炼业、皮革及其制品业、电镀等表面处理、电子废物回收利用等行业实施同类整合、园区化集中管理，强化集中治污、深度处理，建设区域性重金属污染防控设施。

D 实施区域综合整治

（1）各省、市、区、县根据重金属污染物产生和排放情况以及区域环境质量现状，严格产业功能分区，防止重金属污染的扩散；对存在重金属污染的区域进行分区分期治理和防控。组织编制重点防控区重金属污染防治规划，有针对性地提出防治对策和相关配套政策并组织实施。大力推进区域综合整治，结合区域内主要涉重金属行业、主要防控污染物制定不同的整治方案。

重点加强有色金属采选业和冶炼业铅、镉、砷污染的综合防治，切实加大落后产能淘汰力度，推进产业布局优化，提升企业污染治理技术水平，同时加大人力财力投入，加强受重金属污染较严重的土壤、场地、地表水和河流底泥等的综合治理，逐步解决历史遗留的重金属污染环境问题；铅锌矿区重点解决历史遗留的重金属污染问题、县区重点防控有色金属冶炼产生的镉、铅、砷污染，重点开展以电镀产生的铬污染综合治理，推行电镀企业的圈区管理；对锰产业地区，重点开展以锰矿和电解锰行业为主要行业的锰污染控制，大力实施清洁生产和综合利用，继续推进区域整治。将本地特征重金属污染物作为重点监控和治理对象，将产生和排放重金属污染物的区域作为重点防控区域。

（2）加快重点防控区域产业结构和布局调整，用循环经济理念指导区域发展和产业转型。启动市中心城区周边冶炼企业搬迁技改工作；加快以工业集中区和有色金属新材料工业园区等为基础的工业园区循环经济建设，促进企业在资源和废物综合利用等领域进行合作，实现资源的高效利用和循环使用；对新建产生重金属污染物数量较大的企业，逐步实施园区管理，集中治理重金属污染物，并尽可能形成企业内循环经济产业链。地方污染治理资金应优先支持涉重金属企业发展循环经济，推进资源综合利用。

（3）加强区域规划环境影响评价工作，促进区域、重点产业园在规划层面统筹布局，合理设计产业链。严格执行区域环保准入和区域产业准入条件。以环境保护优化经济增长，提高区域发展质量，增强区域发展后劲。

（4）对重点防控区实施重金属排放总量控制，针对砷、铅、镉等主要重金属污染物，禁止新建、改建、扩建增加重金属污染物排放的项目，加大综合防治力度，实现区域主要重金属污染物排放量明显下降，并作为约束性指标纳入各级政府“十二五”国民经济和社会发展规划。

7.5.3.4　搞好修复试点，逐步解决历史遗留问题

A　搞好调查评估，建立污染场地清单

开展重金属污染场地调查。围绕重点防控区、重金属重点防控企业和突出的历史遗留问题，结合第二次土地调查成果和土壤现状调查等，2011 年开始组织开展全国重金属污染场地环境调查与评估，实施加密监测，力争到“十二五”末基本完成基础调查工作，建立重金属污染场地基本资料数据库和信息管理系统，摸清家底，查明原因，提出对策，并实施动态更新。

逐步开展污染场地风险评估。根据风险评估和修复实施可能，划定分级管理名单，依次确定修复计划、任务、目标，分类制定修复技术路线，实施全过程风险管理策略。按照污染等级和危害程度，明确“优先修复名单”，制定中长期修复计划，成熟一个启动一个，治理一个见效一个。

B　搞好种植结构调整，综合防控土壤重金属污染

加强污染场地环境管理。重金属污染场地土地利用方式或土地使用权人变更时必须进行重金属污染调查，建立档案。对污染企业搬迁后的厂址和其他可能受到污染的土地进行开发利用的，环保部门督促有关责任单位或个人开展污染土壤风险评估，明确修复和治理的责任主体和技术要求，降低土地再利用特别是改为居住用地对人体健康影响的风险。区域性或集中式工业用地拟规划改变其用途的，所在地环保部门要督促有关单位对污染场地进行风险评估，并将风险评估的结论作为规划环评的重要依据。对于污染较重、现阶段难以组织实施治理的污染场地，加强污染源监管，封存污染区域，阻断污染迁移扩散途径，

降低污染事故发生。

分类型制定和实施污染土壤管理对策。建立农产品产地土壤分级管理利用制度。对未污染的，要采取措施进行保护，防止造成污染；对污染程度较低、仍可保留耕地性质的可耕地，当地政府应指导监督当地农民转向种植非食用作物，并结合实际采取物理、化学、生物措施进行修复；对重污染的土壤，要调整种植结构，开展农产品禁止生产区划分，避免造成农产品污染，危害广大人民群众的身体健康。

合理合法调整土地用途。对污染严重、确不宜再作为农用地的土地，当地政府应做好停耕停种工作，国土资源管理部门应根据土地变更的有关规定及《土地利用现状分类》，依据污染土地认定结果，按法定程序进行地类变更。地类变更中涉及耕地和基本农田的，要按照耕地保有量和基本农田保护面积不减少的原则，依法调整土地利用总体规划，补充耕地和补划基本农田，合理确定污染土地的规划用途。污染区域内的规划建设用地，依据土地管理法律法规和有关规定办理建设用地审批手续。

C　开展修复技术示范，启动历史遗留治理试点

组织开展高浓度污染土壤修复技术示范。进行土壤污染评估，因地制宜地采用生物、工程、物理化学等措施，开展土壤重金属污染治理及其河段底泥污染治理、地下水等环境修复技术示范。充分利用树、草等生物整治措施，合理调整种植结构。探索开展土地置换流转、多方合作、区域封存等多种修复治理方式。力争到“十二五”末期，初步完成问题针对性强、技术涉及面广、经济适用的工程积累，带动技术研发和攻关，为“十三五”引导和实施修复计划奠定基础。

实施历史遗留问题治理试点工程。在重点区域逐步开展重金属历史遗留问题治理试点工程，着力解决责任主体灭失引起的历史遗留重金属问题。实施技术、管理、政策综合性治理手段，分阶段、分区域、按类别解决突出的尾矿库、耕地、矿区、固体废弃物堆存场地等历史遗留问题。加快实施砷渣、尾矿库等治理方案，确保历史堆存砷渣得到无害化处理，无主尾矿库环境隐患问题得到解决。力争在“十二五”期间取得标志性试点成果，为“十三五”进一步研究解决历史遗留问题创造条件。

7.5.3.5　强化重金属监管能力建设，提升监管水平

A　加强重金属监察执法能力建设

加强现场监察执法能力。环保部门要配备必要的现场执法、应急重金属监测仪器和取证设备，加强快速反应能力建设，使环境执法人员能在第一时间内赶赴现场。加强基层环保部门对涉重有色金属采选矿区的监控能力建设，配备相关应急执法车辆和取样快速检测设备。大力推进监察手段的现代化，逐步改变重金属污染监察手段单一、层次较低的现状，向自动化、网络化、智能化方向发展。

提高环境执法队伍业务素质。定期开展执法人员业务培训，尤其是重金属污染企业生产工艺及污染治理专业知识、政策法规、标准等方面的培训，使环境监察人员具备对重金属污染企业的现场监督执法能力；加强对执法人员工作过程的监督，严肃纪律、严格管理、强化监督；对不严格依法办事，不认真贯彻实施环保法律法规，对重金属污染企业的排污行为管理不力的有关人员要严肃处理。

B　完善重金属监测体系

着重加强重金属污染环境监测能力建设。对重金属污染物产生和排放量较大的区县，

配置采样与前处理设备、重金属专项实验室设备，以及空气、地表水环境质量自动监测仪。重金属污染重点防控区要建立定期监测和公告制度，加密监测水质断面、空气质量和土壤，对重点防控区的污染源及其周边水、气、土壤、农产品（水产品）、水生生物、食品要开展重金属长期跟踪监测，建立环境污染监测网络、农产品产地安全监测网络，加配ICP－MS等仪器设备，加大监测频次，严格监控重金属污染。逐步加大其他地市、区县环境监管能力建设力度。

逐步推行污染源自动监控。完善污染源自动监控系统建设，提高监控技术手段。在重点防控区选取重金属污染源开展重金属特征污染物自动监控试点工作，涉重金属废水企业安装主要重金属污染物在线监控设施，涉重金属废气企业优先安装汞、铅、镉尘（烟）等在线监控系统。重金属污染源要逐步安装在线监测装置并与环保部门联网。

C 健全重金属污染预警应急体系

提高环境预警响应能力。近期重点在地市、区县设置环境预警处置系统，加强刁江流域和大环江流域的环境预警体系建设。并逐步加强其他存在重金属污染风险的地区的环境预警体系建设。尤其要加强集中式饮用水水源地、边境河流重金属污染预警体系建设。县级环境监测机构重点配置现场采样、现场调查及定性与半定量的应急仪器设备，强化重金属污染监测机构应急能力建设。

建立突发性重金属污染应急响应机制。建立健全重金属环境风险源风险防控系统和企业环境应急预案体系，建设健全精干实用的环境应急处置队伍，构建环境应急物资储备网络，储备必要的应急药剂和活性炭等物料，建立统一、高效的环境应急信息平台。加强应急演练，最大限度做好风险防患工作。建立技术、物资（诊疗器械与药品）和人员保障系统，落实值班、报告、处理制度。

D 建立健全重金属污染健康危害监测与诊疗系统

完善重点防控区重金属污染检测、健康体检和诊疗救治机构，加强能力建设。到2015年，重金属污染事件高风险人群体检应答率达到100%。在确定定点医疗机构，根据当地重金属污染特征，配备必要的重金属检测设备，加强专业人员培训，保障相关工作经费，满足开展重金属污染生物检测、健康体检和医疗救治工作需要。完善重金属污染高风险人群健康监测网络和人体重金属污染报告制度，定期对重点防控区域内食品、生活饮用水进行重金属监测及对高风险人群进行生物监测，检测机构发现人体重金属超标应及时报告。

7.5.3.6 加强产品安全管理，提升民生保障水平

A 加强应急性民生保障

加强尚没有受到重金属污染的饮用水水源地保护，加强风险防范措施和风险监管。对保护区外的上游污染源可能导致饮用水源重金属超标的，要切实加强监管，实施深度治理和回用。加强备用水源建设，加强受污染区居民饮水安全保障。到2015年，实现城镇集中饮用水水源地主要重金属水质基本达标。对因重金属污染导致的水不能饮用、地不能耕种、房屋不能居住，或是由于涉重金属产业开发导致生产生活基本条件丧失，且短期内难以根本改善的，应妥善安置好失地居民，做好安置、补偿、医疗保险和社会保障等工作，并实施必要的移民安置、避险安置，努力维护社会稳定。

B 提升农产品安全保障水平

开展农田（耕地）土壤、大中城市周边土壤、矿区土壤重金属污染普查，加强重点区

域农产品重金属污染状况评估。对主要农产品产地进行小比例尺加密普查，对农产品产地重点防控区域实施定点监测，建立农产品产地安全档案，为农产品产地禁止生产区划分提供决策依据。建立农产品产地重金属污染风险评价与预警体系。摸清各类产地安全质量状况，进行产地适宜性评估，完成农产品产地安全质量分类划分，实施农产品产地安全分级管理。严格灌溉用水水质监测和管理，确保灌溉用水符合农田灌溉水质标准要求。加强执法监管，依法禁止在受污染耕地上再种植食用作物。加强粮食蔬菜、肉禽蛋奶、水产品和饲料等重金属监测评估，并加强生产、流通、消费市场监管。

C 减少涉重金属产品消费

鼓励绿色生产生活消费模式。减少含铅油漆、涂料、焊料的生产和使用。强化对农药、化肥、除草剂等农用化学品的环境管理。严禁使用砷类农药，严格控制在食品及饲料中添加重金属的添加剂。禁止出售、食用重金属污染过的食品。加强农村输出蔬菜、鱼类、粮食到城市的重金属污染监管。采取综合性调控措施，调整贸易结构，逐步抑制涉重金属产品的市场需求。

加强电器电子产品全过程管理。贯彻落实《废弃电器电子产品回收处理管理条例》，认真实施《电子信息产品污染控制管理办法》，加强电器电子产品中使用重金属的控制和管理。鼓励生产厂商建立回收网络，从消费角度入手加大产品重金属减量化进程。

完善政府绿色采购制度。剔除政府绿色采购目录中不符合环保要求的涉重企业及产品名单，利用市场机制对全社会的生产和消费行为进行引导，提高全社会的环境意识，推动企业技术进步。鼓励产品经营者选择绿色生产，引导绿色消费，促进和激励企业开发绿色技术，研发产品中的重金属替代技术，生产绿色产品。

7.5.3.7 做好重点污染的治理工作

建立重金属污染综合防治项目数据库，逐步调整、充实项目，并根据实际情况分期分批实施。

A 污染源综合治理项目

主要以减少重金属排放、减少污染事故发生、实现稳定达标排放和资源化利用为目标的项目。包括治污设施升级改造项目、涉重金属行业“提标升级”或深度治理项目、资源化回用项目、工业园区重金属“三废”集中处理处置项目等。通过项目实施使重点防控区工业废水处理能力、废气处理能力、废渣处理能力、生产工艺、技术获得较大的提升，可大幅减少重金属污染，确保重点区域环境质量达到规划的控制指标。

B 产业淘汰退出项目

以控制涉重金属企业生产能力为主要目的，逐步淘汰不符合产业政策或符合产业政策但污染排放经治理后仍长期不达标的企业，关停落后产能和污染高排放集中区的小企业。

C 技术示范项目

以工程示范带动技术研发和攻关，对清洁生产技术、污染源治理技术、污染修复技术开展示范、试点应用和成效分析，为“十三五”期间重金属污染大规模环境修复奠定适用于实际情况的技术基础。

D 基础能力建设项目

按照重金属污染特征和监测的实际需要，在各地原有能力建设、仪器装备水平基础上，分层次逐级配置重金属实验室监测仪器、在线监测仪器、应急监测仪器、重金属采样和前期处理设备以及监察执法设备。

E　解决历史遗留问题试点项目

主要是为解决严重危害群众健康和生态环境且责任主体灭失的突出历史遗留重金属问题而开展的区域性治理试点工程。重点开展污染隐患严重的尾矿库、废弃物堆存场地、受重金属污染农田、矿区生态环境破坏等历史遗留问题的治理工程以及已关闭的砒霜生产企业遗留废渣的综合治理。

7.5.4　可持续发展规划重点治理领域

围绕经济社会发展及环境保护工作的重大需求，集聚资源，统筹安排，科学布局，目前重金属污染重点实施主要表现在11个领域。具体如下：

（1）污染物减排与总量控制领域。

1）污染物减排技术与管理研究。结合广西水环境和大气环境容量研究的成果，研究构建总量减排档案管理信息系统，包括建立排污交易制度及污染物信息系统，实现系统动态更新。开展化学需氧量、氨氮、二氧化硫、氮氧化物、重金属（汞、镉、铬、砷、铅）等主要污染物“十二五”减排潜力研究。开展广西“十二五”减排形势分析。对重金属污染物总量控制动态开展管理及宏观决策研究。开展广西农业源（规模化畜禽养殖）减排技术的研发、集成与示范。研究主要行业碳排放现状调研与碳减排潜力，提出相应控制对策。

2）污染防治技术研究。针对广西突出的环境问题开展研究，包括污水处理、重金属污染治理、固体废物综合利用及剩余污泥高效处理处置等。开展主要行业污染物总量控制与减排技术，对国家新增的氨氮、氮氧化物减排指标进行减排关键技术攻关，重点开展淀粉、酒精、造纸、缫丝、氮肥等主要行业氨氮减排关键技术研究与工程示范，开展城镇污水的化学需氧量和氨氮协同减排关键技术研究与工程示范，开展水泥制造业氮氧化物减排关键技术研究与工程示范。

（2）水污染防治领域。针对广西主要水污染问题，通过饮用水源地保护、近岸海域污染防治、地下水污染防治、流域水污染防治、关键水污染控制等关键技术和共性技术的研究开发和示范，改善流域水质和保障饮用水安全，基本建立流域水污染治理技术和水环境管理技术体系，有效提高广西水污染防治和管理技术水平。

1）饮用水源地保护。开展城市饮用水源地环境应急防范研究，对广西城乡饮用水安全保障的综合技术进行研究，开展乡镇一级饮用水源地的评估与调查包括划定工作。

2）近岸海域污染防治研究。针对广西的近岸海域，开展近岸海域环境监控与预警系统开发研究，开展基于区域环境容量的沿海工业园区污染防治技术研究、主要行业（钢铁、石化、林浆纸、海产品加工等）高效新型污染治理技术研发、规模化海水养殖的污染防治技术研究、溢油污染的处理处置技术的开发与集成，并选择典型海湾进行入海污染物污染控制相关研究。

3）地下水污染防治研究与示范。针对广西的岩溶地区采矿集中区地下水污染，开展现状调查与监控的相关研究，为岩溶地区矿业开采的地下水污染防治提供管理参考及技术示范。

4）流域水污染防治研究。针对广西部分重点流域的水污染现状开展防治技术研发，如漓江流域“两江四湖”工程的水污染控制与治理技术研究、天生桥库区（万峰湖）水污染防治技术及生态环境保护研究、典型重金属污染河流主要污染物治理技术研究、广西入海河流流域污染源调查及污染防治研究等。

5）关键水污染控制技术开发和示范。开展酒精工业废液处理技术集成及综合利用技术研究、重金属工业废水污染治理技术研究示范。

（3）大气污染防治领域。积极开展大气污染防治研究，阐明重点地区和城市大气污染与成因，研发大气污染物和恶臭排放控制技术，建立区域大气环境质量综合调控方法，提出主要大气污染物的控制技术对策。

1）区域大气复合污染与灰霾综合控制研究。针对广西北部湾经济区开展大气汞污染现状调查及其迁移研究、灰霾天气与大气污染的现状研究。

2）城市空气质量改善综合技术研究与示范。选择1～2个重点城市，开展城市区域复合型大气污染监控措施及评价体系研究，对城市开展大气PM2.5的监测实施可能遇到的困难提出解决措施，建立示范试点。

3）关键大气污染控制技术开发和示范。开展水泥建材行业PM2.5、PM10、TSP排放控制技术研究，对典型行业（造纸、酒精、淀粉、氮肥、垃圾填埋场、垃圾焚烧厂等）恶臭污染防治技术进行研发与示范，进行有色金属冶炼行业空气污染调查研究、铝工业区域大气氟污染现状调查与研究，结合污染物减排需求，开展机动车尾气污染状况评估与氮氧化物控制对策研究。

（4）生态保护与建设领域。围绕广西生态保护与生态文明建设开展相关工作，重点开展流域生态保护、生物多样性保护、生态恢复与重建技术研究、生态安全管理技术等相关研究。

1）流域生态保护研究。为保障中越两国和谐共处，对广西跨境流域，开展广西跨境河流水环境监控预警研究，编制广西跨国界水体突发性污染事故应急方案，进行广西跨境流域生态补偿研究。开展跨行政流域生态系统保护研究。围绕漓江流域生态建设与可持续发展，开展桂北生态脆弱区旅游资源开发的生态环境适宜度研究及漓江流域居民生态保护与生态补偿机制研究。针对西江流域生态环境保护，开展流域重金属环境污染的生态修复和治理技术示范、流域开发及生态环境保护的生态补偿机制研究、流域梯级电站开发对生态影响及生态补偿机制研究，以及典型资源枯竭县区经济开发与生态环境保护模式研究。

2）农村生态环境保护研究。结合广西农村环境连片整治示范省（区）建设，开展其中的关键技术研发。进行广西农村改水改厕对生活污染物排放影响研究，提出相应的污染物处置对策。

3）生物多样性保护技术研究。对广西生物多样性优先保护区域的物种进行调查；结合《广西生物多样性保护战略与行动计划编制工作方案》，开展广西生物安全与外来入侵物种防治研究、广西自然保护网络体系建设战略研究、广西生物多样性保护空缺与优先保护目标研究、广西生物多样性保护区域战略研究等专题研究；针对广西特有珍稀生物物种，开展防城金花茶国家级自然保护区生态系统管理研究、东兴金花茶种质资源研究；针对中越边境地区，开展生物多样性保护与持续利用研究、中越界河北仑河口环境变化对红树林生物群落的演变趋势研究。

4）生态恢复与重建技术研究。针对广西生态重要性及敏感性，开展广西北部湾典型污染海域（茅尾海）生态环境综合整治技术研究、广西岩溶地区水泥建材原料开采的生态恢复与重建研究、海草床生态系统修复关键技术研究及恢复重建示范、钦州湾海洋生态系统健康及其保护和修复对策的示范研究。

5）生态安全管理技术研究。结合广西北部湾经济区开放开发，便于更好地进行广西生态安全管理，开展北部湾近岸海域海洋倾废对海洋生态系统影响研究、围填海对北部湾近岸海域生态系统影响研究、北部湾自然保护区对北部湾经济区的生态调节功能研究、北部湾典型有机和无机污染物对红树林生态系统的影响、北部湾经济区生态环境安全及其预警研究、国家重要生态功能区县域生态环境质量评价、“十二五”广西生态环境质量监测与评价、广西北部湾经济区典型海陆自然生态系统服务功能与生态承载力研究、广西自然保护区基础调查。

（5）固体废弃物污染防治与化学品管理领域。针对广西固体废弃物综合利用率较低、化学品管理体系不完善的现状，开展固体废物再生利用技术研究、固体废物无害化、稳定化处理技术研究、危险废物污染控制管理技术研究以及有毒化学品环境管理支撑技术研究。提高全区工业固废综合利用率和固体废物资源化利用水平。

1）固体废物再生利用技术研究。对广西废旧电子产品的再生利用技术进行研究，对废旧电子产品进行了资源再利用，解决废旧电子产品带来的废旧问题，形成废旧电子产品的静脉产业示范。

2）固体废物无害化、稳定化处理技术研究。开展农村固体废物污染调查研究以及对策分析、剩余污泥高效处理处置技术及集成应用示范、污水处理厂污泥无害化处置技术研究与开发、生活垃圾无害化处置技术研究与开发、广西主要行业（有色金属矿采选与冶炼、制浆造纸、火电等）工业固体废物综合利用新技术研发与示范。

3）危险废物污染控制管理技术研究。针对涉重金属固体废弃物、危险废物所带来的土壤、地表水、地下水环境污染等问题，开展重金属固渣资源化、无害化综合利用与处理处置技术以及锡锑锰等金属冶炼行业（企业）可持续发展对策等研究。开发技术、经济适宜的处理系统及技术，解决有关工业区重金属废渣污染的环境问题，为涉重行业（企业）可持续发展提供技术支撑。

4）有毒化学品环境管理支撑技术研究。对西江流域有毒化学品的种类、数量、分布及特性开展调查和研究，掌握其分布和流通规律，分析其存在的环境隐患，建立监管重点源清单，提出环境风险防范与管理的对策措施与建议。

（6）土壤污染防治领域。积极开展土壤污染防治研究，初步建立适合实际的污染土壤修复实用技术体系，形成若干解决不同污染情况环境问题的技术，逐步改善土壤环境质量，保障农产品质量和人体健康。

1）典型地区污染土壤调查及风险评估研究。为保障城市环境安全和居民健康，选择典型污染地区，鼓励大型工业企业搬迁，开展城市大型工业污染场地生态恢复技术研究及典型场地污染评估与修复试点应用示范。

2）桂西资源富集区土壤污染修复与治理技术研究。针对矿业活动集中的桂西资源富集区的土壤污染现状，开展典型重金属污染土地生态修复技术集成研究及示范、矿山废弃地的生态恢复与重建技术研究与示范等污染修复与治理技术研究。

（7）清洁生产和循环经济领域。针对广西目前科技水平、工艺设备、资源综合利用水平总体较落后的现状，积极开展工业园区清洁生产和循环经济技术示范，构建稳定的循环经济产业链，全面加强有色金属矿采选与冶炼、制浆造纸、火电等主要行业清洁生产关键技术的研发，发展铝工业等有色金属行业循环经济，增强废物的“减量化，再利用，资源化”和“无害化”处理，提高能源的有效利用程度和资源的闭路循环程度，积极打造广西静脉产业，为促进经济增长方式转变和可持续发展提供科技支撑。

（8）环境与健康领域。在典型矿业活动集中区域开展广西重金属污染重点区域人体健康现状与评估。开展主要入西江流域河流水体、沉积物中有毒有害污染物的监控研究。开展持久性有机污染物控制技术研究、城市噪声污染防治管理研究、室内空气环境安全与健康问题研究等环境与健康领域相关研究。

（9）环境管理领域。从增强环境保护的自主创新能力和核心竞争力出发，加强环保科技能力建设，为环境保护科技创新发展和环境管理提供必要的支持。

1）环境监测技术研究。为满足环境保护管理的需要，研究开发主要污染物的快速测试分析方法，研究新型污染物监测方法，加强生物监测技术研发，填补相关空白领域，完善现有的监测方法体系。

2）环境风险评估与预警技术研究。建设广西的环境信息共享与服务平台，开展污染源风险评估，研究建立预警应急技术体系，预防和降低环境灾害，构建以环境安全监控、环境风险预警、环境应急处置、环境基准标准为核心的环境监管技术支撑体系，确保环境安全。

3）环境法规与政策研究。针对现行环境管理中亟待解决的问题，开展相关的技术支持研究，包括危险废物鉴别导则、危险废物利用、处置的地方规章制度研究、核与辐射地方性法规制度体系研究、生态补偿制度研究、排污权交易制度研究、落后产能退出政策研究、主体功能区分类管理的环境政策研究、项目后环评、行业规划等，为环境监管部门的管理需求提供基础支持。结合社会经济发展趋势和环保需求，开展环境与经济形势分析、绿色信贷完善研究、环境污染治理投资分析、广西环境污染责任保险研究等环境发展对策相关研究，为保证经济发展和环境保护的平衡提供支持。

4）环境保护标准制定技术和方法研究。围绕重点污染物减排、重金属污染防治等“十二五”环保重点工作，开展以支撑解决某一环境问题为目标的标准簇构建方法学研究。开展地方特征污染物排放标准、地方特色行业清洁生产标准等的研究和制定工作。

（10）核与辐射安全领域。针对广西放射源安全管理状况、电离和电磁辐射环境现状、放射性矿和伴生放射性矿开发利用活动及污染防治情况，开展放射源安全现状与管理对策研究、电磁辐射环境污染现状调查与污染防治对策研究、放射性矿及伴生放射性矿产开发利用放射性污染状况与防治对策研究等系列的调查和研究，重点研究建立北部湾经济区核与辐射安全和预警应急体系。完善全区核与辐射安全监管和环境预警体系，为更有效的加强辐射安全监管和辐射环境保护提供技术支持，确保辐射环境安全。

（11）战略性新兴环保产业培育。加强广西战略性新兴环保产业的科技支撑。大力开展环境保护先进技术、装备和产品的研发和推广，引导和培育战略性新兴环保产业的健康发展。

1）关键技术、装备和产品研发。以污水处理、垃圾处理、脱硫脱硝、土壤修复、环境监测等为重点领域，通过引进吸收再消化及自主创新开发等方式，研发适宜于广西的垃圾处理技术、大气污染控制技术、重点流域和区域生态保护与修复、重金属污染治理与污染土壤修复等成套技术与装备，以及有机污染物自动监测系统、重金属在线监测系统等污染源在线监检测技术。推广和示范一批新型环保材料、药剂和环境友好型产品。

2）环境服务业支撑技术研究。以城镇污水和垃圾处理、烟气脱硫脱硝、危险废物处理处置为重点，探索和建立污染防治设施建设和运营市场化、社会化机制与模式。大力提升环境投融资、清洁生产审核、环境监测服务、绿色产品认证评估、技术咨询和人才培训等环境技术服务技术水平，发展提供系统解决方案的综合环境服务业。

3）环保产业基地建设与示范。开展中国—东盟环保产业基地、河池生态环保型有色金属产业示范基地、百色生态型铝产业基地、进口再生资源加工园区等广西一批环保产业的建设与示范研究。

参考文献

[1] 刘敬勇，等．矿山开发过程中重金属污染研究综述[J]．矿产与地质，2006，(6).

[2] 腾冲，等．植物修复在治理矿区重金属污染土壤中的应用[J]．矿产与地质，2005，(2).

[3] 徐欣，等．陇海铁路圃田段路旁土壤重金属潜在生态风险评价[J]．气象与环境科学，2009，(1).

[4] 黄立章，等．土壤重金属生物有效性评价方法[J]．江西农业学报，2009，21(4).

[5] 万洪富，等．我国酸性土壤地区土壤环境质量指标实践中的修改意见[J]．土壤，2009，(2).

[6] 胡省英，等．土壤——作物系统中重金属元素的地球化学行为[J]．地质与勘探，2003，(1).

[7] 蔡信德，等．不同标准对城市土壤重金属质量分数的评价[J]．环境科学研究，2009，(4).

[8] 李恩临，等．水头镇农田土壤及稻米重金属污染评价[J]．环境科学导刊，2009，(4).

[9] 王柯，等．不同土地利用方式下西部矿业城市土壤重金属污染状况调查[J]．安徽农业科学，2009，(9).

[10] 吕文英，等．珠江广州段东朗断面底泥中重金属污染研究[J]．环境科学与技术，2009，(5).

[11] 张玉秀，等．重金属污染土壤的生物修复技术[J]．金属矿山，2009，(4).

[12] 谷阳光，等．大西渗表层沉积物中重金属分解特征及潜在生态危害评价[J]．分析测试学报，2009，(4).

[13] 何璐君．开阳县茶园重金属元素含量及污染评价[J]．贵州农业科学，2009，(4).

[14] 朱美玲，等．洛川塬区典型农业土壤与苹果园土壤重金属分布调查与评价[J]．农业系统科学与综合研究，2009，(2).

[15] 张伟，阜新市城区降尘中重金属含量的研究[J]．赤峰学院学报（自然科学版），2009，(3).

[16] 卢瑛，等．深圳市城市绿地土壤中重金属的含量及化学形态分布[J]．环境化学，2009，(2).

[17] 郭丹，等．杭州市主要地区农田土壤重金属污染评价及关联特征研究[J]．杭州师范大学学报（自然科学版），2009，(2).

[18] 孙龙仁，等．乌鲁木齐市夏季大气 PM10、PM25 中重金属的分布特征[J]．天津农业科学，2009，(2).

[19] 李德胜，等．太原盆地土壤微重元素的地球化学特征[J]．地质与勘探，2004，(3).

[20] 李冰，等．成都平原土壤重金属区域分布特征及其污染评价[J]．核农学报，2009，(2).

[21] 赵卓亚，等．保定市城市绿地土壤重金属分布及其风险评价[J]．河北农业大学学报，2009，(2).

[22] 刘峰，等．贵州省艾纳香种植基地土壤重金属污染现状评价[J]．安徽农业科学，2009，(9).

[23] 宁晓波，等．贵阳花溪区石灰土林地土壤重金属含量特征及其污染评价[J]．生态学报，2009，(4).

[24] 李梅，等．佛山市郊污灌菜地土壤和蔬菜的重金属污染状况与评价[J]．华南农业大学学报，2009，(2).

[25] 齐泽民，等．内江市郊区菜园土壤和蔬菜重金属污染及其评价[J]．内江师范学院学报，2009，(4).

[26] 何震．南充市郊蔬菜基地重金属污染状况调查与评价[J]．监测分析，2009.

[27] 傅晓明，等．湘潭市土壤重金属地球化学特征的统计分析[J]．广东微量元素科学，2009，(3).

[28] 施婉君，等．上海市土壤重金属污染研究进展[J]．上海市环境科学，2009，(2).

[29] 栾文楼，等．石家庄污灌区表层土壤中重金属环境地球化学研究[J]．中国地质，2009，(2).

[30] 梁利宝．太谷县象谷村大棚茴子白重金属污染状况研究[J]．山西农业大学学报（自然科学报），2009，(11).

[31] 张军，等．金枪鱼等大型鱼类重金属汞含量的调查及应对措施[J]．检验检疫学报，2009，(2).

[32] 刘明华，等．辽东湾北部脉红螺中重金属元素分布特征[J]．地质与资源，2009，(1).

[33] 陈海凤，等．有机酸对重金属污染耕地土壤的修复研究[J]．现代农业科学，2009，(3)．
[34] 曲贵伟，等．聚丙烯酸盐对长期重金属污染的矿区土壤的修复研究（Ⅱ）[J]．农业环境科学学报，2009，(4)．
[35] 张玉秀，等．重金属污染土壤的生物修复技术[J]．金属矿山，2009，(4)．
[36] 陈丽莉，等．中国土壤重金属污染现状及生物修复技术研究进展[J]．现代农业科学，2009，(3)．
[37] 杨媛媛，等．疏浚污泥资源化处理实验研究[J]．岩土力学，2009，(5)．
[38] 张文强，等．底泥重金属污染及其对水生生态系统的影响[J]．现代农业科学，2000，(4)．
[39] 谢国樑，等．重金属污染河涌底泥的电动——竹炭联合修复[J]．华中农业大学学报，2009，(2)．
[40] 刘秀珍，等．膨润土和沸石对重金属镉的吸附性研究[J]．山西农业大学学报，2009，(2)．
[41] 宋凯，等．用粉煤灰水热合成P型沸石及其对重金属铅离子的吸附[J]．大连工业大学学报，2009，(1)．
[42] 苑志华，等．高铁酸钾去除重金属的模拟实验研究[J]．水处理技术，2009，(5)．
[43] 吴海江，等．微生物与重金属作用机理研究[J]．安徽农业科学，2009，(11)．
[44] 陈建伟，等．膜分离技术在重金属废水处理中的应用研究进展[J]．广东化工，2009，(4)．
[45] 杨倩，等．重金属污染水体的植物修复研究现状[J]．广州化工，2009，(2)．
[46] 蒋炳言，等．中国水系沉积物重金属污染研究现状[J]．科技信息，2009，(9)．
[47] 梁家妮，等．冶炼厂综合堆渣场周边菜地重金属分布特征与污染评价[J]．监测分析，2009．
[48] 高芳蕾，等．矿区土壤重金属元素的形态分布及生物活性[J]．安徽农业科学，2009，(12)．
[49] 马祥爱，等．山西太谷县防蔬菜基地土壤重金属污染评价[J]．山西农业大学学报，2009，(2)．
[50] 李海英，等．黔西北土法炼锌矿区重金属污染现状及其环境影响评价[J]．中国环境监测，2009，(1)．
[51] 周雯，等．运城盐湖区土壤重金属元素含量及分布[J]．山西农业大学学报，2009，(1)．
[52] 王卓理，等．平顶山市煤矿塌陷区复垦土壤重金属分布及污染分布[J]．农业环境科学学报，2009，(4)．
[53] 李军，等．锰矿废弃地重金属污染土壤的评价及修复措施探讨[J]．环境保护科学，2009，(2)．
[54] 丛俏，等．钼矿区周边农田土壤中重金属污染状况的分析与评价[J]．中国环境监测，2009，(1)．
[55] 刘月莉，等．四川甘洛铅锌矿区优势植物的重金属含量[J]．生态学报，2009，(4)．
[56] 姬艳芳，等．湘西凤凰铅锌矿区典型土壤剖面中重金属分布特征及其环境意义[J]．环境科学学报，2009，(5)．
[57] 王凡路，等．凡口铅锌矿湿地系统沉积物中重金属的分布[J]．生态环境，2003，(3)．
[58] 刘敬勇，等．开矿过程中重金属污染特征及治理研究[J]．安徽农业科学，2009，(12)．
[59] 桂林矿产地质研究院．广西矿业重金属污染状况及对矿业可持续发展影响的研究［R］．2011．
[60] 汪旭光，潘家柱．21世纪中国有色金属工业可持续发展战略[M]．北京：冶金工业出版社，2001．
[61] 廖欣，等．矿业共赢[M]．南宁：广西人民出版社，2009．
[62] 蔡锦辉，等．广东大宝山多金属矿山环境污染问题及启示[J]．华南地质与矿产，2005，(5)．
[63] 龙云凤，等．广东省矿山可持续发展间作研究[J]．中山大学研究生学刊，2006，26(1)．
[64] 于玲红，等．矿区污染地下水的生物修复[J]．冶金能源，2005，(4)．
[65] 魏晓飞，等．矿区重金属污染土壤修复技术的研究现状和展望[J]．广东微量元素科学，2012，(7)．
[66] 周绍箕，周从章，李明愉，等．多螯合官能团离子交换纤维的性能研究及其在废水净化上的应用(I)［J]．冶金分析，1996，16(2)：1～5．
[67] 胡省英，等．土壤—作物系统中重金属元素的地球化学行为[J]．地质与勘探，2003，(5)．
[68] 谷阳光，等．大亚湾表层沉积物中重金属分布特征及潜在生态危害评价[J]．分析测试学报，2009，(4)．

[69] 黄光明，等．土壤和沉积物中重金属形态分析[J]．土壤，2009，(2)．

[70] 杨维，等．PRB 技术对 PCBs 及重金属污染地下水的试验研究[J]．沈阳建筑大学，2006．

[71] 杜连柱，等．PRB 技术对地下水中重金属离子的处理研究[J]．环境污染与防治，2007，(8)．

[72] 王伟宁，等．PRB 修复地下水污染的研究综述[J]．能源环境保护，2009，(3)．

[73] 李明愉，曾庆轩，李建博，等．离子交换纤维在水处理中的应用研究[J]．高科技纤维与应用，2005，30(1)：44~48．

[74] 何中发，等．农用地土壤中汞元素形态特征浅析[J]．上海地质，2009，(1)．

[75] 林宗元．环境岩工程的兴起与发展[J]．中国工程勘察，1993，(4)：4~8．

[76] 胡中雄，李向约，方晓阳．环境岩土工程学概论[J]．土木程学报，1990，12 (1)：98~107．

[77] 方晓阳．21 世纪环境岩土工程展望[J]．岩土工程学报，2010，22 (1)：1~11．

[78] 胡中雄．土力学与环境工程学[M]．上海：同济大学出版社，1997：400~401．

[79] 张小平，包承纲．环境岩土工程中废弃物的处理及利用现状[J]．水利水电科技进展，2010，20 (4)：23~26．

[80] 彭斌武，杜炜良．矿业环境岩土工程的发展方向[J]．国外金属矿山，2001，(2)：19~22．

[81] 朱春鹏，刘汉龙．污染土的工程性质研究进展[J]．岩土力学，2007，28 (3)：625~629．

[82] 张学言，闫澍旺．岩土塑性力学基础[M]．天津：天津大学出版社，2006．

[83] Muir D Wood，Belkheiasr K，Liu D F. Strain Softening and State Par-ameter for Sand Modeling[J]．Geotechnique，1994，44 (2)：335．

[84] 陈蕾，刘松玉，杜延军，等．水泥固化含铅染土无侧限抗压强度预测方法[J]．东南报，2010，40 (3)：609~613．

[85] 刘汉龙，秦红玉，高玉峰，等．粗粒料强度和变形的大型三轴试验研究[J]．岩土力学，2004，25 (10)：1575．

[86] Alonso E E，Ortega Iturralde E F，Romero E E. Dilatancy of Coarse Granular Aggregates[J]. Experimental Unsaturated Soil Mechanics，2007：112~119．

[87] Vatsala A，Nova R，Srinivasa Murthy b R. Elastoplastic Model for Cemented Soils[J]. Journal of Geotechnical and Geoenvironmental Engineering，2001，127(8)：679~687．

[88] 孙海忠，黄茂松．考虑粗粒土应变软化特性和剪胀性的本构模型[J]．同济大学学报，2009，37 (6)：727~732．

[89] 刘宝琛．矿山岩体力学概论[M]．长沙：湖南科学技术出版社，1982：44~46．

[90] 田胜尼，刘登义，等．香根草和鹅观草对 Cu、Pb、Zn 及其复合重金属的耐性研究[J]．生态学杂志，2004，21(3)：10~36．

[91] Ye Z H，Baker A J M，Wong M H，et al. Zinc，Lead and Cadmium Accumu - lation and Tolerance in Typha Latifolia as Affected by Iron Plaque on Root Surface[J]. Aquat. Bot，1998，a(61)：45~67．

[92] 黄春．黏土矿物抑制性和黏土胶体的热稳定性研究[D]．济南：山东大学，2002．

[93] 李健鹰．泥浆胶体化学[M]．北京：高等教育出版社，1988．

[94] 范．奥尔芬．黏土胶体化学导论[M]．北京：农业出版社，1982．

[95] 田连权，张信宝，吴积善．泥石流的形成过程[C]．泥石流论文集，重庆：科学技术文献出版社重庆分社，1981：54~57．

[96] 奥西波夫．黏土类土和岩石舱强度与变形性能的本质[M]．李生林，张元一，译．北京：石油工业出版社，1985．

[97] Rubin H，Rabideau A J. Approximate Evaluation of Contaminant Transport through Vertical Barriers [J]. Journal of Contaminant Hydrolo-gy，2000(40)：311~333．

[98] Rajasekarana G Muralib K，Naganc S，et al. Contaminant Transport Modeling in Marine Clays [J]. Ocean

Engineering, 2005, (32): 175 ~ 194.

[99] Tatsi A A, Zouboulis A I. A Field Investigation of the Quantity and Quality of Leachate from a Municipal Solid Waste Landfill in a Mediterranean Climate (Thessaloniki, Greece) [J]. Advances in Environmental Research, 2002, (6): 207 ~ 219.

[100] E1-Fadel M, Bou-Zeid E, Chahine W, et al. Temporal Variation of Leachate Quality from Presorted and Baled Municipal Solid Waste with High Organic and Moisture Content [J]. Waste Management, 2002, (22): 269 ~ 282.

[101] 乔辉，黄俊，周申范．美国的城市固体废弃物填埋标准[J]．环境卫生工程，1999，7(4)：133 ~ 137.

[102] 廖国礼，吴超．资源开发环境重金属污染与控制[M]．长沙：中南大学出版社，2006.

[103] 杨仁文，叶明富．云南蒋家沟泥石流运动要素观测数据整编[J]．山地研究，1998，16(3)：338 ~ 341.

[104] 邬伦，刘瑜，张晶，等．地理信息系统原理、方法和应用[M]．北京：科学出版社，2001.

[105] 朱良峰，吴信才，刘修国．基于 GIS 的铁路地质灾害信息管理与预警预报系统[J]．山地学报，2004，22(2)：230 ~ 250.

[106] Liu L Q, Katsabanis P D. Development of a Continuum Damage for Blasting Analysis [J]. Int. J. Rock Mech. and Min. Sci., 1997, 34(2): 217 ~ 231.

[107] Grady D E, Hollenbach R E, Schuler K W. Strain Rate Dependence in Dolomite Inferred from Impact and Static Compression Studies [J]. International Journal of Geophysical Research, 1982, 82 (8): 1325 ~ 1333.

[108] van Heerden W L. General Relations between Static and Dynamic Moduli of Rocks [J]. Int. J. Rock Mech. Min. Sci. and Geomech. Abstr., 1987, 24(6): 381 ~ 385.

[109] Grady D E. Kipp M E. Dynamic Rock Fragmentation [C]. Atkinson B Ked. Fracture Mechanics of Rock. London: Academic Press, 1987: 429 ~ 475.

[110] Reinehart J S. Dynamic Fracture Strength of Rocks [C]. Proc. the Seventh Symp. Mech, Pennsylvania: Pensylvania State University, 1965: 59 ~ 63.

[111] Zukas J A, Nicholas T, Swift H F, et al. Impact Dynamics[M]. NewYork: John Wiley and Sons, 1982.

[112] Buchar J. Behaviour of Rocks under High Rates of Strain[J]. Int J. Acta Technica Csav, 1981, 18(5): 616 ~ 625.

[113] Wang Zhaoyin, et al. A Preliminay Investigation on the Machanism of Hypercomcentrated Flow [C]. Proc. of International Workshop on Flow at Hyperconcentrations of Sediment, IRTCES.

[114] Takahashi, T. Mechanical Characteristics of Debris Flow[J]. Journal of the Hydraulics Division, ASCE, 1978, 104(HY8).

[115] 崔鹏．泥石流起动条件及机理的实验研究[J]．科学通报，1991，36(21)：1650 ~ 1652.

[116] 王兆印，张玉新．水流冲刷沉积物生成泥石流的条件及运动规律的试验研究[J]．地理学报，1989，44(3)：291 ~ 301.

[117] 唐克丽，等．中国水土保持[M]．北京：科学出版社，2004.

[118] 童小东．水泥土添加剂及其损伤模型试验[D]．杭州：浙江大学，1999.

[119] 鲁祖统，龚晓南．Mohr-Coulom 准则在岩土工程应用中的若干问题[J]．浙江大学学报（工学版），2000，34(5)：588 ~ 590.

[120] HEIKKI Kukko. Stabilization of Clay with Inorganic By - products[J]. Journal of Materials in Civil Engineering, 2000, 12 (4): 307 ~ 309.

[121] 高峰，谢和平，巫静波．岩石损伤和破碎相关性的分形分析[J]．岩石力学与工程学报，1999，18

(5): 503~506.

[122] Pietruszczak S, Stolle D. Modeling of Sand Behavior under Earthquake Excitation[J]. International Journal for Numericaland Analytical Met-hod in geomechanics, 1987, 11: 221.

[123] Gajo A, Muir Wood. Severn-Trent Sand: A Kinematichardening Constitutive Model: The q-p formulation [J]. Geotechnique, 1999, 49(5): 595.

[124] Gerald R Eykholt, David E Daniel. Impact of Systemchemistry on Electroosmosis in Contaminated Soil [J]. Journal of Geotechnical Engineering, American Society of Civil Engineering, 1994, 120(5): 797~813.

[125] Mary M Page, Christopher L Page. Electro remediation of Contaminated Soils[J]. Journal of Geotechnical and Geoenvironmental Engineering, American Society of Civil Engineering, 2002, 128(3): 208~219.

[126] Rowe R K, Shang J Q′Xie Y. Complex Permittivity Measurement System for Detecting Soil Contamination [J]. Canadian Geotechnical Journal, 2001, 38: 498~506.

[127] Lakshmi N Redid, Hugo Davalos. Animal Waste Containment in an Aerobic Lagoons Lined with Compacted Clays[J]. Journal of Geotechnical and Geoenvironmental Engineering, American Society of Civil Engineering, 2010, 126(3): 257~264.

[128] Allen W Heatheway. Geoenvironmental Protocol for Siteand Waste Characterization of Former Manufactured Gasplants; Worldwide Remediation Challenge in Semi-volatile Organic Wastes[J]. Engineering Geology, Elsevier Science, 2002, 64: 317~338.

[129] Pingk Ran Di, Daniel P Y Cheng, Harry A Dwyer. Heat and Mass Transfer during Microwave Steam Treatment of Contaminated Soils[J]. Journal of Environmental Engineering, American Society of Civil Engineering, 2010, 126(12): 1108~1115.

[130] Peter Persoif, John Apps, George Moridis, et al. Effect of Dilution and Contaminants on Sand Grouted with Colloidal Silica[J]. Journal of Geotechnicaland Geoenvironmental Engineering, American Society of Civil Engineering, 1999, 125(6): 461~469.

[131] Allan D Woodbuu. A Probabilistic Fracture Transport Model: Application to contaminant transport in a Fractured Clay Deposit[J]. Canadian Geotechnical Journal, 1997, 34: 784~798.

[132] Hueckel Kaczmarek M, Caramuscio P. Theoreticalassessment of Fabric and Permeability Changes in Clays Affected by Organic Contaminants [J]. Canadian Geotechnical Journal, 1997, 34: 588~603.

[133] Wang J C, Booker J L, Carter J. Analysis of Theremediation of a Contaminated Aquifer by a Multiwell System[J]. Computers and Geotechnics, Elsevier Scienee, 1999, 25: 171~189.

[134] 王正宏，王钊. 垃圾填埋场中的土工合成材料[C]. 第一届全国环境岩土工程与土工合成材料技术研讨会论文集，杭州：浙江大学出版社，2002：36~46.

[135] 周健，吴世明，徐建平. 环境与岩土工程（岩土工程新进展丛书）[M]. 北京：中国建筑工业出版社，2001.

[136] Yuan Jianxin. General Introduction of Geoenvironmental Engineering Problems[J]. Rock and Soil Mechanics, 1996 , 17(2): 88~93.

[137] 李兆权，张晶瑶，冯夏庭，等. 应用岩石力学[M]. 北京：冶金工业出版社，1994.

[138] 李文秀. FUZZY 理论在采矿及岩土工程中的应用[M]. 北京：冶金工业出版社，1998.

[139] C C Psofrice, Second E d. Guidelines for Hazard Evaluation Procedures, 1992.

[140] Hartman, Wang, et al. Mine Ventilation and Air Condition[J]. Chapman Hall, 1993.

[141] Merlin E, Nission H. Transport of Labeled Nitrogen from Ammonium Source to Pine Seeding through Mycorrhizal Mycelium[J]. 1952, 46: 271~295.

[142] 黄艺，陈有键，等. 菌根植物根际环境对污染土壤中 Zn、Pb、Cu、Cd 形态的影响[J]. 应用生态

学报，2010，11(3)：430～454.

[143] 张梁，张业成，罗元华．地质灾害灾情评估理论与实践[M]．北京：地质出版社，1998：64～66.

[144] Hsai-Yang Fang. International Symposium on Environmental Geotechnology（Volume1）[M]. Allentown：Envo Publishing Company，Inc.，1986.

[145] Hsai-Yang Fang. International Symposium on Environmental Geotechnology（Volume 2）[M]. Allentown：Envo Publishing Company，Inc.，1987.

[146] Hsai-Yang Fang，Hilary I Inyang. Environmental Geotechnology[C]. Proceedings of the 3rd International Symposium（Volume 1），Lancaster：Technomic Publishing Company，Inc.，1996.

[147] Proceedings of International Symposium on High Altitude & Sensitive Ecological Environmental Geotechnology[C]. Nanjing：Nangiing University Press，1999.

[148] 王小群，王兰生，李天斌．大渡河次级支流斯合沟泥石流特征研究[J]．中国地质灾害与防治学报，2004，15(1)：28～32.

[149] 廖国礼，周音达，吴超．尾矿区重金属预测模型及其应用[J]．中南大学学报（自然科学版），2004，35(6)：1009～1013.

[150] 吴超，廖国礼．矿区总体环境质量模糊综合评价实践[J]．矿业研究与开发，2004，24(5)：60～63.

[151] 吴桂湘，吴超．企业铅中毒模式及其预防[J]．湖南冶金，2005，(1)：21～23.

[152] 唐春安．简谈未来矿山岩石力学研究方向[J]．世界矿业快报，1997，13（7）：3～4.

[153] 中华人民共和国水利部．SL 2642—2001 水利水电工程岩石试验规程［S］．北京：中国水利水电出版社，2001.

[154] 姜永东，鲜学福，许江，等．砂岩单轴三轴压缩试验研究[J]．中国矿业，2004，13(4)：66～69.

[155] 郭中华，朱珍德，杨志祥，等．岩石强度特性的单轴压缩试验研究[J]．河海大学学报，2002，30(2)：93～96.

[156] 尤明庆．岩石试样的杨氏模量与围压的关系[J]．岩石力学与工程学报，2003，22(1)：53～60.

[157] 尤明庆．围压对杨氏模量的影响与裂隙摩擦的关系[J]．岩土力学，2003（24）：167～170.

[158] 刘素梅，徐礼华，李彦强．丹江水库岩石物理力学性能试验研究[J]．华中科技大学学报，2007，24(4)：54～58.

[159] 李夕兵，芹字军，马春德．动静组合加载下岩石破坏的应变能密度准则及突变理论分析[J]．岩石力学与工程学报，2005，24(16)：2814～2824.

[160] 唐春安．岩石破裂过程的灾变[M]．北京：煤炭工业出版社，1993.

[161] 陈忠辉，林忠明，谢和平，等．三维应力状态下岩石损伤破坏的卸荷效应[J]．煤炭学报，2004，29(1)：31～35.

[162] 杨桂通，树学锋．塑性力学[M]．北京：中国建材工业出版社，2000.

[163] 陆晓霞，张培源．在围压冲击条件下岩石损伤黏塑性本构关系[J]．重庆大学学报（自然科学版），2002，25(1)：6～9.

[164] 陈士海，崔新壮．含损伤岩石的动态损伤本构关系[J]．岩石力学与工程学报，2002，21(增)：1955～1957.

[165] 信礼田．强冲击载荷下岩石的力学性能[J]．岩土工程学报，1996，18(6)：61～68.

[166] 章根德．岩石在动载作用下的脆性断裂[J]．岩土工程学报，1981，3(2)：43～49.

[167] 李夕兵，古德生．岩石冲击动力学[M]．长沙：中南工业大学出版社，1994.

[168] 陈科平．高速公路边坡稳定性模糊评价及加固治理研究［D］．长沙：中南大学，2007.

[169] 胡杰刚，俞敏，全洪波，等．桂柳高速公路边坡岩石风化速度的研究[J]．水文地质工程地质，2003，30(4)：67～71.

[170] 陈蕾，刘松玉，杜延军，等．水泥固化重金属铅污染土的强度特性研究[J]．岩土工程学报，2010，32(12)：1898～1903.

[171] 刘新根，奥村运明，张小旺．岩石边坡风化与侵蚀的研究[J]．矿业研究与开发，2006，26(4)：30～32.

[172] 徐晗，饶锡保，汪明元．降雨条件下膨胀岩边坡失稳数值模拟研究[J]．长江科学院院报，2009，26(11)：52～57.

[173] 杨璐，高永光，胡振琪．重金属铜污染土壤光谱特性研究[J]．矿业研究与开发，2008，28(3)：68～70.

[174] 李祥林，妙旭华，贾桂霞．基于UML的重金属污染预警系统的分析与设计[J]．工业仪表与自动化装置，2012，(5)：32～35.

[175] 陈小攀，冯秀娟．微生物对重金属元素作用机理综述[J]．有色金属科学与工程，2012，3(3)：56～59.

[176] 吴启红，彭振斌，陈安，等．常吉高速公路白垩系粉砂质泥岩风化特性研究[J]．工程勘察，2009，37(12)：36～39.

[177] 张江华，杨梅忠，徐友宁．某金矿河水与底泥中重金属含量的相关性研究[J]．山西建筑，2008，34(6)：344～346.

[178] 龙涛，彭振斌，周怡．谈潭衡西高速公路白垩系粉砂质泥岩风化特性[J]．山西建筑，2010，36(14)：266～268.

[179] 查甫生，许龙，崔可锐．水泥固化重金属污染土的强度特性试验研究[J]．岩土力学，2012，3(33)：652～656.

[180] 胡博聆，王继华，赵春宏．滇中泥质粉砂岩崩解特性试验研究[J]．工程勘察，2010，(7)：13～17.

[181] 成夏炎，张云．城市表层土壤重金属污染的分析与评价[J]．重庆科技学院学报（自然科学版），2012，(5)：112～117.

[182] 李志涛，范迎春．重金属污染对土壤—作物系统的影响研究[J]．水科学与工程技术，2011，(5)：15～18.

[183] Ishihara K，Tatsuoka F，Yasuda S. Undrained Deformation and Liquefaction of Sand under Cyctic Stresses [J]. Soils and Foundations，1975，15(4)：29.

[184] Bolton M D. The Strength and Dilatancy of Sands[J]. Geotechnique，1986，36(1)：65.

[185] Muir D Wood，Belkheiasr K，Liu D F. Strain Softening and State Parameter for Sand Modeling[J]. Geotechnique，1994，44(2)：335.

[186] Alonso E E，Ortega Iturralde E F，Romero E E. Dilatancy of Coarse Granular Aggregates[J]. Experimental Unsaturated Soil Mechanics，2007，112：119.

[187] Wan R G，Guo P J. A Simple Constitutive Model for Granular Soils：Modified Stress Dilatancy Approach [J]. Computers and Geotechnics，1998，22(2)：109.

[188] Indraratna B，Ionescu D，Christie H D. Shear Behavior of Railway Ballast Based on Large-scale Triaxial Tests[J]. Journal of Geotechnical and Geoenvkonmental Engineering，American Society of Civil Engineering，1998，124(5)：439.

[189] Benvenuti M，Mascaro I，Corsini F，et al. Mine Waste Dumps and Heavy Metal Pollution in Abandoned-mining District of Boccheggiano (Southern Tuscany，Italy) [J]. Environmental Geology，1997，30(3/4)：238～243.

[190] Boulet M P，Laxocque，A. C. L. A Comparative Mineralogical and Geochemical Study of Sulfide Mine Tailingsat Two Sites in New Mexico，USA[J]. Environmental Geology，1998，33：130～142.

[191] Cai M F, Dang Z, Wen Z, Zhou J M. Risk assessment of heavy metals contamination of soils around mining area[J]. Ecology and Environment (in Chinese), 2004, 13(1): 6 ~ 8.

[192] Chen H M, Zheng C R, Zhou D M, et al. Changes in Soil Fertility and Extracable Heavy Metals in Dexing Coppermine Tailing Pool after Revegetation[J]. Acta Pedologica Sinica (in Chinese), 2005, 42(1): 29 ~ 36.

[193] Chon H T, Ahn J S, Jung M C. Seasonal Variations and Chemical Forms of Heavy Metals in Soils and Dusts from the Satellite Cities of Seoul [J]. Korea Environmental Geochemistry Healt., 1998, 20: 77 ~ 86.

[194] Cui L P, Bai J F, Shi Y H, et al. Heavy Metals in Soil Contaminated by Coal Mining Activity[J]. Acta Pedologica Sinica (in Chinese), 2004, 41(61): 896 ~ 904.

[195] 查甫生，郝爱玲，许龙，等. 水泥固化重金属污染土的淋滤特性试验研究[J]. 工业建筑，2014, 1(44): 65 ~ 70.

[196] 曹智国，章定文，刘松玉. 固化铅污染土的干湿循环耐久性试验研究[J]. 岩土力学，2013, 12(34): 3485 ~ 3490.

[197] 黄敏，陈川红，杨海舟，等. 两种典型调控剂对镉污染土壤镉形态的影响[J]. 武汉理工大学学报，2013, 11(35): 132 ~ 137.

[198] 尹雪，陈家军，吕策. 螯合剂复配对实际重金属污染土壤洗脱效率影响及形态变化特征[J]. 环境科学，2014,2(35): 733 ~ 739.

[199] 查甫生，刘晶晶，许龙，等. 水泥固化重金属污染土干湿循环特性试验研究[J]. 岩土工程学报，2013, 7(35): 1246 ~ 1252.

[200] 崔杰，薛文平，阎振元，等. 不同表面活性剂修复重金属污染土壤的试验研究[J]. 大连工业大学学报，2013, 4(32): 279 ~ 282.

[201] Xiao T, Guha J, Boyle D, et al. Environmental Concerns Related to High Thallium Levels in Soils and Thallium Uptake by Plants in Southwest Guizhou, China [J]. Sci. Total Environ., 2004, 318: 223 ~ 244.

[202] Memon S Q, Memon N, Solang A R, et al. Sawdust: A Green and Economical Sorbent for Thallium Removal[J]. Chemical Engineering Journal, 2008, 140: 235 ~ 240.

[203] Zhang L, Huang T, Zhang M, et al. Studies on the Capability and Behavior of Adsorption of Thallium on Nano-Al_2O_3[J]. Journal of Hazardous Materials, 2008, 157: 352 ~ 357.

[204] 高小娟，王璠，汪启年. 含砷废水处理研究进展[J]. 工业水处理，2012, 32(2): 10 ~ 15.

[205] 肖唐付，陈敬安，杨秀群. 铊的水地球化学及环境影响[J]. 地球与环境，2004, 32(1): 28 ~ 34.

[206] 陈达宇，蔡森林，涂国清，等. 含铊酸性废水强化氧化混凝处理研究[J]. 安徽农业科学，2013, 41(13): 5916 ~ 5918.

[207] 韩旻，孙来九，杨建武，等. 两段法处理高浓度含砷废水的工艺研究[J]. 无机盐工业，2003, 35(4): 30 ~ 31.

[208] 张志，康壮武. 氧化—混凝工艺处理碱性含砷废水的技术改造[J]. 环境科学与管理，2008, 33(6): 98 ~ 100.

[209] 周源，曾娟，金吉梅. 氧化—混凝—吸附工艺处理酸性含砷废水实验研究[J]. 江西理工大学学报，2010, 31(3): 1 ~ 4.

[210] 蔡美芳，党志，文震，等. 矿区周围土壤中重金属危害性评估研究[J]. 生态环境，2004, 13(1): 6 ~ 8.

[211] 叶宏萌，袁旭音，赵静，等. 铜陵矿区河流沉积物重金属的迁移及环境效应[J]. 中国环境科学，2012, 32(10): 1853 ~ 1859.

[212] 刘灿，邹冬生，朱佳文. 湘西铅锌矿区土壤和植物重金属污染现状[J]. 安徽农业科学，2011，39(35)：21743 ~ 22174.
[213] 李静，常勇，潘淑颖. 土壤重金属污染评价方法的研究[J]. 农业灾害研究，2012，2(4)：50 ~ 52.
[214] 吴迪，李存雄，邓琴，等. 典型铅锌矿区土壤—农作物体系重金属含量及污染特征分析[J]. 安徽农业科学，2010(2)：849 ~ 851.
[215] 李永华，杨林生，姬艳芳，等. 铅锌矿区土壤—植物系统中植物吸收铅的研究[J]. 环境科学，2008，29(1)：196 ~ 201.
[216] 孙健，铁柏清，秦普丰，等. 铅锌矿区土壤和植物重金属污染调查分析[J]. 植物资源与环境学报，2006，15(2)：63 ~ 67.
[217] 杨清伟，束文圣，林周，等. 铅锌矿废水重金属对土壤—水稻的复合污染及生态影响评价[J]. 农业环境科学学报，2003，22(4)：385 ~ 390.
[218] 谌金吾，孙一铭，张显强，等. 污泥和粉煤灰的循环利用及其对石漠化土壤质量的改善[J]. 中国岩溶，2012，31(3)：259 ~ 264.
[219] 阮心玲，张甘霖，赵玉国，等. 基于高密度采样的土壤重金属分布特征及迁移速率[J]. 环境科学，2006，27(5)：1020 ~ 1025.
[220] 吴桂萍，黄慧，唐太平. 武汉市某工业用地土壤重金属污染状况分析与评价[J]. 中南民族大学学报（自然科学版），2012，31(3)：23 ~ 25.
[221] 邓琴，吴迪，秦樊鑫，等. 铅锌矿区土壤重金属含量的调查与评价[J]. 贵州师范大学学报（自然科学版），2010(3)：34 ~ 37.
[222] 徐争启，倪师军，庹先国，等. 潜在生态危害指数法评价中重金属毒性系数计算[J]. 环境科学与技术，2008，31(2)：112 ~ 115.
[223] 周建利，吴启堂，卫泽斌，等. 酸性矿山废水对农村居民饮用水和灌溉水水质的影响[J]. 长江大学学报（自然科学版），2011，8(8)：243 ~ 246.
[224] 贾兴焕，蒋万祥，李凤清，等. 酸性矿山废水对底栖藻类的影响[J]. 生态学报，2009，29(9)：4620 ~ 4629.
[225] 许超，夏北成，冯涓. 酸性矿山废水污染对稻田土壤酶活性影响研究[J]. 农业环境科学学报，2008，27(5)：1803 ~ 1808.
[226] 马尧，孙占学. 矿山废水的危害及其治理中的微生物作用[J]. 科技情报开发与经济，2006，16(10)：166 ~ 167.
[227] 王磊，李泽琴，姜磊. 酸性矿山废水的危害与防治对策研究[J]. 环境科学与管理，2009，34(10)：82 ~ 84.
[228] 崔振红. 矿山酸性废水治理的研究现状及发展趋势[J]. 现代矿业，2009，(10)：26 ~ 28.
[229] 郑雅杰，彭映林，乐红春，等. 酸性矿山废水中锌铁锰的分离及回收[J]. 中南大学学报（自然科学版），2011，42(7)：1858 ~ 1864.
[230] 李笛，张发根，曾振祥. 矿山酸性废水中微量有害重金属元素的中和沉淀去除[J]. 湘潭大学自然科学学报，2012，34(2)：79 ~ 84.
[231] 程建国，林永树，阳华玲，等. 石灰絮凝法去除矿坑废水中锰离子的研究[J]. 矿冶工程，2012，32(2)：45 ~ 48.
[232] 马尧，胡宝群，孙占学. 矿山酸性废水治理的研究综述[J]. 矿业工程，2006，4(3)：55 ~ 57.
[233] 李中华，尹华，叶锦韶，等. 固定化菌体吸附矿山废水中重金属的研究[J]. 环境科学学报，2007，27(8)：1245 ~ 1250.
[234] 康健，邱冠周，高健，et al. Bioleaching of Chalcocite by Mixed Microorganisms Subjected to Mutation

[J]. 中南大学学报（英文版），2009，16(2)：218～222.

[235] 周本军. 人工湿地在酸性矿山废水中的应用[J]. 江西化工，2009，(3)：18～20.

[236] 吴婷婷，李磊，王玉如，等. 壳聚糖—聚乙烯醇吸附膜的制备及对 Cd^{2+} 吸附性能的研究[J]. 水处理技术，2013，(3)：44～47.

[237] 江孟，胡学伟，NGUYEN，等. 好氧颗粒污泥对 Pb^{2+}、Cu^{2+}、Cd^{2+} 的吸附[J]. 水处理技术，2013，(2)：53～56.

[238] 曾汉民，陆耘. 纤维状吸附——分离材料的进展[J]. 离子交换与吸附，1993，9(5)：464～477.

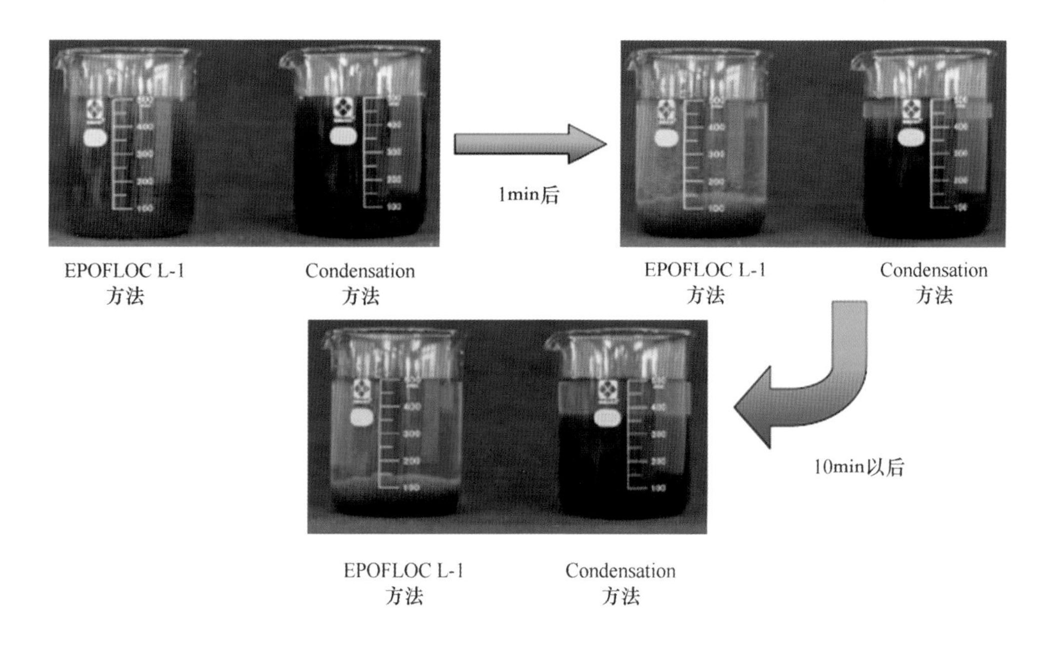

图 5-7　絮凝试验对比结果

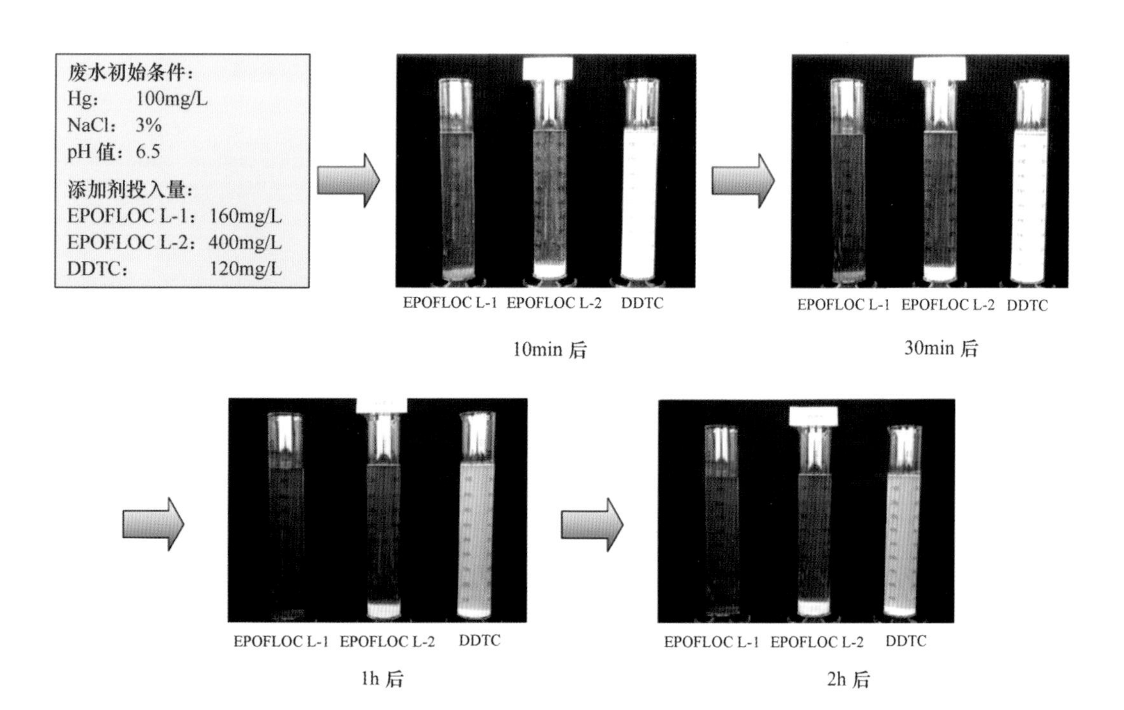

图 5-8　絮凝沉淀速度

图 5-19　K404+600 处重金属污染边坡治理前后对比图

图 5-20　K404+800 处重金属污染边坡治理前后对比图

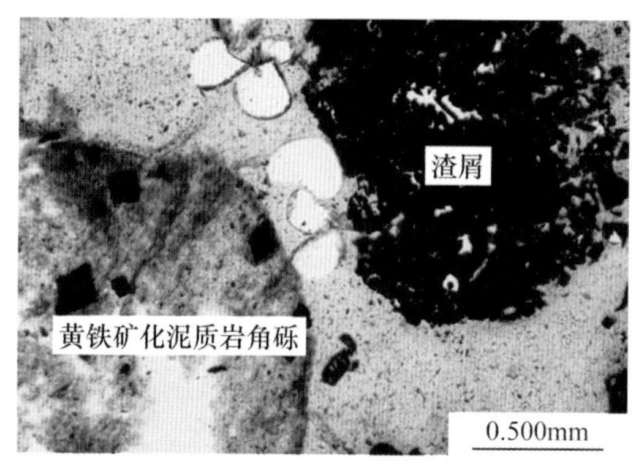

图 6-26　渣屑及岩石角砾

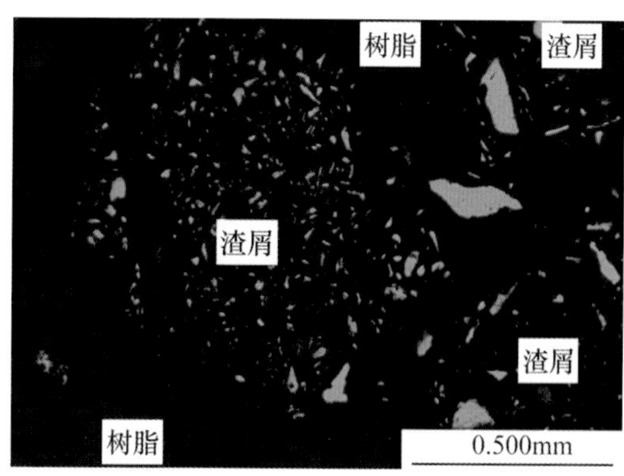

图 6-27　金属矿物或被泥质交结呈“渣屑”或独立存在

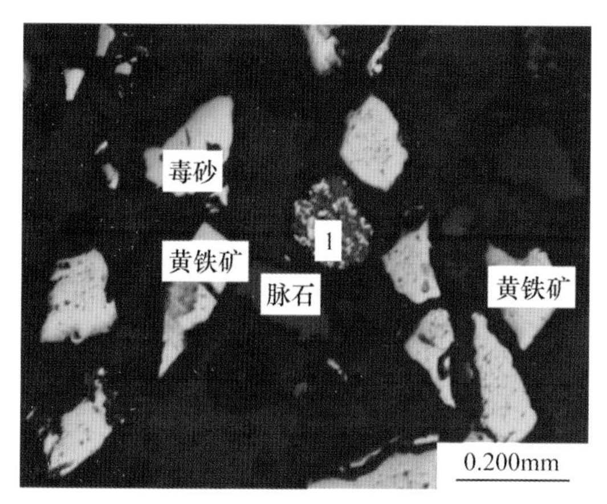

图 6-28　毒砂与闪锌矿连生

图 6-29　磁黄铁矿能谱测试结果

图 6-30　解离的锡石

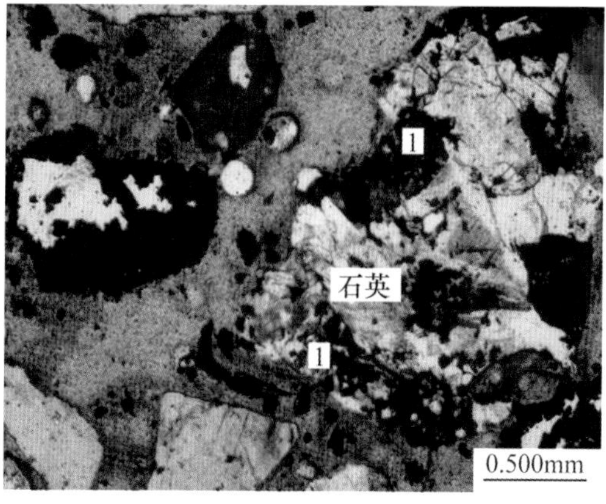

图 6-31　石英岩角砾中未解离的锡石

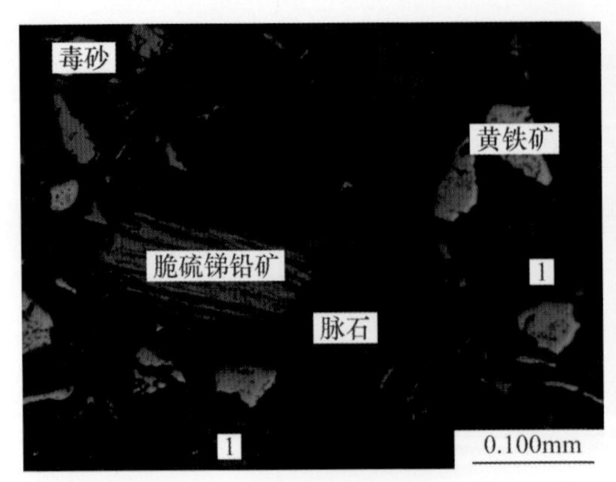

图 6-32　脆硫锑铅矿集合体团块

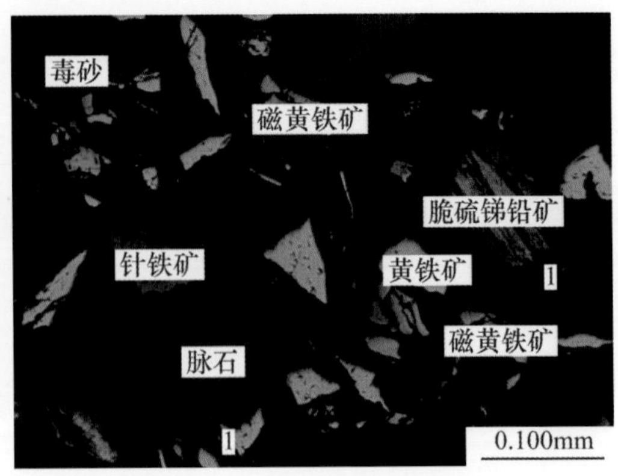

图 6-33　脆硫锑铅矿集合体

图 6-34　解离的闪锌矿

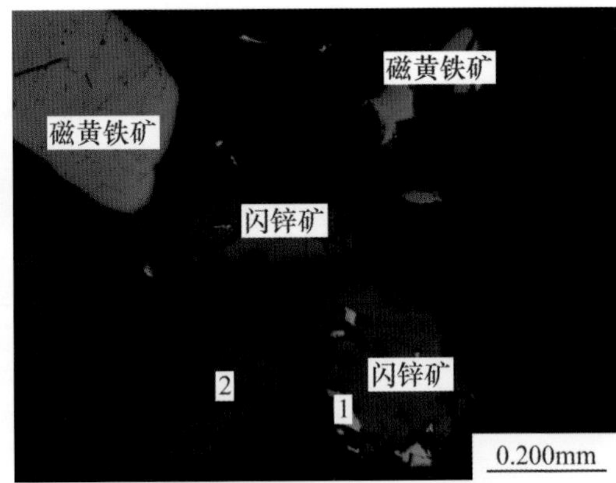

图 6-35　闪锌矿与毒砂、脉石矿物连生

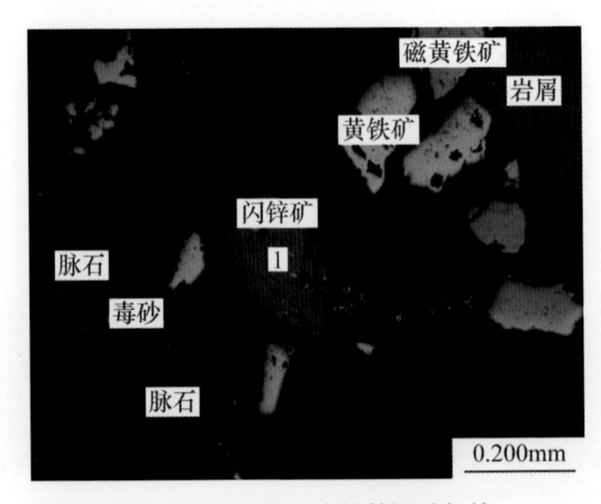

图 6-36　闪锌矿中的黄铜矿包体